普通高等教育
建筑环境与能源应用工程系列教材

冷热源工程

（第3版）

总策划　／付祥钊

主　编　／龙恩深

副主编　／王　勇　韩如冰

参　编　／庄春龙　黄　忠　何天祺　杨小凤

主　审　／张国强　李永安

重庆大学出版社

内 容 提 要

本书是普通高等教育"十一五"国家级规划教材,也是建筑环境与能源应用工程专业技术平台课程的配套教材。本书旨在使学生了解能源与环境、能源与冷热源设备的关系,掌握冷源(热源)及其设备、冷热源一体化设备等的基础理论、基本知识和新技术、新设备,熟悉冷热源水处理系统,并获取冷热源机房设计基本方法和技能。全书内容包括:绪论、制冷的基本知识、制冷剂及载冷剂、制冷压缩机、制冷系统设备与机组、吸收式制冷及设备、蓄冷技术、供热锅炉、热泵、其他热源、冷热源系统设计、冷热源机房设计等。

本书适合作为建筑环境与能源应用工程专业的教学用书,也可作为暖通空调设计、施工与运用管理、维修等人员的培训和自学参考用书。

图书在版编目(CIP)数据

冷热源工程/龙恩深主编.—3 版.—重庆:重
庆大学出版社,2013.8(2022.1 重印)
普通高等教育建筑环境与能源应用工程系列教材
ISBN 978-7-5624-2583-0

Ⅰ.①冷⋯ Ⅱ.①龙⋯ Ⅲ.①制冷工程—高等学校—
教材②热力工程—高等学校—教材 Ⅳ.①TB6②TK1

中国版本图书馆 CIP 数据核字(2013)第 110161 号

普通高等教育建筑环境与能源应用工程系列教材

冷热源工程

(第 3 版)

总策划 付祥钊
主 编 龙恩深
副主编 王 勇 韩如冰
参 编 庄春龙 黄 忠
何天祺 杨小凤
主 审 张国强 李永安
责任编辑:张 婷 版式设计:张 婷
责任校对:秦巴达 责任印制:赵 晟

*

重庆大学出版社出版发行
出版人:饶帮华
社址:重庆市沙坪坝区大学城西路 21 号
邮编:401331
电话:(023)88617190 88617185(中小学)
传真:(023)88617186 88617166
网址:http://www.cqup.com.cn
邮箱:fxk@ cqup.com.cn(营销中心)
全国新华书店经销
重庆巍承印务有限公司印刷

*

开本:787mm×1092mm 1/16 印张:24.5 字数:615 千 插页:8 开 1 页
2002 年 10 月第 1 版 2013 年 8 月第 3 版 2022 年 1 月第 9 次印刷
印数:20 001—22 000
ISBN 978-7-5624-2583-0 定价:59.00 元

编审委员会

序

20世纪50年代初期,为了北方采暖和工业厂房通风等迫切需要,全国在八所高校设立"暖通"专业,随即增加了空调内容,培养以保障工业建筑生产环境、民用建筑生活与工作环境的本科专业人才。70年代末,又设立了燃气专业。1998年二者整合为"建筑环境与设备工程"。随后15年,全球能源环境形势日益严峻,而本专业在保障建筑环境上的能源消耗更是显著加大。保障建筑环境、高效应用能源成为当今社会对本专业的两大基本要求。2013年,国家再次扩展本专业范围,将建筑节能技术与工程、建筑智能设施二专业纳入,更名为"建筑环境与能源应用工程"。

本专业在内涵扩展的同时,规模也在加速发展。第一阶段,暖通燃气与空调工程阶段:近50年,本科招生院校由8所发展为68所;第二阶段,建筑环境与设备工程阶段:15年来,本科招生院校由68所发展到180多所,年招生规模达到1万人左右;第三阶段,建筑环境与能源应用工程阶段:这一阶段有多长,难以预见,但是本专业由配套工种向工程中坚发展是必然的。较之第二阶段,社会背景也有较大变化,建筑环境与能源应用工程必须面对全社会、全国和全世界的多样化人才需求。过去有利于学生就业和发展的行业与地方特色,现已露出约束毕业生人生发展的端倪。针对某个行业或地方培养人才的模式需要改变,本专业要实现的培养目标是建筑环境与能源应用工程专业的复合型工程技术应用人才。这样的人才是服务于全社会的。

本专业科学技术的新内容主要在能源应用上:重点不是传统化石能源的应用,而是太阳辐射和存在于空气、水体、岩土等环境中的可再生能源的应用;应用的基本方式不再局限于化石燃料燃烧产生的热能,将是依靠动力从环境中采集与调整热能;应用的核心设备不再是锅炉,将是热泵。专业工程实践方面:传统领域即设计与施工仍需进一步提高;新增的工作将是从城市、城区、园区到建筑四个层次的能源需求的预测与保障、规划与实施,从工程项目的策划立项、方案制订、设计施工到运行使用全过程提高能源应用效率,从单纯的能源应用技术到综合的能源管理等。这些急需开拓的成片的新领域,也是本专业与热能动力专业在能源应用上的主要区别。本专业将在能源环境的强约束下,满足全社会对人居建筑环境和生产工艺环境提出的新需求。

本专业将不断扩展视野,改进教育理念,更新教学内容和教学方法,提升专业教学水平。将在建筑环境与设备工程专业的基础上,创建特色课程,完善专业知识体系。专业基础部分包括建筑环境学、流体力学、工程热力学、传热学、热质交换原理与设备、流体输配管网等理论知识;专业部分包括室内环境控制系统、燃气储存与输配、冷热源工程、城市燃气工程、城市能源规划、建筑能源管理、工程施工与管理、建筑设备自动化、建筑环境测试技术等系统的工程技术知识。各校需要结合自己的条件,设置相应的课程体系,使学生建立起有自己特色的专业知识体系。

本专业知识体系由知识领域、知识单元以及知识点三个层次组成,每个知识领域包含若干个知识单元,每个知识单元包含若干知识点,知识点是本专业知识体系的最小集合。课程设置不能割裂知识单元,并要在知识领域上加强关联,进而形成专业的课程体系。重庆大学出版社积极学习了解本专业的知识体系,针对重庆大学和其他高校设置的本专业课程体系,规划出版建筑环境与能源应用工程专业系列教材,组织专业水平高、教学经验丰富的教师编写。

这套专业系列教材口径宽阔、核心内容紧凑,与课程体系密切衔接,便于教学计划安排,有助于提高学时利用效率。学生通过这套系列教材的学习,能够掌握建筑环境与能源应用领域的专业理论、设计和施工方法。结合实践教学,还能帮助学生熟悉本专业施工安装、调试与试验的基本方法,形成基本技能;熟悉工程经济、项目管理的基本原理与方法;了解与本专业有关的法规、规范和标准,了解本专业领域的现状和发展趋势。

这套系列教材,还可用于暖通、燃气工程技术人员的继续教育。对那些希望进入建筑环境与能源应用工程领域发展的其他专业毕业生,也是很好的自学课本。

这是对建筑环境与能源应用工程系列教材的期待!

付祥钊

2013 年 5 月于重庆大学虎溪校区

第 3 版 前 言

本书是国家"十一五"规划教材,第 1 版发行于大规模专业调整与新课程体系探索之初的 2002 年,2005 年获得重庆市优秀教学成果奖,2008 年修订出版了第 2 版。

近年来,随着我国社会经济的迅速发展,用能需求增长迅猛,环境污染日益突出;建筑能耗已占社会总能耗的 28% 且还在不断攀升;在世界能源现状的大环境下,国家全方位推进节能减排国策,这些都促使本专业教育的与时俱进。

2012 年教育部颁布了新的《普通高等学校本科专业目录(2012 年)》,该目录把原来的建筑智能设施、建筑节能技术与工程两个专业与建筑环境与设备工程专业合并成为"建筑环境与能源应用工程"专业,专业内涵有了微妙的变化,"能源应用工程"凸显出来。由于建筑能耗 60% ~70% 源自于冷热源设备及系统,作为系统介绍建筑能源转化与应用的基本理论及工程技术的"冷热源工程"对于建筑节能减排的举足轻重,故该课程在专业人才培养课程体系的重要性将不断提升。

教学实践证明,本教材将"空调用制冷技术"与"锅炉及锅炉房设备"两门核心课程整合,补充冷热源一体化最新知识,系统性得到了加强,课时利用效率提高,使学生更易建立建筑能源应用方案的全局观,配合综合课程设计的实践性环节,学生工程设计能力更易得以有效提升。

本次修订时,编写组吸收了教学一线的新生力量,广泛听取教材使用老师意见,对相关内容再次进行了整合,更新了冷热源一体化的内容,压缩了供热锅炉的篇幅,章节顺序有大的变化,不少章节是重新编写的(如第 2 章制冷剂,第 7 章热泵等),以期达到更好的效果。

本书由四川大学龙恩深教授主编;重庆大学王勇副教授、西南科技大学韩如冰老师任副主编;后勤工程学院庄春龙博士(第 3 章)、重庆大学黄忠老师(第 4 章,第 11 章)、重庆大学何天祺教授(第 9 章)、后勤工程学院杨小凤副教授(第 6 章第 3 ~4 节)等参编。

由于作者水平所限,加之时间仓促,难免存在错漏,恳请读者批评指正。

编 者

2013 年 6 月

第2版前言

本书是在国家大力提倡节能与能源合理利用、推行清洁能源工程、鼓励开发利用可再生能源、严格控制大气污染的背景下,为了配合建筑环境与设备工程专业调整及课程体系建设而编写的。本书第一版于2002年10月出版,陆续被全国多所院校作为技术平台课程教材选用,取得了较好的教学效果。2005年本书获得重庆市优秀教学成果奖,2006年被选入"普通高等教育'十一五'国家级规划教材"。

冷热源是维持建筑环境舒适条件的能源供应中心。在长期的教学实践过程中,我们发现将原来的"空调用制冷技术"与"锅炉及锅炉房设备"两门课程教材进行有机整合,并补充冷热源一体化设备知识,所构筑的新的专业技术平台课程教材系统性明显加强;同时,配合冷热源课程设计的实践性环节,学生容易建立全局观,工程设计能力得以提升,课时利用效率也大有提高。因此,在该体系框架内组织教学,教师能够与时俱进地补充一些节能减排、与冷热源内在有联系的新技术、新知识,使冷热源成为既相对独立,又有机联系的新的体系。

但是,教学研究的探索永无止境。在教学中,由于"冷热源工程"涉及的内容十分广泛,在专业课程学时不断压缩的背景下,内容与学时的矛盾显得非常突出,为此我们进行了此次改版工作。本次再版主要对原书相关内容进行了整合:除绪论外,由原来的16章调整为11章,每章补充了思考题,同时根据国家规划教材的建设要求,进行了立体化配套,并在暖通空调建筑节能基因网(www.hvacbeegene.com)开设课程学习论坛空间及相关配套资源供读者下载。

尽管如此,全面讲授本书内容是不现实的,建议任课教师根据本校办学特色和学生就业主要去向,采取重点讲授和学生自学相结合的办法统筹全书安排。

本书由四川大学龙恩深教授主编,湖南大学张国强教授、山东建筑大学李永安教授担任主审。参与本书编写工作的有:四川大学龙恩深(绪论、第5章、第6.1,6.2节、第8,10章)、中国人民解放军后勤工程学院吴祥生(第1,3章)、重庆大学丁勇(第2章)、重庆大学黄忠(第4章、第11章部分内容)、重庆大学孙纯武(第7章)、重庆大学何天祺(第9章)、中国人民解放军后勤工程学院杨小凤(第6.3,6.4节、第11章部分内容)。

由于编者水平所限,书中可能存在许多不足甚至错误,恳请读者批评指正,期待本书第三版更臻完善。

编 者
2008年4月

目 录

1

绪　论

　　冷热源工程是为了满足特定的建筑环境而产生和发展起来的。从冰块取冷到制冷机的诞生，从火炕取暖到集中供热，冷热源的发展给人类提供了一个更加舒适的建筑环境。然而，为了营造人们期望的建筑室内舒适环境，必然需要消耗大量的人工能源，同时也会对环境造成严重的污染。因此，如何高效利用建筑能源、减少化石能源消耗、有效利用可再生资源，处理好建筑环境的能量需求与最大限度地保护生态系统之间的矛盾，是人类所共同面临的一个全球性问题。

1.1　冷热源工程与建筑环境

　　能源是现代社会生产和生活的重要物质基础，现代文明正是建立在对物质和能源大量消费的基础上。为了满足特定的建筑环境要求，必须向其供给一定的冷量或热量，而冷量和热量的产生都是以消耗一定的能源为代价的。本课程介绍的是以高效合理用能为核心的冷热源设备系统，这是建筑节能最重要的关键领域之一。

1.1.1　冷热源设备

　　"冷"与"热"是能源的一种形式。在热力学中，冷量和热量属于同一个概念，冷是热的另外一种表现形式，只是相对于环境温度的高低不同罢了。在实际工程中，根据具体情况的不同，需要供给一定的冷量或热量，以满足不同的需要。例如在建筑物中，夏天要供冷，以降低室内温度；冬天要供热，以提高室内温度，从而满足人们的生产和生活的需要。

　　冷量（或热量）供应一般是通过中间载体实现的，这种中间载体称为"冷媒"或"热媒"。常见的冷媒有制冷剂、水和盐水；常见的热媒有水、蒸气和空气。通常把生产冷量的设备称为冷源设备（或制冷设备），把生产热量的设备称为热源设备（或供热设备）。冷（热）媒可以直接利用，也可以通过其他热质交换设备（或末端装置）进行能量转换。

　　冷热源设备是能源消耗与转化设备；能源形式的多样性使得冷热源设备的表现形式也多种多样。本书主要介绍工程中常见的冷热源设备：如以消耗电能为主的蒸气压缩式制冷设备，以消耗矿物燃料为主的热源设备——锅炉,充分利用可再生低品位能源的冷热源一体化设备——热泵,消耗矿物燃料的冷热源一体化设备——直燃机组,同时对其他冷热源设备也有一定的介绍。

1.1.2 建筑与建筑环境

建筑就是人居空间,是人为创造的一种环境,是人们从事各种活动的场所。而建筑环境可被看作是在特定建筑空间内部围绕人的生存与发展所必需的全部物质世界。建筑具有时空性、功能性、技术经济性、文化性和艺术性。在远古的巢居、穴居时代,建筑的基本功能是防卫、御寒和遮风避雨。随着社会文明与进步,建筑从被动适应演进到主动采取措施,以改善人造空间环境质量、展示建筑的文化品位和艺术风格。

人们在长期的建筑活动中,结合当地的各种环境,就地取材、因地制宜地创造了许多适宜的人居环境。例如生活在北极的爱斯基摩人利用当地的冰块及动物皮毛,盖起了"圆顶小屋";在我国华北地区,由于冬季干冷、夏季湿热,为了能在冬季保暖防寒、夏季防热防雨及春季防风沙,就出现了"四合院";而在我国的西北黄土高原地区,由于土质坚硬、干燥,地下水位低等特殊的地理条件,人们就创造了"窑洞"来适应当地的冬季寒冷干燥、夏季有暴雨、春季多风沙及气温年较差较大的特点;生活在西双版纳的傣族人民,为了防雨、防湿和防热以取得较干爽阴凉的居住条件,创造了颇具特色的架竹木楼"干阑"建筑。可见,建筑与环境密切相关,建筑的演进总是被动和主动地适应当地的环境。

但是,在较为恶劣的气候环境条件下,建筑被动抵御环境的能力是有限的;特别是室内存在较大的内扰时,冷热源设备对室内环境调控是不可或缺的。设备工程师必须认识到,建筑设计布局的科学合理不仅可以减小冷热源设备的装机容量,而且可能大大降低建筑对冷热源设备的依赖,使全年或寿期内开机运行时间减少,这对建筑节能是非常重要的。

1.1.3 冷热源设备与建筑环境

随着社会的进步、经济的发展和人民生活水平的提高,人类对居住环境提出了更高的要求,要求居住的环境更加舒适、更加健康。为了创造一个健康与舒适的环境,消除室内外各种扰量的影响,就必须给人类所居住的建筑环境提供能量,天热的时候向其供应冷量,天冷的时候向其供应热量。冷热源设备就是维持建筑环境舒适条件而实现能源连续不断供应的心脏。

越来越多的建筑物要求夏季供冷、冬季供热,而冷源设备和热源设备是为人居环境提供能量的源头。它们的存在形式既有独立性,有时又形影相随。独立性表现在建筑所处的地域或功能不同时,一些建筑只需要供冷,而另一些建筑只需要供热,由单一的冷源或热源就可解决建筑的室内环境调控问题。但在我国大部分地区,大部分建筑都有不同程度的冷热调控要求;特别是随着国民生活水平的提高,这种趋势越来越强烈,导致建筑中冷热源能耗设备并存。北方严寒地区(如哈尔滨)家用空调数量越来越多,南方(如广州)冬季空调采暖也不鲜见。南方是否需要采暖近年来成为全社会持续关注的热点问题之一。

在当今时代背景下,建筑环境的营造已上升到更高的层面、更大的时空范围,需要有全局的视野、系统的考虑。以冷热源为重心的建筑区域能源规划越来越受到重视,本课程讲授的冷热源基本理论和技术知识是做好建筑能源应用规范的基础。在进行采暖通风空调工程设计时,也经常要求设备设计师一并考虑冷热源设备的设计和选型等工作。因此,本课程将原来的

《空调用制冷技术》和《锅炉及锅炉房设备》两门专业课程整合为一,更好体现了冷热源设备的整体性和系统性,有利于读者充分认识冷热源的本质及其与建筑设计布局、建筑环境、建筑节能的内在联系。

1.2 冷热源工程与生态系统

冷热源设备是大量消耗能源的能量转化装置,主要消耗的能源包括电能和矿物燃料。2012 年,中国一次能源消耗约为 36 亿吨标准煤[①],是世界第一大能源消耗国。在我国的能源消耗构成中,煤约占 66%,石油约占 19%,天然气约占 5.5%,非化石能源约占 9%。可见,矿物燃料仍然是我国主要的一次能源,而电能在很大程度上也是依赖矿物燃料的消耗。因此,大量使用冷热源设备将会导致许多与生态系统有关的问题。

1.2.1 臭氧层洞

氟氯烃物质(CFCs)是传统冷源设备的工质。人类在使用冷冻剂、消毒剂和灭火剂等化学物品时,向大气排放出大量的氟氯烃气体。氟氯烃气体一经释放,就会慢慢上升到地球大气圈的臭氧层顶部。在地球大气圈中,紫外线会把氟氯烃中的氯原子分解出来,氯原子再把臭氧中的一个氧原子夺去,使臭氧变成氧气,从而丧失吸收紫外线的能力。从氟氯烃类物质的消耗来看,美国约占 26.5%,欧洲共同体约占 30.6%,日本约占 7%,前苏联和东欧国家约占 14%,我国约占 4%。

研究结果表明,臭氧层破坏所带来的后果是十分严重的,对人类及其生存环境将造成生态灾难。医学界认为,大气中的臭氧每减少 1%,照射到地面上的紫外线就会增加 2%,人类皮肤癌的发病率就会增加 7%,白内障患者就会增加 6%。

另外,紫外线辐射增强对动植物的生存也是灾难性的。它将破坏生态系统中原有的食物链和食物网的平衡,导致一些主要生物物种的灭绝:破坏植物的光合作用和授粉能力,对小麦、水稻、豆类植物的生长和结果产生有害影响;可能使地球上 2/3 的农作物减产,从而导致粮食危机(据试验,如臭氧减少 25%,大豆将减产 25%);同样,紫外线辐射增强,也会杀死水中鱼卵和单细胞藻类,对生活在清水中 20 m 深处和浊水中 5 m 深处的鱼、虾、蟹等都有伤害作用,甚至会引起某些海洋生物的灭绝。

1.2.2 全球变暖

全球气候变暖已成为全世界最为关注的环境问题之一。冷热源设备消耗大量化石燃料,而化石燃料消耗是温室气体(CO_2)主要来源。目前,全世界的工厂和电厂每年向大气排放的二氧化碳多达 8×10^9 t,大气中的二氧化碳的年增长率约为 0.4%;大气中的水蒸气、二氧化碳,以及甲烷、氧化亚氮、氟氯烃等气体的大量聚集,可以吸收某些从地球向外辐射的长波辐射热,并将其反射回地球,对地面气候起到增温作用,出现地球表面的"温室效应"。根据科学家们估计,按照目前的增长速率,2030—2050 年间大气中二氧化碳的含量将比工业革命之前增

---

① 1 吨标准煤 = 29.307 6 GJ,下同。

加 1 倍，全球气温有可能会上升 1.5 ~ 4.5 ℃。

全球气候变暖将是一场世界性的灾难，将会导致海水变暖、加速极地冰川和冻土的融化、海平面上升等。美国环保局认为：如果温室气体继续按目前的情况释放，预计到 2025 年，海平面将上升 10 ~ 40 cm；到 2100 年，将上升 60 ~ 200 cm；现在地球上的沿海沼泽和许多地势低洼的岛屿将可能被海水淹没。目前，世界上大约有 1/3 的人口生活在离海岸线小于 60 km 的范围内，如果全球变暖，海平面上升，一些城市和乡村将被淹没。此外，由于气候异常，旱涝灾害的次数可能增加，森林、草原火灾将增多，水资源问题将更为突出，对农业也将产生十分明显的影响。

2008 年，中国成为第一大温室气体排放国，作为建筑环境与设备工程师，任重而道远。

1.2.3　酸雨蔓延

酸雨是一种造成严重污染的物质，含有多种无机酸和有机酸，绝大部分是硫酸和硝酸。来自包括冷热源设备排放出来的二氧化硫及汽车尾气排放出来的氮氧化物等进入大气后，经过"云内成雨过程"和"云下冲刷过程"，形成较大的酸雨雨滴，最后落到地面上。据估计，全球每年人为排入大气的硫氧化物约为 4 亿吨，其中，二氧化硫约为 1.5 亿吨。

酸雨对生态系统的影响很大，它可以直接使大片森林死亡、农作物枯萎；也会抑制土壤中有机物的分解和氮的固定，淋洗与土壤粒子结合的钙、镁、钾等营养元素，使土壤贫瘠化；它可以使湖泊河流酸化，并溶解土壤和水体底泥中的重金属进入水体，毒害鱼类，使水体生态遭到严重破坏，对人体健康也会产生直接的和潜在的危害。

1.2.4　环境污染

煤、石油、天然气等矿物燃料的燃烧，需要各种机械设备（如水泵、风机）运转，随之而来发出噪声污染环境，同时燃料燃烧生成二氧化碳、烟尘、硫化物及废水等有害物质，造成大气污染和水污染，对人类威胁很大。目前，我国能源利用中煤占 66% 以上，石油及天然气约占 25%，且能量利用率低。这些情况都更为加重大气污染。

环境污染问题为建筑环境工作者提出新课题：如何减少使用矿物燃料，以减少环境污染；如何发展城市集中供冷供热系统；如何把防治污染同能源的合理开发利用结合起来。

由于冷热源设备大多位于人口稠密的市区，因此冷热源设备对城市生态环境的影响相当突出。在设计中，应尽量优先选用无环境公害或环境公害轻微的冷热源设备，综合考虑技术可行性、经济实用性和环境效益三方面因素，大力提倡开发使用太阳能及其他可再生能源。重视研究热泵装置是解决当前供热、通风和空气调节领域能源的供需矛盾，减少环境污染的有效而可靠的办法之一。借助吸收式设备，把自然界或废弃的工业低温余热变为有用的能源形式，满足生产和生活上的需要，这给人们指出了一条节约矿物燃料、合理利用能源、减轻环境污染的途径。

在举国关注建筑节能的形势下，应大力推广节能新技术，如地源热泵、江（河、湖、海）水源热泵、太阳能系统、热电冷三联供等，这与本课程密切相关。因此，学好"冷热源工程"将使你在全球节能减排保护环境的实践中大有可为。

思考题

1.1 冷热源设备之间的区别与联系？

1.2 冷热源设备与建筑环境之间的关系？

1.3 冷热源设备与生态系统之间的关系？

1.4 如何处理冷热源所面对的建筑环境和生态系统之间的矛盾问题？

2

制冷基本知识

学习目标:
1. 了解相变制冷、温差电制冷及气体绝热膨胀制冷等物理制冷方法。
2. 掌握理想逆卡诺制冷循环组成、原理及评价指标。
3. 掌握蒸汽压缩式制冷理论循环的热力计算,理解实际循环的影响因素。
4. 了解㶲分析在制冷循环中的应用及CO_2跨临界制冷的原理。

2.1 理想制冷循环——逆卡诺循环

2.1.1 概述

人类最早的制冷方法是利用自然界存在的天然冷源,如冰、深井水等。我国早在3 000多年前的周朝就有了用冰的历史。《诗经》中就记载了当时人们采集冰块,并储藏于冰窖中的情景。春秋战国时期,已经有了专门管理冰的人员和盛冰的器具。到了秦汉时期,冰的应用更进了一步。据《艺文志》记载:"大秦国有五宫殿,以水晶位柱拱,称水晶宫,内实以冰,遇夏开放。"这是我国最早的空调房间。希腊人和罗马人早已知道建造地下雪窖,贮藏压实的雪。印度人和埃及人把水放在浅的多孔陶器内,夜间放于地下洞穴中,利用水蒸发吸热来冷却空气。

现代制冷技术作为一门技术科学,是19世纪中后期发展起来的,迄今大约有100多年的历史。

制冷方法主要有物理方法和化学方法,但大多数采用物理方法。目前,广泛应用的物理制冷方法有:

1)相变制冷

液体转变为气体、固体转变为液体、固体转变为气体都要吸收潜热,可以利用这个现象来实现制冷。

(1)融化制冷

融化方法是利用固体融化的吸热效应来实现制冷的。如冰融化时要吸收 334.9 kJ/kg 的熔解热,并维持 0 ℃ 温度。若在室内放一个盛冰的容器,则冰融化吸热而将小室冷却,并维持一定的温度,如维持在 10 ℃(见图 2.1)。由于小室周围的环境温度较高,则环境的热量经小室的壁面传入室内,借小室内空气自然对流将热量传递到容器内,并融化冰,冰融化后的水携带着热量排出小室,而维持小室一定的低温。目前,在冷藏运输中就是直接用冰来实现冷却的。

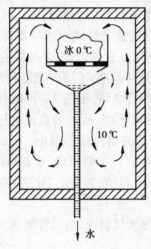 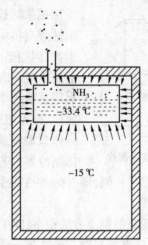

图 2.1 利用冰融化制冷　　　　图 2.2 利用液体汽化的制冷装置

(2)汽化制冷

汽化方法是利用液体汽化的吸热效应来实现制冷的。例如,氨在 1 atm[①] 要吸收 1 370 kJ/kg 的汽化潜热,其沸点为 -33.4 ℃。如果将盛有氨液的容器放于小室内,则可将小室冷却到一定的低温(见图 2.2)。温度较高的环境的热量通过小室的围护结构传入小室内,借空气自然对流将热量经容器壁传递到沸腾着的氨液,从而将小室冷却到某一稳定的温度,譬如说 -15 ℃。汽化过程中压力始终保持不变,则容器内氨液的温度也保持不变。小室内的制冷效应一直维持到氨液全部汽化为止。蒸气压缩式制冷、吸收式制冷和蒸气喷射式制冷都利用了这种物理现象。

(3)升华制冷

升华制冷是利用固体升华的吸热效应来实现制冷的。例如,干冰(固体 CO_2)在 1 atm 下升华要吸收 573.6 kJ/kg 的升华潜热,升华时的温度维持在 -78.9 ℃。目前,干冰制冷常被广泛应用于人工降雨和医疗技术中。

2)气体绝热膨胀制冷

一定状态的气体通过节流阀或膨胀机绝热膨胀时,它的温度会降低,从而达到制冷的目的。气体绝热节流是通过节流阀来实现的。气体经过阀门时,流速较大、时间短,来不及与外界进行热交换,近似为绝热过程。根据稳定流动能量方程,气体绝热节流后焓值不变。对于实

---

① 1 atm = 101.3 kPa,下同。

际气体,焓值是温度、压力的函数,节流后的温度将发生变化,这一现象称焦耳-汤姆逊效应。有些气体(如空气,O_2,N_2,CO_2)在常温下节流后温度下降,可以用来制冷。气体绝热节流膨胀常用于气体液化、气体分离等。

3) 温差电制冷

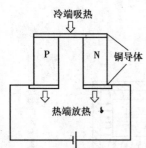

图 2.3 温差电制冷

1934 年珀尔帖发现了如下现象:两种不同金属组成的闭合电路中接上一个直流电源,发现在一个接合点变冷(吸热),另一个接合点变热(放热)。这种现象称珀尔帖效应,它是温差电制冷方法的基础。但是纯金属的珀尔帖效应很弱,而且还有热量通过导线由热接点传导到冷接点的干扰,因而当时一直未被应用。直到近代,半导体的发现才使温差电制冷变为现实。半导体分两类:电子型(N 型)和空穴型(P 型)。利用这两种半导体组成的闭合电路(见图 2.3),则有明显的珀尔帖效应,而系统中的铜只起导体作用,所需的直流电压很小(每对半导体只需零点几伏),所获得的制冷量也很小。因此,实际的半导体制冷器由若干对半导体组合件串联而成,所有的热接点在一侧,所有的冷接点在另一侧,即一侧吸热制冷,另一侧放热。目前,温差电制冷主要用在小型制冷器中。

利用物理现象的制冷方法很多,除上述外还有绝热放气制冷、涡流管制冷、绝热退磁制冷、氦稀释制冷等,读者可参阅有关文献。

按照不同的制冷温度要求,制冷技术可分为 4 类:

①普通制冷(普冷):低于环境温度至 −100 ℃,冷库制冷技术和空调用制冷技术属于这一类。

②深度制冷(深冷):−100 ~ −200 ℃,空气分离工艺用制冷技术属于这一类。

③低温制冷(低温):−200 ~ −268.95 ℃,即到达液氦的沸点。

④极低温制冷(极低温):制冷范围低于 4.2 K。

低温和极低温制冷技术一般只应用于高科技的研究工作中。

2.1.2 无温差传热的逆卡诺循环

由热力学第二定律可知,热量是不会自发地从低温环境传向高温环境的。要实现这种逆向传热过程,必须要伴随一个补偿过程,使整个孤立系统的熵增等于或大于 0。蒸气压缩式制冷就是以消耗机械能作为补偿条件,借助制冷工质的状态变化将热量从温度较低的环境(通常是空调房间、冷库等)不断地传给温度较高的环境(通常是自然界的水或空气)。

逆卡诺循环由两个可逆等温过程和两个可逆绝热过程组成,循环沿逆时针方向进行,该循环过程的示意图和 $T\text{-}s$ 图(见图 2.4)。它是一个工作在恒温热源和一个恒温冷源之间的理想制冷循环。制冷工质从恒温冷源吸收的热量 $q_0 = T_0(s_1 - s_4)$,用 4—1—6—5—4 所围面积表示;工质向恒温热源放出热量 $q_k = T_k(s_2 - s_3)$,用 2—3—5—6—2 所围面积表示;工质完成一个循环所消耗的净功 $w_0 = q_k - q_0 = (T_k - T_0)(s_1 - s_4)$,用 1—2—3—4—1 所围面积表示。

在制冷循环中,制冷剂从被冷却物体中吸取的热量(即制冷量)q_0 与所消耗的机械功 w_0 之比称为制冷系数,用 ε 表示。它是评价制冷循环经济性的指标之一。在逆卡诺循环中,有

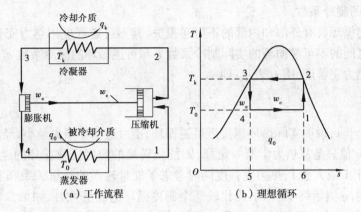

（a）工作流程　　　　　　（b）理想循环

图2.4　逆卡诺循环

$$\varepsilon_c = \frac{q_0}{w_0} = \frac{q_0}{q_k - q_0} = \frac{T_0}{T_k - T_0} \qquad (2.1)$$

由式(2.1)可知,逆卡诺循环的制冷系数 ε_c 仅取决于热源温度 T_k 和冷源温度 T_0, ε_c 随 T_k 的降低或 T_0 的升高而增加,与制冷剂本身的性质无关。由于高温热源和低温热源温度恒定,无传热温差存在,制冷工质流经各个设备中不考虑任何损失,因此逆卡诺循环是理想制冷循环。

此外,逆卡诺循环也可用来获得供热效果,如冬季将大气环境作为低温热源,将供热房间作为高温热源进行供热。这样的工作装置称为热泵,它把低位热源的热能转移至高位热源。热泵的经济性用供热系数 μ_c 表示,其值为单位耗功量所获取的热量,即

$$\mu_c = \frac{q_k}{w_0} = \frac{q_0 + w_0}{w_0} = \varepsilon_c + 1 \qquad (2.2)$$

由式(2.2)可知,热泵的供热量永远大于所消耗的功量,是综合利用能源的一种很有价值的措施。有关热泵的内容,详见第9章。

2.1.3　有温差传热的逆卡诺循环

假定制冷剂与热源和冷源进行热交换时不存在温差,将意味着换热器的面积要无限大,显然不切实际。实际上,制冷剂在吸热过程中,它的温度 T_0' 总是低于被冷却物体的温度 T_0;在放热过程中,它的温度 T_k' 总是高于环境介质温度 T_k。具有恒定传热温差的逆卡诺循环的 $T\text{-}s$ 图（见图2.5）,过程线用 $1'—2'—3'—4'—1'$ 表示。假定循环的制冷量与无温差传热时的制冷量相等,即 $4—1—6—5—4$ 面积等于 $4'—1'—6'—5—4'$ 面积。有温差传热时,循环所消耗的功 w_0' 为 $1'—2'—3'—4'—1'$ 面积,比无

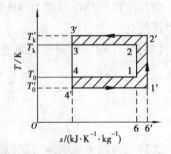

图2.5　具有温差传热的逆卡诺循环

温差传热时多消耗 $\Delta w = w_0' - w_0$（图中阴影线面积表示）。因此,有温差传热时的制冷系数小于无温差传热时的制冷系数,即

$$\varepsilon_c' = \frac{q_0}{w_0'} < \frac{q_0}{w_0} = \varepsilon_c$$

由此可知,无温差传热的逆卡诺循环是具有恒温热源时的理想循环,在给定的相同温度条

件下，具有最大的制冷系数。

实际的逆向循环具有外部和内部的不可逆损失，其不可逆程度用热力完善度来衡量。工作在相同温度区间的不可逆循环的实际制冷系数 ε 与可逆循环的制冷系数 ε_c 的比值，称为该不可逆循环的热力完善度，用 η 表示，即

$$\eta = \frac{\varepsilon}{\varepsilon_c} \tag{2.3}$$

η 值越接近于 1，说明实际循环越接近可逆循环，不可逆循环损失越小，经济性越好。

应当指出，ε 值只是从热力学第一定律，即能量转换的角度反映循环的经济性，在数值上可以小于 1、等于 1 或大于 1；热力完善度同时考虑了能量转换的数量关系和实际循环中的不可逆程度的影响，η 值始终小于 1。当比较两个制冷循环的经济性时，如果二者的 T_k，T_0 分别相同，则采用 ε 与 η 比较是等价的；如果二者的 T_k，T_0 分别不相同，只有采用 η 加以比较才是有意义的。

【例 2.1】 设热源温度 $T_k = 30\ ℃$，冷源温度 $T_0 = -10\ ℃$。求：

①可逆制冷机的制冷系数；

②当制冷剂与冷、热源的传热温差均为 10 ℃时的制冷系数及热力完善度。

【解】 ①可逆制冷机（无温差传热）的制冷系数为

$$\varepsilon_c = \frac{T_0}{T_k - T_0} = \frac{263\ \text{K}}{303\ \text{K} - 263\ \text{K}} = 6.58$$

②具有温差传热的制冷系数为

$$\varepsilon = \frac{T_0'}{T' - T_0'} = \frac{(263 - 10)\ \text{K}}{(303 + 10)\ \text{K} - (263 - 10)\ \text{K}} = 4.22$$

③热力完善度为

$$\eta = \frac{\varepsilon}{\varepsilon_c} = \frac{4.22}{6.58} = 0.64$$

【例 2.2】 已知一台制冷机的热源温度为 303 K，冷源温度为 248 K，制冷系数 $\varepsilon_1 = 3.5$；另一台制冷机的热源温度为 308 K，冷源温度为 233 K，制冷系数 $\varepsilon_2 = 2.6$。试证明哪台制冷机的经济性好。

【解】 ①第一台制冷机的逆卡诺循环制冷系数和热力完善度分别为

$$\varepsilon_{c1} = \frac{T_{01}}{T_{k1} - T_{01}} = \frac{248\ \text{K}}{303\ \text{K} - 248\ \text{K}} = 4.5$$

$$\eta_1 = \frac{\varepsilon_1}{\varepsilon_{c1}} = \frac{3.5}{4.5} = 0.78$$

②第二台制冷机的逆卡诺循环制冷系数和热力完善度分别为

$$\varepsilon_{c2} = \frac{T_{02}}{T_{k2} - T_{02}} = \frac{233\ \text{K}}{308\ \text{K} - 233\ \text{K}} = 3.1$$

$$\eta_2 = \frac{\varepsilon_2}{\varepsilon_{c2}} = \frac{2.6}{3.1} = 0.84$$

由计算结果可知，尽管 $\varepsilon_1 > \varepsilon_2$，但由于二者的工作温度区间不同，$\eta_2 > \eta_1$，说明第二台制冷机的不可逆损失程度小，循环的经济性较好。所以，对不同工作温度区间的制冷系数进行比较没有意义。

2.1.4 具有变温热源的理想制冷循环——劳伦兹循环

在制冷循环实际工作时,有时会遇到热源的温度是变化的。例如,利用窗式空调器向房间供冷时,随着时间的延续,房间温度会降低。考察如图 2.6 所示的劳伦兹循环:冷源(被冷却物体)的温度由 T_1 逐渐下降到 T_4,热源(环境介质)的温度由 T_3 逐渐升高到 T_2,冷源放出的热量 q_0 可用 1—4—6—5—1 面积表示。在上述给定条件下,如果进行逆卡诺循环,为保证从变温热源放热和从冷源吸热过程的连续进行,制冷循环的温度区间应为 T_4 和 T_2,为了制取相同的制冷量,1—4—6—5—1 面积应与 4—4′—7—6—4 面积相等,即应采用 4′—2′—

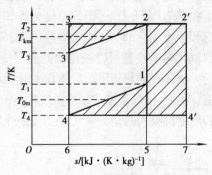

图 2.6 变温热源逆向循环

3′—4—4′所示逆卡诺循环。这样,制冷剂在吸、放热过程中,与变温的冷、热源之间的热交换过程是一个有温差存在的换热过程,势必引起不可逆损失,由此引起的耗功的增加,可用图中阴影面积表示。即在变温热源情况下,制冷剂实现逆卡诺循环所消耗的功并不是最小功。

为了达到变温条件下耗功最小的目的,制冷剂的循环过程应为 1—2—3—4—1,让制冷剂在吸、放热过程中其温度也发生相应的变化,做到制冷剂与热源之间的热交换过程为无温差传热,不存在不可逆换热损失。过程 1—2 和过程 3—4 仍分别为可逆绝热压缩和可逆绝热膨胀过程。这样,1—2—3—4 循环为一个变温条件下可逆的逆向循环——劳伦兹循环。实现这一循环所消耗的功为最小,制冷系数达到给定条件下的最大值。

为了表达变温条件下可逆循环的制冷系数,采用平均当量温度这一概念。若用 T_{0m} 表示制冷剂的平均吸热温度,用 T_{km} 表示制冷剂的平均放热温度,则

$$q_0 = T_{0m}(s_1 - s_4)$$
$$q_k = T_{km}(s_2 - s_3) = T_{km}(s_1 - s_4)$$

q_0 与 q_k 值的大小分别可用 4—1—5—6—4 和 2—3—6—5—2 所围面积表示。平均吸热温度 T_{0m} 与平均放热温度 T_{km} 就是以熵差 $(s_1 - s_4)$ 为底、分别等于 4—1—5—6—4 和 2—3—6—5—2 形成矩形的高度。变温情况下可逆循环的制冷系数为

$$\varepsilon_r = \frac{T_{0m}}{T_{km} - T_{0m}}$$

相当于工作在 T_{0m} 和 T_{km} 之间的逆卡诺循环的制冷系数。变温热源时计算热力完善度为

$$\eta = \frac{\varepsilon}{\varepsilon_r}$$

随着非共沸混合制冷剂的应用逐渐增多,可以寻找到某些非共沸混合制冷剂,使循环过程中制冷剂与热源之间的换热温差比单一制冷剂循环更小,因而可以提高循环的热力完善度。

2.2 蒸气压缩式制冷的理论循环

2.2.1 蒸气压缩式制冷的理论循环

逆卡诺循环是理想制冷循环,但在工程上是无法实现的。工程上采用最多的是蒸气压缩

式制冷循环。液态制冷剂由饱和液体汽化成蒸气时要吸收汽化潜热。汽化时的压力不同,其液体的饱和温度(沸点)不同,汽化潜热的数值也不同,压力越低,饱和温度越低。例如,1 kg水在827 Pa压力下,饱和温度为5 ℃,汽化潜热为2 489.05 kJ;1 kg 氨液在101.3 kPa压力下,饱和温度为 −33 ℃,汽化潜热为1 368.15 kJ。由此可见,只要创造一定的低压条件,利用制冷剂汽化时吸热就可以获得较低的温度环境。

液体在绝热膨胀前后体积变化很小,对外输出的膨胀功也极小,且高精度的膨胀机很难加工。因此,蒸气压缩式制冷系统均由节流机构(如节流阀、膨胀阀、毛细管等)代替膨胀机。另外,若压缩机吸入的是湿蒸气,在压缩过程中必然产生湿压缩。湿压缩会引起各种不良后果,严重时甚至毁坏压缩机,在实际运行中应严禁发生。因此,在蒸气压缩式制冷循环中,进入压缩机的制冷剂应是干饱和蒸气或过热蒸气,这种压缩过程为干压缩。图2.7是工程中常见的蒸气压缩式制冷循环。它是由压缩机、冷凝器、节流阀和蒸发器组成的,其工作过程为:在蒸发压力 p_0、蒸发温度 T_0 下,液态制冷剂吸收被冷却物体的热量而沸腾,变成低温低压的蒸气;压缩机吸入这样的蒸气,经压缩提高压力和温度送入冷凝器;制冷剂在冷凝压力 p_k 下将热量传递给冷却介

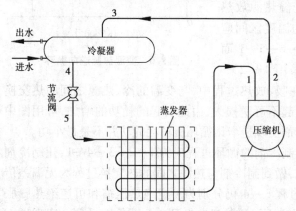

图 2.7　单级蒸气压缩式制冷系统图

质(通常是水或空气),由高压过热蒸气冷凝成液体;高压液态制冷剂通过节流阀降压降温后进入蒸发器重复上述过程。

制冷剂在上述制冷系统中周而复始的工作过程,称为蒸气压缩式制冷循环。通常把压缩机、冷凝器、节流阀和蒸发器4个部件用管道依次连接成封闭系统,充注适当制冷剂所组成的制冷机,称为最简单的制冷机。

2.2.2　蒸气压缩式制冷循环在温-熵图和压-焓图上的表示

用热力状态图来研究整个循环,不仅可以直观地看到循环中各过程的状态变化及其特点,而且使问题得到简化。在制冷循环的分析和计算中,通常借助制冷工质的温-熵图和压-焓图。由于制冷循环中各过程的功量和热量的变化均可用过程初、终态的焓值变化来计算,因此压-焓图在制冷工程中应用更广。

1)压-焓图

如图2.8所示,以绝对压力为纵坐标(为了缩小图幅,压力通常取对数坐标),以焓值为横坐标。注意掌握图上的"一点、二线、三区域、五种状态、六条等参数线"。图中 K 点为临界点;K 点左边为饱和液体线(称下界线),干度 $x=0$;右边为干饱和蒸气线(称上界线),干度 $x=1$;临界点 K 和上、下界线将图分成3个区域:下界线以左为过冷液体区,

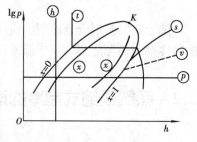

图 2.8　lg p-h 图

上界线以右为过热蒸气区,上、下界线之间为湿蒸气区(即两相区)。6条等参数线:等压线

——水平线;等焓线——垂直线;等温线——液体区内几乎为垂直线,湿蒸气区内与等压线重合为水平线,过热区内为右下方弯曲的倾斜线;等熵线——向右上方倾斜的实线;等容线——向右上方倾斜的虚线,但比等熵线平坦;等干度线——只在湿蒸气区域内,其方向大致与饱和液体线或饱和蒸气线相近,其大小从左向右逐渐增大。压-焓图是进行制冷循环分析和计算的重要工具,应熟练掌握和应用。附录1~附录3中列出了一些常用制冷工质的 lg p-h 图。

2)制冷循环在 T-s 图和 lg p-h 图上的表示

最简单的蒸气压缩式制冷循环的条件是:离开蒸发器和进入压缩机的制冷工质为蒸发压力 p_0 下的饱和蒸气;离开冷凝器和进入节流阀的液体是冷凝压力 p_k 下的饱和液体;压缩机的压缩过程为等熵压缩;制冷工质的冷凝温度等于冷却介质的温度;制冷工质的蒸发温度等于被冷却物体的温度;系统管路中无任何损失,压力降仅在节流膨胀过程中产生。显然,上述条件是经过简化后的理想情况,与实际情况有偏差,但便于进行分析研究,且可作为讨论实际循环的基础和比较标准,有必要加以详细分析和讨论。

图 2.9 示出了单级蒸气压缩式制冷理论基本循环的 T-s 图和 lg p-h 图。

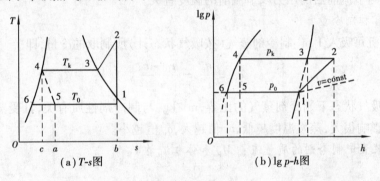

(a) T-s图 (b) lg p-h图

图 2.9 单级蒸气压缩式制冷理论基本循环 T-s 图和 lg p-h 图

点 1 表示蒸发器出口和进入压缩机的制冷剂的状态。它是与蒸发压力 p_0 对应的蒸发温度 t_0 的饱和蒸气。

点 2 是压缩机排气即进入冷凝器的状态。过程线 1—2 为制冷剂在压缩机中的等熵压缩过程($s_1 = s_2$),压力由蒸发压力 p_0 升高到冷凝压力 p_k,点 2 可通过点 1 的等熵线与压力 p_k 的等压线的交点来确定。由于压缩过程消耗外功,制冷剂温度增加,点 2 处于过热蒸气状态。

点 4 是制冷剂出冷凝器的状态。它是冷凝压力 p_k 下的饱和液体。过程线 2—3—4 表示制冷剂在冷凝器中定压下的放热过程;其中 2—3 为冷却过程放出过热热量,温度降低;3—4 为凝结过程,放出凝结潜热,温度 t_k 不变。

点 5 为制冷剂出节流阀进入蒸发器的状态。过程线 4—5 为制冷剂液体在节流阀中的节流过程,节流前后的焓值不变($h_4 = h_5$),压力由 p_k 降到 p_0,温度由 t_k 降到 t_0,由饱和液体进入气、液两相区,即节流后有部分液体制冷剂闪发成饱和蒸气。由于节流过程不可逆,因此用虚线表示。

过程线 5—1 为制冷剂在蒸发器中的定压定温汽化过程,在这一过程中 p_0 和 t_0 保持不变,利用制冷剂液体在低压低温下汽化吸收被冷却物体的热量使其温度降低而达到制冷目的。

制冷剂经过 1—2—3—4—5—1 过程后,完成一个完整的制冷理论基本循环。

2.2.3　蒸气压缩式制冷理论循环的热力计算

根据稳定流动能量方程式,利用图 2.9 对蒸气压缩式制冷理论循环进行热力计算。热力计算的主要内容有:单位质量制冷量、单位容积制冷量、单位功、冷凝器单位热负荷、制冷系数、热力完善度等。

(1)单位质量制冷量

1 kg 制冷剂在蒸发器内完成一次循环所制取的制冷量称为单位质量制冷量,其值等于制冷剂进出蒸发器时的焓差,即

$$q_0 = h_1 - h_5 \tag{2.4}$$

或

$$q_0 = r_0(1 - x_5) \tag{2.5}$$

式中　r_0——制冷剂在蒸发压力 p_0 下的汽化潜热;

x_5——制冷剂节流后湿蒸气的干度。

由式(2.5)可知,单位制冷量与制冷剂的性质有关,也与节流前后湿蒸气的干度有关;而节流后的干度与节流前后的压力及节流前的温度有关。

(2)单位容积制冷量

表示压缩机每吸入 1 m^3 制冷剂蒸气(按吸气状态计)所制取的冷量,即

$$q_v = \frac{q_0}{v_1} = \frac{h_1 - h_5}{v_1} \tag{2.6}$$

式中　v_1——吸气状态下制冷剂蒸气的比容,m^3/kg,与制冷剂性质有关,且受蒸发压力 p_0 的影响很大,蒸发温度越低,v_1 值越大,q_v 值越小。

(3)制冷装置中制冷剂的质量流量 M_R 和体积流量 V_R

$$M_R = \frac{Q_0}{q_0} \tag{2.7}$$

$$V_R = M_R v_1 = \frac{Q_0}{q_v} \tag{2.8}$$

式中　Q_0——制冷装置的制冷量,kW。

(4)单位功

压缩机压缩并输送 1 kg 制冷剂所消耗的功,称为单位功,用 w_0 表示。由于节流过程中制冷剂不对外做功,因此循环单位功与压缩机的单位功相等。它可用制冷剂进出压缩机时的焓差表示,即

$$w_0 = h_2 - h_1 \tag{2.9}$$

式中,w_0 的大小不仅与制冷剂的性质有关,也与压缩机的压缩比的大小有关。

(5)冷凝器单位热负荷

1 kg 制冷剂在冷凝器中放给冷却介质的热量,称为冷凝器单位热负荷,用 q_k 表示。它可用制冷剂进出冷凝器时的焓差表示,即

$$q_k = h_2 - h_4 \tag{2.10}$$

冷凝器的热负荷

$$Q_k = M_R q_k \tag{2.11}$$

（6）制冷系数

制冷循环的单位制冷量与单位功之比，称为制冷系数，用 ε_0 表示，即

$$\varepsilon_0 = \frac{q_0}{w_0} = \frac{h_1 - h_5}{h_2 - h_1} \qquad (2.12)$$

（7）热力完善度

图 2.9 表示的理论循环仍是一个不可逆循环，它在制冷剂的冷却过程 2—3 及节流过程中仍存在不可逆损失，其不可逆程度用热力完善度表示，即

$$\eta = \frac{\varepsilon_0}{\varepsilon_c} = \frac{h_1 - h_5}{h_2 - h_1} \cdot \frac{T_k - T_0}{T_0} \qquad (2.13)$$

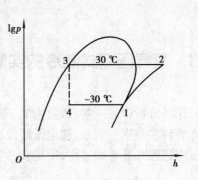

图 2.10

【例 2.3】 某一氨制冷理论循环，蒸发温度 $T_0 = 263$ K，冷凝温度 $T_k = 303$ K，制冷量 $Q_0 = 55$ kW。试对该循环进行热力计算。

【解】 循环在压-焓图上的表示，如图 2.10 所示。根据氨的热力性质表和压-焓图，查出各点的有关状态参数值：$h_1 = 1\ 477.201$ kJ/kg；$p_0 = 291.06$ kPa；$v_1 = 0.416$ m³/kg；$h_2 = 1\ 630$ kJ/kg；$h_3 = h_4 = 343.026$ kJ/kg；$p_k = 1\ 169$ kPa。

①单位质量制冷量：

$$q_0 = h_1 - h_4 = (1\ 447.201 - 343.026)\text{kJ/kg} = 1\ 104.175 \text{ kJ/kg}$$

②单位容积制冷量：

$$q_v = \frac{q_0}{v_1} = \frac{1\ 104.175}{0.416} \text{ kJ/m}^3 = 2\ 654.27 \text{ kJ/m}^3$$

③制冷剂质量流量：

$$M_R = \frac{Q_0}{q_0} = \frac{55}{1\ 104.175}\text{kg/s} = 0.049\ 8 \text{ kg/s}$$

④单位功：

$$w_0 = h_2 - h_1 = (1\ 630 - 1\ 447.201)\text{kJ/kg} = 182.799 \text{ kJ/kg}$$

⑤压缩机消耗的理论功率：

$$N_0 = M_R w_0 = 0.049\ 8 \times 182.799 \text{ kW} = 9.1 \text{ kW}$$

⑥压缩机吸入的容积流量：

$$V_R = M_R v_1 = 0.049\ 8 \times 0.416 \text{ m}^3/\text{s} = 0.020\ 7 \text{ m}^3/\text{s}$$

⑦制冷系数：

$$\varepsilon_0 = \frac{q_0}{w_0} = \frac{1\ 104.175}{182.799} = 6.04$$

⑧冷凝器单位热负荷：

$$q_k = h_2 - h_3 = (1\ 630 - 343.02)\text{kJ/kg} = 1\ 286.974 \text{ kJ/kg}$$

⑨冷凝器热负荷：

$$Q_k = M_R q_k = 0.049\ 8 \times 1\ 286.974 \text{ kW} = 64.1 \text{ kW}$$

⑩热力完善度：

逆卡诺循环制冷系数

$$\varepsilon_c = \frac{T_0}{T_k - T_0} = \frac{263 \text{ K}}{303 \text{ K} - 263 \text{ K}} = 6.58$$

热力完善度

$$\eta = \frac{\varepsilon_c}{\varepsilon_0} = \frac{6.04}{6.58} = 0.92$$

2.3 蒸气压缩式制冷的实际循环

循环分析中的一些假定,构成了蒸气压缩的理论循环。事实上,理论循环与实际循环之间存在着许多差别。例如,理论循环没有考虑制冷剂液体过冷和蒸气过热的影响;压缩机中的实际压缩过程并非等熵过程,冷凝和蒸发过程中存在着传热温差等。下面分别予以分析和讨论。

2.3.1 液体过冷

制冷剂节流后湿蒸气干度的大小直接影响到单位质量制冷量的大小。在冷凝压力 p_k 一定的情况下,若能进一步降低节流前液体的温度,使其低于冷凝温度 t_k 而处于过冷液体状态,则可减少节流后产生的闪发蒸气量,提高单位质量制冷量。在工程上,通常利用温度较低的冷却水首先通过串接于冷凝器后的过冷器(或称再冷器),使制冷剂的温度进一步降低,从而实现制冷剂液体过冷。

图 2.11 所示为采用过冷器的制冷装置系统图和相应的温-熵图及压-焓图。图中 4—4′为液体过冷过程,此线段在温-熵图上与饱和液体线接近重合。过冷温度 t_g 低于冷凝温度 t_k,其差值 Δt_g 称为过冷度(或称再冷度)。过冷过程中 1 kg 液态制冷剂放出的热量为

$$q_g = h_4 - h_4' = c'\Delta t_g \tag{2.14}$$

式中 h_4'——液态制冷剂过冷后的焓值,可用与其相同温度 t_g 的饱和液体的焓值来代替;
　　c'——液态制冷剂的比热,kJ/(kg·K)。

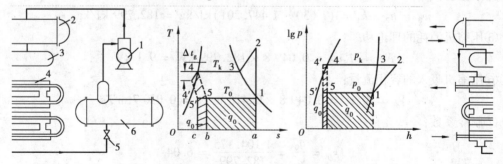

图 2.11 具有液体过冷的制冷循环
1—压缩机;2—冷凝器;3—贮液筒;4—过冷器;5—节流阀;6—蒸发器

由图 2.11 可看出,过冷度越大,单位质量制冷量也越大。因为液体过冷使制冷量的增加量为

$$\Delta q_0 = h_5 - h_5' = h_4 - h_4' \tag{2.15}$$

式(2.15)说明了过冷循环增加的制冷量等于液态制冷剂放出的热量。由于液体过冷,循

环的单位质量制冷量增加了,而循环的压缩功 w_0 并未增加,故液体过冷的制冷循环的制冷系数提高了。因此,应用液体过冷对改善循环的性能总是有利的。但采用液体过冷必然增加工程初投资和设备运行费用,应进行全面技术经济分析比较。通常,对于大型的氨制冷装置且蒸发温度 t_0 在 $-5\ ℃$ 以下多采用液体过冷,过冷度一般取 $2 \sim 3\ ℃$,对于空气调节用的制冷装置一般不单独设置过冷器,而是通过适当增加冷凝器传热面积的方法实现制冷剂在冷凝器中的过冷。此外,在小型制冷装置中采用汽-液热交换器(也称回热器)也能实现液体过冷。

2.3.2 蒸气过热及回热循环

在制冷循环中,压缩机不可能吸入饱和状态的蒸气,因为来自蒸发器的低温蒸气在进入压缩机之前的吸气管路中要吸收周围空气的热量而使蒸气温度升高。另外,为了不让制冷剂液滴进入压缩机,也要求液态制冷剂在蒸发器中完全蒸发后继续吸收一部分热量。因此,吸入蒸气在压缩之前已处于过热状态。图 2.12 示出蒸气过热循环的温-熵图和压-焓图。为了便于比较,在同一图中也示出了理论循环。

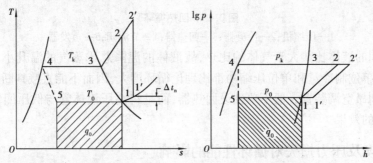

图 2.12　具有蒸气过热的制冷循环

在相同压力下,蒸气过热后的温度与饱和温度之差称为过热度 Δt_n。比较蒸发器出口的饱和蒸气在吸气管路中过热的吸气过热循环 $1'$—$2'$—3—4—5—$1'$ 与理论循环 1—2—3—4—5—1 之后可知,二者的单位质量制冷量相同,但蒸气过热循环的单位压缩功增加了,冷凝器的单位负荷也增加了,进入压缩机蒸气的比容也增大了,因而压缩机单位时间内制冷剂的质量循环量减少了,故制冷装置的制冷能力降低,单位容积制冷量、制冷系数都将降低。

上述分析说明,吸入蒸气在管道内过热是不利的,称为有害过热。蒸发温度越低,蒸气与周围环境空气间的温差越大,有害过热也就越大。为此,应在吸气管道上敷设隔热材料,以减轻有害过热。虽然吸入蒸气过热对循环性能有不利影响,但大多数情况下都希望吸入蒸气有适当的过热度,以免湿蒸气进入压缩机造成液击事故。吸入蒸气过热度也不宜过大,以免造成排气温度过高。一般吸入蒸气所允许的过热度与制冷剂有关。例如,用氨作为制冷剂时,一般 Δt_n 为 $5\ ℃$;用氟利昂作为制冷剂时,过热度较大。

应当指出,有时蒸气在蒸发器内已经过热(如使用热力膨胀阀的氟利昂制冷机),此时这部分热量就应计入单位制冷量内,不属于有害过热,这一点在热力计算时应特别注意。

利用汽-液热交换器(又称为回热器)使节流前的常温液态工质与蒸发器出来的低温蒸气进行热交换,这样不仅可以增加节流前的液体过冷度提高单位质量制冷量,而且可以减少甚至消除吸气管道中的有害过热,称为回热循环。图 2.13 示出了回热循环的系统图和相应的温-熵图及压-焓图。图中 1—2—3—4—5—1 为理论循环,1—$1'$—$2'$—3—4—$4'$—$5'$—1 表示回热循环,其中1—1′和4—4′表示等压下的回热过程。在无冷量损失的情况下液体放出的热量应等于蒸气所吸收的热量,即回热器的单位热负荷为

$$
\left.
\begin{aligned}
q_h &= h_4 - h_4' = h_1' - h_1 \\
q_h &= c'(t_4 - t_4') = c_p(t_1' - t_1) = c'(t_k - t_4') = c_p(t_1' - t_0)
\end{aligned}
\right\}
\tag{2.16}
$$

式中 c_p ——制冷剂过热蒸气的比定压热容,kJ/(kg·K)。

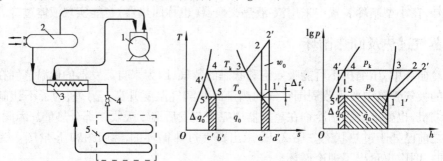

图2.13　回热循环
1—压缩机;2—冷凝器;3—回热器;4—节流阀;5—蒸发器

由于制冷剂的液体比热大于气体的比热,故液体的温降总比蒸气的温升小。由图2.13可知,回热循环的单位制冷量和单位压缩功都比理论循环增大,因而不能直接判断制冷系数是否提高。小型氟利昂空调装置一般不单独设回热器,而是将高压液体管与低压回气管包扎在一起,以起到回热的效果。

2.3.3　热交换及压力损失对循环性能的影响

理论循环中曾假定在各设备的连接管道中,制冷剂不发生状态变化。实际上,由于热交换和流动阻力的存在,制冷剂热力状态的变化是不可避免的。

1)吸入管道

吸入管道中的热交换和压力降直接影响到压缩机的吸入状态。压力降使得吸气比容增大、单位容积制冷量减少、压缩机的实际输气量降低、压缩功增大、制冷系数下降。

2)排气管道

压缩机的排气温度一般均高于环境温度,向环境空气传热能减少冷凝器热负荷。管道中的压力降增加了压缩机的排气压力及功耗,使得实际输气量降低、制冷系数下降。

3)冷凝器到膨胀阀之间的液体管道

热量通常由液体制冷剂传给周围空气,产生过冷效应,使制冷量增大。如果冷凝温度低于环境空气温度,则会导致部分液体汽化,使制冷量下降。管路中的压力降会引起部分液体汽化,导致制冷量降低。引起管路中压力降的主要原因并不在于流体与管壁之间的摩擦,而在于液体流动高度的变化。因此,希望出冷凝器的制冷剂液体带有一定的过冷度,避免因位差而出现的汽化现象。

4) 膨胀阀到蒸发器之间的管道

热量的传递将使制冷量减少。管道中的压力降对性能没有影响。因为对于给定的蒸发温度,制冷剂在进入蒸发器之前的压力必须降低到相应的蒸发压力。压力的降低无论发生在节流机构本身,还是发生在管路中,是没有区别的。但是,如果系统中采用液体分配器,管道中的阻力大小将影响到液体制冷剂分配的均匀性。

5) 蒸发器

在讨论蒸发器中的压降对循环的影响时,必须注意到比较条件。如果假定不改变制冷剂出蒸发器时的状态,为了克服蒸发器中的流动阻力,必须提高制冷剂进蒸发器时的压力(温度),从而提高了蒸发过程中的平均蒸发温度,使传热温差减小,要求的传热面积增大,但对循环的性能没有什么影响。如果假定不改变蒸发过程中的平均温度,则出蒸发器时制冷剂的压力应稍有降低,吸气比容增大,压缩比提高,这样将导致制冷量减少、制冷系数下降。

6) 冷凝器

假定出冷凝器时制冷剂的压力不变,为了克服冷凝器中的流动阻力,必须提高进冷凝器时制冷剂的压力,必然导致压缩机排气压力升高,压缩比增大,压缩机耗功增大,制冷系数下降。

7) 冷凝、蒸发过程

冷凝器和蒸发器中传热温差的存在会使循环的制冷系数下降,但不会改变制冷剂状态变化的本质,只是使实际的冷凝压力比理论循环的冷凝压力高,蒸发压力则比理论循环的蒸发压力低。可以根据有温差的理论循环来进行实际循环的热力计算。

如果将实际循环偏离理论循环的各种因素综合在一起考虑(见图2.14)。图中 T'_k 表示冷却介质的温度;T'_0 表示被冷却介质的温度;4'—1 表示制冷剂在蒸发器中的蒸发和压降过程;1—1' 表示蒸气在吸气管道中的加热和压降过程;1'—1″表示蒸气经过吸气阀时的加热和压降过程;1″—2_s 表示实际多变压缩过程;2_s—$2'_s$ 表示排气经过排气阀时的压降过程;$2'_s$—3 表示制冷剂蒸气在冷凝器中的冷却、冷凝及压降过程;3—4' 表示节流过程。图中 1—2—3—4—1 表示有温差存在时的理论循环。

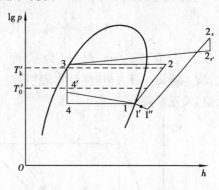

图2.14 单级压缩制冷实际循环

2.3.4 运行工况对制冷性能的影响

制冷机工作参数(即蒸发温度 t_0,冷凝温度 t_k,过冷温度 t_g,吸气温度 t_n)常称为制冷机的运行工况。一台既定的压缩机在转速不变的情况下,它的理论输气量是定值,与循环的工作温度无关,但压缩机的性能要随蒸发温度和冷凝温度的变化而变化,其中蒸发温度的变化对性能的影响更大。当工作温度发生变化时,循环的单位质量制冷量、单位压缩功、制冷剂的循环量都将变化,从而制冷机的制冷量、功率消耗等也相应改变。为了讨论方便,现以理论循环为例,讨论温度变化时制冷机性能的变化规律,其结论同样适用于实际循环。

在给定冷凝温度及蒸发温度的情况下,制冷量 Q_0 为

$$Q_0 = V_s q_v = \lambda V_h q_v \tag{2.17}$$

式中　V_s, V_h——分别为实际输气量和理论输气量;

　　　λ——输气系数,定义见式(3.3)。

在给定冷凝温度和蒸发温度的情况下,理论功率 N_0 为

$$N_0 = M_R w_0 = \frac{\lambda V_h}{v_1} w_0 \tag{2.18}$$

由式(2.17)和式(2.18)可知,当压缩机理论输气量 V_h 为定值时,Q_0, N_0 仅分别与 q_v 及 w_0/v_1 有关。因此,可通过分析温度变化时 q_v, w_0 的变化来了解 Q_0, N_0 的变化规律。

1)蒸发温度对循环性能的影响

分析蒸发温度对循环性能的影响时,假定冷凝温度不变,这种情况相当于制冷机在环境条件一定时用于不同目的或制冷机启动运行阶段。如图2.15所示,当蒸发温度由 t_0 降至 t_0' 时,循环由 1—2—3—4—1 变为 1′—2′—3—4′—1′。从图中可看出:

①单位质量制冷量 q_0 基本上没有变化($q_0' \approx q_0$);

②压缩机吸气比容增大了($v_1' > v_1$),因而单位容积制冷量 q_v 及制冷量 Q_0 都在减小;

③单位压缩功 w_0 增大了($w_0' > w_0$),无法直接看出制冷机功率的变化情况。为了找出其变化规律,可近似地视低压蒸气为理想气体,压缩过程视为绝热压缩,则单位容积压缩功可表示为

$$w_v = \frac{w_0}{v_1} = \frac{k}{k-1} \frac{p_0 v_1}{v_1} \left[\left(\frac{p_k}{p_0} \right)^{\frac{k-1}{k}} - 1 \right] = \frac{k}{k-1} p_0 \left[\left(\frac{p_k}{p_0} \right)^{\frac{k-1}{k}} - 1 \right] \tag{2.19}$$

压缩机的理论功率为

$$N_0 = \frac{\lambda V_h}{v_1} w_0 = V_h w_v \lambda = \frac{k}{k-1} p_0 \lambda V_h \left[\left(\frac{p_k}{p_0} \right)^{\frac{k-1}{k}} - 1 \right] \tag{2.20}$$

当 $p_0 = 0$ 或 $p_k = p_0$ 时,N_0 为零,而当蒸发压力 p_0 由 p_k 逐渐下降时,所消耗的功率逐渐增大,待达到某一最大值时(计算表明,对于常用制冷剂当压缩比 $p_k/p_0 \approx 3$ 时,功率消耗出现最大值)又逐渐降低。

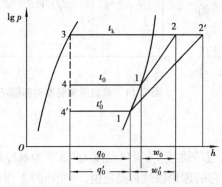

图 2.15　蒸发温度变化时对循环
　　　　性能的影响

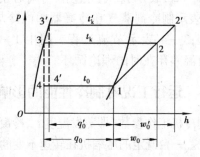

图 2.16　冷凝温度变化时对循环
　　　　性能的影响

以上分析可知,当 t_k 为定值,随着 t_0 下降制冷机的制冷量减小,功率变化则与压缩比有关,当压缩比约等于 3 时,功率消耗最大。

2)冷凝温度对循环性能的影响

在分析冷凝温度对循环性能的影响时,假定蒸发温度不变,这种情况属于用途既定的制冷机在不同地区和季节条件下运行。如图 2.16 所示,当冷凝温度由 t_k 升高到 t_k' 时,循环由 1—2—3—4—1 变为 1—2′—3′—4′—1。从图中可看出:

①循环的单位质量制冷量 q_0 减少了($q_0' < q_0$);

②虽然进入压缩机的蒸气比容 v_1 没有变化,但由于 q_0 减小,单位容积制冷量 q_v 也减少了;

③单位压缩功 w_0 增大了($w_0' > w_0$)。

从以上分析可知,当 t_0 为定值,随着 t_k 升高,制冷机的制冷量 Q_0 减少,功率消耗 N_e 增加,制冷系数下降。

综上所述,随着蒸发温度的降低,制冷循环的制冷量 Q_0 和制冷系数 ε_0 均明显下降。因此,在运行中只要能满足被冷却工质的温度要求,总希望制冷机保持较高的蒸发温度,以获得较大的制冷量和较好的经济性。由于冷凝温度的升高会使制冷循环的制冷量及制冷系数下降,故运行中要尽量选用温度较低的冷却介质以降低冷凝温度,提高循环的经济性和安全性。

以上分析仅是当 t_0 为定值或 t_k 为定值时制冷循环的性能变化,至于 t_0 及 t_k 都有变化时制冷机性能如何,除了可以用热力计算方法确定外,最好作出制冷机的性能曲线,即不同温度下制冷量和功率消耗的变化曲线。利用这些曲线可以很方便地看出 t_0 及 t_k 同时变化时制冷机性能的变化情况。制冷压缩机的性能曲线通常由制造厂根据产品类型和试验结果绘制而成。图 2.17 为

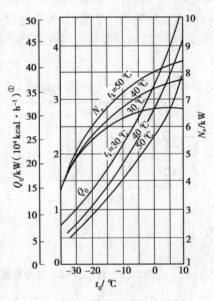

图 2.17 4FV7K 型压缩机特性曲线

4FV7K 型制冷压缩机的性能曲线。工程中常利用这种性能曲线作为选择制冷压缩机的依据。

2.4 跨临界制冷循环

CO_2 作为最早的制冷剂之一,在 19 世纪末到 20 世纪 30 年代得到了普遍的应用,到 1930 年,80% 的船舶已采用 CO_2 制冷。但当时采用的 CO_2 亚临界循环制冷效率低,特别是当环境温度稍高时,CO_2 的制冷能力急剧下降,且功耗增大。同时,以 R12 为代表的 CFC_s(氟氯烃)制冷剂出现,以其无毒、不可燃、不爆炸、无刺激性、适中的压力和较高的制冷效率等特点,很快取代了 CO_2 在安全制冷剂方面的位置。近年来,因全球温室效应等环保问题日益突出,制冷剂对臭氧层的破坏受到广泛关注,而 CO_2 跨临界制冷循环的提出,使得 CO_2 作为制冷剂开始重新得到重视。

---

① 1 kcal = 4.183 kJ,下同

2.4.1　跨临界 CO_2 制冷循环基本流程

二氧化碳跨临界基本循环系统由压缩机、气体冷却器、节流阀、蒸发器等组成,图 2.18 是跨临界 CO_2 制冷系统的基本循环图,图 2.19 为相应的制冷循环压-焓图。气体工质在压缩机中压缩后压力升至超临界压力以上(2—3 过程),进入气体冷却器被冷却介质冷却(3—4 过程);为提高制冷压缩机的性能系数 COP,从气体冷却器出来的气体在内部回热器中进一步被压缩机回气冷却(4—5 和 1—2 过程);再经过节流降压(5—6 过程),部分气体液化,湿蒸气进入蒸发器汽化(6—1 过程),吸收周围介质热量而制冷。储液器具有气液分离(蒸发器出口不过热)、补充制冷剂的作用。该循环系统的最大特点就是工质的吸、放热过程分别在亚临界区和超临界区进行。压缩机的吸气压力低于临界压力,蒸发温度也低于临界温度,循环的吸热过程仍在亚临界条件下进行,换热过程主要是依靠潜热来完成。但是压缩机的排汽压力高于临界压力,工质的冷凝过程与在亚临界状态下完全不同,换热过程依靠显热来完成。

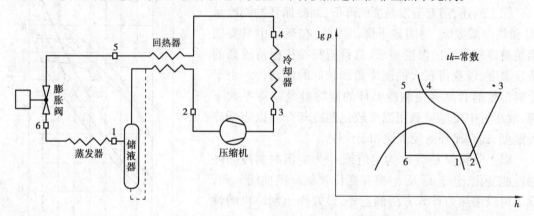

图 2.18　跨临界 CO_2 制冷系统流程图　　　　图 2.19　跨临界 CO_2 制冷循环压-焓图

2.4.2　CO_2 跨临界制冷循环的特点

1)制冷剂优点

CO_2 作为制冷剂其优点在于无毒、来源丰富、与普通润滑油相溶、容积制冷量大。CO_2 是唯一同时具有优良的热力特性、安全特性和环保特性的天然制冷工质。

2)CO_2 跨临界循环的能效较高

CO_2 循环在跨临界条件下运行,其工作压力虽然较高,但压比却很低,压缩机的效率相对较高;流体在超临界条件下的特殊热物理性质使它在流动和换热方面都具有无与伦比的优势,使得整个系统的能效较高。CO_2 在气体冷却器中大的温度变化,使得气体冷却器进口空气温度与出口制冷剂温度可能非常接近,这可减少高压侧不可逆传热引起的损失。

3)CO_2 跨临界循环具有最佳排气压力

由于 CO_2 的临界点为 13 ℃(7.38 MPa),临界温度低,制冷循环采用跨临界制冷循环时,排热过程不是一个冷凝过程,压缩机的排气压力与冷却温度是 2 个独立的参数。研究分析表明,高压侧压力变化时,循环的 COP 存在着一个最大值。因此,CO_2 跨临界制冷循环在不同工况下,存在对应于最大 COP 值的最佳排汽压力。

4) CO_2 跨临界循环可以提高热泵的效率

传统空调系统大多把冷凝热当作废热而直接排向大气,既造成能量的浪费,又产生环境的局部热污染。而对跨临界循环,由于超临界区工质密度在不断增加,循环的放热过程必将有较大的温度滑移,这种温度滑移正好与所需的变温热源相匹配,是一种特殊的劳伦兹循环,其用于热回收时,必将有较高的放热效率,因而用于较大温差变温热源情况的热回收时具有独特的优势。CO_2 在气体冷却器中较大的温度变化,正好适合于水的加热,从而使热泵的效率较高。

国外对跨临界 CO_2 制冷系统及其装置的研究已有 10 多年的时间,挪威、美国、德国、意大利等国家的多家研究机构都开展了这方面的工作,研制出了汽车空调样机及高温热泵热水系,并开始研制坦克空调系统及军用环境控制装置。

我国相关领域对跨临界 CO_2 制冷系统的研究起步较晚,但也已取得了一些成果:目前已经从几年前的循环性能分析和计算,发展到准备研制样机,已有相关单位开展船用 CO_2 制冷系统研究;但目前对超临界 CO_2 流动和换热性能的研究尚不成熟,在这方面还需做大量基础性的研究工作,以期对超临界 CO_2 的特性有更精确的掌握。

*2.5 㶲分析在制冷循环中的应用

2.5.1 㶲焓(e-h)图

逆卡诺循环的制冷系数 ε_c 最大可为 8,而实际制冷机的制冷系数 $\varepsilon_0 \approx 3$,二者为何差别这样大呢?这些损失体现在制冷循环的哪些部件上?应着重从哪些方面改进?利用㶲分析可以回答上述问题。

利用 e-h 图来分析制冷循环特别有效。与 $\lg p$-h 图相类似,以 e 为纵坐标,以 h 为横坐标(见图 2.20)。环境的㶲值为零,在图上为一条水平线。等压线——高于环境温度的等压线为倾斜向上的线;低于环境温度的等压线为倾斜向下的线。等熵线——与横坐标成 45°的斜线。等温线——在湿蒸气区内与等压线重合,在过热区内为向下的曲线。

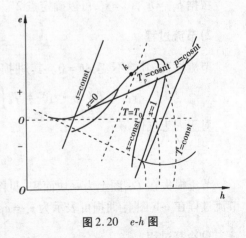

图 2.20 e-h 图

图 2.18 是按 $T_0 = 273$ K 和与其相适应的饱和蒸气压力 p_0 作为环境状态,此点 e_0 为零时绘制的。因分析计算是相对值,不受环境状态取法的影响。附录 3 给出了正丁烷的 e-h 图。

2.5.2 用㶲及 *e-h* 图分析制冷过程

利用 *h-s* 图和 *e-h* 图分析制冷循环的压缩过程、节流过程、冷凝过程和蒸发过程。

1）压缩过程

压缩过程见图 2.21。图中 *r* 线为环境切线，该过程的等熵效率为

$$\eta_{is} = \frac{w_{id}}{w_r} = \frac{h_2 - h_1}{h_3 - h_1} = \frac{A}{B} \tag{2.21}$$

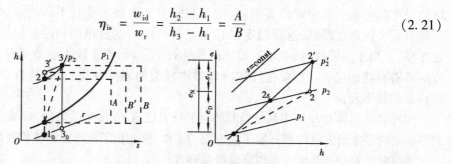

图 2.21　压缩过程在 *h-s* 图和 *e-h* 图上的表示

该过程的㶲效率为

$$\eta_{ex} = \frac{e_D}{e_N} = \frac{e_3 - e_1}{h_3 - h_1} = \frac{e_{3'} - e_1}{h_3 - h_1} = \frac{B'}{B} \tag{2.22}$$

（因为 $B' > A$，所以 $\eta_{ex} > \eta_{is}$）

在 *e-h* 图上，㶲效率可以表示为

$$\eta_{ex} = \frac{e_D}{e_N} = \frac{e_2 - e_1}{h_{2'} - h_1} = \frac{e_2 - e_1}{e_{2'} - e_1} \tag{2.23}$$

实际压缩过程与理论绝热压缩过程的㶲损为

$$e_L = (e_{2'} - e_1) - (e_2 - e_1) = e_{2'} - e_2 \tag{2.24}$$

根据 $h_{2'} = h_2, s_{2'} = s_1$，可以确定点 2′。

2）节流过程

节流过程，其焓不变，$\mathrm{d}h = 0$。其㶲损为

$$e_L = T_0(s_2 - s_1) = T_0 \int_1^2 \frac{\delta q}{T} = \int_1^2 \frac{\mathrm{d}h - v\mathrm{d}p}{T} = T_0 \int_1^2 -\frac{v}{T}\mathrm{d}p \tag{2.25}$$

对于理想气体，有

$$e_L = T_0 R \ln \frac{p_1}{p_2} \tag{2.26}$$

节流损失在 *T-s* 图上为一块面积（见图 2.22），但在低温下的节流㶲损比高温情况下大。节流过程在 *e-h* 图上㶲损可表示为 $e_L = e_1 - e_2$。

3）冷凝过程

制冷剂在冷凝器中的冷凝过程为：制冷剂离开压缩机到 2 点后，沿 p_1 等压线冷却再冷凝，2—3 过程为冷却过程，3—4 过程为冷凝过程（见图 2.23）。在冷却和冷凝过程中把热量 Q_1 的㶲都转化为大气（或冷却水）的炕了。所以，冷凝器过程的㶲损为 e_L。

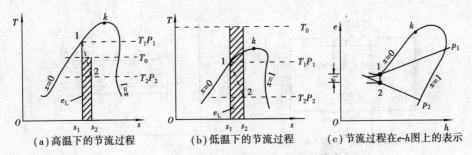

(a)高温下的节流过程　　　　(b)低温下的节流过程　　　　(c)节流过程在e-h图上的表示

图2.22　节流过程在h-s图和e-h图上的表示

4)蒸发过程

　　节流后的工质状态5在蒸发器中进行蒸发,单位制冷剂吸收热量q_0,这时因蒸发温度T_z与被冷却介质(如冷藏室空气或冷冻水等)温度T_z^*有温差,所以有㶲损失。e_{5-1}为蒸发器给出的㶲,$e_{5'-1'}$为被冷却介质得到的㶲,则蒸发器㶲损为e_L。图2.23中的5—1(蒸发温度T_z,蒸发压力p_z)即为制冷剂在蒸发器中的蒸发过程,其冷量为e_{5-1},(h_1－h_5)为蒸发器制冷量q_0。从点5和1分别作垂线交于等温线T_z^*,得交点5′和1′。则被冷却介质得到的㶲为$e_{5'-1'}$。根据热量㶲的定义,被冷却介质得到的㶲为

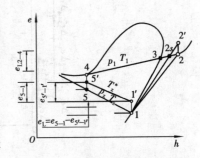

图2.23　冷凝过程和蒸发过程在㶲焓图上的表示

$$e_{5'-1'} = \left(1 - \frac{T_0}{T_z^*}\right)q_0 \qquad (2.27)$$

2.5.3　用e-h图分析制冷循环举例

　　【例2.4】　某一制取空调冷冻水的R22压缩式制冷装置,其蒸发器冷冻水进水温度$T_1 = 287$ K,出水温度$T_2 = 278$ K,蒸发温度$T_z = 278$ K。冷凝器冷却水进水温度$T_{wj} = 305$ K,出水温度$T_{wc} = 308$ K,冷凝温度$T_k = 313$ K。压缩吸气温度288 K,压缩机绝热效率$\eta_{is} = 0.76$。试确定各过程㶲损失、制冷装置的㶲效率,并绘出该装置的焓流图和㶲流图。

　　绘制制冷循环图、$\lg p$-h图和e-h图(见图2.24),并把各状态点参数列入表2.1。

表2.1　循环各状态点参数

参　　数	1	2s	2	2′	3	4	5	6	5′	6′
$p/10^5$Pa	5.839	15.269	15.269	—	15.269	15.269	5.839	5.839	7.22	7.22
T/K	288	341	350	356	313	313	278	278	285	285
$h/(kJ \cdot kg^{-1})$	613	640	648.5	648.5	615	448	448	606	448	606
$s/[kJ \cdot kg^{-1} \cdot K^{-1}]$	4.77	4.77	4.85	4.77	4.70	4.16	4.175	4.74	4.17	4.73
$e/(kJ \cdot kg^{-1})$	－8.5	17	18	26.0	14	2.5	－1	－9.0	0	－4

注:1.冷冻水温度取进出水温的平均值:$T_z^* = 285$ K。

　　2.压缩机实际压缩终点状态2点参数用下式确定:$\eta_{is} = \dfrac{h_{2s} - h_1}{h_2 - h_1}$,所以$h_2 = \dfrac{h_{2s} - h_1}{\eta_{is}} + h_1$,$h_2$与$p_k$线交点即为状态2点。

　　3.表中各状态点忽略了蒸发器、冷凝器及管道的压力损失。

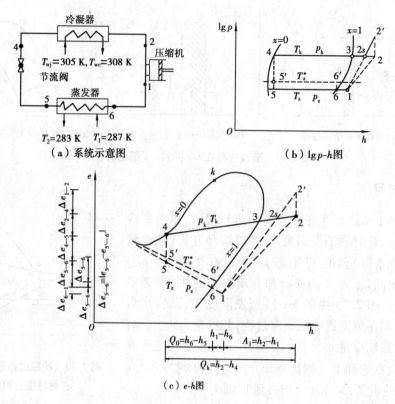

（a）系统示意图 （b）lgp-h图

（c）e-h图

图 2.24

循环各过程㶲损失计算，见表2.2。

绘制焓流图，根据

$$q_k = q_0 + Al + (h_1 - h_6)$$
$$= (h_6 - h_5) + (h_2 - h_1) + (h_1 - h_6)$$
$$= (606 - 448) \text{kJ/kg} + (648.5 - 613) \text{kJ/kg} + (613 - 606) \text{kJ/kg}$$
$$= 200.5 \text{ kJ/kg}$$

表 2.2 循环各过程㶲损失计算表

序 号	名 称	代 号	计算式	计算结果 /(kJ·kg⁻¹)	百分比 /%
1	压缩机的功（消耗㶲）	$e_N = w_0$	$\dfrac{h_{2s} - h_1}{\eta_{is}} = \dfrac{640 - 613}{0.76} \text{kJ/kg}$	35.5	100
2	压缩机㶲损	Δe_{1-2}	$e_2' - e_2 = (26 - 18) \text{kJ/kg}$	8	22.5
3	冷凝器㶲损	Δe_{2-4}	$e_2 - e_4 = (18 - 2.5) \text{ kJ/kg}$	15.5	43.6
4	节流阀㶲损	Δe_{4-5}	$e_4 - e_5 = [2.5 - (-1)] \text{kJ/kg}$	3.5	9.9
5	蒸发器㶲损	Δe_{5-6}	$\|e_6 - e_5\| - \|e_{6'} - e_{5'}\| =$ $\|-9 - (-1)\| - \|-4 - 0\| \text{kJ/kg}$	4	11.3
6	吸气管㶲损	Δe_{6-1}	$\|e_1 - e_6\| = \|-9 - (18.5)\| \text{kJ/kg}$	0.5	1.4
7	总㶲损	$\sum \Delta e$	$\Delta e_{1-2} + \Delta e_{2-4} + \Delta e_{4-5} + \Delta e_{5-6} + \Delta e_{6-1}$	31.5	88.7

序　号	名　称	代　号	计算式	计算结果 /(kJ·kg^{-1})	百分比 /%
8	冷量㶲 （收益㶲）	$e_{q0} = e_D$	$\left| e_6' - e_5' \right| = \left| -4 - 0 \right|$	4	11.3
9	循环效率	η_{ex}	$\dfrac{q_{q0}}{w_0} = \dfrac{4}{35.5}$		11

绘出焓流图(见图2.25)和制㶲流图(见图2.26)。

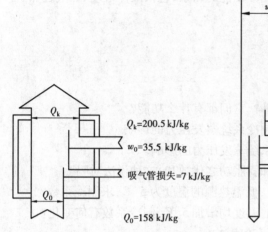

$Q_k = 200.5 \ kJ/kg$

$w_0 = 35.5 \ kJ/kg$

吸气管损失=7 kJ/kg

$Q_0 = 158 \ kJ/kg$

图2.25　制冷循环的焓流图

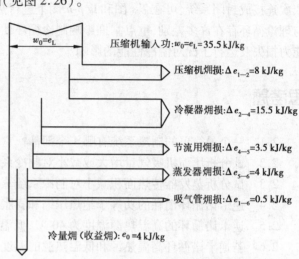

压缩机输入功:$w_0 = e_L = 35.5 \ J/kg$

压缩机㶲损:$\Delta e_{1-2} = 8 \ kJ/kg$

冷凝器㶲损:$\Delta e_{2-4} = 15.5 \ kJ/kg$

节流用㶲损:$\Delta e_{4-5} = 3.5 \ kJ/kg$

蒸发器㶲损:$\Delta e_{5-6} = 4 \ kJ/kg$

吸气管㶲损:$\Delta e_{1-6} = 0.5 \ kJ/kg$

冷量㶲(收益㶲):$e_0 = 4 \ kJ/kg$

图2.26　制冷循环的㶲流图

2.5.4　讨论

应用㶲可计算制冷系统(包括各种空调机组)各部件的㶲损 e_L 及分配情况,从而分析其中㶲损 e_L 最大的热力学薄弱环节,采取办法予以改进。从上述例子看出,压缩功只有10%多一点被利用,约90%损失掉了,从分析㶲损 e_L 来看,几项大的㶲损为:

①冷凝器及蒸发器㶲损:由分析例子看出,这两部分损㶲最大,占整个压缩功的50%以上,特别是冷凝器的㶲损。这部分㶲损主要是由于传热温差造成的,温差越大,㶲损越大。从 e-h 图中看出,采用降低冷却介质(如空气、冷却水或冷冻水)的温度,即 T_k, p_k 对减少㶲损起到很大作用,同时也会降低节流阀的㶲损。

②压缩机㶲损:在20%以上,压缩机节能问题很重要,目前国外的研究较多。

③节流阀㶲损:一般小于前述两类,但因工质不同其数值也不同。通常采用液体过冷对降低这部分㶲损会起一定的作用。

利用㶲可以比较各种热工设备的热力性能。虽然各设备可能采用的能源类型不同或热源的温度水平及工况不同,但应用㶲效率 η_{ex} 就能对它们的热力性能进行统一比较。

本章小结

本章主要介绍了理想逆卡诺制冷循环、蒸汽压缩式制冷理论循环、蒸汽压缩式制冷实际循环、㶲分析在制冷循环中的应用及 CO_2 跨临界制冷。理想逆卡诺制冷循环是制冷循环的理论基础,要掌握制冷系数及供热系数的定义,实际逆向循环的不可逆损失可用热力完善度对其不可逆程度进行评价。蒸汽压缩式制冷系统由压缩机、冷凝器、节流阀及蒸发器 4 个部件用管道依次连接成封闭系统,可在 T-s 图和 $\lg p$-h 图上进行热力分析计算。实际蒸气压缩式制冷循环与理论循环存在许多差别,重点掌握影响制冷循环性能的因素,包括液体过冷、蒸气过热、各种能力损失及运行工况对制冷性能的影响。

思考题

2.1 一个最简单的制冷系统有哪 4 个部件?它们都有什么功能?

2.2 试分析压缩机吸气量增大或减小对制冷系统蒸发压力的影响。

2.3 试分析蒸发器传热面积减小对制冷系统蒸发压力的影响。

2.4 逆卡诺循环消耗的功等于绝热压缩和膨胀功之代数和,这种说法对吗?

2.5 逆卡诺循环的高温热源温度为 40 ℃,低温热源的温度为 5 ℃,求制冷系数?

2.6 若逆卡诺循环高温热源和低温热源的温度均增加 5 ℃,制冷系数有何变化?

2.7 蒸发温度、冷凝温度对理论制冷循环有何影响?

2.8 试分析理论循环与实际循环的差别。

2.9 如何提高制冷或热泵的性能系数?

2.10 制冷机和热泵有什么区别?制冷机和空调机又有什么区别?

2.11 设蒸气压缩机制冷理论循环的 $T_c = 303$ K,$T_e = -263$ K,若采用 3 种不同的制冷剂:R717,R22,R134a,试比较它们的单位质量制冷量、单位容积制冷量和单位压缩功。

2.12 若热源温度 $T_K = 300$ K,$T_0 = 250$ K,试求当传热温差分别为 1,3,5 K 时,不可逆卡诺循环的制冷系数及热力完善度。

2.13 一台氨制冷装置,其制冷量 $Q_0 = 4 \times 10^5$ kJ/h,蒸发温度为 -15 ℃,冷凝温度为 30 ℃,过冷温度为 25 ℃,从蒸发器出口的蒸气为干饱和状态。求:①理论循环的制冷系数;②制冷剂的质量流量;③所消耗的功率。

2.14 一台制冷机采用 R134a 作为工作流体,运行于压力范围为 0.12 ~ 0.7 MPa 的理想蒸气压缩制冷循环。制冷剂的质量流量为 0.05 kg/s。在 T-s 图上相对饱和曲线表示出该循环,并确定:①冷量;②压缩机功率;③对环境放热量;④性能系数。

2.15 一蒸气压缩制冷循环,原先采用 R12 为工质。现为保护臭氧层,改用 R134a 为工质。其蒸发温度为 -20 ℃,冷凝温度为 20 ℃。试计算两种工质相应的制冷系数,并绘出制冷循环的 $\lg p$-h 示意图。

2.16 已知 $T_k = 303$ K,$T_0 = 258$ K,工质分别为 R717,R22。试比较:由于改用节流和采用干压缩行程而引起的制冷系数及制冷效率的降低,并对结果分析讨论。

3

制冷剂与载冷剂

学习目标：
1. 掌握制冷剂应具备的性质及特点。
2. 掌握载冷剂应具备的性质及特点。
3. 熟悉制冷剂的作用。
4. 熟悉制冷剂安全性分类。
5. 熟悉制冷剂的命名规则。
6. 熟悉常用载冷剂的种类及特点。

3.1 制冷剂

自 1834 年 Jacob Perkins 采用乙醚制造出蒸气压缩式制冷装置以后，人们尝试采用 CO_2，NH_3，SO_2 作为制冷剂；到 20 世纪初，一些碳氢化合物也被用作制冷剂，如乙烷、丙烷、氯甲烷、二氯乙烯、异丁烷等；直到 1928 年 Midgley 和 Henne 制出 R12，氟利昂族制冷剂引起制冷技术真正的革新，步入采用合成制冷剂时代。20 世纪 50 年代出现了共沸混合工质，如 R502 等；20 世纪 60 年代开始研究与试用非共沸混合工质。但是，20 世纪 70 年代发现含氯或溴的合成制冷剂对大气臭氧层有破坏作用，而且造成非常严重的温室效应，对地球环境造成危害。因此，研发和科学合理使用制冷剂是当今制冷行业必须面对的重要课题。

3.1.1 制冷剂的作用

制冷剂又称制冷工质，是制冷装置中能够循环变化和发挥其冷却作用的工作介质。制冷剂在蒸发器内吸收被冷却对象的热量而蒸发，在冷凝器内将热量传递给周围介质（水或空气）而凝结成液体。制冷装置正是借助于制冷剂的物态变化而达到制冷的目的，属于相变制冷。制冷工质在制冷装置中循环流动，依靠自身热力状态的变化与外界发生热量交换，从而实现热量的迁移,达到制冷的目的。所以,在选择制冷剂时,应充分考虑制冷剂的物性。

3.1.2　制冷剂的基本要求

1)热力学性质

(1)制冷效率高

制冷剂的热力性质对制冷系数的影响可用制冷效率 η_R 表示,制冷效率是理论循环制冷系数与无温差传热的逆卡诺循环制冷系数之比,标志着不同制冷剂节流损失和过热损失的大小,即

$$\eta_R = \frac{\varepsilon_{th}}{\varepsilon_c'} \tag{3.1}$$

选用制冷效率较高的制冷剂可以提高制冷循环的经济性能,但是制冷效率并不是选用制冷剂的唯一标准。

(2)压力适中

制冷剂在低温状态下的饱和压力最好能接近大气压力,甚至高于大气压力。因为,如果蒸发压力低于大气压力,空气易于渗入、不易排除,这不仅影响蒸发器、冷凝器的传热效果,而且增加压缩机的耗功量;同时,因制冷系统一般均采用水或空气作为冷却介质使制冷剂冷凝成液态,故希望常温下制冷剂的冷凝压力也不应过高,最好不超过 2 MPa,这样可以减少制冷装置承受的压力,也可减少制冷剂向外渗漏的可能性。

(3)单位容积制冷能力大

制冷剂单位容积制冷能力越大,产生一定制冷量时,所需制冷剂的体积循环量越小,这样可减小压缩机尺寸。通常,制冷剂标准大气压力下沸点越低,单位容积制冷能力越大。例如,当蒸发温度 $t_0 = 0\ ℃$,冷凝温度 $t_k = 50\ ℃$,膨胀阀前制冷剂再冷度 $\Delta t_{s.c} = 0\ ℃$,吸气过热度 $\Delta t_{s.h} = 0\ ℃$ 时,常用制冷剂的单位容积制冷能力见图 3.1。

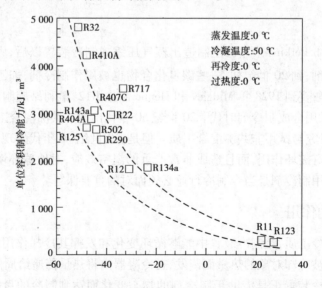

图 3.1　制冷剂的单位容积制冷能力与沸点的关系

当然,应辩证地看问题,对于大中型制冷压缩机希望压缩机尺寸尽可能小些,故要求制冷剂的单位容积制冷能力尽可能大是合理的;但是,对于小型制冷压缩机或离心式制冷压缩机,有时尺寸过小反而引起制造上的困难,要求制冷剂单位容积制冷能力小一些反而合理。

(4)临界温度高

制冷剂的临界温度高,便于用一般冷却水或空气对制冷剂进行冷却、冷凝;此外,制冷循环的工作区越远离临界点,制冷循环一般越接近逆卡诺循环,节流损失小,制冷系数较高。

2)物理化学性质

(1)与润滑油的互溶性

制冷剂与润滑油相溶与否,是制冷剂一个重要特性。在蒸气压缩式制冷装置中,除离心式制冷压缩机外,制冷剂一般均与润滑油接触,致使二者相互混合或吸收形成制冷剂——润滑油溶液。根据制冷剂在润滑油中的可溶性,可分为有限溶于润滑油的制冷剂和无限溶于润滑油的制冷剂。

有限溶于润滑油的制冷剂,如 NH_3,其在润滑油中的溶解度(质量百分比)一般不超过1%。如果加入较多的润滑油,则二者分为两层:一层为润滑油,另一层为含润滑油很少的制冷剂。因此,制冷系统中需设置油分离器、集油器,再采取措施将润滑油送回压缩机。

无限溶于润滑油的制冷剂,处于再冷状态时,可与任何比例的润滑油组成溶液;在饱和状态下,溶液的浓度则与压力、温度有关,从而有可能转化为有限溶于润滑油的制冷剂。在设计采用无限溶于润滑油的制冷剂的制冷系统时,需要考虑如何能够使进入制冷系统中的润滑油与制冷剂一同返回压缩机。

(2)导热系数、放热系数高

制冷剂的导热系数、放热系数要高,这样可以减少蒸发器、冷凝器等热交换设备的传热面积,缩小设备尺寸。

(3)密度、黏度小

制冷剂的密度和黏度小,可以减小制冷剂管道口径和流动阻力。

(4)相容性好

制冷剂对金属和其他材料(如橡胶、塑料等)应无腐蚀与侵蚀作用。

3)环境友好性能

反映一种制冷剂环境友好性能的参数有消耗臭氧层潜值(Ozone Depletion Potential, ODP)、全球变暖潜值(Global Warming Potential,GWP)、大气寿命(排放到大气层的制冷剂被分解一半时所需要的时间,Atmospheric Life)等。为了全面地反映制冷剂对全球变暖造成的影响,人们进一步提出了变暖影响总当量 TEWI(Total Equivalent Warming Impact)指标,该指标综合考虑了制冷剂对全球变暖的直接效应和制冷机消耗能源而排放的 CO_2 对全球变暖的间接效应。为降低温室效应,除降低制冷剂的 GWP 外,还需减少泄漏、提高回收率,并改善制冷机的能源利用效率。

综合考虑制冷剂的 ODP、GWP 和大气寿命,当其排放到大气层后对环境的影响符合国际认可条件时,则认为是环境友好制冷剂。

4)其他

制冷剂应无毒,不燃烧,不爆炸,而且易购价廉。

当然,完全满足上述要求的制冷工质并不存在。根据使用要求、机器容量和使用条件不同,对制冷工质性质要求的侧重就不同,应按主要要求选择相应的制冷工质。一旦选定制冷工质,必须依据制冷工质的特性设计制冷系统的流程、结构和运行操作过程等。

3.1.3 安全标准与分类命名

当今国际上对制冷剂的安全性分类与命名一般采用美国国家标准协会和美国供热制冷空调工程师学会标准《制冷剂命名和安全性分类》(ANSI/ASHRAE34—1992)。我国国家标准《制冷剂编号方法和安全性分类》(GB/T 7778—2008)在 ANSI/ASHRAE34 基础上,增加了急性毒性指标和环境友好性能评价方法。

1)安全性分类

(1)单组分制冷剂

制冷剂的安全性分类包括毒性和可燃性两项内容,由一个大写字母和一个数字两个符号组成。在 GB/T 7778—2008 中,共分为 A1 ~ C3 共 9 个等级,如表 3.1 所示。

表 3.1 制冷剂的安全分类

可燃性　　　毒　性	A	B	C
	低毒性	中毒性	高毒性
3 类　有爆炸性	A3	B3	C3
2 类　有燃烧性	A2	B2	C2
1 类　不可燃	A1	B1	C1

毒性按急性和慢性允许暴露量将制冷剂的毒性危害分为 A,B,C 类,参见表 3.2。其中,急性危害用致命浓度 LC_{50}(Lethal Concentration)表征,慢性危害用最高允许浓度时间加权平均值 TLV-TWA(Threshold Limit Value-Time Weighted Average)表征。

表 3.2 制冷剂的毒性危害程度分类

分类	分类方法		备 注
	$LC_{50(4-hr)}$	TLV-TWA	
A 类	≥0.1%(V/V)	≥0.04%(V/V)	$LC_{50(4-hr)}$:表示物质在空气中的体积浓度,在此浓度的环境下持续暴露 4 h 可导致实验动物 50% 死亡;
B 类	≥0.1%(V/V)	<0.04%(V/V)	TLV-TWA:以正常 8 h 工作日和 40 h 工作周的时间加权平均最高允许浓度,在此条件下,几乎所有工作人员可以反复每日暴露其中而无有损害
C 类	<0.1%(V/V)	<0.04%(V/V)	健康的影响

可燃性则按燃烧最小浓度值(Lower Flammability Limit,LFL)和燃烧时产生的热量大小分为 1、2、3 三类,其分类原则如表 3.3 所示。

表3.3　制冷剂的燃烧性危害程度分类

分 类	分类方法
1类	在101 kPa、18 ℃的大气中实验时,无火焰蔓延的制冷剂,即不可燃
2类	在101 kPa、21 ℃和相对湿度为50%条件下,制冷剂LFL > 0.1 kg/m³,且燃烧产生热量小于19 000 kJ/kg者,即有燃烧性
3类	在101 kPa、21 ℃和相对湿度为50%条件下,制冷剂LFL≤0.1 kg/m³,且燃烧产生热量大于等于19 000 kJ/kg为有很高的燃烧性,即有爆炸性

LFL是指在大气压力为101 kPa、干球温度21 ℃、相对湿度50%并于容积为0.012 m³ (12L)的玻璃瓶中,采用电火花火柴头作为火源的实验条件下,能够在制冷剂和空气组成的均匀混合物中足以使火焰开始蔓延的制冷剂最小浓度。LFL通常表示为制冷剂的体积百分比,在25 ℃、101 kPa条件下,体积百分比×0.0 004 414×分子质量,可得到单位为kg/m³的值。

(2)混合物制冷剂

制冷剂混合物中较易挥发组分先蒸发,不易挥发组分先冷凝而产生的混合物气液相组分浓度变化,称为浓度滑移(Concentration Glide)。混合物在浓度滑移时其组分的浓度发生变化,其燃烧性和毒性也可能变化。因此它应该有两个安全性分组类型,这两个类型使用一个斜杠(/)分开。每个类型都根据相同的分类原则按单组分制冷剂进行分类。第一个类型是混合物在规定组分浓度下进行分类,第二个类型是混合物在最大浓度滑移的组分浓度下进行分类。

对燃烧性的"最大浓度滑移"是指在该百分比组成下,气相或液相的燃烧性组分浓度最高。对毒性的"最大浓度滑移"是指在该百分比组成下,在气相或液相的$LC_{50(1-hr)}$和TLV-TWA的体积浓度分别小于0.1%和0.04%的组分浓度最高。一种混合物的$LC_{50(1-hr)}$和TLV-TWA应该由各组分的$LC_{50(1-hr)}$和TLV-TWA按组分浓度百分比进行计算。

2)分类命名

目前可使用的制冷剂有很多种,归纳起来可分4类,即无机化合物、碳氢化合物、氟利昂以及混合溶液。而制冷剂分类命名的目的在于建立对各种通用制冷剂的简单表示方法,以取代使用其化学名称。制冷剂采用技术性前缀符号和非技术性前缀符号(也即成分标识前缀符号)两种方式进行命名。技术性前缀符号为R(制冷剂英文单词refrigeration前字母),如$CHClF_2$用R22表示,主要应用于技术出版物、设备铭牌、样本以及使用维护说明书中;非技术性前缀符号是体现制冷剂化学成分的符号,如含有碳、氟、氯、氢,则分别用C、F、Cl、H表示,例如R22用HCFC22表示,主要应用在有关臭氧层保护与制冷剂替代的非技术性、科普读物以及有关宣传类出版物中。

制冷剂的命名规则如下:

①对于甲烷、乙烷等饱和碳氢化合物及其卤族衍生物(即氟利昂),因饱和碳氢化合物的化学分子式为C_mH_{2m+2},故氟利昂的化学分子式可表示为$C_mH_nF_xCl_yBr_z$,其原子数之间有下列关系

$$2m + 2 = n + x + y + z \tag{3.2}$$

该类制冷剂编号为"R×××B×"。第一位数字为$m-1$,此值为零时则省略不写;第二位数字为$n+1$;第三位数字为x;第四位数字为z,如为零,则与字母"B"一同省略。根据上述命名规则可知:

甲烷族卤化物为"R0××"系列。例如,一氯二氟甲烷分子式为 CHF_2Cl,因为 $m-1=0$, $n+1=2,x=2,z=0$,故编号为 R22,称为氟利昂22。

乙烷族卤化物为"R1××"系列。例如,二氯三氟乙烷分子式为 $CHCl_2CF_3$,因为 $m-1=1,n+1=2,x=3$,故编号为 R123,称为氟利昂123。

丙烷族卤化物为"R2××"系列。例如,丙烷分子式为 C_3H_8,因为 $m-1=2,n+1=9,x=0$,故编号为 R290。

环丁烷族卤化物为"R3××"系列。例如,八氟环丁烷分子式为 C_4F_8,因为 $m-1=3,n+1=1,x=8$,故编号 R318。

②对于已商业化的非共沸混合物为"R4××"系列编号,该系列编号的最后两位数,并无特殊含义。例如,R407C 由 R32/R125/R134a 组成,质量百分比分别为 23/25/52。

③对于已商业化的共沸混合物为"R5××"系列编号,该系列编号的最后两位数,并无特殊含义。例如,R507A 由质量百分比各 50% 的 R125 和 R143a 组成。

④对于各种有机化合物为"R6××"系列编号,该系列编号的最后两位数,并无特殊含义。例如,丁烷为 R600、乙醚为 R610。

⑤对于各种无机化合物为"R7××"系列编号,该系列编号的最后两位数为该化合物的分子量。例如,氨(NH_3)分子量为 17,故编号为 R717;二氧化碳(CO_2)编号为 R744。

⑥对于非饱和碳氢化合物为"R××××"系列编号,第一位数为非饱和碳键的个数,至于第二、三、四位数,与甲烷等饱和碳氢化合物编号相同,分别为碳(C)原子个数减 1、氢(H)原子个数加 1 以及氟(F)的原子个数。例如,乙烯(C_2H_4)编号为 R1150,氟乙烯(C_2H_3F)编号为 R1141。

3.1.4　常用制冷剂

制冷剂在标准大气压(101.32 kPa)下的饱和温度,通常称为沸点。各种制冷剂的沸点与其分子组成、临界温度等有关。在给定蒸发温度和冷凝温度条件下,各种制冷剂的蒸发压力、冷凝压力和单位容积制冷能力 q_v 与其沸点之间存在一定关系,即一般沸点越低,蒸发压力、冷凝压力越高,单位容积制冷能力越大(见附录 8)。因此,根据沸点的高低,可将制冷剂分为高温制冷剂、中温制冷剂和低温制冷剂。沸点大于 0 ℃为高温制冷剂,低于 -60 ℃为低温制冷剂。另一方面,沸点越低的制冷剂在常温下的相变压力越高,故根据常温下制冷剂的相变压力的高低又可将制冷剂分为高压、中压和低压制冷剂。可见,高温制冷剂就是低压制冷剂,低温制冷剂就是高压制冷剂。空气调节用制冷机中采用中温、高温制冷剂。几种常用制冷剂的热力性质(见附录 9)。部分制冷剂的物性参数(见附录 5~7)。

1)氟利昂

氟利昂是饱和碳氢化合物卤族衍生物的总称。氟利昂主要有甲烷族、乙烷族和丙烷族 3 组,其中氢、氟、氯的原子数对其性质影响很大:氢原子数减少,可燃性也减少;氟原子数越高,对人体越无害,对金属腐蚀性越小;氯原子数增多,可提高制冷剂的沸点,但是,氯原子越多对大气臭氧层破坏作用越严重。

大多数氟利昂本身无毒、无臭、不燃、与空气混合遇火也不爆炸,因此,目前仍用于公共建筑或实验室的空调制冷装置。氟利昂中不含水分时,对金属无腐蚀作用;当氟利昂中含有水分时,能分解生成氯化氢、氟化氢,不但腐蚀金属,在铁制表面上还可能产生"镀铜"现象。

氟利昂的放热系数低,价格较高,极易渗漏又不易被发现,因卤化物暴露在热的铜表面,会产生很亮的绿色,故可用卤素喷灯检漏。氟利昂的吸水性较差,为了避免发生"镀铜"和"冰塞"现象,系统中应装有干燥器。

由于对臭氧层的影响不同,根据氢、氟、氯组成情况可将氟利昂分为全卤化氯氟烃(CFCs)、不完全卤化氯氟烃(HCFCs)和不完全卤化氟烃化合物(HFCs)三类。其中全卤化氯氟烃(CFCs),如 R11,R12 等,对大气臭氧层破坏严重。自 1987 年《蒙特利尔议定书》(the Montreal Protocal)及其修订案执行以来,CFCs 淘汰进程已基本结束;不完全卤化氯氟烃(HCFCs),如 R22,R123 等,由于氢、氯共存,氯原子对大气臭氧层的破坏作用虽有所减缓,但目前全球也进入了 HCFCs 加速淘汰阶段;不完全卤化氟烃化合物(HFCs),如 R32,R125,R134a,由于不含氯原子,对大气臭氧层无破坏作用,但由于其 GWP 较大,1997 年的《京都议定书》(the Kyoto Protocal)已将 HFCs 定为需限制排放的温室气体范围。因此,制冷剂的替代问题已成为当今全球共同面临的难题,需要世界科技工作者付出艰苦卓绝的努力。

(1)氟利昂 22(R22 或 HCFC22)

R22 化学性质稳定、无毒、无腐蚀、无刺激性,并且不可燃,广泛用于空调用制冷装置,特别是房间空调器和单元式空调器几乎均采用此种制冷剂,它也可满足一些需要 −15 ℃以下较低蒸发温度的场合。

R22 是一种良好的有机溶剂,易于溶解天然橡胶和树脂材料,虽然对一般高分子化合物几乎没有溶解作用,但能使其变软、膨胀和起泡。故制冷压缩机的密封材料和使用制冷剂冷却的电动机的电器绝缘材料,应采用耐腐蚀的氯丁橡胶、尼龙和氟塑料等。另外,R22 在温度较低时与润滑油有限溶解,且比油重,故需采取专门的回油措施。

由于 R22 属于 HCFC 类制冷剂,对大气臭氧层稍有破坏作用,其 ODP = 0.034,GWP = 1 900,我国将在 2030 年将其淘汰。

(2)氟利昂 123(R123 或 HCFCl23)

R123 沸点为 27.87 ℃,ODP = 0.02,GWP = 93,目前是一种较好的替代 R11(cFcll)的制冷剂,已成功地应用于离心式制冷机。但是,R123 有毒性,安全级别列为 B1。

(3)氟利昂 134a(R134a,现常称为 HFCl34a)

R134a 的热工性能接近 R12(CFCl2),ODP = 0,GWP = 1 300。R134a 液体和气体的导热系数明显高于 R12,在冷凝器和蒸发器中的传热系数比 R12 分别高 35% ~40% 和 25% ~35%。

R134a 是低毒不燃制冷剂,它与矿物油不相溶,但能完全溶解于多元醇酯(POE)类合成油;R134a 的化学稳定性很好,但吸水性强,只要有少量水分存在,在润滑油等因素的作用下,将会产生酸、CO 或 CO_2,从而对金属产生腐蚀作用或产生"镀铜"现象,因此 R134a 对系统的干燥和清洁性要求更高,且必须采用与之相容的干燥剂。

2)无机化合物

(1)氨(R717)

氨(NH_3)毒性大,但是一种性能很好的制冷剂,从 19 世纪 70 年代至今,一直被广泛使用。氨的最大优点是单位容积制冷能力大,蒸发压力和冷凝压力适中,制冷效率高;且 ODP 和 GWP 均为 0。氨的最大缺点是有强烈刺激性,对人体有危害,目前规定氨在空气中的浓度不应超过

20 mg/m³。氨是可燃物,空气中氨的体积百分比达 16% ~25% 时,遇明火有爆炸的危险。

氨吸水性强,但要求液氨中含水量不得超过 0.12%,以保证系统的制冷能力。氨几乎不溶于润滑油。氨对黑色金属无腐蚀作用,若氨中含有水分时,对铜和铜合金(磷青铜除外)有腐蚀作用。但是,氨价廉,一般生产企业采用较多。

(2)二氧化碳(R744)

二氧化碳是地球生物圈的组成物质之一,它无毒、无臭、无污染、不爆、不燃、无腐蚀,ODP = 0,GWP = 1。除了对环境方面的友好性外,它还具有优良的热物理性质。例如:CO_2 的容积制冷能力是 R22 的 5 倍,较高的容积制冷能力使压缩机进一步小型化;其黏度较低,在 −40 ℃ 下其液体黏度是 5 ℃ 水的 1/8,即使在相对较低的流速下,也可以形成湍流流动,有很好的传热性能;采用 CO_2 的制冷循环具有较低的压力比,可以提高绝热效率。此外,CO_2 来源广泛、价格低廉,并与目前常用材料具有良好的相容性。基于 CO_2 用作制冷剂的上述优点,研究人员在不断尝试将其应用于各种制冷、空调和热泵系统。

但是由于 CO_2 的临界温度较低,仅为 31.1 ℃,故当冷却介质为冷却水或室外空气时,制取普通低温的制冷循环一般为跨临界循环,只有当冷凝温度低于 30 ℃ 时,CO_2 才可能采用与常规制冷剂相似的亚临界循环。由于 CO_2 的临界压力很高,为 7.375 MPa,处于跨临界或亚临界的制冷循环,系统内的工作压力都非常高,因此对压缩机、换热器等部件的机械强度有较高的要求。

3)混合溶液

采用混合溶液作为制冷剂颇受重视。但是,对于二元混合溶液来说,由于其自由度为 2,所以要知道两个参数才能确定混合溶液的状态,一般选择温度—浓度、压力—浓度、焓—浓度等参数组合,绘制相应的相平衡图。

二元混合溶液的特性可从相平衡图中明显看出,如图 3.2 给出在某压力下 A,B 两组分的温度—浓度图。图中实曲线为饱和液线,虚曲线为干饱和蒸气线,两条曲线将相图分为 3 区,实线下方为液相区,虚线上方为过热蒸气区,两条曲线之间为湿蒸气区。图中表达了二元混合溶液的 3 个特性:

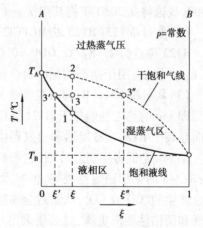

图 3.2 二元混合溶液的温度-浓度图

①在给定压力下,二元溶液的沸腾温度介于两个纯组分蒸发温度之间,即 T_A,T_B 之间;

②在给定压力下,蒸发过程或冷凝过程的蒸发温度或冷凝温度并非定值。如图中 1、2 两点,其中 1 点为某组分比情况下开始蒸发的温度,称为泡点;2 点为该组分比情况下开始冷凝的温度,称为露点;露点与饱点之差,称为温度滑移(Temperature Glide),蒸发或冷凝过程温度在此二点之间变化;

③在给定压力下,湿蒸气区中气液两相组分浓度不同,如 3′、3″ 点,沸点低的组分,蒸气分压力高,气相浓度也高。但是,溶液的总质量和平均浓度不变,即

$$m = m' + m'' \tag{3.3}$$

$$m\xi = m'\xi' + m''\xi'' \tag{3.4}$$

式中　m'——液相质量；

　　　m''——气相质量；

　　　ξ'——液相浓度；

　　　ξ''——气相浓度。

对理想液体二元混合溶液而言，此特性尤其明显，由于在等压下不存在单一的蒸发温度，故称为非共沸混合溶液。当非共沸混合溶液的饱和液线与干饱和蒸气线非常接近时，其定压相变时的温度滑移很小（通常认为泡、露点温度差小于 1 ℃），可视为近似等温过程，故将这类混合溶液叫做近共沸混合制冷剂（Near Zeotropic Mixture Refrigerant）。近共沸混合制冷剂在泄漏后及再充注时，只要注意液相充注，其成分的微小变化不会较大地影响机组性能。

但是，也有一些真实溶液有一种完全不同的特性，如图 3.3 和图 3.4 所示。图 3.3 为具有最低沸点共沸溶液的温度-浓度图，图 3.4 为具有最高沸点的共沸溶液的温度-浓度图。从图中可以看出，在某段浓度范围溶液的蒸发温度低于或高于两个纯组分的蒸发温度，具有最低沸点或最高沸点的浓度时，在给定压力下其蒸发温度或冷凝温度为定值，故称为共沸混合溶液，可以像纯组分一样使用。

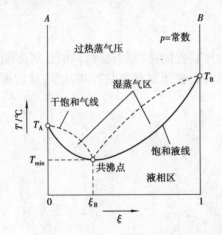

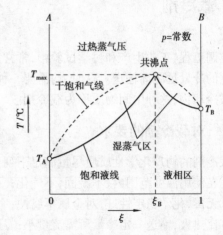

图 3.3　具有最低沸点的共沸溶液　　图 3.4　具有最高沸点的共沸溶液

R502 就是由质量百分比为 48.8% 的 R22 和 51.2% 的 R115 组成的具有最低沸点的二元混合工质。与 R22 相比，其压力稍高，在较低温度下单位质量制冷能力约提高 13%。此外，在相同的蒸发温度和冷凝温度条件下，其压缩比较小，压缩后的排气温度较低，因此，采用单级压缩式制冷时，蒸发温度可低达 −55 ℃ 左右。

（1）R407C

R407C 是由质量百分比为 23% 的 R32、25% 的 R125 和 52% 的 R134A 组成的三元非共沸混合工质。其标准沸点为 −43.77 ℃，温度滑移较大，为 4~6 ℃。与 R22 相比，其蒸发温度约高出 10%，制冷量略有下降，且传热性能稍差，制冷效率约下降 5%。此外，由于 R407C 温度滑移较大，要求改进蒸发器和冷凝器的设计。目前，R407C 作为 R22 的替代制冷剂，已用于房间空调器、单元式空调器以及小型冷水机组中。

（2）R410A

R410A 是由质量百分比各 50% 的 R32 和 R125 组成的二元近共沸混合工质。其标准沸点为 −51.56 ℃（泡点）、−51.5 ℃（露点），温度滑移仅 0.1 ℃ 左右。与 R22 相比，其系统压力为

1.5～1.6 倍,制冷量大 40%～50%。R410A 具有良好的传热特性和流动特性,制冷效率较高,目前是房间空调器、多联式空调机组等小型空调装置的替代制冷剂。

4)不完全卤化氟醚化合物(HFEs)

近年来,甲醚(C_2H_6O)、甲乙醚(C_3H_8O)和乙醚($C_4H_{10}O$)的不完全卤化物,备受人们关注。研究发现:HFEl43m(CF_3OCH_3)可以替代 R12 和 R134a,其热力性能接近 R12,ODP=0,而 GWP=750;HFE245mc($CF_3CF_2OCH_3$)可以替代 R114,用于高温热泵,其 ODP=0,GWP=622;HFE347mcc($CF_3CF_2CF_2OCH_3$)和 HFE347rnmy($CH_3OCF(CF_3)_2$)可以替代 R11,虽然热力性能低于 R11,但是 ODP=0。

制冷剂一般装在专用的钢瓶中,钢瓶应定期进行耐压试验。装存不同制冷剂的钢瓶不要互相调换使用,也切勿将存有制冷剂的钢瓶置于阳光下暴晒或靠近高温处,以免引起爆炸。一般氨瓶漆成黄色,氟利昂瓶漆成银灰色,并在钢瓶表面标有所装存的制冷剂的名称。

3.2　载冷剂

空调工程、工业生产和科学试验中,常常采用制冷装置间接冷却被冷却物,或者将制冷装置产生的冷量远距离输送。这时,均需要一种中间物质,在蒸发器内被冷却降温,然后再用它冷却被冷却物,这种中间物质称为载冷剂。

3.2.1　对载冷剂的要求

载冷剂的物理化学性质应尽量满足下列要求:
①在使用温度范围内,不凝固,不气化;
②无毒,化学稳定性好,对金属不腐蚀;
③比热大,输送一定冷量所需流量小;
④密度小,黏度小,可减小流动阻力,降低循环泵消耗功率;
⑤导热系数大,可减少换热设备的传热面积;
⑥来源充裕,价格低廉。
常用的载冷剂是水,但只能用于高于 0 ℃的条件。当要求低于 0 ℃时,一般采用盐水,如氯化钠或氯化钙盐水溶液,或采用乙二醇或丙三醇等有机化合物的水溶液。

3.2.2　常用载冷剂

1)盐水溶液

盐水溶液是盐和水的溶液,它的性质取决于溶液中盐的浓度,如图 3.5 和图 3.6 所示。图中曲线为不同浓度盐水溶液的凝固温度曲线,溶液中盐的浓度低时,凝固温度随浓度增加而降低,当浓度高于一定值以后,凝固温度随浓度增加反而升高,此转折点为冰盐合晶点。曲线将相图分为四区,各区盐水的状态不同。曲线上部为溶液区;曲线左部(虚线以上)为冰—盐溶液区,即当盐水溶液浓度低于合晶点浓度、温度低于该浓度的析盐温度而高于合晶点温度时,有冰析出,溶液浓度增加,故左侧曲线也称为析冰线;曲线右部(虚线以上)为盐—盐水溶液区,即当盐水浓度高于合晶点浓度、温度低于该浓度的析盐温度而高于合晶点温度时,有盐析出,溶液浓度降低,故右侧曲线也称为析盐线;低于合晶点温度(虚线以下)部分为固态区。

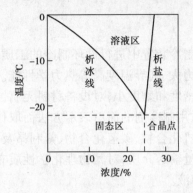 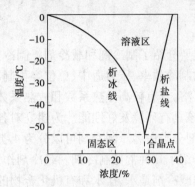

图 3.5 氯化钠盐水溶液图　　　　　图 3.6 氯化钙盐水溶液

选择盐水溶液浓度时应注意,盐水溶液浓度越大,其密度越大,流动阻力也越大,而比热减小,输送相同冷量时,需增加盐水溶液的流量。因此,只要保证蒸发器中盐水溶液不冻结,凝固温度不要选择过低,一般比蒸发温度低 4~5 ℃(敞开式蒸发器)或 8~10 ℃(封闭式蒸发器),且浓度不应大于合晶点浓度。

盐水溶液在制冷系统中运转时,有可能不断吸收空气中的水分,使其浓度降低,凝固温度升高,所以应定期向盐水溶液中增补盐量,以维持要求的浓度。

氯化钠等盐水溶液最大的缺点是对金属有强烈的腐蚀性,盐水溶液系统的防腐蚀是突出问题。实践证明,金属的被腐蚀与盐水溶液中含氧量有关,含氧量越大,腐蚀性越强,为此,最好采用闭式系统,减少与空气的接触。此外,为了减轻腐蚀作用,可在盐水溶液中加入一定量的缓蚀剂,缓蚀剂可采用氢氧化钠(NaOH)和重铬酸钠($NaCrO_7$)。$1m^3$ 氯化钙盐水溶液中加 1.6 kg 重铬酸钠,0.45 kg 氢氧化钠;$1m^3$ 氯化钠盐水溶液中加 3.2 kg 重铬酸钠,0.89 kg 氢氧化钠。加缓蚀剂的盐水应呈碱性(pH 值为 7.5~8.5)。重铬酸钠对人体皮肤有腐蚀作用,调配溶液时须加注意。

2)乙二醇

由于盐水溶液对金属有强烈的腐蚀作用,所以,一些场合常采用腐蚀性小的有机化合物,如甲醇、乙二醇等。乙二醇有乙烯乙二醇和丙烯乙二醇之分。由于乙烯乙二醇的黏度大大低于丙烯乙二醇,故载冷剂多采用乙烯乙二醇。

乙烯乙二醇是无色、无味的液体,挥发性低,腐蚀性低,容易与水和许多有机化合物混合使用。其虽略带毒性,但无危害,广泛应用于工业制冷和冰蓄冷空调系统中。

虽然乙烯乙二醇对普通金属的腐蚀性比水低,但乙烯乙二醇的水溶液则表现出较强的腐蚀性。在使用过程中,乙烯乙二醇氧化呈酸性,因此,乙烯乙二醇水溶液中应加入添加剂。添加剂包括防腐剂和稳定剂。防腐剂可在金属表面形成阻蚀层;而稳定剂可为碱性缓冲剂——硼砂,使溶液维持碱性(pH 值 >7)。溶液中添加剂的添加量为 $(800 \sim 1\ 200) \times 10^{-6}$。

乙烯乙二醇浓度的选择取决于应用的需要。一般而言,以凝固温度比蒸发温度低 5~6 ℃确定溶液浓度为宜,浓度过高,不但投资大,而且对其物性也有不利影响。若为了防止空调设备在冬季冻结损毁,采用30%的乙烯乙二醇水溶液便可以了。

本章小结

本章主要介绍了制冷剂和载冷剂。制冷剂是制冷装置中进行循环制冷的工质,制冷剂需具有较高的制冷效率、压力适中、单位容积制冷能力大、临界温度高等热力学性能。制冷剂应与润滑油互溶,具有较高导热系数和放热系数高,密度和黏度小,对设备材料无腐蚀性和侵蚀作用,还应该具有环境友好性能。为建立对各种通用制冷剂的简单表示方法而取代其化学名称,对制冷剂分类命名。制冷剂可以分为4类:无机化合物、碳氢化合物、氟利昂及混合溶液,文中简要介绍了几种常见制冷剂。载冷剂作为热量输送介质,对其物理化学性质有一定的要求。常用的载冷剂是水、盐水和有机化合物的水溶液。

思考题

3.1 什么是制冷剂? 对制冷剂有什么要求? 选择制冷剂时应考虑哪些因素?

3.2 选择制冷剂时,希望标准蒸发温度高点好还是低点好? 为什么?

3.3 "环保制冷剂就是无氟制冷剂"的说法正确吗? 请简述其原因。如何评价制冷剂的环境友好性能?

3.4 请说明各类制冷剂的命名方法。

3.5 高温、中温与低温制冷剂与高压、中压、低压制冷剂的关系是什么? 目前常用的高温、中温与低温制冷剂有哪些? 各适用于哪些系统?

3.6 单级蒸气压缩式制冷循环中,当冷凝温度为40 ℃、蒸发温度为0 ℃时,R717,R22,R134a,R123,R410A 中的哪些制冷剂适宜采用回热循环?

3.7 什么是载冷剂? 对载冷剂有何要求? 选择载冷剂时应考虑哪些因素和注意事项?

4

制冷压缩机

　　制冷压缩机是蒸气压缩式制冷系统中的主要设备。制冷压缩机的形式很多,根据它的工作原理,可分为容积型和速度型两大类。在容积型压缩机中,低压气体直接受到压缩,体积被强制缩小,从而达到提高压力的目的,可分为活塞式(往复式)和回转式两种。回转式又有螺杆式、滚动转子式、涡旋式等类型。在速度型压缩机中,气体压力的提高是由气体的速度转化而来的,常用的有离心式压缩机。各类型压缩机的基本构造及应用范围,见表4.1。

4.1　活塞式制冷压缩机

　　活塞式压缩机利用汽缸中活塞的往复运动来压缩气体,通常是利用曲轴连杆机构将原动机的旋转运动变为活塞的往复直线运动,称为往复式压缩机。活塞式压缩机主要由机体、汽缸、活塞、连杆、曲轴和吸(排)气阀片等组成,图4.1为立式两缸活塞式制冷压缩机。活塞式压缩机的工程应用逐渐减少,但为了理解压缩机的工作原理和影响因素,本节仍对活塞式压缩机进行简单介绍。

表4.1　制冷压缩机的分类及应用

区　分		简　图	气密特征	容量范围/kW	主要用途	特　点
容积式	往复式 活塞连杆式		开启	0.4~120	冷冻、空调、热泵	机型多、易生产、价廉、容量中等
			半封闭	0.75~45	冷冻、空调	
			全封闭	0.1~15	冷藏库、车辆	
	活塞斜盘式		开　启	0.75~2.2	轿车空调专用	高速、小容量
	旋转式 转子式		开启	0.75~2.2	车辆空调	
			全封闭	0.1~5.5	冷藏库、冰箱、车辆	高速、小容量
	旋转式 旋转叶片式		开启	0.75~2.2	车辆空调	
			全封闭	0.6~5.5	冷库、冰箱、空调	高速、小容量
	涡旋式		开启	0.75~2.2	车辆空调、热泵	
			全封闭	2.2~7.5	空　调	高速、小容量
螺杆式	双螺杆		开启	~6	汽车空调	压比大,可替代小容量往复式压缩机,价昂
				30~1 600	车辆空调	
			半封闭	55~300	热　泵	
	单螺杆		开启	100~1 100	热　泵	
			半封闭	22~90	热泵、车辆	
离心式			开启	90~1 000	冷冻、空调	适用于大容量
			半封闭			

4.1.1　活塞式制冷压缩机的分类

为了防止制冷系统内的制冷剂从运动着的压缩机中泄漏,必须采用密封结构。根据密封方式,压缩机可分为开启式、半封闭式和全封闭式3类(见图4.2)。

1)开启式

开启式压缩机的曲轴功率输入端伸出机体之外,通过传动装置(连轴器或皮带轮)与原动机相连接。曲轴伸出端设有轴封装置以防制冷剂泄漏。

2)半封闭式

压缩机的机体与电动机外壳铸成一体,构成密闭的机身,缸盖可拆卸的叫半封闭式压缩机。

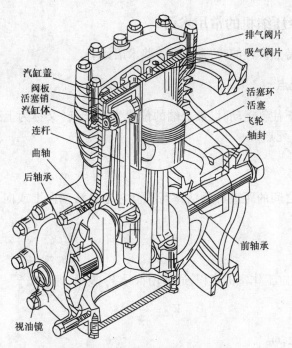

图 4.1　立式两缸活塞式制冷压缩机

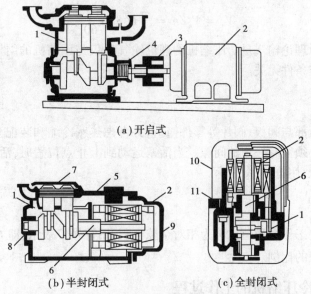

（a）开启式

（b）半封闭式　　　　　（c）全封闭式

图 4.2　开启式、半封闭、全封闭式压缩机结构示意图

1—压缩机；2—电机；3—联轴器；4—轴封；5—机体；
6—主轴；7，8，9—可拆的密封盖板；10—焊封的罩壳；11—弹性支撑

3）全封闭式

压缩机和电动机共同装在一个封闭壳体内，上、下机壳接合处焊封的为全封闭式压缩机。全封闭式压缩机与所配用的电动机共用一根主轴装在机壳内，因而可不用轴封装置，减少了泄漏的可能性。

4.1.2　活塞式制冷压缩机的常用术语

分析压缩机结构特点及性能时,常用到一些术语如下。

1)活塞的上、下止点

活塞在汽缸内上下往复运动时,最上端的位置为上止点(又称为上死点),最下端的位置称为下止点(又称为下死点)。

2)活塞行程

上止点与下止点之间的距离称为活塞行程。它也是活塞向上或向下运动一次所走的路程,通常用符号 S 表示。

3)汽缸工作容积

上、下止点之间汽缸工作室的容积,通常用符号 V_g 表示,即

$$V_g = \frac{\pi}{4}D^2S \qquad (4.1)$$

式中　D——汽缸内径,m。

对于一台有 Z 个汽缸、转速为 n 的压缩机,其理论容积为

$$V_h = V_gZn = \frac{\pi}{4}D^2SZn\frac{1}{60} \qquad (4.2)$$

理论容积也称为理论输气量。压缩机的理论输气量仅与压缩机的结构参数和转速有关,与制冷剂种类和工作条件无关。

4)余隙容积

为了防止活塞顶部与阀板、阀片等零件撞击,并考虑热胀冷缩和装配允许误差等因素,活塞顶部与阀板之间必须留有一定的间隙。当活塞运动到上止点位置时,活塞顶部与阀板之间的容积称为余隙容积,用符号 V_c 表示。

5)相对余隙容积

余隙容积与汽缸工作容积值比称为相对余隙容积,用符号 C 表示,即 $C = V_c/V_g$,表示余隙容积占汽缸工作容积的比例。

4.1.3　活塞式制冷压缩机的工作过程

1)理想工作过程

活塞式压缩机实际工作过程是相当复杂的,为了便于分析讨论,对压缩机的理想工作过程进行如下假设:

①压缩机没有余隙容积。

②吸、排气过程中没有阻力损失。

③吸、排气过程中与外界没有热量交换。

④没有制冷剂的泄漏。

压缩机的理想工作过程,如图4.3所示。整个工作过程分为进气、压缩、排气3个过程。当活塞由上止点位置(点4)向右移动时,压力为p_1的低压蒸气便不断地由蒸发器经吸气管和吸气阀进入汽缸,直到活塞运动到下止点(点1)为止。4—1过程称为吸气过程。活塞在曲轴连杆机构的带动下开始向左移动,吸气阀关闭,汽缸工作容积逐渐缩小,密闭在汽缸内的压力逐渐升高,当压力升高到等于排气管中的压力p_2时(点2),排气阀门自动打开,开始排气。1—2过程称为压缩过程。活塞继续向左运动,汽缸内气体的压力不再升高,而是不断地排出汽缸,直到活塞运动到上止点(点3)时为止。2—3过程称为排气过程。当活塞重新由上止点开始向下止点运动时,又重新开始吸气过程,如此周而复始循环不已。

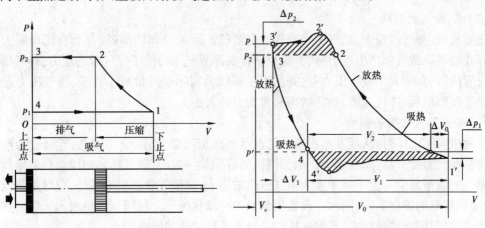

图4.3 理想工作过程的示功图($p\text{-}V$图)   图4.4 压缩机的实际示功图

2)实际工作过程

压缩机的实际工作过程与理想工作存在着较大的区别。实际工作过程如图4.4所示。由于实际压缩机中存在着余隙容积,当活塞运动到上止点时,余隙容积内的高压气体留存于汽缸内,活塞由上止点开始向下运动时,吸气阀在压差作用下不能立即开启,首先存在一个余隙容积内高压气体的膨胀过程,当汽缸内气体压力降到低于蒸发压力p_1时,吸气阀才自动开启,开始吸气过程。由此可知,压缩机的实际工作过程是由膨胀、吸气、压缩、排气4个工作过程组成的。图中3′—4′表示膨胀过程;4′—1′表示吸气过程;1′—2′表示压缩过程;2′—3′表示排气过程。

4.1.4 活塞式制冷压缩机的性能

1)压缩机的输气系数

由于各种因素的影响,压缩机的实际输气量V_s总是小于理论输气量V_h。

实际输气量与理论输气量之比称为压缩机的输气系数,用λ表示($\lambda < 1$),即

$$\lambda = \frac{V_s}{V_h} \tag{4.3}$$

λ的大小反映了实际工作过程中存在的诸多因素对压缩机输气量的影响,也表示了压缩机汽缸工作容积的有效程度,故也称压缩机的容积效率。输气系数综合了4个主要因素,即余隙容积、吸排气阻力、吸气过热和泄漏对压缩机输气量的影响。为此,可以将输气系数写成4

个分系数乘积的形式,即

$$\lambda = \lambda_v \lambda_p \lambda_T \lambda_l \tag{4.4}$$

式中 $\lambda_v, \lambda_p, \lambda_T, \lambda_l$——容积系数、压力系数、温度系数、泄漏系数。

(1)余隙容积的影响

如前所述,由于余隙容积存在,少量高压气体首先膨胀占据一部分汽缸的工作容积,如图 4.4 中 ΔV_1,从而减少了汽缸的有效工作容积。计算表明,相对余隙越大和压缩比越大(即排气压力与吸气压力之比),则容积系数的值 λ_v 越小。因此,在装配时,应使直线余隙控制在适当的范围内,以减小余隙容积对压缩机输气量的影响。通常,空调工况 C 取 0.04~0.05,冷藏工况 C 取 0.02~0.04。

(2)吸、排气的影响

压缩机吸、排气过程中,蒸气流经吸气腔、排气腔、通道及阀门等处,都会有流动阻力。阻力的存在势必导致气体产生压力降,其结果使得实际吸气压力低于吸气管内压力,排气压力高于排气管内压力,增大了吸排压力差,并使得压缩机的实际吸气量减小。吸、排气压力损失主要取决于压缩机吸、排气通道,阀片结构和弹簧力的大小。

(3)吸入蒸气过热的影响

压缩机实际工作时,从蒸发器出来的低温蒸气在流经吸气管、吸气腔、吸气阀进入汽缸前均要吸热而使温度升高、比容增大。由于汽缸的容积是一定的,蒸气比容的增大必然导致实际吸入蒸气的质量减少。为了减少吸入蒸气过热的影响,除吸气管道应隔热外,应尽量降低压缩比,使得汽缸壁的温度下降,同时应改善压缩机的冷却状况。全封闭压缩机吸入蒸气过热的影响最严重,半封闭压缩机次之,开启式压缩机吸入蒸气过热的影响较小。

(4)泄漏的影响

气体的泄漏主要是压缩后的高压气体通过汽缸壁与活塞之间的不严密处向曲轴箱内泄漏。此外,由于吸排气阀关闭不严和关闭滞后也会造成泄漏,这些都会使压缩机的排气量减少。为了减少泄漏,应提高零件的加工精度和装配精度,控制适当的压缩比。

综上所述,影响压缩机输气系数 λ 的因素很多,当压缩机结构类型和制冷剂确定以后,运行工况的压缩比 p_k/p_0 是最主要的因素。因此,压缩机制造厂一般将生产的各类型压缩机的输气系数 λ 整理成 p_k/p_0 的变化曲线,以供用户使用。

2)活塞式制冷压缩机的功率和效率

由原动机传到压缩机主轴上的功率称为轴功率 N_e,其中一部分直接用于压缩气体,称为指示功率 N_i;另一部分用于克服运动机构的摩擦阻力和带动油泵工作,称为摩擦功率 N_m。因此,压缩机的轴功率可分为:

$$N_e = N_i + N_m \tag{4.5}$$

(1)指示功率和指示效率

指示功率取决于压缩机的汽缸数、转数和单位(即曲轴转 1 圈)指示功,而后者可直接由 p-V图(示功图)的面积表示。工程中,指示功率可根据同类型压缩机选取指示效率 η_i 来计算决定。指示效率 η_i 是单位质量制冷剂的理论耗功(即绝热压缩)与实际功量 w_s 之比,即

$$\eta_i = \frac{w_0}{w_s} \tag{4.6}$$

蒸气的绝热压缩理论功 w_0 为

$$w_0 = h_2 - h_1 \tag{4.7}$$

式中　h_1, h_2——蒸气压缩终、初态的比焓,可根据运行工况从制冷剂工质热力性质图表中
查取。

于是指示功率可按式(3.8)计算,即

$$N_i = M_R w_s = M_R \frac{w_0}{\eta_i} = \frac{V_h \lambda}{v_1} \frac{h_2 - h_1}{\eta_i} \tag{4.8}$$

其中

$$M_R = M_h \lambda = \frac{V_h}{v_1} \lambda$$

指示效率 η_i 主要与运行工况、多变指数、吸排气压力损失等多种因素有关。活塞式制冷
压缩机指示效率 η_i 为 0.6 ~ 0.8,压缩比较大的工况取低值。

(2)摩擦功率和机械效率

压缩机的摩擦功率主要消耗于克服压缩机各运行部件之间的摩擦阻力和带动润滑油泵的
功率。压缩机的摩擦功率主要与压缩机的结构、制造、装配质量、转速和润滑油的温度等因素
有关。工程中,摩擦功率 N_m 可利用机械效率 η_m 的方法予以计算。机械效率是压缩机指示功
率与轴功率之比,即

$$\eta_m = \frac{N_i}{N_e} = \frac{N_i}{N_i + N_m} \tag{4.9}$$

活塞式制冷压缩机的机械效率 η_m 一般在 0.8 ~ 0.9。在制冷压缩机系列产品中,缸数较
多的压缩机所消耗的摩擦功率要相对低些。

(3)轴功率和轴效率

制冷压缩机的轴功率为

$$N_e = N_i + N_m = \frac{N_i}{\eta_m} = \frac{V_h \lambda}{v_i} \frac{h_2 - h_1}{\eta_i \eta_m} \tag{4.10}$$

式中指示效率与机械效率的乘积称为压缩机
的轴效率,或总效率,即 $\eta_e = \eta_i \eta_m$。活塞式制
冷压缩机的轴效率随压缩比的变化见图4.5,
它在低压缩比范围内的降低主要是由于指示
效率和机械效率的下降所致。

在实际工程中,制冷系数定义为单位轴功
率的制冷量,用 COP 值表示。COP 与理论循环
制冷系数 ε_0 的关系为

$$COP = \varepsilon_0 \eta_e = \varepsilon_0 \eta_i \eta_m \tag{4.11}$$

对于封闭式压缩机,由于电动机置于压缩
机机壳内部,没有外伸轴,压缩机所消耗的功

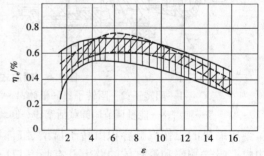

图4.5　轴效率 η_e 随压缩比的变化关系

往往用电动机的输入功来表示。单位制冷量与输入功之比称为能效比,用 EER 值表示。

(4)制冷压缩机电动机功率的校核计算

制冷压缩机所需的轴功率随运行工况而变化,在冷凝温度一定的情况下,压缩比约为3时
轴功率最大。因此,对于空调用压缩机可按最大轴功率工况选配。而对于经常在较低蒸发温
度下工作的低温压缩机,如果只考虑到启动时要通过最大功率工况而按最大轴功率选配,势必

造成电动机效率很低,整机容量过大和电力的浪费。为此,对于制冷量大的开启式压缩机,可考虑按其常用的工况范围分档选配。对于选配低档的功率,为了防止电动机启动过载,可采用启动卸载的方法。

对于小型开启式压缩机,所需电动机的名义功率可按最大功率工况下的轴功率并考虑其传动效率 η_d,再加上启动的需要增加 $10\% \sim 15\%$ 来计算。制冷压缩机配用电动机的功率 N 为

$$N = (1.10 \sim 1.15) \frac{N_e}{\eta_d} = (1.10 \sim 1.15) \frac{V_h \lambda (h_2 - h_1)}{v_1 \eta_i \eta_m \eta_d} \qquad (4.12)$$

式中 η_d——传动效率,直联时为1,三角皮带联接时为 $0.90 \sim 0.95$。

4.2 螺杆式制冷压缩机

螺杆式制冷压缩机属于回转式压缩机的一种形式。由于它的结构简单、易损件少、转速高、排气温度低、对湿压缩不敏感等一系列优点,在国内外得到了迅速发展,广泛应用于冷藏、冷冻、空调、化工、轻工等领域。

4.2.1 螺杆式制冷压缩机的基本构造

螺杆式制冷压缩机的基本构造如图4.6所示。螺杆式制冷压缩机主要部件有:阳转子、阴转子、机体、轴承、轴封、平衡活塞及能量调节装置。

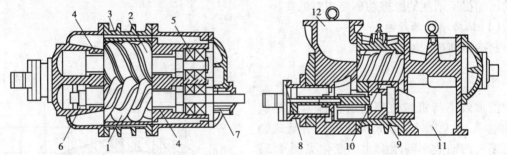

图 4.6　喷油式螺杆制冷压缩机

1—阳转子;2—阴转子;3—机体;4—滑动轴承;5—止推轴承;6—平衡活塞;

7—轴封;8—能量调节用卸载活塞;9—卸载消阀;10—喷油孔;11—排气口;12—进气口

压缩机的工作汽缸容积由转子齿槽、缸体和吸排气端座构成。吸气端座和汽缸体的壁上开有吸气口(分轴向吸气口和径向吸气口),排气端座和汽缸体内壁上也开有排气口,而不像活塞式压缩机那样设吸、排气阀。吸、排气口的大小和位置要经过精心设计计算确定。随着转子的旋转,吸、排气口可按需要准确地使转子的齿槽与吸、排气腔连通或隔断,周期性地完成进气、压缩、排气过程。转子、机体壳体部件,如图4.7和图4.8所示。

喷油的作用是冷却汽缸壁、降低排气温度、润滑转子,并

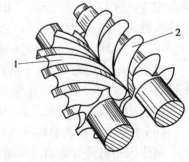

图 4.7　阴阳螺杆

1—阴螺杆;2—阳螺杆

在转子与汽缸壁之间形成油膜密封、减小机械噪声。螺杆压缩机运转时,由于转子上产生较大轴向力,必须采用平衡措施,通常是在两转子的轴上设置推力轴承。另外,阳转子上轴向力较大,还要加装平衡活塞予以平衡。

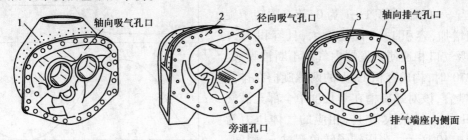

图4.8 机壳部件立体图

1—吸气端座;2—机体;3—排气端座

4.2.2 螺杆式制冷压缩机的工作过程

一对相互啮合的螺杆具有特殊的螺旋齿形,凸齿形称为阳螺杆(或称为阳转子),凹齿形称为阴螺杆(或称为阴转子),如图4.7所示。阳转子为4齿,阴转子为6齿,两转子按一定速比啮合反向旋转。一般阳转子由原动机直联,阴转子为从动。由于齿数比为4∶6,故阳转子旋转一转,阴转子仅转2/3转。两啮合转子的外圆柱面与机体的横"8"字形内腔相吻合。阳、阴转子未啮合的螺旋槽与机体内壁及吸、排气端座内壁形成独立的封闭齿间容积,而阳、阴转子相啮合的螺旋槽由螺旋面的接触线分隔成两部分空间,形成一个V形工作容积,如图4.9所示。吸、排气口是按工作过程的需要精确设计的,可根据需要使工作容积与吸、排气口连通或隔断。下面以一个V形工作容积为例,说明其工作过程。

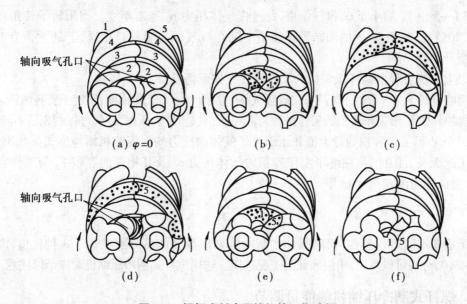

图4.9 螺杆式制冷压缩机的工作过程

1) 吸气过程

设阳转子转角为 φ，以 V 形齿间容积 1—1 为对象。当 $\varphi=0$ 时，容积 1—1 为 0，随着阳转子旋转，φ 值增加，容积 1—1 随之增大，且容积 1—1 一直与吸气口相通使蒸发器内气体不断被吸入。当 $\varphi=270°$ 时，构成容积 1—1 的两螺旋槽在排气端脱出啮合，该对螺旋槽在其长度中全部充满气体，容积 1—1 达最大值 V_1，相应的气体压力为 p_1，如图 4.10 所示。当阳转子转角超过 φ_1 瞬间，容积 1—1 与吸气口断开，吸气过程结束。吸气全过程如图 4.9 所示。

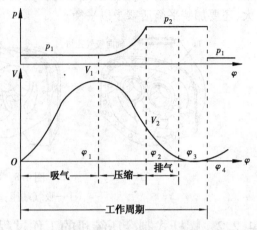

图 4.10 气体压力、工作容积和转角的关系

2) 压缩过程

阳转子继续旋转，阳转子螺旋槽 1 与阴转子另一螺旋槽 5（已吸满气体）连通，组成新的 V 形容积 1—5（见图 4.9d）。此工作容积 1—5 由最大值 V_1 逐渐向排气端移动而缩小，对封闭在其中的气体进行压缩，压力逐渐升高。当阳转子的转角继续增至 φ_2 时，参见图 4.9e，容积 1—5 由 V_1 缩小至 V_2，压力升至 p_2，此时（$\varphi=\varphi_2$）容积 1—5 开始与排气孔口连通，压缩过程结束，排气过程即将开始。

3) 排气过程

阳转子继续旋转，与排气孔口连通的容积 1—5 逐渐缩小。当阳转子转角由 φ_2 增至 φ_3 时，容积 1—5 由 V_2 缩小至 0，排气结束，此过程气体压力 p_2 基本不变。当阳转子转角再增至 φ_4（$\varphi=720°$）时，容积 1—5 的阳转子螺旋槽 1 又在吸气端与吸气口相通，于是下一个工作周期又重新开始。

从以上分析可看出螺杆压缩机的工作过程有如下特点：

①两啮合转子某 V 形工作容积，完成吸气、压缩、排气一个工作周期，阳转子要转两转。而整个压缩机的其他 V 形工作容积的工作过程与之相同，只是吸气、压缩、排气过程的先后不同而已。

②每个 V 形工作容积的最大值和压缩终了气体的压力均由压缩机结构型式参数决定，而与运行工况无关。因此，压缩终了工作容积内气体压力 p_2 及其相应的容积 V_2 与工作容积最大值 V_1 之比称为内容积比 ε，即

$$\varepsilon=\frac{V_1}{V_2}$$

为了适应不同运行条件，我国螺杆式制冷压缩机系列产品分别推荐了 3 种比值，即 ε 取 2.6,3.6,5.0,分别可供高温、中温和低温工况选用。选用螺杆式制冷压缩机时应予以注意。

4.2.3 螺杆式制冷压缩机的能量调节

螺杆式制冷压缩机的能量调节多采用滑阀调节，其基本原理是通过滑阀的移动使压缩机阳、阴转子齿间的工作容积，在齿间接触线从吸气端向排气端移动的前一段时间内，仍与吸气

口相通,使部分气体回流至吸气口,即减少了螺杆有效工作长度达到能量调节的目的。图4.11为滑阀式能量调节机构示意图,滑阀可通过手动、液压传动或电动方式使其沿机体轴线方向往复滑动。若滑阀停留在某一位置,压缩机即在某一排气量下工作。图4.12为滑阀能量调节的原理图。其中,图4.12a为全负荷工作时的滑阀位置,此时滑阀尚未移动,工作容积中全部气体被排出;图4.12b则为部分负荷时滑阀位置,滑阀向排气端方向移动,旁通口开启,压缩过程中,工作容积内气体在越过旁通口后才能进行压缩过程,其余气体未进行压缩就通过旁通口回流至吸气腔。这样,排气量就减少,起到调节能量的作用。

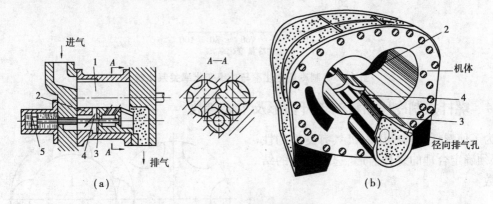

图4.11　滑阀式能量调节机构
1—阴阳螺杆;2—滑阀固定端;3—能量调节滑阀;4—旁通口;5—油压活塞

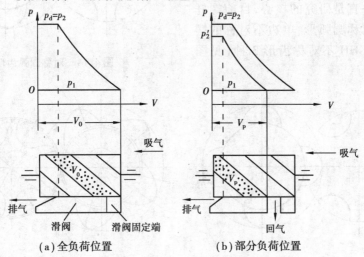

图4.12　滑阀能量调节原理

一般螺杆制冷压缩机的能量调节范围为10%～100%,且为无级调节。在能量调节过程中,其制冷量与功耗关系(见图4.13)。显然,螺杆式制冷压缩机的制冷量与功率消耗在整个能量调节范围内不是正比关系。当制冷量在50%以上时,功率消耗与制冷量近似成正比关系,而在低负荷下运行则功率消耗较大。因此,从节能角度考虑,螺杆式制冷压缩机的负荷(即制冷量)应在50%以上的工况下运行为宜。

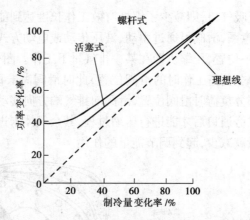

图 4.13　制冷量变化率与功率变化率关系比较

4.2.4　螺杆式制冷压缩机的螺杆齿形及主要参数

为了使螺杆式制冷压缩机具有良好的性能,必须确定合理的螺杆齿形、选取适合的结构参数。

1)螺杆齿形

螺杆齿形一直是研究的核心,目前螺杆的齿形主要有对称圆弧形、单边不对称的摆线圆弧齿形和 GHH 不对称齿形 3 种(见图4.14 ~ 4.16)。

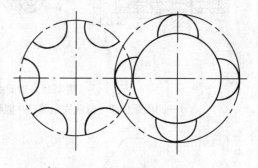

图 4.14　对称圆弧齿形

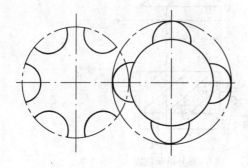

图 4.15　单边不对称摆线圆弧齿形

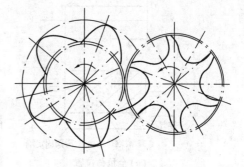

图 4.16　GHH 不对称齿形

2)螺杆直径和长径比

螺杆直径是指转子的公称直径 D_0,我国螺杆的公称直径为 63,80,100,125,160,200 mm等几种。

螺杆的长径比是指压缩机螺杆的轴向(螺杆部分)长度与螺杆公称直径的比值 L/D_0,我国有两种长径比,即 L/D_0 的比值分别为 1 和 1.5。

3)理论排气量

理论排气量 V_h 为单位时间内阴、阳转子转过的齿间容积之和,即

$$V_h = 60(m_1 n_1 V_1 + m_2 n_2 V_2) \tag{4.13}$$

式中 V_1, V_2——阳转子和阴转子的齿间容积(即一个齿槽容积),m^3;

　　　m_1, m_2——阳转子和阴转子的齿数;

　　　n_1, n_2——阳转子和阴转子的转速,r/min。

因为 $m_1 n_1 = m_2 n_2$,且 $V_1 = f_{01} L$, $V_2 = f_{02} L$,所以 $V_h = 60 m_1 n_1 L(f_{01} + f_{02})$。其中,$L$ 为螺杆的螺旋部分长度,m;f_{01}, f_{02} 分别为阳转子和阴转子的端面齿间面积(端平面上的齿槽面积),m^2。

4)容积效率和指示效率

螺杆式制冷压缩机的实际排气量低于它的理论排气量,主要原因是螺杆之间及螺杆与机壳之间的间隙引起的气体泄漏。螺杆式制冷压缩机的容积效率(类同于活塞式制冷压缩机的输气系数)一般为 0.75 ~ 0.95。大于相同压缩比下的活塞式制冷压缩机,机械效率为 0.95 ~ 0.98,指示效率(也称为内效率)为 0.72 ~ 0.85。图 4.17 和图 4.18 为 KA20C 型螺杆式制冷压缩机的性能曲线图,其变化规律与活塞式制冷压缩机基本相同。

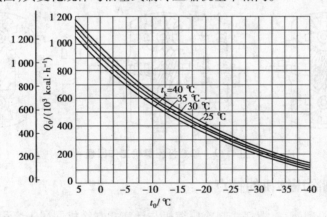

图 4.17　KA20C 型螺杆式制冷压缩机的蒸发温度与制冷量的关系

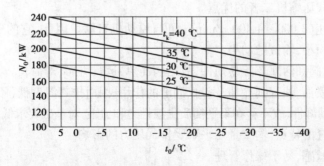

图 4.18　KA20C 螺杆式制冷压缩机轴功率与蒸发温度的关系

4.2.5 单螺杆压缩机简介

一对相互啮合的螺杆压缩机(通常称双螺杆压缩机)运行时轴向力大,因而机械结构较为复杂。为此,对单螺杆压缩机不断改进、完善,形成一个新机种,目前国外不少公司可生产单螺杆压缩机。

单螺杆压缩机的结构类似机械传动中的蜗轮蜗杆,但作用不是机械传动,而是用来压缩气体。单螺杆压缩机主要零件是一个外圆柱面上铣有6个螺旋槽的转子外螺杆。在螺杆的两侧垂直地对称布置完全相同的11个齿条的行星齿轮。单螺杆的一端与电动机直联,在水平方向旋转时,同时带动2个行星齿轮以相反的方向在垂直方向上旋转。运转时,行星齿轮的齿条与螺杆的沟槽相啮合,形成密封线。行星齿轮的齿条一方面绕中心垂直旋转,同时也逐渐侵入到螺杆沟槽中去,使沟槽的容积逐渐缩小,从而达到压缩气体的目的。由于2个行星齿轮是反方向旋转,所以吸、排气口的布置正好上下相反。

单螺杆压缩机工作过程与容积式压缩机类似,有吸气、压缩、排气3个过程,见图4.19。单螺杆压缩机也采用滑阀进行能量调节,容量可在10% ~ 100%的范围内进行无级调节。用户应根据常年使用工况选择合适的内容积比,以达到节能效果。单螺杆用锻钢制成,2个行星齿轮采用工程塑料模压而成,运行时磨损较小,且能起到消声作用。单螺杆压缩机常用来配置冷水机组。

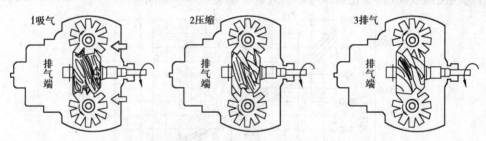

图4.19 单螺杆压缩机工作原理

4.2.6 螺杆式制冷压缩机的特点

就压缩气体的原理而言,螺杆式制冷压缩机与活塞式制冷机同属于容积型压缩机,但就其运动形式来看,它又与离心式制冷压缩机类似,转子做高速旋转运动,所以螺杆式制冷压缩机兼有活塞式和离心式压缩机二者的优点。

①具有较高转速(3 000 ~ 4 400 r/min),可与原动机直联。因此,它的单位制冷量的体积小,质量轻,占地面积小,输气脉动小。

②没有吸、排气阀和活塞环等易损件,故结构简单、运行可靠、寿命长。

③因向汽缸中喷油,油起到冷却、密封、润滑的作用,因而排气温度低(不超过90 ℃)。

④没有往复运动部件,故不存在不平衡质量惯性力和力矩,对基础要求低,可提高转速。

⑤具有强制输气的特点,输气量几乎不受排气压力的影响。

⑥对湿压缩不敏感,易于操作管理。

⑦没有余隙容积,也不存在吸气阀片及弹簧等阻力,容积效率较高。

⑧输气量调节范围宽,且经济性较好,小流量时也不会出现像离心式压缩机那样的喘振现象。

然而,螺杆式制冷压缩机也存在着油系统复杂、耗油量大、油处理设备庞大且结构较复杂、不适宜于变工况下运行(压缩机的内容积比是固定的)、噪声大、转子加工精度高、泄漏量大,只适用于中、低压力比下工作等缺点。

4.3 离心式制冷压缩机

离心式制冷压缩机是一种速度型压缩机,通过高速旋转的叶轮对气体做功,先使其流速提高,然后通过扩压器使气体减速,将气体的动能转换为压力能,气体的压力就得到相应的提高。离心式制冷压缩机具有制冷量大、型小体轻、运转平稳等特点,多应用于大型空气调节系统和石油化学工业。

4.3.1 结构简述

离心式制冷压缩机分单级和多级两种类型,其结构示意图如图 4.20 和图 4.21 所示。可见,离心式压缩机主要由吸气室、叶轮、扩压器、弯道、回流器、蜗壳、主轴、轴承、机体及轴封等零部件构成。

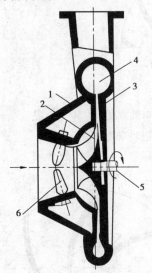

图 4.20　单级离心式压缩机简图
1—机体;2—叶轮;3—扩压器;
4—蜗壳;5—主轴;
6—导流叶片能量调节装置

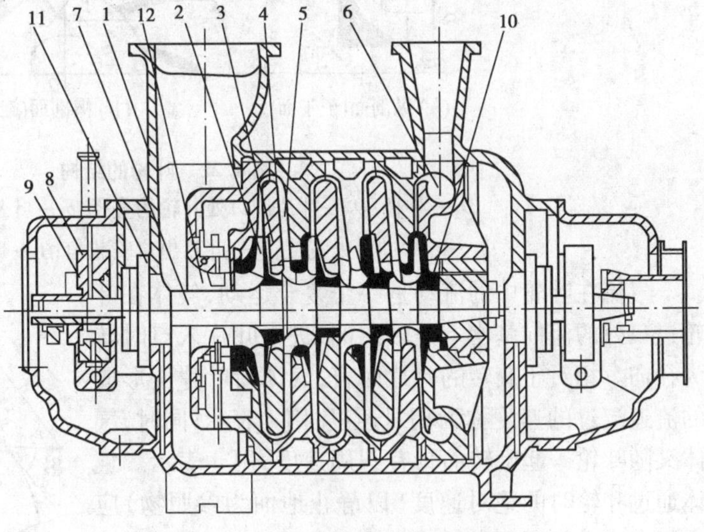

图 4.21　多级离心式压缩机简图
1—机体;2—叶轮;3—扩压器;4—弯道;5—回流器;6—蜗壳;7—主轴;
8—轴承;9—推力轴承;10—梳齿密封;11—轴封;12—进口导流装置

工作时,电动机通过增速箱带动主轴高速旋转,从蒸发器出来的制冷剂蒸气由吸气室进入由叶片构成的叶轮通道。由于叶片的高速旋转产生的离心力作用,使气体获得动能和压力能。高速气流经叶片进扩压器,由于流通截面逐渐扩大,气流逐渐减速而增压,将气体的动能转变为压力能。为了使气体继续增压,用弯道、回流器将气体均匀引入下一级叶轮,并重复上述过程。当被压缩的气体从最后一级的扩压器流出后,用蜗室将气体汇集起来,由排气管输送到冷凝器中去,完成压缩过程。

由工作过程可看出,离心式压缩机的工作原理与活塞式不同,它不是利用容积减少来提高气体的压力,而是利用旋转的叶轮对气体做功、提高气体的压力。空调用离心式压缩机中应用的最广泛的工质是 R11 和 R12,只有制冷量特别大的离心式压缩机才用 R114 或 R22。由于 R11 和 R12 对大气环境的影响,已经禁止使用,目前空调用离心式压缩机工质主要选用 R134a,R123,R22。寻找符合环保要求的离心式压缩机工质是当前制冷行业需要尽快解决的问题。

4.3.2 基本工作原理

离心式压缩机属透平机械,工作原理比较复杂,这里仅进行一般定性介绍。

1)叶轮的作用原理

叶轮是压缩机中最重要的部件。主轴通过叶轮将能量传给蒸气。叶轮的结构如图 4.22 所示,通常由轮盘、轮盖和叶片组成。轮盖通过多条叶片与固定在主轴上的轮盘连接,形成多条气流通道。

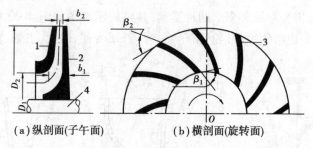

(a)纵剖面(子午面)　　　　(b)横剖面(旋转面)

图 4.22　叶轮的结构

D_2—外径;D_1—叶片进口处叶轮的直径;b_2—叶片出口处宽度;

b_1—叶片进口处宽度;β_2—叶片出口安装角;β_1—叶片进口安装角

气流在叶轮中的流动是一个复合运动,气体在叶轮进口处的流向基本上是轴向的,进入叶片入口时转为径向。相对于旋转的叶片而言,气体沿叶片所形成的流道流过的速度称为相对速度,用 v 表示;同时,气体又随叶轮一起旋转而具有圆周速度,用 u 表示。气体通过叶轮时的绝对速度(以静止地面为参照物)应为相对速度与圆周速度的矢量和,用符号 c 表示,可用图 4.23 中叶轮进出口速度三角形来表示。一般习惯用下标 1 表示进口、下标 2 表示出口,并把出口绝对速度 c_2 分成圆周分速度 c_{u2} 和径向分速度 c_{2r}。

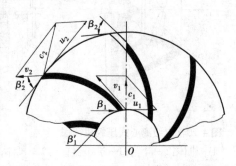

图 4.23　叶片进、出口处气流的速度图形

假如通过叶轮的制冷剂质量流量为 M_R,叶轮角速度为 ω。若不考虑任何损失,叶轮对 1 kg 气体所做的理论功 $w_{c,th}$,或称为理论能量头(压头)。可用欧拉方程式求得,即

$$w_{c,th} = (c_{u2}u_2 - c_{u1}u_1) \tag{4.14}$$

一般离心式压缩机气流都是轴向流入叶轮,即进口气流绝对速度的方向与圆周垂直,故 $c_{u1}=0$。于是,叶轮产生的理论能量头为

$$w_{c,th} = c_{u2}u_2 \tag{4.15}$$

可见,叶轮产生的能量头只与叶轮外缘圆周速度 u_2 及气流运动情况有关,而与制冷剂的状态和种类无关。为了获得高的外缘圆周速度 u_2,要求转速高,一般在 5 000 ~ 15 000 r/min。另外,u_2 的大小还受到流动阻力和叶轮强度的限制。

2)离心式制冷压缩机的特性

离心式压缩机的特性是指在一定的进口压力下,输气量、功率、效率与排出压力之间的关系,并指明了在这种压力下的稳定工作范围。下面借助一个级的特性曲线进行简单的分析。

图 4.24 为一个级的特性曲线。图中 S 点为设计点,所对应的工况为设计工况。由流量—效率曲线可见,在设计工况附近,级的效率较高;偏离越远,效率降低越多。图中的流量—排出压力曲线表达了级的出口压力与输气量之间的关系。B 点为该进口压力下的最大流量点。当流量达到这一数值时,叶轮中叶片进口截面上的气流速度将接近或到达音速,流动损失都很大,气体所得的能量头用以克服这些阻力损失,流量不可能再增加,通常将此点称为滞止工况。图中 A 点为喘振点,其对应的工况为喘振工况,此时的流量为进口压力下级的最小流量,当流量低于这一数值时,由于供气量减少,而制冷剂通过叶轮流道的损失增大到一定的程度,有效能量头将不断下降,使得叶轮不能正常排气致使排气压力陡然下降。这样,叶轮以后的高压部位的气体将倒流回来。当倒流的气体补充了叶轮中气量时,叶轮又开始工作,将气体排出。之后,供气量仍然不足,排气压力又会下降,又出现倒流,这样周期性重复进行,使压缩机产生剧烈的振动和噪声而不能正常工作,这种现象称为喘振现象。因此,运转过程中应极力避免喘振的发生。喘振工况(A 点)和滞止工况(B 点)之间即为级的稳定工作范围。性能良好的压缩机级应有较宽的稳定工作范围。

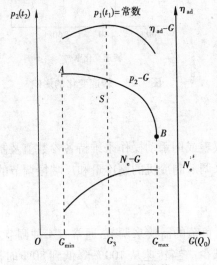

图 4.24 级的特性曲线

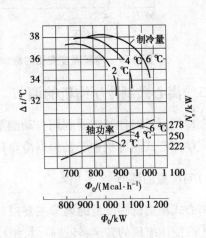

图 4.25 FZ-1000 离心式制冷压缩机特性

离心式制冷压缩机的特性曲线一般用制冷量 Q_0 作为横坐标,用冷凝温度(或冷凝压力)作纵坐标。也有用温差作纵坐标,图 4.25 为国产 1 200 kW 空调用离心式制冷压缩机特性曲线。

3)影响离心式压缩机制冷量的因素

离心式制冷压缩机都是根据给定的工作条件(即蒸发温度、冷凝温度、制冷量)选定制冷工质设计制造的。因此,当工况变化时,压缩机性能将发生变化。

①蒸发温度的影响:制冷压缩机的转速和冷凝温度一定时,压缩机制冷量随蒸发温度变化的百分比如图 4.26 所示。从图中可见,离心式制冷机的制冷量受蒸发温度变化的影响比活塞式压缩机明显。蒸发温度越低,制冷量下降越剧烈。

②冷凝温度的影响:当制冷压缩机的转速和蒸发温度一定时,冷凝温度对压缩机制冷量的影响如图 4.27 所示。可见,冷凝温度低于设计值时,由于流量增大制冷量略有增加;但冷凝温度高于设计值时,影响十分明显,随着冷凝温度升高,制冷量将急剧下降,并可能出现喘振现象,在实际运行时必须予以足够的注意。

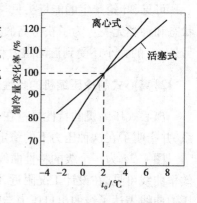

图 4.26　蒸发温度变化的影响

③转速的影响:当运行工况一定,压缩机制冷量与转速的关系对于活塞式制冷压缩机而言成正比关系,对于离心式制冷压缩机而言则与转速的平方成正比,这是因为压缩机产生的能量头及叶轮外缘圆周速度与转速成正比关系。图 4.28 示出了转速变化对制冷量的影响。

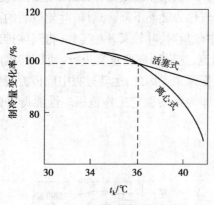

图 4.27　冷凝温度变化的影响

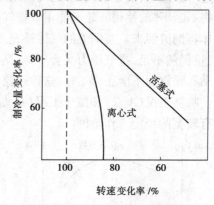

图 4.28　转速变化的影响

4.3.3　离心式制冷压缩机的调节

制冷机运行时往往需要利用自动测量和调节仪表或用手动操作来维持各参数值及制冷量的恒定。离心式制冷机主要是根据冷负荷的变化来调节制冷机的制冷量和反喘振调节的。

1)制冷量的调节

离心式压缩机制冷量的调节主要根据用户对冷负荷的需要来调节,通常有 4 种调节方法。

①改变压缩机的转速:转速降低,制冷量相应减少。当转速从 100% 降低到 80% 时,制冷量减少了 60% ,轴功率也减少了 60% 以上。离心式制冷压缩机转速的改变可通过更换增速器中的齿轮来实现。

②压缩机吸入管道上节流:通过改变蒸发器到压缩机吸入口之间管道上节流阀的开启度予以实现。为了避免调节时影响压缩机的工作,降低压缩机的效率,吸气节流阀通常采用蝶阀,使节流后的气体沿圆周方向均匀流动。由于节流产生能量损失,运转不经济,但装置简单,仍可采用。

③转动吸气口导流叶片调节：旋转导流叶片，改变导流叶片的角度，从而改变吸气口气流方向，以调节压缩机的制冷能力。这种调节方法经济性好，调节范围宽(40% ～100%)，可用手动或根据蒸发温度(或冷冻水温度)自动调节，广泛用于氟利昂离心式制冷压缩机。

④改变冷凝器冷却水量：冷却水量减少，冷凝温度增高，压缩机制冷量明显减小，但动力消耗变化很小，因而经济性差，一般不宜单独采用，可与改变转速或导流叶片调节等方法结合使用。

2)反喘振调节

离心式制冷压缩机发生喘振的主要原因是冷凝压力过高或蒸发压力过低，维持正常的冷凝压力和蒸发压力可防止喘振。但是，当调节压缩机制冷量，其负荷过小时，也会产生喘振现象。为此，必须进行保护性的反喘振调节，旁通调节法是反喘振调节的一种措施。当要求压缩机的制冷量减小到喘振点以下时，可从压缩机排出口引出一部分气态制冷剂不经过冷凝器而流入压缩机的吸入口。这样既减少了流入蒸发器的制冷剂流量和制冷机的制冷量，又不致使压缩机吸入量过小，从而可以防止喘振发生。

4.4 其他类型的制冷压缩机

活塞式制冷压缩机、螺杆式制冷压缩机和离心式制冷压缩机在制冷技术中获得了广泛的应用。为了适应制冷技术发展的需要，其他类型的制冷压缩机也得到了相应的发展。本节对涡旋式、滚动转子式、三角转子式、双回转式制冷压缩机的工作原理、结构特点、性能等问题进行简要介绍。

4.4.1 涡旋式制冷压缩机

1)结构及工作原理

涡旋式制冷压缩机的压缩机构如图 4.29 所示。它由运动涡旋盘(动盘)、固定涡旋盘(静盘)、机体、防自转环、偏心轴等零部件组成。动盘和静盘的涡线呈渐开线形状，安装时使两者中心线距离一个回转半径 e，相位差 180°。这样，两盘啮合时，与端板配合形成一系列月牙形柱体工作容积。静盘固定在机体上，涡线外侧设有吸气室，端板中心设有气孔。动盘由一个偏心轴带动，使之绕静盘的轴线摆动。为了防止动盘的自转，结构中设置了防自转环。该环的上、下端面具有两对相互垂直的键状突肋，分别嵌入动盘的背部键槽和机体的键槽内。制冷剂蒸气由涡旋体的外边缘吸入月牙形工作容积中，随着动盘的摆动，工作容积逐渐向中心移动，容积逐渐缩小，使气体受到压缩，最后由静盘中心部位的排气孔轴向排出。

涡旋式压缩机的各个工作过程如图 4.30 所示。当动盘位置处于 0°(见图 4.30a)，涡线体的啮合线在左右两侧，由啮合线组成封闭空间，此时完成了吸气过程；当动盘顺时针方向公转90°时，密封啮合线也移动 90°，处于上、下位置(见图 4.30b)，封闭空间的气体被压缩。与此同时，涡线体的外侧进行吸气过程，内侧进行排气过程；动盘公转 180°时(见图 4.30c)，涡线体的外、中、内侧分别继续进行吸气、压缩和排气过程；动盘继续公转至 270°时(见图 4.30d)，内侧排气过程结束,中间部分的气体压缩过程也告结束,外侧吸气过程仍在继续进行;当动盘转至原来位置时(见图4.30a),外侧吸气过程结束,内侧排气过程仍在进行……如此反复循环。

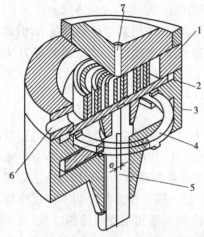

图4.29 涡旋式压缩机的压缩机构简图
1—动盘;2—静盘;3—机体;4—防自转环;
5—偏心轴;6—进气口;7—排气口

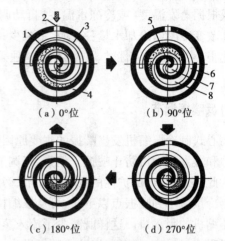

(a) 0°位　　　　(b) 90°位

(c) 180°位　　　(d) 270°位

图4.30 涡旋式压缩机工作原理示意图
1—压缩室;2—进气口;3—动盘;4—静盘;
5—排气口;6—吸气室;7—排气室;8—压缩室

由以上分析可以看出,涡旋式制冷压缩机的工作过程仅有进气、压缩、排气3个过程,而且是在主轴旋转一周内同时进行的,外侧空间与吸气口相通,始终处于吸气过程;内侧空间与排气口相通,始终处于排气过程。而上述两个空间之间的月牙形封闭空间内,则一直处于压缩过程。因而可以认为吸气和排气过程都是连续的。

图4.31为一空调用涡旋式制冷压缩机结构总图。压缩机布置在上方,电动机置于下方。来自蒸发器的制冷剂蒸气由机壳上部的吸气管吸入涡线的外周,压缩后由静盘上方的排气口排至排气腔,然后导入下部电动机室,冷却电动机后由排气管排出。曲轴由机体上的轴承支承,动盘由中间压力支承,将它压在静盘上。轴承的供油利用排气压力与中间压力之间的压力差,润滑油通过曲轴中心开的油孔供至各轴承处,然后排向中间压力室,再由中间压力室的小孔导入压缩机腔,随蒸气一起排出,在机壳内两次被分离,积存于机壳底部,供再循环使用。为了防止压缩机停机时高压气体的倒流,引起压缩机动盘的倒转,在吸气管端部装有内藏式止回阀。

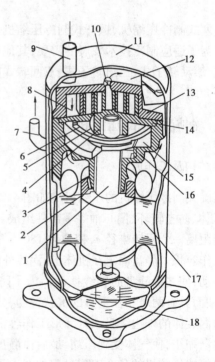

图4.31 空调用涡旋式制冷压缩机结构总图
1—曲轴;2—轴承;3—密封;4—反压口;5—防自转环;
7—排气管;8—吸气管;9—吸气管;10—排气口;
11—机壳;12—排气腔;13—静盘;14—动盘;
15—反压腔;16—机架;17—电动机;18—润滑油

2) 特点

涡旋式制冷压缩机有如下特点：

①相邻两室的压差小,气体的泄漏量小。

②由于吸气、压缩、排气过程同时连续地进行,压力上升速度慢,因此转矩变化幅度小、振动小。

③没有余隙容积,不存在引起输气系数下降的膨胀过程。

④无吸、排气阀,效率高、可靠性高、噪声低。

⑤由于采用气体支承机构,允许带液压缩,一旦压缩腔内压力过高,可使动盘与静盘端面脱离,压力立即得到释放。

⑥机壳内腔为排气室,减少了吸气预热,提高了压缩机的输气系数。

⑦涡线体型线加工精度非常高,必须采用专用的精密加工设备。

⑧密封要求高,密封机构复杂。

涡旋式制冷压缩机是 20 世纪 80 年代才发展起来的新型压缩机。它与活塞式制冷压缩机比较,在相同工作条件、相同制冷量下,体积可减少了 40%,质量减少了 15%,输气系数提高了 30%,绝热效率提高了约 10%。因此,它在冰箱、空调器、热泵等领域有着广泛的应用前景。

4.4.2　滚动转子式制冷压缩机

1) 工作原理

滚动转子式制冷压缩机是利用汽缸工作容积的变化来实现吸气,压缩和排气过程的。依靠一个偏心装置的圆筒形转子在汽缸内的滚动来实现汽缸工作容积的变化。图 4.32 为偏心滚动转子式压缩机结构示意图。圆筒形汽缸上有吸气孔和排气孔。排气孔道内装有簧片式排气阀,汽缸内偏心配置的转子装在偏心轴的偏心轮上。当转子绕汽缸中心线 O 转动时,转子在汽缸内表面上滚动,二者具有一条接触线,因而在汽缸与转子之间形成了一个月牙形空间,其大小不变,但位置随转子的滚动而变化,该月牙形空腔即为压缩机的汽缸容积。在汽缸的吸、排气孔之间开有一个纵向槽道,槽中装有能上下滑动的滑片,靠弹簧紧压在转子表面。滑片就将月牙形空间分隔成两部分:一部分与吸气孔相通,称为吸气腔;另一部分通过排气阀片与排气孔口相通,称为压缩-排气腔。当转子转动时,两腔的工作容积都在不断地发生变化。当转子与汽缸的接触线转到超过吸气口位置时,吸气腔与吸气孔口连通,吸气过程开始,吸气容积随转子的继续转动而不断增大,当转子接触线转到最上端位置时,吸气容积达到最大值,此时工作腔内充满了气体,压力与吸气管中压力相等。当转子继续转动到吸气孔口下边缘时,上一转中吸入的气体开始被封闭,随着转子的继续转动,这一部分空间容积逐渐减少,其中的气体受到压缩,压力逐渐提高,当压力升高到等于(或稍高于)排气管中压力时,排气阀片自动开启,压缩过程结束、排气过程开始。当转子接触线达到排气孔口的下边缘时,排气过程结束。此时,转子离开最上端位置还差一个很小的角度,排气腔内还有一定的容积,它就是滚动转子式压缩机的余隙容积。余隙容积内残留的高压气体将膨胀进入吸气腔中。

由上述分析可知,转子每转 2 周完成气体的吸入、压缩和排出过程,但吸气与压缩和排出过程是在滑片两侧同时进行的,因而仍然可以认为转子每转1周完成一个吸气、压缩、排气过程,即完成一个循环。

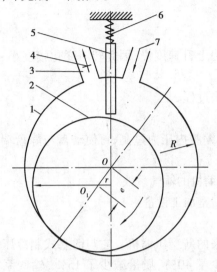

图 4.32　偏心滚动转子式压
缩机结构示意图

1—汽缸;2—转子;3—排气孔;4—排气阀;
5—滑片;6—弹簧;7—吸气孔

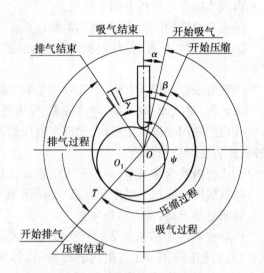

图 4.33　滚动转子式压缩机工作
过程示意图

2)汽缸工作容积及压力的变化规律

图 4.33 为滚动转子式压缩机工作过程示意图。汽缸与转子的切点用 T 表示,转子转过的角度用 φ 表示。从转子处于最上端位置($\varphi = 0°$)开始,整个工作过程可分为以下几个阶段:

①$\varphi = 0° \sim \alpha$:当 φ 从 $0°$ 起逐渐增大时,吸气腔容积 V_x 也从 $0°$ 逐渐增大,但此时吸气腔与吸气孔口尚未连通,吸气腔内保持真空状态。

②$\varphi = \alpha \sim 2\pi$:该阶段属于吸气阶段,吸气腔始终与吸气孔口相通,随吸气腔容积的增大,蒸发器内低压蒸气不断被吸入,可以认为汽缸内压力 p_1 与吸气管内压力 p_0 相等。

③$\varphi = 2\pi \sim (2\pi + \beta)$:当转子开始第二转时,原来充满蒸气的吸气腔被视为压缩腔,但在 β 这个角度内,压缩腔仍与吸气孔相通,当转子转动时,将有部分气体由吸气孔排出。在这一过程中汽缸的压力并未发生变化。

④$\varphi = (2\pi + \beta) \sim (2\pi + \psi)$:该阶段是汽缸内气体被压缩阶段。当转子转过 $2\pi + \beta$ 角度后,压缩腔已与吸气孔脱离。随着转子的转动,压缩腔容积不断缩小,汽缸内气体的压力不断升高。当转子转到 $2\pi + \psi$ 角度时,认为汽缸内的压力与排气孔内压力 p_k 相等,压缩过程结束,排气阀片自动打开。

⑤$\varphi = (2\pi + \psi) \sim (4\pi - \gamma)$:该阶段为排气过程。由于排气阀片已开启,随着转子的继续转动,汽缸内的压力不再升高,而是将气体不断地从排气孔排出。直到转子与汽缸的切点 T 达到排气孔的上边缘时,排气过程结束。

⑥$\varphi = (4\pi - \gamma) \sim 4\pi$:当转子与汽缸的切点 T 刚一转过排气孔的下边缘时,排气孔便

与吸气腔相通,原来排气腔内气体的压力下降,使排气阀片自动关闭。由于排气腔内的少量气体膨胀进入吸气腔,致使从蒸发器吸入的气体量减少。当转子继续滚动,切点 T 达到排气孔的上边缘时,排气腔与排气孔断开,封存在切线与滑片之间的气体因转子的继续转动,容积继续减小而压力急剧上升。这不但使功耗增加,甚至有可能因材料强度问题而使机器损坏。为避免这一情况发生,可将排气孔以上部分的汽缸削去 0.5 ~ 1 mm,使其内容积始终与排气孔相通。

图 4.34 示出轴在两转中汽缸工作容积及汽缸中压力的变化。图中 V_x 表示吸气腔容积,V_y 表示压缩及排气腔容积。

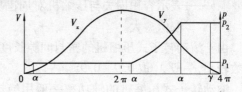

图 4.34　滚动转子式压缩机压力与容积的变化

3)输气量及轴功率的计算

滚动转子式压缩机的转子转到最上端位置时,整个月牙形的工作容积将成为吸气容积。如果忽略滑片的厚度及排气阀下排气孔的容积,汽缸的工作容积为

$$V_g = \pi(R^2 - r^2)L \tag{4.16}$$

式中　V_g——汽缸工作容积,m^3;

　　　R——汽缸内半径,m;

　　　r——转子外半径,m;

　　　L——汽缸轴向长度,m。

理论输气量为

$$V_h = V_g n/60 = \pi L n(R^2 - r^2)/60 \tag{4.17}$$

式中　V_h——理论输气量,m^3/s;

　　　n——压缩机转速,r/min。

由于滚动转子式压缩机中也存在着各种损失,它的实际输气量也是比理论输气量小,即

$$V_s = V_h \lambda \tag{4.18}$$

式中　V_s——实际输气量,m^3/s;

　　　λ——输气系数。

λ 的计算与活塞式压缩机相同,见式(4.4)。

容积系数计算式为

$$\lambda_v = 1 - C\left[\left(\frac{p_2}{p_1}\right)^{\frac{1}{\kappa}} - 1\right] \tag{4.19}$$

式中　C——相对余隙容积;

　　　κ——制冷剂的绝热指数;

　　　p_1, p_2——分别为气体的吸入及排出压力,kPa。

由于滚动转子式压缩机没有吸气阀,吸入压力损失很小,可认为 $\lambda_p = 1$。对于小型全封闭滚动转子式压缩机,气体的预热与全封闭活塞式压缩机的情况类似,即

$$\lambda_T = \frac{T_1}{aT_k + b\theta} \tag{4.20}$$

式中　T_1——吸气温度,K;

T_k——冷凝温度，K；

θ——蒸气在吸入管中的过热度，$\theta = T_1 - T_0$，K；

a——压缩机的温度随冷凝温度而变化的系数，a 取 1.0~1.15，随压缩机尺寸的减小，a 值趋近于 1.15；

b——表示容积损失与压缩机对周围空气散热的关系，b 取 0.25~0.8，制冷量愈大，b 取值愈大。

由于滚动转子式压缩机的密封间隙长度比活塞式压缩机长，且密封较困难，因而它的泄漏系数较小，一般 λ_1 取 0.9~0.95。

滚动转子式压缩机的轴功率一般用绝热压缩的理论功率除以绝热效率 η_k 来计算，一般 η_k 取 0.47~0.58。

4）结构与特点

小型滚动转子式压缩机多做成全封闭型，有立式和卧式之分，如图 4.35 和图 4.36 所示。在图 4.35 中，压缩机及电动机垂直安装在一钢制壳体内，电动机在上部，压缩机在下部。制冷剂蒸气由机壳下部进入汽缸，压缩后经排气阀排入机壳内，通过电动机的环隙通道，对电动机冷却后由顶部排出。排气中夹带的润滑油通过电动机转子离心力的作用分离出来。压缩机的润滑油是通过装在偏心轴下部中心孔中的油片，靠离心力供油。偏心轴内部与表面开有油道或油槽，将油供至各轴承处。在电动机转子的上部和下部装有平衡块，用以平衡压缩机转子的不平衡惯性力及力矩。为防止过多的液体制冷剂进入压缩机汽缸，在吸气管道上专门装有汽-液分离器，将液体分离。分离出来的液体在汽-液分离器中蒸发成蒸气，一起进入压缩机。分离出来的油则通过下部小孔进入吸气管道，随蒸气一起进入汽缸。

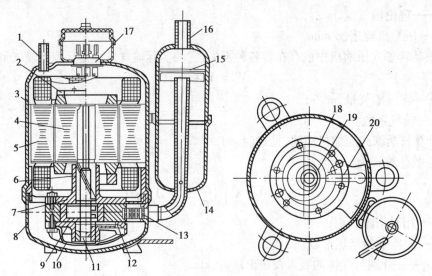

图 4.35 立式滚动转子式压缩机结构图

1—排气管；2—平衡块；3—上机壳；4—电机转子；5—电机定子；6—曲轴；7—主轴承；
8—下机壳；9—副轴承；10—壳罩；11—上油片；12—排气阀片；13—弹簧；14—汽-液分离器；
15—隔板；16—吸气管；17—接线柱；18—汽缸；19—转子；20—滑片

对于机壳内为高压腔的这类压缩机，吸气预热较小，可获得较高的输气系数。但由于排气温度较高,对电动机冷却不利。所以,有的压缩机将排出的气体直接排至机壳外的冷却盘管中,在环境空气的冷却下降低制冷剂蒸气的温度,然后再送入机壳内,冷却电动机后再由机壳排至冷凝器。

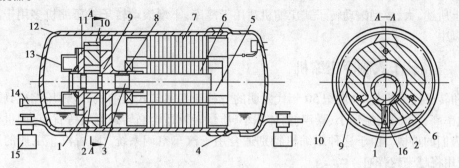

图4.36 卧式滚动转子式压缩机结构图

1—滑片;2—滚动活塞;3—曲轴;4—机壳;5—平衡块;6—电机转子;7—电机定子;8—平衡块;
9—主轴承端板;10—汽缸;11—副轴承端板;12—机壳;13—排气消声器;14—吸气管;15—橡胶圈;16—弹簧

在图4.36中,压缩机及电动机水平安装在一封闭壳体内,从蒸发器来的制冷剂蒸气由吸气管吸入机壳内,冷却电动机后进入压缩机汽缸,而排气则通过排气消声器后直接排出机壳。

对于大、中型滚动转子式压缩机,一般做成开启式,如图4.37所示。它主要由带冷却水套的汽缸体、转子、滑片、圆柱导向器、排气阀门、薄壁弹性套筒等组成。滑片装在汽缸中部。滑片可在圆柱导向器内滑动,与转子接触的一面装有密封条,靠上端的弹簧将滑片压在转子的外表面,以增强接触处的密封性。转子外面套有一钢制薄壁弹性套筒,套上钻有小孔,以增加转子与汽缸壁之间的密封性能。压缩机的轴通过连轴器与电动机的轴直接联接,轴伸出机体部位装有摩擦环式机械密封装置。

·压缩机的润滑是依靠吸、排气压力差来进行的。压缩机启动后,装在曲轴另一端的离心阀被打开,油从油分离器出来,经油冷却器、油过滤器及离心阀后,分别进入各润滑表面

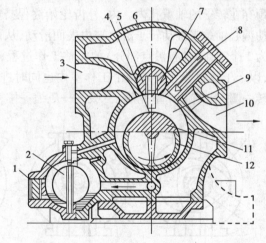

图4.37 开启式滚动转子式压缩机结构图

1—油面指示器;2—浮球阀;3—吸入管;4—密封条;
5—圆柱导向器;6—汽缸体;7—滑片;8—排气阀门;
9—汽缸;10—排出管;11—转子;12—弹性套筒

及轴封处,然后聚集在汽缸下部的空腔中,通过浮球阀进入压缩机的吸气腔,随制冷剂蒸气一起排至油分离器,分离下来的油继续循环使用。

滚动转子式压缩机与活塞式压缩机相比,具有下列特点:

①零部件少,结构简单。

②易损件少,运行可靠。

③没有吸气阀,余隙容积小,输气系数较高。如果汽缸内采用喷油冷却,排气温度较低,适用于较大压缩比和较低蒸发温度的场合。

④在相同的冷量情况下,压缩机体积小、质量小,运行平稳。

⑤加工精度要求较高。

⑥密封线较长,密封性能较差,泄漏损失较大。

综上所述,大、中型滚动转子式压缩机适用于冷库;小型滚动转子式压缩机多用于冰箱和家用空调中。

4.4.3 三角转子式制冷压缩机

三角转子压缩机是20世纪50年代发明的一种新型回转式压缩机,这种压缩机具有结构简单、效率高、寿命长、振动小、噪声低、体积小、质量轻及适合高转速运转等优点,问世以来一直受到人们的重视。由于这种压缩机特别适合用于汽车空调系统,随着汽车工业的迅猛发展,其应用将越来越普遍。

三角转子压缩机结构示意图和工作原理如图4.38所示。压缩机的汽缸内表面是双弧圆外旋轮线,三角转子(以下简称转子)外表的三边是圆外旋轮线的内包络线,汽缸中心与转子中心之间存在偏心距;汽缸静止不动,沿其内表面滑动的转子,一边绕自身中心自转,一边又绕汽缸中心公转。从图4.38中还可以看到一对啮合的齿轮(即相位齿轮机构),外齿轮固定在汽缸端盖上,压缩机主轴的主轴颈穿过外齿轮并与之同心,内齿轮固定在转子上,主轴的偏心轴颈穿在转子的轴承孔内。内、外齿始终保持啮合,其齿数比为3∶2。压缩机工作时,主轴带动偏心轴颈来推动转子沿汽缸内表面滑动,从而完成了吸气、排气等工作过程。图4.38所示为1个工作室(有黑点部分)的完整工作过程;同时,三角转子压缩机有3个工作室同时工作,以上工作过程在另外两个工作室内也同时进行,只是存在一时间位置差。因此压缩机主轴转一圈,就有2个室完成了"吸气—压缩—排气"过程,即排气2次。

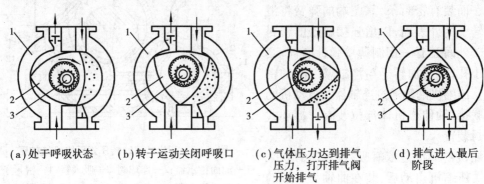

(a)处于呼吸状态　　(b)转子运动关闭呼吸口　　(c)气体压力达到排气　　(d)排气进入最后
　　　　　　　　　　　　　　　　　　　　　　　压力,打开排气阀　　　　阶段
　　　　　　　　　　　　　　　　　　　　　　　开始排气

图4.38 三角转子压缩机结构示意图

1—压缩机;2—三角转子;3—主轴

4.4.4 双回转式制冷压缩机

1)结构及工作原理

双回转式压缩机首见于20世纪80年代末的美国专利,相关专利几乎同时在我国问世。双回转式压缩机由曲轴、双向作用联体活塞和与之同步旋转的缸体及机体、端盖等组成。其结构示意如图4.39所示。其工作原理是:回转中心偏离缸体回转中心的曲轴驱动活塞旋转,在活塞旋转力矩作用下又驱动缸体旋转,活塞与缸体孔在同步旋转的同时实现相对位移,从而使活塞与缸孔组成的工作容积产生吸气、压缩和排气,并借助转缸进行配气,即汽缸孔一端与吸气腔连通时吸气,另一端则压缩和排气(见图4.40)。

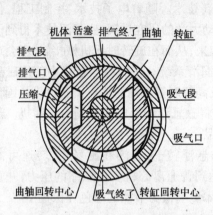

图4.39 双回转压缩机结构示意图

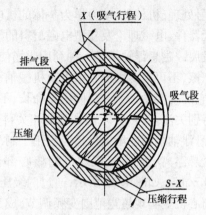

图4.40 双回转压缩机行程示意图

2)特点

双回转式制冷压缩机具有如下特点:

①由转缸实现配气而不需要另设吸、排气阀,加之不存在余隙容积,故输气效率比往复活塞式高出10% ~15% 。

②因缸孔两端的基元容积绕缸体中心旋转而具有旋转式压缩机特征;同时,活塞在作自转与公转的同时与缸孔实现相对位移,因而又具有活塞式压缩机特征,却不存在往复惯性力,动力平衡性能优异;加之不存在吸、排气阀片的强烈撞击声,比往复活塞式和螺杆式降噪 10~30 dB。具有活塞式面密封结构所具有的良好密封性能,使其泄露系数高于其他旋转式线密封结构。

③压缩机的吸气段和压缩、排气段始终对称分布在两回转中心连线的两侧半圆周上,且气体推力的方向总是沿缸孔中心线指向吸气段,这就为提高压缩机结构稳定性指明了选择与设计的方向。

④因转缸与曲轴两回转中心距与曲轴偏心半径相等,故突破了活塞行程为曲轴偏心半径2倍的经典结构而变成4倍,又无连杆及吸、排气阀,故其结构简单、体积小、质量轻,利于降低产品成本。

⑤主要零部件外形均为圆柱形回转体,结构工艺性好,便于组织高效率低成本的机械加工。

双回转式制冷压缩机具有结构简单、体积小、无进排气阀等易损件、容积效率高、动力平衡性能优良等特点,并具有往复式压缩机的结构特征和旋转式压缩机的工作特性。

4.4.5 磁悬浮制冷压缩

1)结构及工作原理

在传统的制冷压缩机中,机械轴承是必需的部件,并且需要有润滑油以及润滑油循环系统来保证机械轴承的工作。压缩机烧毁90%是由于润滑失效而引起的。而机械轴承不仅产生摩擦损失,润滑油随制冷循环而进入热交换器中,在传热表面形成的油膜成为热阻,影响换热器的效率,并且过多的润滑油存在于系统中对制冷效率带来很大的影响。

电磁悬浮技术(Electromagnetic Levitation)简称 EML 技术,是集电磁学、电子技术、控制工程、信号处理、机械学、动力学为一体的机电一体化高新技术。随着电子技术、控制工程、信号处理元器件、电磁理论及新型电磁材料的发展和转子动力学的研究进展,磁悬浮技术得到了长足的发展。磁悬浮轴承是一种利用磁场使转子悬浮起来,从而在旋转时无机械接触,不会产生机械摩擦,不再需要机械轴承以及机械轴承所必需的润滑系统。在制冷压缩机中使用磁悬浮轴承,它的无接触、无摩擦、使用寿命长、不用润滑以及高精度等特殊的优点引起世界各国科学界的特别关注。2003 年,澳大利亚相关科研单位成功将磁悬浮轴承应用于制冷压缩机。近年来,磁悬浮轴承制冷压缩机已经应用于制冷和空调产品。

磁悬浮离心式空气压缩机的核心部件是一根磁悬浮转子,悬浮在磁场中,转速可高达60 000 r/min,如图 4.41 所示,通过两级压缩就可以达到普通离心机三级压缩的压力,并且首次在离心机上实现超宽范围变频调节,成为压缩机技术史上最为节能的绿色环保机型。

图 4.41　磁悬浮压缩机的轴承、主轴及叶轮

2)磁悬浮轴承控制系统

磁悬浮轴承控制系统利用转子位置反馈来闭合回路,并且保持转子位于正确的运转位置,如图 4.42 所示。轴承控制器向轴承脉冲宽度调制(Pulse Width Modulation,PWM)放大器发送位置命令。该位置命令包括 5 个通道,每个通道都被分配给 5 个轴承执行器线圈中的某一个(一个轴一个线圈)。该放大器采用绝缘栅双极晶体管(Insulate-Gate Bipolar Transistor,IGBT)技术将低压位置命令转换成适用于每个轴承执行器线圈的 250VDC PWM 信号。转子位置传感器位于被固定在前径向和后径向轴承单元上的传感器环上。前部传感器环包含读取转子的 X,Y 和 Z 轴位置的传感器。转子 Z 轴(或轴向)位置读数是通过测量传感器与安装在转子上的靶套之间的距离来获得的。后部传感器环包含读取 X,Y 轴位置的传感器。位置传感器不断向轴承控制器提供反馈信息。

3)特点

磁悬浮制冷压缩机消除了传统冷水机组使用油润滑轴承所带来的摩擦损失、润滑系统复杂而庞大的结构以及机组控制维护工作量大等缺点,具有如下优点:

①机组压缩机采用整合式直接驱动的变速离心压缩技术,无机械摩擦损失,故而机组的效率比目前传统螺杆式冷水机组高。

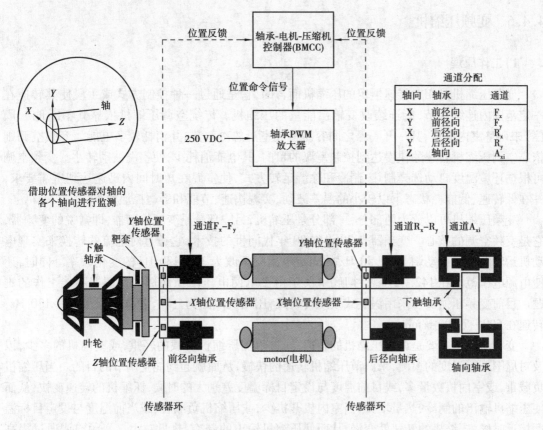

图 4.42　磁悬浮轴承控制系统

②机组压缩机无摩擦的磁性轴承设计实现了运动部件无油润滑运行,机组换热器传热表面无油膜黏附,提高换热器效率,摒弃了传统冷水机组复杂而庞大的辅助系统。

③一般的离心式压缩机由于巨大的机械摩擦声音,其声功率级的噪声往往在85～95 dB。而磁悬浮压缩机由于轴承与轴之间没有机械摩擦,只有气流摩擦,所以,其噪声的声功率级只有70 dB 左右,对环境几乎不产生噪声影响,尤其适合医院及其他对噪音要求较高的环境。

④机组结构紧凑,压缩机质量为普通压缩机的20%,大小仅为普通压缩机的50%,节省空间。

⑤机组的体积小、效率高,降低了机组的初投资费用和运行费用。普通的压缩离心式冷水机组为了保证其轴承的平稳运转,每隔两三年就要进行一次大修,更换润滑油、清洗轴承,等等,且工作时间长,费用较高。而磁悬浮压缩机由于使用磁性轴承的缘故,无须润滑油系统,在永磁体的磁性消失之前,是无须进行大修的,可以较长时间平稳运转。

磁悬浮制冷压缩机的主要缺点:从目前运行状况来看,磁悬浮离心机存在着喘振的问题,尤其是机组在部分负荷运行的时候会出现喘振,严重时机组会停机,不能正常工作。磁悬浮应用于制冷离心机上的技术问世时间短,实际案例较少,存在着设备运行不稳、使用寿命短等风险。

目前,磁悬浮制冷压缩机主要应用于大型离心机,将来的发展目标是应用于小型离心式机组及其他形式的压缩机。可以预见,采用磁悬浮压缩机的离心式冷水机组将在全球制冷空调设备行业引发一场离心式冷水机组技术新革命。

4.4.6 变频压缩机

1)工作原理

变频压缩机是相对转速恒定的压缩机而言的,它是通过一种控制方式或手段使其转速在一定范围内连续调节,能连续改变输出能量的压缩机。传统空调压缩机依靠其不断地"开、停"来调整室内温度,其一开一停之间容易造成室温忽冷忽热,并消耗较多电能。变频空调则依靠空调压缩机转速的快慢达到控制室温的目的,其电能消耗少,使室温波动转小。变频空调可根据环境温度自动选择制热、制冷和除湿运转方式,使室温在短时间内迅速达到所需要求,并在低转速、低能耗状态下以较小的温差波动,实现快速、节能和舒适控温效果。

变频压缩机可以分为两部分,一部分是压缩机,另一部分是变频控制器,即常说的变频器,它是变频空调的核心。变频器是 20 世纪 80 年代问世的技术,它通过对电流的转换来实现电动机运转频率的自动调节,把 50 Hz 的固定电网频率改为 30 ~ 130 Hz 的变化频率。同时,还使电源电压范围在 142 ~ 270 V,彻底解决了由于电网电压不稳而造成空调器不能工作的难题。目前变频压缩机多采用涡旋式或双转子式,压缩机线圈为三相,频率范围在 30 ~ 130 Hz,转速在 600 ~ 7 200 r/min。

变频压缩机主要是调节压缩机的转速,通过检测压缩机负载的轻重,或室内机的多少,以及对周围环境温度的检测,来调节压缩机转速的快慢,从而就起到能量调节的目的。当压缩机负载重,或室内机数量多,或目前温度与设定目标温度差别大的时候,压缩机的转速变快,从而使压缩机输出的制冷、热量增大;当室内机开机少,或压缩机负载轻,或当前温度与设定目标温度接近时候,压缩机的转速就变慢,从而使压缩机输出的制冷、热量减小。变频空调通过提高空调压缩机工作频率的方式,增大了在低温时的制热能力,最大制热量可达到同类空调器的1.5 倍,低温下仍能保持良好的制热效果。变频空调在每次开始启动时,先以最大功率、最大风量进行制热或制冷,迅速接近所设定的温度后,空调压缩机便在低转速、低能耗状态下运转,仅以所需的功率维持设定的温度,这样不但温度稳定,还避免了空调压缩机频繁地开、停所造成的对其寿命的衰减,并且使耗电量大大下降,实现了高效节能。

2)特点

变频压缩机有如下优点:

①启动后可快速达到设定温度。变频压缩机启动时频率较低压缩机转速较慢,当压缩机启动后利用较高的频率使其转速增加,使制冷量在增大的同时缩短室内温度不舒适的时间。

②室内温度变化小且稳定。普通压缩机是利用温控器对压缩机进行开/停控制,制冷量调节是通过改变室内风机转速实现的,而压缩机转速并没有变化,因此电功率并没有降低多少。而变频压缩机制冷量小时,压缩机转速降低,所以电功率的消耗大幅度将下降。当室温达到设定温度后压缩机将保持这转速,使室温稳定保持在设定范围内。

③压缩机运行后振动和噪音小。变频式压缩机在压缩机运行过程中,由于没有频繁的开、停机现象,所以不会产生开关的动作声,以及压缩机启停机时发出的气流声和振动声。

④压缩机制热效果有较大增强。普通压缩机排气量是以制冷设计为主。对于热泵压缩机如设计制冷量大,就会影响其制热能力,而变频压缩机可利用提高压缩机转速增加制热效果。

⑤启动时对电网干扰小。由于变频压缩机以低频率的方式启动,随后再逐渐提高运转频率,所以压缩机在启动时电流小。

变频压缩机的主要缺点:变频压缩机低电压运行时,达不到最大制冷与制热量,压缩机高频运转时噪音较大。变频压缩机的电器元件较多,检修难度大,且价格较普通压缩机高。复杂的配管设计导致配管回路故障频发。变频压缩机变速使曲轴表面相对速度发生变化,增大相对摩擦、提高磨损,压缩机散发的热量也会更高,导致压缩机过负荷运行,缩短压缩机的寿命。压缩机回油上的缺点导致其多故障。

本章小结

本章主要介绍了活塞式压缩机、螺杆式制冷压缩机、离心式压缩机。活塞式压缩机的工程应用逐渐减少,但为了理解压缩机的工作原理和影响因素,本节仍对活塞式压缩机进行简单介绍,其中制冷压缩机的余隙容积、输气系数、性能及功率和效率等是掌握的重点。螺杆式制冷压缩机属于回转式压缩机的一种形式,其主要部件有阳转阴转子、机体、轴承、轴封、平衡活塞及能量调节装置,它因结构简单、易损件少、转速高、排气温度低、对湿压缩不敏感等一系列优点,获得了较为广泛的应用。离心式制冷压缩机的工作原理与活塞式不同,是一种速度型压缩机,通过高速旋转的叶轮对气体做功,将气体的动能转换为压力能。离心式制冷压缩机具有制冷量大、型小体轻、运转平稳等特点,多应用于大型空气调节系统。本章最后对涡旋式、滚动转子式、三角转子式、双回转式、磁悬浮式及变频式机制冷压缩机的工作原理、结构特点及性能等问题也进行了简要介绍。

思考题

4.1 试述往复式压缩机的4个工作过程。

4.2 活塞式压缩机的实际示功图与理论示功图相比有什么差异?

4.3 往复式压缩机的轴功率包含哪几项?

4.4 活塞式压缩机的结构分哪几部分? 各部分均有什么功能?

4.5 试述螺杆式压缩机的工作原理。

4.6 试述螺杆式压缩机制冷量调节的方法。

4.7 试述离心式压缩机的构造特点和优缺点。

4.8 试述离心式压缩机制冷量调节的方法。

4.9 三角转子式制冷压缩机有什么特点?

4.10 双级压缩制冷为什么能比单级压缩制冷制取更低的温度?

5

制冷系统设备与机组

学习目标：

1. 了解水冷式、风冷式、蒸发式冷凝器的结构及特点。

2. 了解满液式、干式、板式蒸发器的结构及特点。

3. 了解各种节流机构的作用、结构及特点。

4. 掌握蒸气压缩式制冷系统的典型流程，熟悉氨制冷系统与氟利昂制冷系统的差别。

5. 掌握蒸气压缩式制冷机组的工作特性及其影响因素。

6. 了解各种制冷机组的结构和特点。

7. 了解制冷机组的自动控制方法，掌握制冷系统的自动保护。

蒸气压缩式制冷循环是由压缩、放热、节流和吸热4个主要热力过程组成，每一个热力过程都是在对应的设备中完成的，它们被称为制冷系统设备，即压缩机、冷凝器、膨胀阀、蒸发器4大基本设备。另外，还有一些辅助设备，如各种分离器、贮液器、回热器、过冷器、安全阀等，它们在制冷系统中的作用是提高系统运行的稳定性、经济性和安全性。

蒸气压缩式制冷装置中，除上述制冷压缩机及各种冷凝器、蒸发器和节流机构外，还需要一些辅助设备来完善其技术性能，并保证其可靠的运行。它们是制冷剂的储存、净化和分离设备、润滑油的分离及收集等设备，这些设备统称为制冷系统的辅助设备。

在进行制冷工艺设计（如冷库或制冷机系统设计）时，必须进行制冷系统辅助设备的选择。但在一般的建筑空调工程中，由于工况相对稳定，常采用整体式制冷机组。而整体式制冷机组中已包含必需的辅助设备，并进行了优化设计和相应的检测，可供空调工程设计直接选用。因此这里就不再介绍制冷系统的辅助设备。

5.1 冷凝器与蒸发器

冷凝器和蒸发器是制冷系统的基本换热设备。制冷换热器与其他热力设备中的换热器相比具有以下特点：

①制冷换热器的工作压力、温度范围比较窄。一般压力为 0.1～2.0 MPa，温度为 -60～50 ℃；

②介质间的传热温度差较小，一般为几摄氏度至十几摄氏度；

③制冷换热器应与压缩机匹配。

制冷换热器以表面式居多，其中应用较为普遍的有壳管式、蛇管式、螺管式、翅片管式、板式等。制冷换热器结构形式的选择取决于用途、传热介质（包括制冷剂、载冷剂和冷却介质）的种类特性及流动方式，不同结构形式换热器的传热能力及单位金属耗量对制冷装置的制造成本和运行经济性有直接影响。因此，提高换热器的经济性，强化传热过程，寻求新的结构形式，成为当今制冷装置设计和制造中的重要研究课题。

制冷设备使用的材料随介质不同而异。氨对黑色金属无侵蚀作用，而对铜及其合金的侵蚀性强烈，所以氨制冷装置中设备都用钢材制成。而氟利昂对一般金属材料无侵蚀作用，可以使用铜或铜合金制造。为了节省有色金属，大型氟利昂制冷装置仅在热交换器的传热部分采用铜管。对于以海水作为冷却介质的冷凝器仍然可采用铜管或铜镍合金管，而氨冷凝器采用铜管时，必须采取加厚和增加镀锌保护等措施。以盐水作为载冷剂的氟利昂蒸发器，铜管上也应增加锌保护层，以延长使用寿命。

为防止因工作温度引起的热应力危害制冷设备的安全运行，可根据设备工作温度的不同选用不同的金属材料。如换热器在 30 ℃ 以上工作时，可采用普通低碳钢；在 -80～30 ℃ 工作时，应采用高碳优质钢；在 -80 ℃ 以下工作时，需采用铜或镍铬合金。

制冷装置中的设备需要承受一定的工作压力。作为受压容器，必须考虑其压力条件，正确选择强度计算时的设计压力，以及制造完结时的强度试验（液压试验）和气密试验（气压试验）压力。气密试验时的压力标准非常重要，它直接关系到制冷装置寿命和操作人员的生命安全。表 5.1 为《制冷装置用压力容器》（JB/T 6917—1998）规定的制冷设备容器的压力试验标准。

表 5.1　JB/T 6917—1998 规定的制冷设备、容器的试验压力

工 质		设计压力/MPa	试验压力			
			液压试验	气压试验	气密试验	真空试验
R717	高压侧	2.6	试验压力 p_T 为1.25p，该试验用的液体一般为洁净水，其温度应不低于5 ℃	$p_T = 1.15p$ 试验用气体应为干燥洁净的空气、氮气或惰性气体。严禁用氧气或其他可燃气体。试验时气温应不低于5 ℃	试验压力等于设计压力，该试验应在液压试验合格后进行。试验用气要求与气压试验相同。若采用制冷剂试验时，环温应在(25±10) ℃	制冷机组运行时，R717 的容器压力低于 40 kPa（绝对压力），其他制冷剂的容器低于 60 kPa（绝对压力）时，应进行真空试验。试验压力为 8 kPa（绝对压力）或为低于使用状态压力。达到试验压力后，将容器各部分处于密封状态，放置 4 h 以上，容器各部分应无变形，且压力上升值在0.68 kPa以下
	低压侧	1.4				
R22	高压侧	2.4				
	低压侧	1.4				
R134a	高压侧	1.6				
	低压侧	0.9				
R401A	高压侧	1.9				
	低压侧	1.1				

注：表中的高压侧设计压力即指冷凝温度为 60 ℃时的饱和蒸气压力。低压侧设计压力为环温38 ℃时的饱和蒸气
　　压力。在压力试验中，对不适合进行液压试验的容器，可用气压试验代替。

5.1.1 冷凝器

冷凝器是制冷装置的主要热交换设备之一,其任务是将压缩机排出的高压过热制冷剂蒸气,通过其向环境介质放出热量而被冷却、冷凝成为饱和液体,甚至过冷液体。在大型制冷装置中,有的设置专用过冷器与冷凝器配合使用,使制冷剂液体过冷,以增大制冷装置制冷量,提高其经济性。

按照冷凝器使用冷却介质和冷却方式的不同,有水冷式、空气冷却式和蒸发式3种类型。

1)水冷式冷凝器

这种形式的冷凝器用水作为冷却介质,带走制冷剂冷凝时放出的热量。冷却水可以一次性使用,也可以循环使用。用循环水时,必须配有水冷却设备,如冷却塔或冷水池,保证水不断得到冷却。根据其结构形式的不同,主要有壳管式和套管式两种。

(1)壳管式冷凝器

制冷装置中使用的制冷剂不同,其结构特点也有所不同。一般立式壳管式冷凝器适用于大型氨制冷装置,而卧式壳管式冷凝器则普遍使用大中型氨或氟利昂制冷装置中。图5.1 所示为卧式和立式壳管式冷凝器结构。其壳内管外为制冷剂,管内为冷却水。壳体的两端管板上穿有传热管。壳体一般用钢板卷制(或直接采用无缝钢管)焊接而成。管板与传热管的固定方式一般采用胀接法,以便于修理和更换传热管。

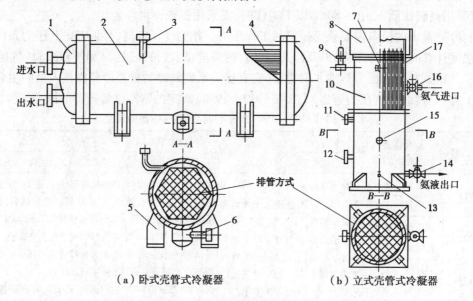

（a）卧式壳管式冷凝器　　　（b）立式壳管式冷凝器

图5.1　壳管式冷凝器结构

1—端盖;2,10—壳体;3—进气管;4,17—传热管;5—支架;6—出液管;7—放空气管;8—水槽;
9—安全阀;11—平衡管;12—混合管;13—放油阀;14—出液阀;15—压力表;16—进气阀

①卧式壳管式冷凝器:除上述壳管式冷凝器的一般结构特点外,卧式壳管式冷凝器在管板外侧设有左右端盖,端盖的内侧具有满足水流程需要的隔腔,保证冷却水在管程中往返流动,使冷却水从一侧端盖的下部进入冷凝器,经过若干个流程后由同侧端盖的上部流出。冷却水在冷凝器内流过一次称为一个流程。采用多流程设计主要是为了减小水的流通面积,提高冷

却水流速,增强水侧换热效果。国产卧式壳管式冷凝器一般为 4~10 个流程。若流程数过多,会增大水侧流动阻力,加大水泵功耗。在端盖的上部和下部设有排气和放水阀,以便装置启动运行时排出水侧空气,或在停止运行时排出管内存水,防止冬季时冻裂传热管。

氨制冷装置配用的卧式壳管式冷凝器,通常采用 $\phi 25 \sim \phi 32$ 无缝钢管传热管。壳体下部设有集污包,以便集存润滑油或机械杂质,集污包上还设有放油管接头,壳体上方有压力表、安全阀、均压管、放空气接头等。试验证明,其传热系数不受单位面积热流量变化的影响,而是取决于冷却水流速和污垢热阻的大小。一般卧式壳管式氨冷凝器流速 w 为 $0.8 \sim 1.5$ m/s 时,传热系数 K 为 $930 \sim 1\,160$ W/($m^2 \cdot$ K),热流通量 q_f 为 $4\,071 \sim 5\,234$ W/m^2。

卧式壳管式氟利昂冷凝器,其结构与氨用卧式壳管式冷凝器相似。传热管可采用钢管,也可采用铜管。采用铜管时传热系数可提高10%左右。铜管易于在管外加工肋片,以利于氟利昂侧的传热,一般在采用铜质肋片管以后,其氟利昂侧换热系数较相同规格光管大 $1.5 \sim 2$ 倍。铜质滚轧低肋管剖面尺寸及结构如图 5.2 所示。

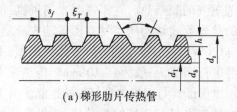 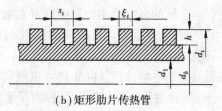

(a)梯形肋片传热管 　　　　　　　　　(b)矩形肋片传热管

图 5.2　滚轧低肋管剖面尺寸及结构

污垢热阻对冷凝器换热效果有重要影响,当冷却介质为海、井、湖水时,其热阻为 $(0.086 \sim 0.172) \times 10^{-3}\,m^2 \cdot$ K/W(铜管)和$(0.172 \sim 0.344) \times 10^{-3}\,m^2 \cdot$ K/W(钢管),而用硬水、含泥水时,其热阻为$(0.516 \sim 0.344) \times 10^{-3}\,m^2 \cdot$ K/W(铜管)和$(0.688 \sim 0.516) \times 10^{-3}$ $m^2 \cdot$ K/W(钢管)。铜管污垢热阻仅为钢管的50%,而且冷却水流速可提高到2.5 m/s以上,传热系数则随流速提高而增大。R22 在水速 w 为 $1.6 \sim 2.8$ m/s 时,传热系数 K 可达 $1\,360 \sim 1\,600$ W/($m^2 \cdot$ K)。此外,减少传热管壁厚、降低肋片节距、缩小肋片张角,甚至采用矩形肋片,均可强化冷凝传热过程,提高冷凝换热能力和整个装置的性能。目前,滚轧低肋管和新型锯齿形高效冷凝管已在大中型氟利昂制冷装置的冷凝器中得到广泛应用。

②立式壳管式冷凝器:以适合立式安装而得名,与卧式壳管式冷凝器的不同点在于它的壳体两端无端盖,制冷剂过热蒸气由竖直壳体的上部进入壳内,在竖直管簇外冷凝成为液体,然后从壳体下部引出。壳体的上端口设有配水槽,管簇的每根管口装有一个水分配器,冷却水通过该分配器上的斜水槽进入管内,并沿内表面形成液膜向下流动,以提高表面传热系数,节约冷却水循环量。冷却水由下端流出并集中到水池内,再用泵送到冷却塔降温后,可循环使用。

根据传热学可知,立管的换热性能较水平管差得多。由于立管上冷凝液膜的流动路线较短,而且管内的水较难以保证完全为膜层流动,因此在传热系数方面,立式冷凝器低于卧式冷凝器。在 Δt_m 为 $4 \sim 6$ ℃时,K 为 $698 \sim 814$ W/($m^2 \cdot$ K),q_f 为 $4\,071 \sim 4\,652$ W/m^2,均低于卧式冷凝器。

(2)套管式冷凝器

套管式冷凝器是由不同直径的管子套在一起,并弯制成螺旋形或蛇形的一种水冷式冷凝器。如图 5.3 所示,制冷剂蒸气在套管间冷凝,冷凝液从下面引出,冷却水在直径较小的管道内自下而上流动,与制冷剂成逆流式,因此传热效果较好。当 w 为 $1 \sim 2$ m/s 时,K 约为 930 W/($m^2 \cdot K$)。该冷凝器结构简单、制作方便。但是在套管长度较大时,下部管间易被液体充斥,使传热面积不能得到充分利用,而且金属耗量较大,一般只在小型氟利昂制冷装置中使用。

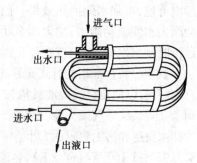

图 5.3　套管式冷凝器

2)空气冷却式冷凝器

这种冷凝器以空气为冷却介质,制冷剂在管内冷凝,空气在管外流动,吸收管内制冷剂蒸气放出的热量。由于空气的换热系数较小,管外(空气侧)常常要设置肋片,以强化管外换热。

按空气流动的方式不同,此类冷凝器分为空气自由运动和空气强制运动 2 种形式。

①空气自由运动的空冷冷凝器:利用空气在管外流动时吸收制冷剂排放的热量后,密度发生变化引起空气的自由流动而不断地带走制冷剂蒸气的凝结热。它不需要专用风机,没有噪声,多用于小型制冷装置。目前,应用非常普遍的是丝管式结构的空气自由运动式冷凝器,如图 5.4 所示。在蛇形传热管的两侧焊有 $\phi 1.4 \sim \phi 1.6$ 的钢丝,旨在加大管外传热面积,提高空气侧表面的传热系数。钢丝间距离可以根据需要进行调节,一般为 $4 \sim 10$ mm。传热管一般采用 $\phi 4 \sim \phi 6$ 复合钢管(管内镀铜,又称为帮迪管),以保证其与钢丝的良好焊接性能。由于钢丝竖直焊接在水平蛇管外,与热空气升力方向一致,使空气具有良好的流动性,获得最佳的传热效果,一般传 K 可达 $15 \sim 17.5$ W/($m^2 \cdot K$)。

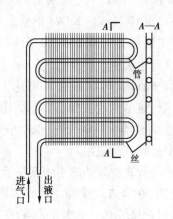

图 5.4　空气自由运动型丝管式冷凝器

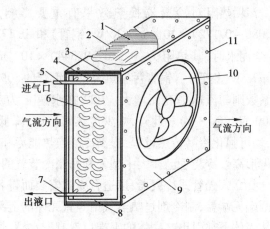

图 5.5　空气强制流动的空冷冷凝器

1—肋片;2—传热管;3—上封板;4—左端板;
5—进气集管;6—弯头;7—出液集管;8—下封板;
9—前封板;10—通风机;11—装配螺钉

②空气强制流动的空冷冷凝器:如图 5.5 所示,它由一组或几组带有肋片的蛇管组成。制冷剂蒸气从上部集管进入蛇管,其管外肋片用以强化空气侧换热,补偿空气表面传热系数过低的缺陷。肋片一般采用 δ 为 $0.2 \sim 0.4$ mm 铝片制成,套在 $\phi 10 \sim \phi 16$ 铜管外,铜管由弯头连接成蛇形管组。肋片根部用二次翻边与管外壁接触,经机械或液压胀管后,二者紧密接触以减少其传热热阻。一般肋片距离为 $2 \sim 4$ mm。由低噪声轴流式通风机迫使空气流过肋片间隙,通过肋片及管外壁与管内制冷剂蒸气进行热交换,将其冷凝成为液体。这种冷凝器的传热系数

较空气自由流动型冷凝器高 25 ~ 50 W/(m² · K)。适用于中、小型氟利昂制冷装置。它具有结构紧凑、换热效果好、制造简单等优点。纯铜管铝肋片空气强制流动热交换器的典型结构参数：一般 60 kW 以下的装置多采用 φ10 的纯铜管，管间距 25 mm；或 φ12 纯铜管，管间距 35 mm，管壁厚度为 0.5 ~ 1.0 mm；其肋管排列方式可顺排，也可叉排；肋片间距在 2.0 ~ 2.5 mm。冷凝温度和空气进出冷凝器的温差对冷凝器的性能具有不可小视的影响。一般 t_k 值越高，传热温差会越大，传热面积将随传热温差增大而减小。但会引起压缩机功耗增大，排气温度上升。所以，综合各方面影响因素考虑，冷凝温度与进风口温度之差应控制在 15 ℃ 左右；空气进出冷凝器的温差一般取 8 ~ 10 ℃。在结构方面，沿空气流动方向的管排数愈多，则后面排管的传热量愈小，使换热能力不能得到充分利用。为提高换热面积的利用率，管排数以取 4 ~ 6 排为好。

3)蒸发式冷凝器

蒸发式冷凝器以水和空气作为冷却介质。它利用水蒸发时吸收热量使管内制冷剂蒸气凝结。水经水泵提升再由喷嘴喷淋到传热管的外表面，形成水膜吸热蒸发变成水蒸气，然后被进入冷凝器的空气带走，未被蒸发的水滴则落到下部的水池内。箱体上方设有挡水栅。用于阻挡空气中的水滴散失。蒸发式冷凝器结构原理如图 5.6 所示。该冷凝器空气流量不大，耗水量也很少。对于循环水量在 60 ~ 80 L/h 的蒸发式冷凝器，其空气流量为 100 ~ 200 m³/h；补水量为 3 ~ 5 L/h。为防止传热管外壁面结垢，对循环水应进行软化处理后使用。

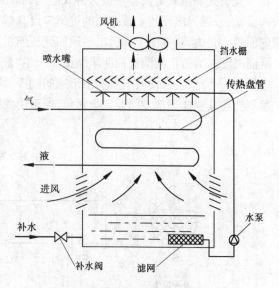

图 5.6　蒸发式冷凝器结构原理

从工作特点分析，这种冷凝器的热流量与进口空气的湿球温度关系很大，湿球温度愈高，则空气相对湿度愈大，若要保持一定的蒸发量，就必须提高冷凝温度，对装置的正常运行造成不利影响。因此，蒸发式冷凝器设计参数的选择应注意以下问题：

①进口空气的湿球温度 t_{s1} 与当地气象条件有关：参数选择可参照JB/T 7658.5—1995 氨制冷装置用蒸发式冷凝器标准。

②风量配备与 t_{s1} 有关：t_{s1} 越高则所要求的送风量就越大，送风耗能也越多。所以送风量的配备应从节能和性能要求两方面综合考虑。

③水量配备应以保证润湿全部换热表面为原则：随意增大配水量会造成水泵功耗上升，水的飞散损失增大，运行成本提高。

此外，与蒸发式冷凝器结构和工作原理相似的一种仅靠水在管外喷淋，使管内制冷剂蒸气凝结的冷凝器，称为淋水式冷凝器。一般应用于大、中型氨制冷装置。其形式、性能参数及技术要求可参照 JB/T 7658.1—1995 氨制冷装置用淋水式冷凝器标准。

5.1.2　蒸发器

蒸发器按其冷却的介质不同分为冷却液体载冷剂的蒸发器和冷却空气的蒸发器。根据制冷剂供液方式的不同,有满液式、干式、循环式和喷淋式等类型。

1)满液式蒸发器

按其结构分为卧式壳管式、水箱直管式、水箱螺旋管式等几种结构形式。它们的共同特点是:在蒸发器内充满了液态制冷剂,运行中吸热蒸发产生的制冷剂蒸气会不断地从液体中分离出来。由于制冷剂与传热面充分接触,具有较大的换热系数,但不足之处是制冷剂充注量大,因此液柱静压会给蒸发温度造成不良影响。

(1)壳管式满液式蒸发器

壳管式满液式蒸发器一般为卧式结构,如图5.7所示。制冷剂在壳内管外蒸发,载冷剂在管内流动,一般为多程式。载冷剂的进出口设在端盖上,取下进上出走向。制冷剂液体从壳底部或侧面进入壳内,蒸气由上部引出后返回到压缩机。壳内制冷剂始终保持为壳径70%～80%的静液面高度。为防止液滴被抽回压缩机而产生"液击",一般在壳体上方留出一定的空间,或在壳体上焊制一个汽包,以便对蒸发器中出来的制冷剂蒸气进行汽-液分离。对于氨用壳管式满液式蒸发器还在其壳体下部专门设置集污包,便于由此排出油、沉积物。壳体长径比一般为4～8。

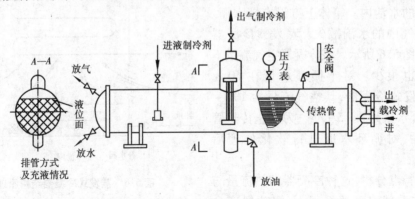

图5.7　卧式满液式蒸发器结构

氨壳管式蒸发器采用无缝钢管。氟利昂壳管式蒸发器则采用铜管,为节省有色金属,一般在管外加肋片,使低肋螺纹管得到广泛应用。当载冷剂流速为 $1.0 \sim 1.5$ m/s 时,其 K 可达 $460 \sim 520$ W/(m² · K), q_f 为 $2\,300 \sim 2\,600$ W/m²。低肋螺纹管水速可取 $2 \sim 2.5$ m/s,则 K 达 $512 \sim 797$ W/(m² · K)水平。

采用壳管式蒸发器应注意以下问题:

①以水为载冷剂,其蒸发温度降低到 0 ℃以下时,管内可能会结冰,严重时会导致传热管胀裂。

②低蒸发压力时,液体受壳体内的静液柱影响会使底部温度升高,传热温差减小。

③与润滑油互溶的制冷剂,使用满液式蒸发器存在着回油困难。

④制冷剂充注量较大;同时,不适于机器在运动条件下工作,液面摇晃会导致压缩机冲缸事故。

（2）水箱式蒸发器

水箱式蒸发器可由平行直管或螺旋管组成（又称为立式蒸发器）。它们均沉浸在液体载冷剂中工作，由于搅拌器的作用，液体载冷剂在水箱内循环流动，以增强传热效果。制冷剂液体在管内蒸发吸热，使管外载冷剂降温。

图5.8示出了直管式和螺旋管式蒸发器结构及其制冷剂在其中的流动情况。

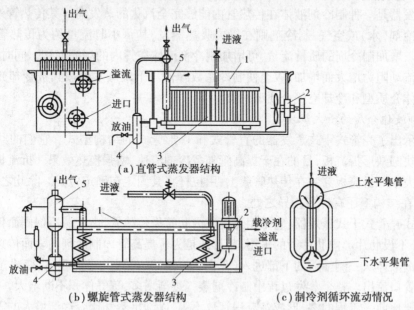

（a）直管式蒸发器结构

（b）螺旋管式蒸发器结构　　（c）制冷剂循环流动情况

图5.8　直管式、螺旋管式蒸发器及其制冷剂的循环流动情况

1—载冷剂容器；2—搅拌器；3—直管式（或螺旋管式）蒸发器；4—集油器；5—汽-液分离器

图5.8（a）为氨直管式蒸发器，全部采用无缝钢管制成。每个管组均有上、下水平集管。立管沿垂直于两集管的轴线方向焊接，其管径较集管要小。进液管设置在一个较粗的立管中。上集管的一端焊接有一个汽-液分离器，下集管的一端与集油器连通。制冷剂液体从设置中间部位的进液管进入蒸发器中（见图5.8（c）），由于进液管一直伸到靠近下集管，使其可利用氨液的冲力，促使制冷剂在立管内循环流动。制冷剂在蒸发过程中产生的氨气沿上集管进入汽-液分离器中，因流动方向的改变和速度的降低，将氨气中携带的液滴分离出来。蒸气由上方引出，液体则返回到下集管投入新一轮的循环。在集油器中沉积的润滑油通过放油阀可定时排放。沉浸在载冷剂中的蒸发器管组，可以是1组，也可以多组并列安装。组数的多少是由热负荷大小确定的。

直管式蒸发器制造过程中，直管与上、下集管连接的焊接工作量很大，为此其泄漏的机会也增多。为了降低成本，提高产品质量，制造厂商将直管改变为螺旋管（见图5.8（b）），使同样传热面积的蒸发器的焊接工作量大为减少，而且其传热系数还有所提高。一般情况下，直管式用于冷却淡水时，水速若为 0.5~0.7 m/s 时，则 K 为 520~580 W/（m²·K）。当传热温差为 5 ℃时，换热的热流量为 2 600~2 900 W/m²；而螺旋管式蒸发器 t_0 为 -5~0 ℃，水速为 0.16 m/s 时，K 为 280~450 W/（m²·K）。如果水速提高到 0.35 m/s，K 可达 430~580 W/（m²·K）。制造时还可省工75%，钢材耗量减少15%。

直管式和螺旋管式蒸发器的特点是在蒸发温度降低时也不会发生传热管冻裂。由于蒸发器管数多,载冷剂系统一般为开式循环系统,在使用盐水作载冷剂时,因其与空气接触易造成传热管严重腐蚀。因此,应注意加强系统与空气隔离的措施。从传热性能和经济性分析,宜采用螺旋管式蒸发器取代直管式蒸发器。

2)干式蒸发器

干式蒸发器是一种制冷剂液体在传热管内能够完全汽化的蒸发器。其传热管外侧的被冷却介质是载冷剂(水)或空气,制冷剂则在管内吸热蒸发,其每小时流量约为传热管内容积的20%~30%。增加制冷剂的质量流量,可增加制冷剂液体在管内的湿润面积。同时,其进出口处的压差随流动阻力增大而增加,以至使制冷系数降低。干式蒸发器按其被冷却介质的不同分为冷却液体介质型和冷却空气介质型两类。

(1)冷却液体介质的干式蒸发器

图5.9示出了壳管式干式蒸发器的直管式和U形管式的结构型式。它们的共同特点是壳内装有多块圆缺形折流板,目的在于提高管外载冷剂流速、增强换热效果。折流板的数量取决于流速的大小。折流板穿装在传热管簇上,用拉杆将其固定在确定位置。除此之外,直管式和U形管式在结构上还有许多相异之处。

①直管式壳管式干式蒸发器:它采用光管或内肋管作传热管,由于载冷剂侧面传热系数较高,所以管外不设肋片。内肋片管的采用,其目的是为了提高管内制冷剂的表面传热系数。节流后的制冷剂液体从一侧端盖的下部进入(见图5.9(a)),经过几个流程后,变成蒸气从同侧端盖的上部管口流出。整个蒸发过程中制冷剂蒸气逐渐增多,蒸气体积不断增大,一般后一流程的管数总要比前一流程的多,形成各流程管数不等,以满足蒸气比容逐渐增大的需要。

②U形管式壳管式干式蒸发器:U形管作传热管,一个管口为进液端,另一管口为出气端,由此构成了制冷剂为二流程的壳管式结构(见图5.9(b))。它只需要一个将制冷剂进出口分隔开的端盖,这有利于消除材料因温度变化而引起的内应力,延长其使用寿命,而且传热效果较好,但不宜使用内肋管。

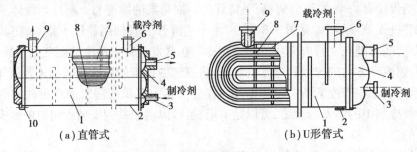

(a)直管式　　　　　　　　　(b)U形管式

图5.9　壳管式干式蒸发器结构

1—管壳;2—放水管;3—制冷剂进口管;4—右端盖;5—制冷剂蒸气出口管;
6—载冷剂进口管;7—传热管;8—折流板;9—载冷剂出口管;10—右端盖

干式壳管式蒸发器的特点是:能保证进入制冷系统的润滑油顺利返回压缩机;所需要的制冷剂充注量较小,仅为同能力满液式蒸发器的1/3;用于冷却水时,即使蒸发温度达到0℃,也不会发生冻结事故;可采用热力膨胀阀供液,比满液式的浮球阀供液更加可靠。此外,对于多程式干式蒸发器,可能会发生同流程的传热管汽-液分配不均的情况。这与端盖内制冷剂转向时产生的汽-液分层现象有关。所以应注意将转向室内侧制成弧形,同时制冷剂的进出口制成

"喇叭口"形,以利于转向和减少流动阻力。折流板外缘与壳体内表面之间的泄漏,往往会导致水侧表面对流换热系数降低达20% ~30% ,应加强密封措施,尽量减少损失。

(2)冷却空气的干式蒸发器

这类蒸发器按空气的运动状态分有冷却自由运动空气的蒸发器和冷却强制流动空气的蒸发器两种形式。

①冷却自由运动空气的蒸发器:由于被冷却空气呈自由运动状态,其传热系数较低,所以这种蒸发器被制成光管蛇形管管组,通常称做冷却排管,一般用于冷藏库和低温试验装置中。在食品冷藏装置中使用该设备,将有利于降低食品干耗,提高冷藏食品质量。

冷却排管结构简单,但形式多样。按排管在冷库中的安装位置可分为墙排管、顶排管和管架式排管。一般墙排管靠壁安装;顶排管安装在库房天花板下方;管架式安装在库房内可作为存放被冻食品的搁架。

图5.10示出了3种冷却排管的结构布置情况。它们均适用于热力膨胀阀供液的小型氟利昂冷冻冷藏及低温试验装置。当改用氨节流装置时,可作为氨冷却排管,其结构以立式排管居多。这种氨冷却排管由于存在一定的液柱高度,使排管下部蒸发温度升高,传热温差减小,所以它不适于在 -40 ℃以下的蒸发温度的冷藏库中使用。

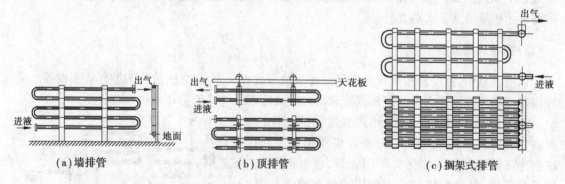

图5.10 冷却自由运动空气的干式蒸发器

冷却排管具有存液量少(其充液量约为排管内容积的40%左右),操作维护方便等优点。但存在管内制冷剂流动阻力大、蒸气不易排出的缺点;同时,由于管外空气为自由运动,传热系数较低,一般在 6.3 ~8.1 W/(m² · K)。

②冷却强制流动空气的蒸发器(又称为冷风机):由于光管式空气冷却器传热系数值很低,为加强空气侧的换热,往往需要在管外设置肋片以提高传热系数值。但是在一般情况下,设置肋管后因片距较小会引起较大的流动阻力,必须采取措施强制空气以一定的流速通过肋片管簇,以便于获得较好的换热效果。这种蒸发器多用于空气调节装置、大型冷藏库,以及大型低温环境试验场合。

图5.11为冷却强制流动空气的蒸发器及其肋片管式。由肋片管组成的立方体蛇形管组,四周围有挡板,所围成的肋片管空间为空气流道,在通风机作用下,空气以一定速度流经肋片管外肋片间隙,将热量传给管内流动的制冷剂而降温。因空气为强制运动,传热系数较冷却排管高,当空气流速为 3 ~8 m/s 时,K 为 18 ~35 W/(m² · K)。冷却强制流动空气的氨蒸发器一般采用 φ25 ~φ38 无缝钢管,外套为厚 1 mm 的钢片,片距约 10,以防止空气中的水分在低温下冻成冰霜附着在肋片管外表面,影响空气流通。同样用途的氟利昂蒸发器常采用 φ10 ~

$\phi18$的铜管,外套为厚 $0.15 \sim 0.2$ mm 的铝片(或铜片),肋片间距为 $2 \sim 4$ mm。若用于 0 ℃ 以下的蒸发温度,其片距适当加大为 $6 \sim 15$ mm。蒸发器沿气流方向的管排数在用于空气调节时,其传热系数较大,管排数在 $4 \sim 8$ 排;用于冷库或低温试验装置时因蒸发温度低,传热系数小,一般在 $10 \sim 16$ 排。

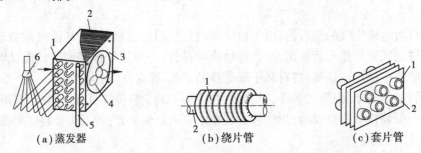

(a)蒸发器　　　　　(b)绕片管　　　　　(c)套片管

图 5.11　冷却强制流动空气的蒸发器及其肋片管型式
1—传热管;2—肋片;3—挡板;4—通风机;5—集气管;6—分液器

除上述两种干式蒸发器外,许多小型制冷装置也配用干式蒸发器,使用场合不同,其结构形式也不同。例如,电冰箱的吹胀式通道板蒸发器、冷板冷藏运输车中冷板充冷蒸发器及食品陈列展示柜货架式干式蒸发器等。

3)循环式蒸发器

该蒸发器中,制冷剂在其管内反复循环吸热蒸发直至完全汽化,故称为循环式蒸发器。循环式蒸发器多应用于大型的液泵供液和重力供液冷库系统或低温环境试验装置。

图 5.12 为供液系统中循环式蒸发器的工作情况。它们的进口和出口都与汽-液分离器相连接,形成制冷剂循环回路。传热管可用光管,也可以用蛇形肋片管组,制冷剂依靠重力作用或液泵输送在管内循环吸热制冷。液体所占的管内空间约为蒸发器整个管内空间的 50% ,其传热面积可以得到较为充分的利用。

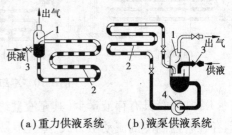

(a)重力供液系统　(b)液泵供液系统

图 5.12　循环式蒸发器的工作情况
1—汽-液分离器;2—循环式蒸发器;
3—供液阀;4—液泵

循环式蒸发器的优点在于蒸发器管道内表面能始终完全润湿,表面传热系数很高,但体积较大,制冷剂充注量较多。

5.1.3　板式换热器

这种换热器早在 100 多年前就已问世,直到近几年随着加工工艺水平的提高,出现了无垫片全焊接的板式换热器,才使得这种高效换热器在制冷装置中得以应用。板式换热器一般作为冷凝器、蒸发器或冷却器等,在制冷及空调用冷水机组中的应用相当普遍。

图 5.13 示出了板式换热器传热板片组合结构及传热板片的形式。它由许多金属板片贯叠连接而成,金属片之间采用焊接密封,形成传热板两侧的冷、热流体通道,在流动过程中通过板壁进行热交换。两种流体在流道内呈逆流式换热态势,加之板片表面制成瘤形、波纹形、人字形等各种形状有利于破坏流体的层流膜层,在低速下产生旋涡,形成旺盛紊流,强化了传热

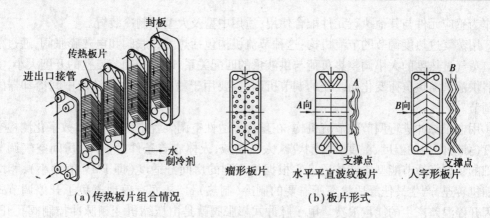

（a）传热板片组合情况　　　　　　　　（b）板片形式

图 5.13　板式换热器结构及其板片形式

作用。由于板片各种形状造就了板片间的许多支撑点,使得承受约 3 MPa 压力的换热器板片厚度仅为 0.5 mm 左右(其板距一般为 2～5 mm),使其在相同负荷的情况下,体积仅为壳管式的 1/3～1/6,质量只有壳管式质量的 1/2～1/5,所需的制冷剂充注量仅为壳管式的 1/7。就水的换热而言,在相同负荷、水速的条件下,K 可达 2 000～4 650 W/(m^2·K),为壳管式传热系数的 2～5 倍。

在上述几种形式的板片中,瘤形板片是在板上交错排列一些半球形或平头形突起,流体在板间呈网状流动,流阻较小,K 可达 4 650 W/(m^2·K)。水平平直波纹形板片,其断面呈梯形,K 可达 5 800 W/(m^2·K)。人字形板片属典型网状流板板片,它将波纹布置成人字形,不仅刚性好,且传热性能良好,K 可达 5 800 W/(m^2·K)左右。

板式换热器由于具有体积小、质量轻、传热效率高、可靠性好、工艺过程简单、适合于批量生产的优点,很受国内各制冷设备厂商的重视,目前已在国产模块化空调冷水机组和空气-水热泵机组等装置上批量使用,对我国制冷、空调事业的发展将起到重要的促进作用。

5.2　节流机构

节流机构是制冷装置中的重要部件之一,它可将冷凝器或贮液器中冷凝压力下的饱和液体(或过冷液体)节流降至蒸发压力和蒸发温度;同时,根据负荷的变化,调节进入蒸发器制冷剂的流量。

节流机构向蒸发器的供液量,与蒸发器负荷相比过大,部分制冷剂液体会随同气态制冷剂一起进入压缩机,引起湿压缩或液击事故。相反,若供液量与蒸发器热负荷相比太少,则蒸发器部分传热面积未能充分发挥作用,甚至造成蒸发压力降低;而且使系统的制冷量减小,制冷系数降低,压缩机的排气温度升高,影响压缩机的正常润滑。

按照节流机构的供液量调节方式可分为以下 5 种类型:

①手动调节的节流机构:一般称为手动节流阀,以手动方式调整阀孔的流通面积来改变向蒸发器的供液量。其结构与一般手动阀门相似,多用于氨制冷装置。

②用于液位调节的节流机构:通常称为浮球调节阀,通过浮球位置随液面高度变化而变化的特性控制阀芯开闭,达到稳定蒸发器内制冷剂的液量的目的,可作为单独的节流机构使用,

也可作为感应元件与其他执行元件配合使用,适用中型及大型氨制冷装置。

③用蒸气过热度调节的节流机构:这种节流机构包括热力膨胀阀和电热膨胀阀,通过蒸发器出口蒸气过热度的大小调整热负荷与供液量的匹配关系,以此控制节流孔的开度大小,实现蒸发器供液量随热负荷变化而改变的调节机制,主要用于氟利昂制冷系统及中间冷却器的供液量调节。

④用电子脉冲进行调节的节流机构:在现代舒适性空调装置中,有一种以数字化测检空调舒适度(如房间内的温度、湿度、气流状况、人员增减、人体衣着条件等)作为房间空气调节控制基础的新型舒适节能型空调装置。它根据检测到的房间舒适度(即 PMV 值大小),相应改变压缩机转速,产生最佳舒适状态所需要的制冷(制热)量,从而有效地避免了开停调节式空调器因开停温差产生的能量浪费。电子脉冲式膨胀阀就是由压缩机变频脉冲控制阀孔开度,向蒸发器提供与压缩机变频条件相适应的制冷剂量,时刻保持在蒸发器和压缩机之间的能量和质量的平衡性,满足高舒适性空气调节的要求。它是制冷技术中出现的机电一体化的产物。

⑤不进行调节的节流机构:这类节流机构如节流管(俗称毛细管)、恒压膨胀阀、节流短管及节流孔等,一般在工况比较稳定的小型制冷装置(如家用电冰箱、空调器等)中使用较多。它具有结构简单、维护方便的特点。

下面介绍几种常用的节流机构。

5.2.1　手动节流阀

手动节流阀又称手动调节阀或膨胀阀,是最早的节流机构,其外形与普通截止阀相似。图5.14 示出了手动节流阀的结构。它由阀体、阀芯、阀杆、填料函、填料压盖、上盖和手轮等零件组成。节流阀与截止阀的不同之处在于它的阀芯为针型或具有 V 形缺口的锥体,而且阀杆采用细牙螺纹。当旋转手轮时,可使阀门的开启度缓慢地增大或减小,以保证良好的调节性能。

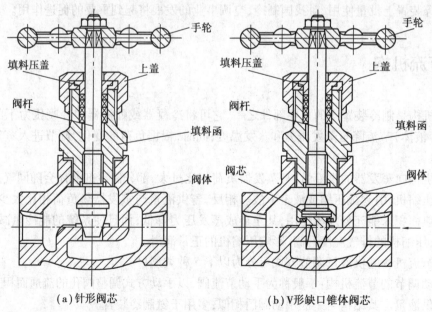

(a)针形阀芯　　　　　　　　(b)V形缺口锥体阀芯

图 5.14　手动节流阀的结构

目前,手动节流阀大部分已被自动节流机构取代,只有氨制冷系统或试验装置中还在使用。在氟利昂制冷系统,手动节流阀作为备用阀,安装在旁通管路中,以便自动节流机构维修时使用。

5.2.2　浮球节流阀

浮球节流阀(或称为浮球调节阀)是用于具有自由液面的蒸发器(如卧式壳管式蒸发器、直立管式或螺旋管式蒸发器)的供液量自动调节阀。通过浮球调节阀的调节作用,使这些设备中的供液保持大致恒定的液面,同时浮球调节阀具有节流降压的作用。

浮球调节阀广泛使用于氨制冷装置中,按照其流通方式的不同,浮球调节阀可分为直通式和非直通式两种。图5.15示出其结构示意图及非直通式浮球调节阀的连接管路系统。浮球调节阀有一个铸铁的外壳,用液体连接管3及气体连接管5,分别与被控制的蒸发器10的液体和蒸气两部分相连接,因而浮球调节阀壳体内的液面,与蒸发器内的液面一致。当蒸发器内的液面降低时,壳体内的液面也随着降低,浮子4落下,阀针1便将节流孔开大,供入的制冷剂量增多;反之当液面上升时,浮子4浮起,阀针1将节流孔关小,使供液量减少。而当液面升高到一定的高度时,节流孔被关死,系统立即停止供液。在直通式浮球调节阀中,液体经节流后先进入浮球阀的壳体内,再经液体连接管进入蒸发器中,在非直通式浮球调节阀中,节流后的液体不直接由浮球阀的壳体进入,而是由出液阀7引出,并另用一根单独的管子送入蒸发器中(见图5.15(b)和图5.15(c))。

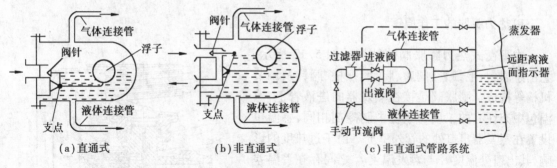

(a)直通式　　　　　(b)非直通式　　　　　(c)非直通式管路系统

图5.15　浮球调节阀

直通式浮球调节阀结构比较简单,但由于液体的冲击作用引起壳体内液面波动较大,使调节阀的工作不太稳定,而且液体从壳体流入蒸发器,是依靠静液柱的高度差,因此液体只能供到容器的液面以下。非直通式浮球调节阀工作比较稳定,而且可以供液到蒸发器的任何部位。图5.15(c)所示为非直通式浮球调节阀的连接管路系统,制冷剂液体可由最下面的实线表示的管子供入蒸发器,也可以由上面虚线表示的管子供入蒸发器。但是,非直通式浮球调节阀的构造及安装都比直通式的复杂一些。目前,非直通式浮球调节阀得到了广泛的应用。图5.16示出一种非直通式浮球调节阀的结构。

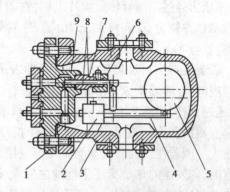

图5.16　非直通式浮球调节阀

1—盖;2—平衡块;3—壳体;4—浮球杆;5—浮球;
6—帽盖;7—接管;8—阀针;9—阀座

为了保证浮球调节阀的灵敏性和可靠性,在浮球阀前都设有过滤器,以防脏物堵塞阀口。设备运转过程中,应对过滤器进行定期检查和清洗。在浮球调节阀的管路系统中,一般都装有手动节流阀的旁路系统,一旦浮球调节阀发生故障或清洗过滤器时,可使用手动节流阀来调节供液。浮球调节阀前还装有截止阀,停机后立即关闭。压缩机停止后蒸发器中的制冷剂停止蒸发,液体中的气泡消失,液位下降,浮球阀开大,大量制冷剂液体就会进入蒸发器,当液位升高至上限时,浮球阀才能自动关闭。在下次启动压缩机时,制冷剂沸腾,处于上限的液体内充满气泡而使上限液面进一步猛涨,甚至会导致压缩机发生液击。

浮球调节阀属于比例调节,它是根据负荷的大小来调节供液量的,即液面的变化与阀口开启度的变化是成比例的。

5.2.3 热力膨胀阀

热力膨胀阀属于一种自动膨胀阀,又称热力调节阀或感温调节阀,是应用最广泛的一类节流机构。它是利用蒸发器出口制冷剂蒸气的过热度调节阀孔开度以调节供液量的,故适用于没有自由液面的蒸发器,如干式蒸发器、蛇管式蒸发器和蛇管式中间冷却器等。热力膨胀阀现在主要用于氟利昂制冷机中,对于氨制冷机也可使用,但其结构材料不能用有色金属。

根据热力膨胀阀内膜片下方引入蒸发器进口或出口压力,分为内平衡式或外平衡式两种。

1)热力膨胀的工作原理

内平衡式热力膨胀阀的结构如图 5.17 所示。它由感温包、毛细管、阀座、膜片、顶杆、阀针及调节机构等构成。膨胀阀是接在蒸发器的进液管上,感温包中充注有的工质与系统中制冷剂相同,感温包设置在蒸发器出口处的管外壁上。由于过热度的影响,其出口处温度 t_1' 与蒸发温度 t_0 之间存在着温差 Δt_g,通常称为过热度。感温包感受到 t_1' 后,使整个感应系统处于 t_1' 对应的饱和压力 p_b。如图 5.18 所示,该压力通过毛细管传到膜片上侧,在膜片下侧面施有调整弹簧力 p_T 和蒸发压力 p_0。三者处于平衡时有 $p_b = p_T + p_0$。

若蒸发器出口过热度 Δt_g 增大,即表示 t 提高,使对应的 p_b 随之增大,则形成 $p_b > p_T + p_0$,膜片下移,通过顶杆,使阀芯下移,阀孔通道面积增大,故进入蒸发器的制冷剂流量增大,蒸发器的制冷量也随之增大。倘若在进入蒸发器的制冷剂量增大到一定程度时,蒸发器的热负荷还不能使之完全变成 t_1' 的过热蒸气,造成 Δt_g 减小,t_1' 降低导致对应的感应机

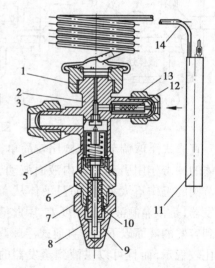

图 5.17 内平衡式热力膨胀阀结构
1—气箱座;2—阀体;3,13—螺母;4—阀座;
5—阀针;6—调节杆座;7—填料;8—阀帽;
9—调节杆;10—填料压盖;11—感温包;
12—过滤网;14—毛细管

构内压力 p_b 变少,即 $p_b < p_T + p_0$。因而膜片回缩,阀芯上移,阀孔通道面积减小,使得进入蒸发器的制冷剂量相应减少,故热力膨胀阀是以蒸发器过热度为动力的供液量比例调节模式。

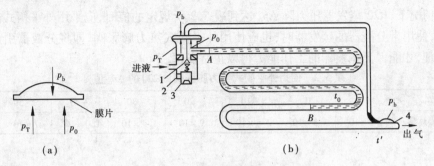

图 5.18　内平衡式热力膨胀阀工作原理图

1—阀芯;2—弹簧;3—调节杆;4—感温包

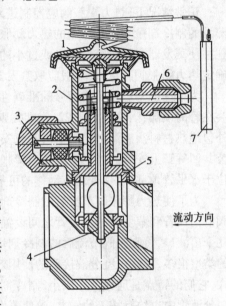

图 5.19　外平衡式热力膨胀阀结构

1—阀杆螺母;2—弹簧;3—调节杆;
4—阀杆;5—阀体;6—外平衡接头;
7—感温包

从以上热力膨胀阀的工作原理可知,阀芯的调节动作来源于 $p_b = p_1 + p_0$。而在膜片上下侧的压力平衡是以蒸发器内压力 p_0 作为稳定条件的,称为内平衡式热力膨胀阀。

在许多制冷装置中,蒸发器的管组长度较大,从进口到出口存在着较大的压降 Δp_0,造成蒸发器进出口温度各不相同,从而 p_0 不是一个固定值。在这种情况下,若使用上述内平衡式热力膨胀阀,则会因蒸发器出口温度过低而造成 $p_b \leq (p_T + p_0)$,造成热力膨胀阀的过度关闭,以至于丧失对蒸发器实施供液量调节的能力。而采用外平衡式热力膨胀阀则可以避免产生过度关闭的情况,保证有压降 Δp_0 的蒸发器得到正常的供液。外平衡式热力膨胀阀的结构原理如图 5.19 所示。图 5.20 示出了其主要特征,它是将内平衡式热力膨胀阀膜片驱动力系中的蒸发压力 p_0,改为由外平衡管接头引入的蒸发器出口压力 p_w 取代,以此来消除蒸发器管组内的压降 Δp_0 所造成的膜片力系失衡,使膨胀阀失去调节能力的不利影响。由于 $p_w = p_0 - \Delta p_0$,尽管蒸发器出口过热度偏低,但膜片力系变成为 $p_b = p_T + (p_0 - \Delta p_0)$,即 $p_b = (p_T + p_w)$ 时,仍然能保证在允许的装配过热度范围内达到平衡。在这个范围内,当 $p_b > (p_T + p_w)$ 时,表示蒸发器热负荷偏大,出口过热度偏高,膨胀阀流通面积增大,使制冷剂供液量按比例增大;反之,按比例减小。

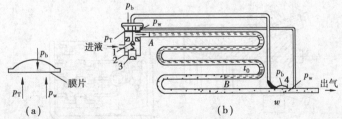

图 5.20　外平衡式热力膨胀阀工作原理图

1—阀芯;2—弹簧;3—调节杆;4—感温包

一般情况下,R22 蒸发器压力降 Δp_0 达到表 5.2 所规定的值时,应采用外平衡式热力膨胀阀。此外,使用带分液器的蒸发器时,也应使用外平衡式热力膨胀阀,即将分液器引起的压降按 Δp_0 处理,才能保证蒸发器的工作能力得以正常发挥。

表 5.2 使用外平衡式热力膨胀阀(R22)的 Δp_0 值

t_0/℃	+10	0	-10	-20	-30	-40	-50
Δp_0/Pa	4.2×10^4	3.3×10^4	2.6×10^4	1.9×10^4	1.4×10^4	1.0×10^4	7×10^3

2)热力膨胀阀的选择与使用

正常情况下,热力膨胀阀应控制进入蒸发器中的液态制冷剂量刚好等于在蒸发器中吸热蒸发的制冷剂量。但实际中的热力膨胀阀感温系统存在着一定的热惰性,形成信号传递滞后,往往使蒸发器产生供液量过大或过小的超调现象。为了削弱这种超调,稳定蒸发器的工作,在确定热力膨胀阀容量时,一般应取蒸发器热负荷的 1.2 ~ 1.3 倍。

为了保证感温包采样信号的准确性,当蒸发器出口管径小于 22 mm 时,感温包可水平安装在管的顶部;当管径大于 22 mm 时,则应将感温包水平安装在管的下侧方 45°的位置,然后外包绝热材料。感温包绝对不可随意安装在管的底部,也要注意避免在立管,或多个蒸发器的公共回气管上安装。外平衡式热力膨胀阀的外平衡管应接于感温包后约100 mm处,接口一般位于水平管顶部,以保证调节动作的可靠性。

为了使热力膨胀阀节流后的制冷剂液体均匀地分配到蒸发器的各个管组,通常是在膨胀阀的出口管和蒸发器的进口管之间设置一种分液接头。它仅有一个进液口,却有几个甚至十几个出液口,将膨胀阀节流后的制冷剂均匀地分配到各个管组中(或各蒸发器中)。分液接头的类型很多,以降压型分液接头的使用效果最好。图 5.21 示出了几种压降型分液头的结构形式,它们的特点是通道尺寸较小,制冷剂液体流过时要发生节流,产生约 50 kPa 的压差,同时在分液管中也约有相等的压差,致使蒸发器各通路管组总压差大致相等,使制冷剂均匀分配到蒸发器中,各部分传热面积得到充分利用。在安装分液头时,各分液管必须具有相同的管径和长度,以保证各路管组压降相等。

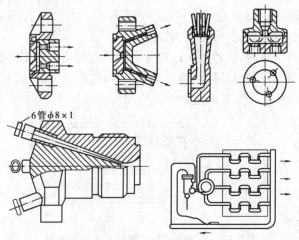

图 5.21 几种压降型分液头结构

5.2.4 热电膨胀阀和电子脉冲式膨胀阀

1)热电膨胀阀

热电膨胀阀也称为电动膨胀阀,它是利用热敏电阻的作用来调节蒸发器供液量的节流装置。热电膨胀阀的基本结构以及与蒸发器的连接方式如图5.22所示。热敏电阻具有负温度系数特性,即温度升高,电阻减小。它直接与蒸发器出口的制冷剂蒸气接触。在电路中,热敏电阻与膨胀阀膜片上的加热器串联,电热器的电流随热敏电阻值的大小而变化。当蒸发器出口制冷剂蒸气的过热度增加时,热敏电阻温度升高,电阻值降低,电加热器的电流增加,膜室内充注的液体被加热而温度增加,压力升高,推动膜片和阀杆下移,使阀孔开启或开大。当蒸发器的负荷减小,蒸发器出口蒸气的过热度减小或者变成湿蒸气时,热敏电阻被冷却,阀孔关小或关闭。

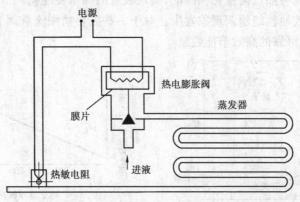

图5.22 热电膨胀图

不同用途的热电膨胀阀的感受元件有多种的安装方式。热电膨胀阀具有结构简单、反应速度快的优点。为了保证良好的控制性能,热敏电阻需要定期更换。

2)电子脉冲式膨胀阀

如图5.23所示,它由步进电动机、阀芯、阀体、进出液管等主要部件组成。由一个屏蔽套将步进电动机的转子和定子隔开。在屏蔽套下部与阀体作周向焊接,形成一个密封的阀内空间。电动机转子通过一个螺丝套与阀芯连接,转子转动时可以使阀芯下端的锥体部分在阀孔中上下移动,以此改变阀孔的流通面积,起到调节制冷剂流量的作用。在屏蔽套上部设有升程限制机构,将阀芯的上下移动限制在一个规定的范围内。若有超出此范围的现象发生,步进电动机将发生堵转。通过升程限位机构可以使电脑调节装置方便地找到阀的开度基准,

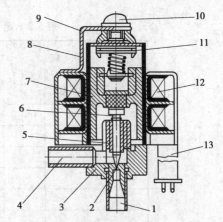

图5.23 电子脉冲式膨胀阀的结构

1—进液管;2—阀孔;3—阀体;4—出液管;
5—丝套;6—转轴(阀芯);7—转子;8—屏蔽套;
9—尾板;10—定位螺钉;11—限位器;
12—定子线圈;13—导线

并在运转中获得阀芯位置信息,读出或记忆阀的开闭情况。

电子脉冲控制阀的步进电动机具有启动频率低、功率小、阀芯定位可靠等优点,属于爪极型永磁式步进电动机。它的定子由 4 个铁芯 $(A,\overline{A},B,\overline{B})$ 和 2 副线轴组件组成,每个铁芯内周边常有 12 个齿(称为爪极)。定子引出线及开关电路如图 5.24 所示。图中的开关 1 和开关 2 按表 5.3 中的 1—2—3—4—5—6—7—8 顺序通电膨胀阀开启,反之阀门关闭。

按表 5.3,每一通电状态转动一步的步距角为 $\theta = 360°/(12 \times 8) = 3.75°$。一般膨胀阀从全闭到全开设计为步进电动机转子转动 7 圈,其所需要的通电脉冲数为 $7 \times 360°/3.75° = 356$,若在频率为 30 Hz 时所需的阀门从全闭到全开的时间为 356/30 s = 11.9 s。由此可以推断频率越高所需的时间越短,调节的精确度也越高。阀的流量与脉冲数成线性关系如图 5.25 所示。在制冷装置运行过程中,由传感器取到实时信号,输入微型计算机进行处理后,转换成相应的脉冲信号,驱动步进电动机获得一定的步距角,形成对应的阀芯移动,改变阀孔的流通面积,使制冷剂的供液量与热负荷变化相匹配,实现装置的高精度能量调节。由于变流量调节时间以秒计算,可以有效地杜绝超调现象发生。对于一些需要精细流量调节的制冷装置,采用此膨胀阀可得到满意而可靠的高效节能效果。

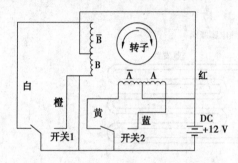

图 5.24　电子脉冲控制膨胀阀的驱动线路

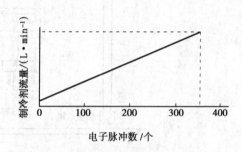

图 5.25　$\phi2.85$ 通径的电子膨胀阀的脉冲数-流量关系曲线

表 5.3　定子通电顺序及动作方向

顺　序 / 动作方向	引　线 红	蓝(A)	黄($\overline{A}$)	橙(B)	白($\overline{B}$)	阀动作
1	DC_{12V}	ON				
2		ON		ON		
3				ON		
4			ON	ON		关阀 ↑　开阀 ↓
5			ON			
6			ON		ON	
7					ON	
8		ON			ON	
9		ON				

3)毛细管

毛细管又叫做节流管,其内径通常为0.5~5 mm,长度不等,材料为紫铜或不锈钢等。由于它不具备自身流量调节能力,被看作为一种流量恒定的节流设备。

毛细管节流是根据流体在一定几何尺寸的管道内流动产生摩阻压降改变其流量的原理,当管径一定时,流体通过的管道短则压降小,流量大;反之,压降大且流量小。在制冷系统中取代膨胀阀作为节流机构。

根据毛细管进口处制冷剂的状态分为过冷液体、饱和液体和稍有汽化等情况。从毛细管的安装方式考虑,制冷剂在其进口的状态按毛细管是否与吸气管存在热交换而分为回热型和无回热型两种。回热型即毛细管内制冷剂在膨胀过程对外放热;无回热型即毛细管内制冷剂为绝热膨胀。图5.26中曲线所表示的就是绝热膨胀过程中,沿管长方向的压力和温度分布情况。进入毛细管时为过冷液体的绝热膨胀,前一段为液体,随着压力的降低过冷度不断减小,并最后变成饱和液体,如图5.26中1—a段所示。当制冷剂达到点a,即压降相当于制冷剂入口温度的饱和压力时,开始汽化,变为两相流动。随着压力不断降低,液体不断汽化,汽-液混合物的比体积和流速相应增大,且比焓值逐渐减小。同时,由于管内阻力影响,一部分动能消耗于克服磨擦,并转化为热能被制冷剂吸收,使其比焓值有所回升。因而这种膨胀过程不可能等熵,制冷剂的比熵值将不断增大,所以该过程只能是介于等焓及等熵之间的膨胀过程,如图5.26中a—2段所示。2—3段为管外自由膨胀,点3以后为蒸发器内的过程,制冷剂在蒸发器的状态为:t_0,p_0。

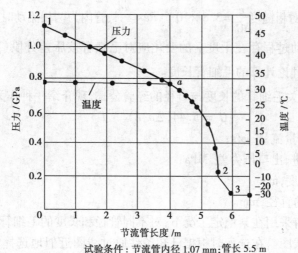

试验条件:节流管内径1.07 mm;管长5.5 m

图5.26 制冷剂(氟利昂)在毛细管中流动时的压力与温度分布特性

当毛细管进口为饱和液体或是已具有一定干度的汽-液混合物时,在节流管内仅为汽-液两相流动过程,无液体段,即图5.26中的曲线点a与点1重合。其流动过程相当于图中的a—2—3曲线所表示的情况。

在毛细管的管径、长度和制冷剂进口前的状态均给定的条件下,制冷剂的流量g和出口压力p_2'将随蒸发器内的蒸发压力(俗称背压)p_0变化而改变。当p_0较高时,g随p_0降低而不断增大,而p_2'始终与p_0相等。当p_0降低到某一数值时(即p_0等于临界压力p_c时),毛细管出口出现了"临界出口状态",其出口流速达到当地音速,制冷剂的流量 g 达到最大值。若 p_0 继续降低,当 $p_0 < p_c$ 时,毛细管内制冷剂流量 g 不再增加,压力不再下降,仍为 p_c,这时压力的进一步降低将在毛细管外进行,达到蒸发压力 p_0,如图 5.26 所示。

制冷装置中毛细管的选配有计算法和图表法两种。无论是哪种方法得到的结果,均只能是参考值。

理论计算的方法是建立在毛细管内有一定管长的亚稳态流存在,其长度受亚稳态流的影响仅仅反映在摩阻压降中相应管长流速的平均值 u_m 上;毛细管内蒸气的干度随管长的变化规律按等焓过程进行;以及管内摩擦因数按工业光滑管考虑等假设条件下,其毛细管长度可由式 (5.1) 计算得到,即

$$\Delta p_i = -\frac{G}{gF}\Delta u_i - \frac{G}{2gFd_i}\xi u_{mj}\Delta L_i \tag{5.1}$$

式中　G——每根毛细管的供液量,kg/s;

　　　　F——毛细管通道截面积,m^2;

　　　　g——重力加速度,m/s^2;

　　　　Δu——所求管段进出口截面流速差,m/s;

　　　　d_i——毛细管内径,m;

　　　　u_{mj}——所求管段进出口截面流速平均值,m/s;

　　　　ξ——摩擦系数,管内为液相流动时,$\xi_L = 0.005\ 5\left[1 + \left(20\ 000\ \dfrac{e}{d_i} + \dfrac{10^6}{Re}\right)^{1/3}\right]$,其中 $\dfrac{e}{d_i}$ 为管

内表面相对粗糙度 $\dfrac{e}{d_i} = 3.8 \times 10^{-4}$,$Re = \dfrac{ud_i}{v}$,管内为两相流动时,$\xi_T = 0.95\xi_L$。

考虑在管内的流动过程存在干度 χ 的变化应对毛细管按压差分段(即 Δp_i)计算各管长 ΔL_i,最后 $\sum \Delta L_i$ 即是理论计算的毛细管长度。

另外,也有许多有关毛细管的长度与直径的经验公式,现介绍一种作为计算参考:

$$G = 5.44(\Delta p/L)^{0.571}D_i^{2.7} \tag{5.2}$$

式中　G——制冷剂质量流量,g/s;

　　　　Δp——毛细管进、出口压力差,MPa;

　　　　L——毛细管长度,m;

　　　　D_i——毛细管的直径,mm。

在工程设计中也有采用在某稳定工况下,对不同管径和长度的毛细管进行实际运行试验,并将试验结果整理成线图。在选配时根据已知条件通过线图近似地选择毛细管参数,即图表法。图 5.27 示出了 R22,R12 毛细管初步选择曲线图。若已知某 R22 制冷装置制冷量: $Q_0 = 600 \times 1.163\ W = 697.8\ W$,在图中有 A,B,C 三个反映毛细管参数的点,即得到 3 种长度和内径的毛细管,即 d_i 为 0.8,0.9,1.0 mm,长度 L 为 0.9,1.5,2.8 m,可从 3 个结果中选取一种作为初选毛细管尺寸。

设计用毛细管节流的制冷系统时应注意:

①系统的高压侧不要设置贮液器,以减少停机时制冷剂迁移量,防止启动时发生"液击"。

②制冷剂在充注量应尽量与蒸发容量相匹配,必要时可在压缩机吸气管路上加装汽-液分离器。

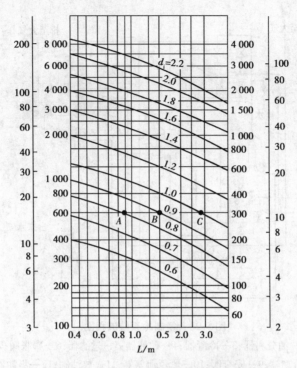

图5.27 R22,R12 毛细管初步选择曲线图

③对初选毛细管进行试验修正时,应保证毛细管的管径和长度与装置的制冷能力相吻合,以保证装置能达到规定的技术性能要求。

④毛细管内径必须均匀,其进口处应设置干燥过滤器,防止水分和污物堵塞毛细管。

5.3 制冷机组

制冷机组就是将制冷系统中的部分设备或全部设备组装在一起,成为一个整体。这种机组结构紧凑,使用灵活,管理方便,而且占地面积小,安装简便,有些机组只需连接水源和电源即可。制冷机组已成为目前制冷设备的重要发展方向。常用的制冷机组有压缩-冷凝机组、冷水机组、单元式空调机组、热泵机组等。

5.3.1 蒸气压缩式制冷系统的典型流程

1)氨制冷系统

图5.28 为采用活塞式压缩机、卧式壳管冷凝器与蒸发器的氨制冷系统的工艺流程图。其中包括氨、润滑油、冷冻水和冷却水4种管道系统。

(1)氨管道系统

低压氨气进入活塞式压缩机1,被压缩为高压过热氨气,由排气管排出。由于来自制冷压缩机的氨气中带有润滑油,故高压氨气首先进入油分离器2,将润滑油分离出来,再进入冷凝器3,冷凝后的高压氨液储存在贮液器4内,再通过液管将其送至过滤器5、膨胀阀6,减压后供

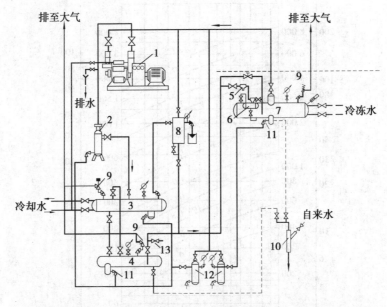

图 5.28 氨制冷系统流程图

1—压缩机;2—油分离器;3—冷凝器;4—贮液器;5—过滤器;6—膨胀阀;7—蒸发器;
8—不凝性气体分离器;9—安全阀;10—紧急泄氨器;11—放油阀;12—集油器;13—充液阀

入蒸发器 7。低压氨液在蒸发器内吸热、汽化,低压氨蒸气被制冷压缩机吸入,进行循环工作。

此外,为了保证制冷系统的正常运行,还装设有不凝性气体分离器 8,以便从系统中放出不凝气体(如空气)。

为了保证制冷系统的安全运行,要求:

①在冷凝器、贮液器和蒸发器上装设安全阀 9,安全阀的放气管直接通至室外。当系统内的压力超过允许值时,安全阀自动开启,将氨蒸气排出,降低系统内的压力。

②设置紧急泄氨器 10 一旦需要(如火灾),可将贮液器以及蒸发器中的氨液分 2 路通至紧急泄氨器,在其中与自来水混合排入下水道,以免发生严重的爆炸事故。

(2)润滑油系统

被氨蒸气从活塞式压缩机带出的润滑油,一部分在油分离器中被分离下来,但是还会有部分润滑油被带入冷凝器、贮液器及蒸发器。由于润滑油基本不溶于氨液,而且润滑油的密度大于氨液的密度,所以这些设备的下部积聚有润滑油。为了避免这些设备存油过多而影响系统的正常工作,在 3 个设备的下部装有放油阀 11,并用管道分高、低压两路通至集油器 12,以便定期放油。

如果采用螺杆式压缩机,润滑油除了用于润滑轴承等转动部件以外,还以高压喷至转子之间及转子与汽缸体之间,用以保证其间的密封,这就造成螺杆式压缩机(不论使用哪种制冷剂)排气带油数量大、油温高。因此,对油的分离和冷却有特殊要求,一般均设置两级油分离器及润滑油冷却器等。

2)氟利昂制冷系统

图 5.29 为氟利昂制冷系统流程图。与氨制冷系统相比,其制冷系统具有以下几个特点:

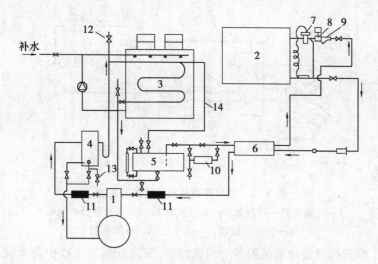

图 5.29 氟利昂制冷系统流程图

1—压缩机;2—空气冷却器;3—蒸发式冷凝器;4—油分离器;5—贮液器;6—热交换器;7—热力膨胀阀;
8—电磁阀;9—过滤器;10—干燥器;11—防振管;12—放气阀;13—放油阀;14—均压管

①氟利昂制冷系统由于节流损失较大,常采用回热式制冷循环。因此,在氟利昂制冷系统中装有热交换器6,使高压液态氟利昂与低压低温气态氟利昂进行热交换,以提高制冷剂在节流前的再冷度和制冷压缩机吸气的过热度,增加系统的制冷能力。

②氨溶于水,氟利昂不溶于水。氟利昂管道系统中如有水分存在,在蒸发温度低于0 ℃的情况下,膨胀阀的节流孔口处可能产生冰塞现象。此外,水与氟利昂发生化学反应将分解出氯化氢(HCl),引起金属的腐蚀和产生镀铜现象。因此,氟利昂制冷系统的供液管上或充液管上装有干燥器10。

③氟利昂制冷系统一般均装有油分离器4,以减少润滑油被带入系统。由于R12,R22等在常温下溶于润滑油,为了使带出的润滑油能顺利地返回压缩机,多采用非满液式蒸发器。

对于R22,在低温情况下(蒸发器内)润滑油将与之分离,浮于液面上。此时,可采用图5.30给出的方案解决回油问题。图中为泵循环式蒸发器,低压贮液器、液泵和蒸发器三者之间组成循环回路,润滑油浮于低压贮液器的液面上。通过安装在液面下的回油管,在回气流动的抽吸作用下,将润滑油与氟利昂的液态混合物吸入热交换器,被高压液加热,使混合物中的液态氟利昂蒸发变成蒸气,而将润滑油分离出来,被气态氟利昂带回压缩机。

此外,还必须指出,由于氟利昂溶于润滑油,压缩机曲轴箱内的润滑油中必然溶有氟利昂,当制冷压缩机启动时,曲轴箱内压力降低,氟利昂将从润滑油中分离,形成大量气泡,影响油泵正常供油。因此,氟利昂制冷压缩机(特别是离心式和螺杆式压缩机)的曲轴箱(或油箱)中应装有电加热器,启动前预热润滑油,促使氟利昂分离,以确保制冷压缩机顺利启动。

3)蒸气压缩式制冷系统的特性分析

设计制冷系统,不论是厂家装配成的整体机组,还是现场组装的系统,主要是选择制冷压缩机、冷凝器、蒸发器、制冷剂流量控制机构,以及风机、电动机和自动控制设备等。其步骤是根据给定的冷冻水温度(或被冷却的空气温度)、流量和所采用的冷却水(或冷却用空气)入口温度,确定该制冷系统的设计工况(即选定蒸发温度和冷凝温度等系统的内在参数设计值),

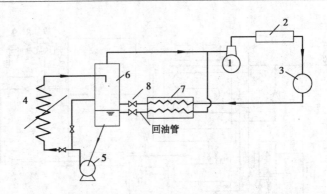

图 5.30 氟利昂满液式蒸发器的回油
1—压缩机;2—冷凝器;3—高压贮液器;4—蒸发器;5—液泵;
6—低压贮液器;7—热交换器;8—膨胀阀

然后按照设计工况选择该制冷系统的各个组成设备,使之在运行过程中各个设备的能力能相互适应,以充分发挥每个设备的工作能力。

但是,每个制冷机组或制冷系统,在实际运行过程中,当外在参数(即冷凝器和蒸发器所通过的水流量或空气流量,以及水或空气的入口温度等)在一定范围内改变时,该机组或系统的性能如何变化? 选定的各个组成设备是否匹配恰当? 也是设计时应该考虑的问题。

所谓制冷机组或制冷系统的性能,是指其制冷量和耗功率与外在参数之间的关系。前面曾介绍制冷系统中的压缩机、冷凝器和蒸发器 3 个主要设备的工作性能分别可用某些参数(制冷系统的内在参数或外在参数)表示或计算,求解 3 个设备的联立方程组,消去其中所包括的系统内在参数(蒸发温度和冷凝温度),即可得出由 3 个设备组成的制冷系统运行时的工作性能。由于这些方程式比较复杂,联立方程的求解就更加复杂了,故需利用计算机模拟来完成。若确定了可能使用的部件的一定范围,并已知它们各自的性能,那么计算机模拟可以评价由各部件的不同组合而带来的相互影响,并能够通过在全部工作条件范围内选择最佳组合而使设计参数优化。对于制冷装置的计算机模拟,可以参考有关文献,这里不再赘述。

制冷系统的性能的联立方程,也可采用图解法求。图解法不但简单,而且还可以直接表明各主要参数的影响程度,使设计者便于估计到改进每个设备时,对整个系统性能的影响效果。

下面以某空冷式空气调节机组为例,说明分析系统性能的方法。

(1)主要设备的工作特性

①活塞式制冷压缩机:对于某给定的活塞式制冷压缩机来说,当所用的制冷剂一定时,其制冷量 Φ_0、耗功率 P 以及需要在冷凝器排出热量 Φ_k,主要与蒸发温度和冷凝温度呈函数关系,即

$$\Phi_0 = f_{\Phi_0}(t_0, t_k) \tag{5.3}$$

$$\Phi_k = f_{\Phi_k}(t_0, t_k) \tag{5.4}$$

$$P = f_p(t_0, t_k) \tag{5.5}$$

图 5.31 为采用 R22 作制冷剂的某半封闭活塞式制冷压缩机工作特性的典型曲线,图中横坐标均为冷凝温度。其中图 5.31(a)表示在吸气过热度为 5 ℃,再冷度也为 5 ℃情况下,该压缩机的制冷量与系统内在参数(蒸发温度和冷凝温度)的关系。图 5.31(b)为制冷剂冷凝

并再冷5 ℃时,应在冷凝器处排出的热量。图5.31(c)为上述工作条件下,该制冷压缩机的输入功率与蒸发温度和冷凝温度的关系。

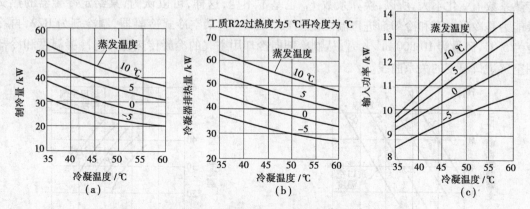

图5.31 活塞式制冷压缩机的性能图

②冷凝器与蒸发器:它们同属热交换设备,其换热能力的表达式相似。

对于冷凝器来说,其冷凝热交换能力为:

$$\Phi'_k = \int_0^c \mathrm{d}\Phi'_k$$

$$\mathrm{d}\Phi'_k = M_w c_w \mathrm{d}t_w = K_c(t_k - t_w)\mathrm{d}A$$

即

$$\frac{\mathrm{d}t_w}{t_k - t_w} = \frac{K_c}{M_w c_w}\mathrm{d}A$$

积分得

$$\frac{t_k - t_{w2}}{t_k - t_{w1}} = e^{-\frac{k_c A_c}{M_w c_w}}$$

设

$$\Phi'_k = F_R K_c A_c(t_k - t_{w1})$$

又

$$\Phi'_k = M_w c_w(t_{w2} - t_{w1})$$

$$F_R = \frac{M_w c_w(t_{w2} - t_{w1})}{K_c A_c(t_k - t_{w1})}$$

$$= \frac{M_w c_w}{K_c A_c}\left[1 - \frac{t_k - t_{w2}}{t_k - t_{w1}}\right]$$

$$= \frac{M_w c_w}{K_c A_c}\left[1 - \exp\left(-\frac{K_c A_c}{M_w c_w}\right)\right]$$

$$\Phi'_k = \left(\frac{M_w c_w}{K_c A_c}\right)\left[1 - \exp\left(-\frac{K_c A_c}{M_w c_w}\right)\right]K_c(t_k - t_{w1})A_c$$

$$= F_R K_c A_c(t_k - t_{w1})$$

$$F_R = \frac{M_w c_w}{K_c A_c}\left[1 - \exp\left(-\frac{K_c A_c}{M_w c_w}\right)\right] \tag{5.6}$$

式中　M_w, c_w——冷却剂的质量流量和比热容;

　　　K_c, A_c——冷凝器的传热系数和传热面积,W/($m^2 \cdot$ ℃),m^2;

　　　t_{w1}, t_{w2}——冷却剂(水或空气)进、出口温度,℃;

F_R——系数,对逆流式热交换设备。

从式(4.8)可以看出,对于某冷凝器来说,当冷却剂流量一定,由于在一定热负荷范围内传热系数值变化不大,所以,换算系数 F_R 也基本不变,这样,可以认为,某给定冷凝器的热交换能力是冷凝温度和冷却剂进口温度的函数。图 5.32 某空冷式冷凝器,制冷剂为 R22,再冷度为 5 ℃,风量为 10 800 m³/h 时,从制冷剂向冷却用空气的冷凝传热能力与冷凝温度和冷却用空气进口温度的关系曲线。

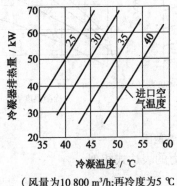

（风量为 10 800 m³/h;再冷度为 5 ℃）

图 5.32　空冷式冷凝器性能图

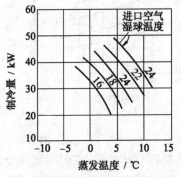

（风量为 6 800 m³/h;再冷度为 5 ℃）

图 5.33　直接蒸发式空气冷却器性能图

同样,蒸发器的热交换能力可以用以式(5.7)计算,即

$$\left.\begin{aligned}
\Phi_0' &= F_R K_0 A_0 (t_{c,w1} - t_0) \\
F_R &= \frac{M_{c,w} c_{c,w}}{K_0 A_0} \left[1 - \exp\left(- \frac{K_0 A_0}{M_{c,w} c_{c,w}} \right) \right]
\end{aligned}\right\} \tag{5.7}$$

式中　$M_{c,w}, t_{c,w1}$——冷却水的质量流量与进口温度。

应该注意,对于直接蒸发式空气冷却器来说,由于热量交换与质量交换同时发生,能量传递的推动力是比焓差,或者说是空气湿球温度之差,故式(5.9)应改写为

$$\left.\begin{aligned}
\Phi_0' &= F_R K_0, A_0 (t_{m,1} - t_0) \\
F_R &= \frac{M_{c,a} c_{c,a}}{K_{0,i} A_0} \left[1 - \exp\left(- \frac{K_{c,i} A_0}{M_{c,a} c_{c,a}} \right) \right]
\end{aligned}\right\} \tag{5.8}$$

式中　$K_{0,i}$——以湿球温差为准的传热系数;

$t_{m,1}$——进口空气的湿球温度,℃;

$c_{c,a}$——比热容,空气湿球温度每增加 1 ℃每 kg 湿空气所需的热量(在定压条件下)。

图 5.33 为某台直接蒸发式空气冷却器,当通过的空气量一定时,在不同进口空气湿球温度情况下,蒸发器的总换热能力(制冷能力)与蒸发温度的关系曲线。

(2)制冷压缩机与冷凝器联合工作特性

压缩-冷凝机组是目前应用很广的一种组合式整体机组,其工作特点不同于单独的制冷压缩机,也不同于所配用的冷凝器,而是二者的联合工作特性,需联立求解方程式(5.5)~式(5.8)或采用图解法得出。

采用图解法时,因为制冷压缩机和冷凝器的冷凝器的冷凝温度是共同的,所以,可以把以冷凝温度为横坐标的图 5.31 和 4.32 简单地重合,从而得出压缩-冷凝机组的工作性能。图 5.34 就是求解压缩-冷凝机组性能的图示,其中图 5.34(b)是将图 5.32 简单地与图 5.31(b)重

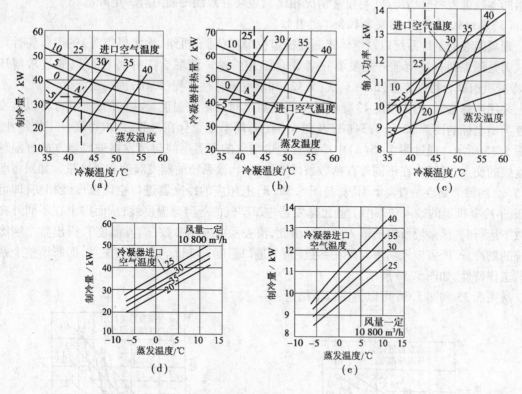

图 5.34 压缩-冷凝机组性能图

叠在一起而得的,图中等进口空气温度线与等蒸发温度线的交点就是该压缩机与该冷凝器联合运行时的一种工况点,如图中 A 点的横坐标值就是在此工况运行时的冷凝温度,纵坐标值就是冷凝器排除的热量。但是,为了求得在此工况下该压缩-冷凝机组的制冷量和输入功率,就需将冷凝器的等进口空气温度线移植画在图 5.31(a) 和 5.31(c) 上,方法是从图 5.31(b) 的各个交点向上和向下引垂直线,分别交在上下(就是图 5.31(a) 和图 5.31(c))所相应的等蒸发温度线上,连接同一进口空气温度与对应的各个蒸发温度线上的交点,即可在图 5.31(a) 和 5.31(c) 上绘出等进口空气温度线。这样,取消冷凝温度这个系统内在参数,就可得出压缩-冷凝机组的制冷量、输入功率与蒸发温度和冷却剂进口温度的关系曲线,即压缩-冷凝机组的性能曲线,以蒸发温度为横坐标(见图 5.34(d) 和图 5.34(e))。

从图 5.34 可以归纳出以下结论:

①压缩-冷凝机组的工作性能与蒸发温度、冷却剂进口温度及其质量流量呈函数关系为

$$\Phi_0 = f_{\Phi 0}(t_0, t_{w1}, M_w) \tag{5.9}$$

$$p = f_p(t_0, t_{w1}, M_w) \tag{5.10}$$

②由于冷凝器工作特性曲线的斜率 $\dfrac{\Phi_k'}{t_k - t_{w,1}}$ 与 F_R, A_c, K_c 三者乘积成正比,见式(5.9)。所以,设计时如果冷凝器传热面积取得较小,则冷凝器的工作特性曲线比较平缓,该机组的制冷能力就比较小。

③运行时,由于传热面积集污垢,机组中存有不凝性气体等,使传热系数降低;或者,由于冷凝器中存液过多,等于缩减了传热面积。这些情况均可使冷凝器的工作特性曲线变得平缓,

机组的冷凝温度将有所提高(与正常情况相比),也将导致制冷能力有一定降低。

(3)压缩机-冷凝器-蒸发器联合工作特性

现场组装的制冷系统以及整体式制冷机组(如空气调节机组、冷水机组等)的工作特性均可认为是压缩机—冷凝器—蒸发器三者联合工作特性。该联合工作特性可以通过求解压缩-冷凝机组联合特性方程(5.11)、式(5.12)和蒸发器特性方程(5.10)而得出。

采用图解法时,因为压缩-冷凝机组与蒸发器之间的蒸发温度是共同的,所以可将以蒸发温度为横坐标的图5.33和5.34(d)及图5.34(e)简单地重合在一起,以求得联合工作特性,如图5.35所示。通过图5.35(a)中冷凝器进口空气的等温度线与蒸发器进口空气的等湿球温度线的交点,可得出在不同外在参数条件下运行时,该系统的蒸发温度和制冷量。如果将图5.35(a)的每个交点垂直向下引线,与图5.35(b)上相应的冷凝器进口空气温度线相交,即可在压缩-冷凝机组的输入功率图上画出蒸发器进口空气的等湿球温度线,从而得出在不同外在参数下运行时,该系统所需的输入功率。由此,消去系统内在参数(蒸发温度),得出整个制冷系统的制冷量、所需输入功率与外在参数(两个进口温度 t_{m1} 和 t_{w1})的函数关系,即所谓整个系统的工作特性,如图5.36所示。

从图5.35和图5.36可以得出以下结论:

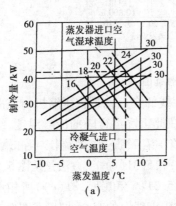

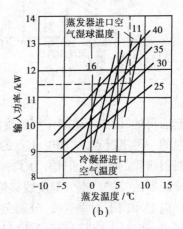

(a)   (b)

图5.35　压缩机-冷凝器-蒸发器联合工作性能图

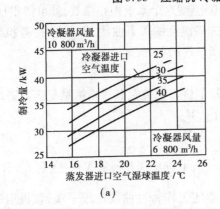

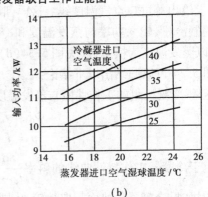

(a)   (b)

图5.36　整个制冷系统的性能图

①对于给定的制冷系统,其工作特性只与通过冷凝器和蒸发器的流体进口温度和流量呈函数关系,即

$$\Phi_0 = f_{\Phi 0}(t_{w1}, t_{m1}, M_w, M_{ca}) \tag{5.11}$$

$$P = f_p(t_{w1}, t_{m1}, M_w, M_{ca}) \tag{5.12}$$

②由于蒸发器工作特性曲线的斜率 $\dfrac{\Phi_0'}{t_{m1} - t_0}$ 与 $F_R, A_0, K_{0,i}$ 三者乘积成正比,见式(5.10),所以设计时蒸发器的传热面积取得较少,蒸发器工作特性曲线将比较平缓,影响该系统制冷能力的充分发挥。

③运行时,由于蒸发器传热面被污染(或给液不足),使部分传热面未与液态制冷剂相接触,则相当于降低了传热系数和缩减了传热面积,蒸发器的工作特性曲线变得平缓,该系统的蒸发温度必将降低(与正常工作相比),从而导致制冷能力下降。

5.3.2　压缩-冷凝机组

压缩-冷凝机组是将压缩机、冷凝器等组成一个整体,它可与节流机构及各种类型的蒸发器组成制冷系统,常用作冷库的冷源。

5.3.3　冷水机组

直接为空调工程提供冷冻水的制冷机组,简称冷水机组。它们多数采用氟利昂作为工质,下面分别介绍几种常用的压缩式空调用冷水机组。

1)活塞式冷水机组

冷水机组中以活塞式压缩机为主机的称为活塞式冷水机组。活塞式冷水机组的压缩机、蒸发器,冷凝器和节流机构等设备都组装在一起,安装在一个机座上,其连接管路已在制造厂完成了装配。因此,用户只需在现场连接电气线路及外接水管(包括冷却水管路和冷冻水管路),并进行必要的管道保温,即可投入运转。根据机组配用冷凝器的冷却介质的不同,活塞式冷水机组又可分为水冷和风冷的两种。根据机组所配压缩机的数量不同,又可分为单机头活塞式冷水机组和多机头活塞式冷水机组。

活塞式冷水机组具有结构紧凑、占地面积小、安装快、操作简单和管理方便等优点。

我国活塞式冷水机组生产的时间不长,主要以 R22 和 R12 为制冷剂,也有采用氨为制冷剂的;大多采用 70,100,125 系列制冷压缩机组装。当冷凝器进水温度为 32 ℃,出水温度为 36 ℃,蒸发器出口冷水温度为 7 ℃,制冷量范围为 35 ~ 580 kW。

图 5.37,图 5.38 分别示出一种单机头活塞式冷水机组的外形图和系统图。机组以 R22 为制冷剂,考核工况制冷量约为 342 kW。机组主机为 6FW12.5 型压缩机,它装有能量调节机构,制冷量可以按"1/3,2/3,1"3 挡来进行调节,压缩机后侧盖上装有一组 0.5 kW 的电加热器。当油温过低时,接通电源加热,以提高油温。

为了保证压缩机的安全和经济运行,压缩机上装设了一些安全和自动保护设备,即在压缩机的吸气腔和排气腔之间装有安全旁通阀。当排气和吸气压差超过安全旁通阀调定值,阀瓣立即跳起,使高压侧的气体通入低压侧,保护机器不致损坏。在排气和吸气管路上,还需装设高低压力控制器。当排气压力过高时或吸气压力过低时,使压缩机停机,以实现机器的安全和经济运行。此外,还应装设油压差控制器,以保证压缩机的润滑安全可靠,一旦油压低于规定值后,压缩机就会停机,避免轴承等摩擦表面的损坏。

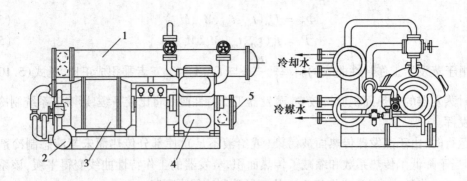

图 5.37　活塞式冷水机组外形

1—冷凝器;2—汽-液热交换器;3—电动机;4—压缩机;5—蒸发器

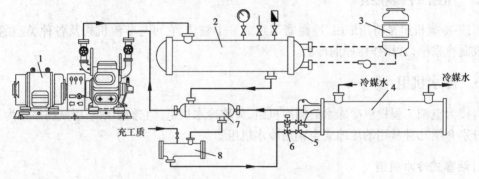

图 5.38　活塞式冷水机组系统

1—压缩机组;2—冷凝器;3—冷却水塔;4—干式蒸发器;5—热力膨胀阀;
6—电磁阀;7—汽-液热交换器;8—干燥过滤器

水冷卧式壳管式冷凝器的冷却管采用低肋滚轧螺纹管,其肋化系数为 3.39。冷却水在管内流动,制冷剂蒸气在管外壁凝结。冷凝器筒体一端的侧面为冷却水的进出管接口,冷却水由下面的接管进入冷凝器内的管组内,由上面的接管排出。冷却水温度应不高于 32 ℃冷凝器冷却水进出口温差为 4 ~ 6 ℃。冷凝器筒体上装有高压安全阀,当冷凝压力超过调定值时,安全阀起跳,使冷凝器压力下降,保证机组安全运转。

干式蒸发器采用纯铜铝芯的复合内肋片管,肋化系数约为 2.25。R22 在管内汽化,水在管外被冷却,系统充注的 R22 较少,并且没有蒸发器管组冻裂的危险。

为了保证压缩机的干压行程,机组中设置了汽-液热交换器。汽-液热交换器的外管为直径 180 mm 的无缝钢管,内部的液体管为 $\phi 20 \times 1$ mm 的铜管,其传热面积为 3.4 m^2。

如图 5.38 所示,R22 在蒸发器 4 内蒸发后,由回气管进入压缩机 1 吸气腔,经压缩机压缩后,进入冷凝器 2,蒸气冷凝成液体后,进入汽-液热交换器 7 中,被来自蒸发器的蒸气进一步过冷。过冷后的液体流经干燥过滤器 8 及电磁阀 6,并在热力膨胀阀 5 内节流到蒸发压力后,进入蒸发器 4。R22 液体在蒸发器中汽化,吸收冷媒水的热量,蒸发的蒸气又重新进入压缩机 1……如此不断循环。

通过外平衡热力膨胀阀 5,调节蒸发器供液量。该阀的外平衡管与蒸发器回气管相接。热力膨胀阀的感温包置于蒸发器回气管上。

这种活塞式冷水机组的能量调节采用外装式自动调节装置,有手动调节和自动调节 2 种操作方法。

此外,这种活塞式冷水机组还设置了一系列自动保护装置,除压缩机的 KD255 型高低压力控制器和 JC3.5 型油压差控制器之外,蒸发器一端的冷冻水出口处,装置 WJ35 型温度控制器作为防冻结保护、JD550 型压力控制器作为冷媒水断水保护,压力控制器的取压口设在冷媒水出口管上,当压力显著降低后,机器即自行停车。该控制器的动作压力和压力差值,需经试验调整后确定。压力差值大约在额定工况时,冷媒水进出口温差达 8 ℃时的流量停车,当流量恢复到冷媒水进出口温差5.5 ℃时的流量,控制器开关即复位。压力控制器的最高调节压力约为 3.5×10^5 Pa,冷凝器的冷却水断水保护采用 YT1226B 型压力控制器。该控制器的最高动作压力约为 5×10^5 Pa。控制器上有刻度可供调整。取压口可在冷凝器进水管路上,也可在回水管路上。

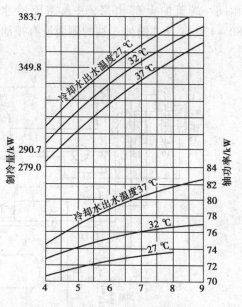

图 5.39 活塞式冷水机组性能曲线

压力差值也有刻度,由用户自行选用。压力差的调节和选择,建议额定工况时,流量调节到冷却水进出口温差达 7.5 ℃时的流量,作为机器的停车流量,经调整后,流量恢复到冷却水进出口温差为5.5 ℃时的流量,即作为回复开车状态的流量。根据机组运转工况不同,系统各部压力差的不同,YT1226B 型压力控制器压力差的调节和选择值应该作相应修正。该控制器电接点的接法,取压力降低时开路的方式。图 5.39 示出该活塞式冷水机组的性能曲线。

2)螺杆式冷水机组

以各种类型的螺杆式压缩机为主机的冷水机组,称为螺杆式冷水机组。它是由螺杆式制冷压缩机、冷凝器、蒸发器、节流装置、油泵、电气控制箱及其他控制元件等组成的组装式制冷系统。螺杆式冷水机组具有结构紧凑、运转平稳、操作简便、冷量无级调节、体积小、质量轻及占地面积小等优点。所以,近年来已在一些工厂、科研、医院、宾馆及饭店等单位的环境降温、空气调节系统中使用,尤其是在负荷不太大的高层建筑物进行制冷空调,更能显示出它独特的优越性。此外,螺杆式冷水机组也可用来供应工业生产用的冷水,以满足产品工艺流程的需要。

LSLGF500 型螺杆式冷水机组是为空调提供冷水的中型制冷设备,制冷系统如图 5.40 所示。

LSLGF500 型螺杆式冷水机组由 KF16 螺杆式制冷压缩机组、冷凝器、蒸发器、节流机构等设备组成,制冷剂采用 R22。当蒸发器冷冻水出口温度为 7 ℃,冷凝器冷却水进水温度为 32 ℃时,制冷量为 500 kW。KF16 螺杆式制冷压缩机为喷油螺杆,转子采用单边非对称摆线——圆弧形线,具有较高的容积效率(输气系数),设有能量调节装置,可使压缩机减荷启动和实现制冷量无级调节,能量调节范围为 15% ~ 100%。此外,还设有内压比可调装置,使压缩机在比较理想的工况下运行,其功率消耗小,运行经济。

蒸发器为卧式壳管式。蒸发管组采用铜管,液体 R22 在蒸发管外蒸发,冷水在管内被冷却。冷水由蒸发器一端盖的下部进入,并与制冷剂进行逆向流动换热,不断地降低温度后,再由同一端盖的上部出来,送入需要冷水的地方。冷水出水温度为 5 ~ 10 ℃,冷水量为 80 ~ 120 m³/h。筒体一端的侧面设有视油镜,蒸发器安装在冷凝器的上部。

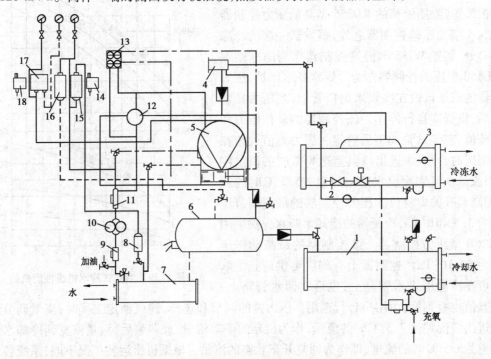

图 5.40 LSLGF500 型螺杆式冷水机组制冷系统

1—冷凝器;2—节流阀;3—蒸发器;4—吸气过滤器;5—螺杆式压缩机;6—油分离器;7—油冷却器;
8—油压调节阀;9—油粗滤器;10—油泵;11—油精滤器;12—四通阀;13—四通电磁阀;
14,18—油温控制器;15—精滤器前后压差控制器;16—油压差控制器;17—高低压力控制器

冷凝器为卧式壳管式。冷却管采用铜管,经机械加工而成的螺纹形肋片管。筒体上装有出液阀、安全阀和视油镜,冷凝器装设在压缩机的侧旁。节流阀和电磁阀装在冷凝器和蒸发器之间的管路上。

螺杆式冷水机组的制冷量,是随着蒸发器冷水出水温度及冷凝器冷却水出水温度的不同而变化的。表 5.4 列出了 LSLGF500 型螺杆式冷水机组在不同的冷水和冷却水出水温度下的制冷量。

表 5.4 LSLGF500 型螺杆式冷水机组制冷量

蒸发器冷水出水温度/℃ \ 冷凝器出水温度/℃ 制冷量/kW	28	29.5	30.5	32	33.5	35	36	38	40.5
5	502.8	494.2	490.7	486.0	479.1	475.6	462.8	459.3	452.3
6	514.0	504.7	501.2	496.5	489.5	484.9	473.3	468.6	461.6
7	529.1	525.6	522.1	517.4	510.5	505.8	493.0	489.5	481.4
8	546.5	539.5	534.9	530.2	522.1	516.3	503.5	500.0	491.9
9	572.1	564.0	553.9	554.7	545.3	540.7	527.9	524.4	533.7
10	586.0	577.9	573.3	568.6	559.3	554.7	540.7	536.0	526.7

LSLGF500 型螺杆式冷水机组的使用操作条件如下:冷凝温度≤40 ℃;蒸发温度 2～5 ℃;压缩机的排气温度≤100 ℃;油温≤65 ℃;油压高于排气压力(2～3)×10⁵ Pa。

3)离心式冷水机组

以离心式制冷压缩机为主机的冷水机组,称为离心式冷水机组。根据离心式压缩机的级数,目前使用有单级压缩离心式冷水机组和两级压缩离心式冷水机组。

离心式冷水机组适用于大中型建筑物,如宾馆、剧院、办公楼等舒适性空调制冷,以及纺织、化工、仪表、电子等工业所需的生产性空调制冷,也可为某些工业生产提供工艺用冷水。

离心式冷水机组是将离心式压缩机、蒸发器和冷凝器等设备组成一个整体,这样可以使设备紧凑,节省占地面积。图 5.41 是我国生产较早的一种冷水机组。它为双筒式,冷凝器装在蒸发器上面,其间的距离正好可以装浮球室。压缩机、增速齿轮箱和电动机组成半封闭并以油箱为底座。

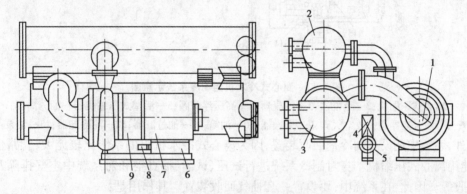

图 5.41　离心式冷水机组外形

1—压缩机;2—冷凝器;3—蒸发器;4—滤油器;5—油冷却器;6—油箱;7—电动机;8—油泵;9—增速箱

这种离心式冷水机组采用 R11 为制冷剂,当蒸发温度为 4 ℃,冷凝温度为 38 ℃,制冷量为 872 kW。

图 5.42 为离心式冷水机组制冷系统示意图。它主要由单级离心式压缩机(包括增速器与电动机)、冷凝器、高压浮球阀、蒸发器、制冷剂回收装置(包括活塞式压缩机、油分离器、汽-液分离器、放空气阀)、干燥器、油箱、油泵、油冷却器及其他控制器件所组成。

在空调工况时,R11 离心式制冷机的蒸发压力低于大气压力,对压缩机的密封性要求很高,所以离心式压缩机制成半封闭式,其额定转速为 7 780 r/min。机组中的电动机为密闭式,同压缩机的机壳直接连接,省去了轴封装置,减少了泄漏和磨损部件,电动机的外壳用冷水进行冷却(也有用直接向电动机喷射制冷剂进行冷却)。

该冷水机组的冷凝器和蒸发器均为卧式壳管式,并采用滚轧低肋片铜管,以增加氟利昂侧的传热面积,提高传热效果;管子与管板的连接采用胀接;筒体内壁涂环氧树脂漆,防止氟利昂对钢的腐蚀;蒸发器的供液采用高压浮球阀控制。

工作时,蒸发器 2 内低压及低温的氟利昂蒸气,经吸气阀被离心式压缩机 1 吸入,经压缩后,压力和温度都升高的蒸气,被送入冷凝器 3,并在冷凝器中冷凝成液体。由于冷凝器与蒸发器之间有一定压差,冷凝器中的氟利昂液体经高压浮球阀节流减压后,进入蒸发器的底部,并在蒸发器中汽化。汽化时吸收了冷水的热量,使冷水得到冷却而实现制冷。

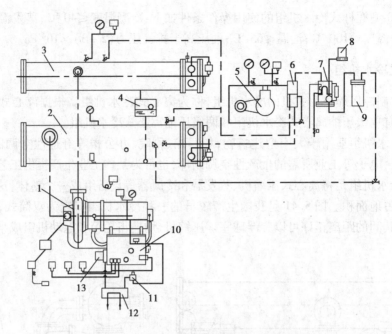

图5.42　离心式冷水机组制冷系统示意图

1—离心式压缩机;2—蒸发器;3—冷凝器;4—高压浮球阀;5—活塞式压缩机;6—油分离器;
7—汽-液分离器;8—放空气阀;9—干燥器;10—油箱;11—油过滤器;12—油冷却器;13—油泵

此外,系统中还设有制冷剂回收装置,因为离心式冷水机组的系统比较庞大,管路也较复杂,不能用离心式压缩机本身对制冷系统进行试压、试漏、抽真空和对系统中空气排除及制冷剂的回收等。因此,在系统中,要设置一套抽气回收装置。其作用是:

①可以代替真空泵对制冷系统抽真空。

②在没有高压气源的情况下,可作为机组在充氟利昂前试漏时的加压设备。

③用于排除漏入系统的空气和回收混合气体中的制冷剂,这是它的主要用途。

制冷剂回收的工作过程是:混合气体从冷凝器3,经抽气阀被活塞式压缩机5抽到油分离器6,将混合气体中的油首先进行分离,然后进入汽-液分离器7。混合气体在汽-液分离器中被冷水冷却,使制冷剂与不凝性气体分离,空气从放空气阀8排入大气,回收的制冷剂则经过干燥器9,将其中的水分去除,然后经回液管回至蒸发器。

在离心式冷水机组中,有单独的润滑系统。由于压缩机的轴承、增速器的齿轮及其轴承、电动机的轴承等,都需要用润滑油来润滑和冷却,因此油路系统对整个机组的安全运行是具有重要意义的。离心式制冷压缩机的润滑是采用压力润滑,其润滑系统由油泵、油冷却器、油过滤器、油箱以及油压调节阀等组成。油泵13由电动机带动,电动机是浸在润滑油内并与油泵共用一根转轴。运行时,从油泵13压出的油,经油冷却器12冷却,再经油过滤器11滤除杂质。过滤后的润滑油经油压调节阀调节到规定的压力后,进入供油管。供油管在中途分为两路:一路去主电动机后部的轴承;另一路到压缩机本体的侧面,进入增速器机壳,通过机壳的给油孔至各轴承、齿轮等进行润滑。润滑后的油积存在压缩机1本体油槽内,然后从联接管回到油箱10。

由于离心式压缩机的结构及工作特性,它的输气量一般希望不小于2 500 m³/h。因此,离心式冷水机组适用于较大的制冷量,单机容量通常在581.4 kW以上。目前,最大的离心式冷水机组的制冷量可达35 000 kW。此外,离心式冷水机组的工况范围比较狭窄。单级离心式冷水机组中,冷凝压力不宜过高,蒸发压力不宜过低。其冷凝温度一般控制在40 ℃左右,冷凝器进水温度一般在32 ℃左右;蒸发温度为0~10 ℃,用得较多的为0~5 ℃,蒸发器冷水出口温度为5~7 ℃。

4)模块式冷水机组

模块式冷水机组是一种新型的制冷装置,它是由多台模块式冷水机单元并联组成的。模块式系统中每个单元制冷量为130 kW,其中有2个完全独立的制冷系统,各自有双速或单速压缩机、蒸发器、冷凝器及控制器,它以R22为制冷剂,空调制冷量65 kW。每个模块单元装有2台全封闭式压缩机,压缩机设有弹簧消音防震,在压缩机与单元的固定处用橡胶隔离。电机绕组的每一圈都有热阻器,以防止过热后单相运行。每个系统都装有高压和低压控制器及压缩机过载保护开关,每个模块单元装有2套冷凝器和蒸发器,冷凝器和蒸发器均采用板式热交换器。与一般管壳式热交换器相比,它具有较高的传热效率,传热温差小得多。这样,冷凝器中制冷剂侧的冷凝温度更为接近冷却水出口温度,因而制冷剂液体有较大的过冷度。在蒸发器中,冷水出口温度更加接近蒸发温度。这些特点有效地改善了循环效率,结果使电耗降低,所需的传热面积减小,模块式机组可由多达13个单元组合而成,总的制冷量为1 690 kW。模块式冷水机组内设有电脑监控系统,控制整个机组,按空调负荷的大小,定期启停各台压缩机或将高速运行变为低速运行,包括每一个独立制冷系统和整机运行。

与其他形式的冷水机组相比较,模块式冷水机组具有一系列优点。它可以按照冷负荷变化,随时调整运行的模块数,使输出冷量与空调负荷达到最佳配合,以最大限度节约能耗;多台压缩机并联工作,如果由于某种原因,其中一台压缩机停止运转,其他运转的压缩机能保证制冷量基本不变,所以能在输出容量不变的运行状态下,对机组内的压缩机逐一进行检修;质量轻,外形尺寸小,可节省建筑面积;而且模块式的组合,对制冷系统提供最大的备用能力,而且扩大机组容量非常简单易行。

模块式冷水机组的最大缺点是对水质要求较高,因为冷凝器、蒸发器均为板式,如果水质不好,一旦结垢阻塞就会影响冷凝器和蒸发器的传热,甚至会使电动机过载而烧毁。

5)多机头冷水机组

多机头冷水机组是一种装有2台以上压缩机的冷水机组。每台压缩机称为一个机头,按机头形式可分为活塞式、螺杆式或涡旋式等,但必须是同一规格同型压缩机。

机组内每个压缩机具有独立的制冷剂回路,采用微电脑协调控制多回路工作;同时,每个压缩机都能独立地进行能量调节。因此,这种机组具有较宽广的调节性能,调节的方式也有多种(如可为每台压缩机进行同样的能量调节,或部分启动调节),具有较强的负荷变化适应能力。

由于机组的各机头形式规格相同,既可互为备用,又能使维修备件量减至最少,运行可靠性。

由于采用电子式膨胀阀和微电脑进行控制,使多机头机组的复杂操作管理变得简单易行。图5.43为双机头螺杆式冷水机组外形图。

图5.43 双机头螺杆式冷水机组

6) 户式空调冷水机组

户式空调冷水机组是一种微型的中央空调系统的制冷机组,它将中央空调的制冷系统和冷冻水系统的水泵及膨胀水箱集合在机组中,其冷凝器常采用风冷式(见图5.44)。机组的空调系统安装应用示意如图5.45所示。

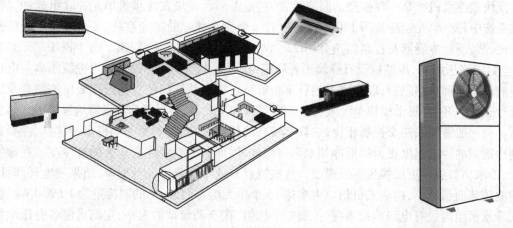

图5.44　户式风冷式冷水机组空调系统　　　　图5.45　户式风冷式
冷水机组

这种机组的制冷剂管路集中在机组内,机组输出低温冷冻水,供给空气处理器冷却空气之用,避免了制冷剂的长距离输送,提高了制冷系统的可靠性和密封性;同时,送往各房间的冷却介质是冷冻水,对空调末端设备的控制调节也较为简单容易。这种机组特别适用于100~600 m² 的住宅和单元写字楼。

5.3.4 空气调节机组

在一些建筑物中,如果只有少数房间有空调要求,这些房间又很分散,或者各房间负荷变化规律有很大不同,这种情况就必须采用局部空调系统。

空气调节机组是局部空调系统的一种形式,包括制冷设备和空气处理设备两大部分。空气处理设备由空气过滤器、风机、空气冷却器(制冷设备的蒸发器)、电加热器等组成。它的任务是将空气处理到所要求的状态后,送入空调房间内。制冷设备除了空气处理设备中的空气冷却器(即蒸发器)外,还包括压缩机、冷凝器、膨胀阀及其他辅助设备。这些设备的作用是完成制冷循环,为空调提供冷源。按照空气处理设备与其他制冷设备组装方式的不同,空调机组可以分成分组式和整体式两种。

分组式空调机组是将空气处理设备与制冷设备分开,如 KD-10,KD-20 型空调机组就是由 2F10 压缩冷凝机组和空调箱(空气处理设备)两部分组合而成。它们和前面介绍过的氟利昂制冷系统相同,不再讨论。本章主要介绍整体式空气调节机组。

由于空气处理的要求不同,空调机组的类型也不完全相同。如冷风机或冷、热风机是用来降低室内空气温度或使室内加温的;恒温恒湿空调机组既可冷却或加热室内空气,又可使空气加湿或减湿,而且可以自动调节;降湿机是用来吸收室内或洞内空气中的水蒸气,以降低空气的相对湿度。此外,还有特殊用途的空调机组等。

空调机组制冷系统一般都应用氟利昂为制冷剂,其主要设备差异不大,根据其用途不同稍有差别。它的结构紧凑、体积小、需要机房面积小,或可直接布置于空调房间内,施工安装的工作量小,运行和管理都非常方便,在空调工程中得到广泛的作用。

1)冷风机组

冷风降温设备也称为冷风机,用于夏季降温去湿用,常装置于一般空调房间,一台空调器只能调节一间或几间房间,或一间大房间内安装几台空调器。一台空调器就是一套单独的空调制冷系统,即包括制冷设备、离心风机和电器控制系统等,能单独制冷并送风。

冷风机的压缩机多为封闭式。其特点是体积小、质量轻、震动小、噪声低、操作方便等。冷风机制冷量范围广,可以 $1.16 \sim 58.14$ kW,配用冷凝器分为水冷式和风冷式两种。水冷式多采用壳管式或套管式,风冷式一般采用铝制翅片套铜管。蒸发器与风冷式冷凝器结构相似。为了降低噪声,离心风机都采用低转速运转,转速多在 $500 \sim 1\ 000$ r/min。

冷风机的形式较多,如有窗式、柜式等。下面介绍几种常见的冷风机。

①窗式空调器:窗式空调器是一种体积小、质量轻、可以装在墙壁上或窗口上的整体式空气调节装置。它主要用于旅馆、住宅、办公室、小会议室、一般性恒温要求的计量室、实验室等。

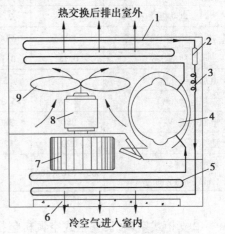

图5.46 窗式空调器工作原理图

图5.46为窗式空调器制冷系统工作原理图。它采用全封闭式压缩机4。其辅助设备包括翅片管式蒸发器5和风冷式冷凝器1。蒸发器和冷凝器各有一台风扇7和9。两台风扇共轴,由一台电动机8带动。整个系统没有截止阀,用毛细管3代替节流阀。设有干燥过滤器2,其中装有铜丝网,用来过滤系统中的机械杂质,以防止堵塞毛细管。全部设备用铜管连接,形成一个密闭系统。在出厂前,已充入制冷剂和润滑油,使用期间一般不需要添加。窗式空调器装有温度控制器。控制器的敏感元件是一个感温包,扎在空调器的回风口上,可根据回风温度的高低来控制压缩机的停开。窗式空调器多以 R22 为制冷剂,制冷量为 $2.5 \sim 12$ kW,风量为 $600 \sim 2\ 000$ m³/h。

窗式空调器有的仅供降温用,有的既能供夏季降温用,还能在冬季供采暖用。仅供降温用的称为普通型窗式空调器。冷热两用的窗式空调器称为热泵型窗式空调器。热泵型空调器无论供热还是制冷,都由一套制冷设备来完成。它与普通型空调器的主要区别是增加一个电磁换向阀(四通阀)部件。当按制冷循环工作时,室内换热器用作蒸发器,室外换热器用作冷凝器。当按热泵循环工作时,室内换热器用作冷凝器而室外换热器用作蒸发器。热泵型窗式空调器是通过电磁换向阀的切换来实现供冷或供热的。

窗式空调器应安装在避免阳光直射的地方,安装高度(从出风口到地面的距离)不小于1.5 m,可以装在窗口上,也可以另开洞安装。

表5.5示出几种窗式空调器的主要技术参数。

表 5.5　窗式空调器主要技术参数

型　号		KSW2-6	KSW2-6D	CKT-3	CKT-3A	CK-6A	CKT-1
制冷剂		R22	R22	R22	R22	R22	R22
制冷量/W		3 489	3 489	3 489	3 489	6 978	2 908
制热量/W					3 489	6 978	
室内温度调节范围/℃	制冷	18～28	18～28	20～28	20～28	20～30	15～27
	制热				15～21	15～21	
压缩机	型号	2F4.2SM	2F4.2SM	2FM4	2FM4	2FM4G	
	电动机功率/kW	2.2	2.2	1.5	1.5	2.6	
风机	风量/(m³·h⁻¹)	800	800	660	660	1 000	500
	功率/kW	0.18	0.18	0.18	0.18	0.25～0.4	
电加热器功率/kW			3				
总耗电量/kW		2.38	5.38	2.1	2.1		1.65
电源电压/V		380	380	380	380	380	
质　量/kg		120	120	100	100	135	<75
外形尺寸/(mm×mm×mm)		660×610×480		660×700×450	660×740×455	715×890×520	660×495×410

②立柜式空调机:立柜式空调机包括立柜式冷风机及冷热风机。它们的作用与前述的窗式空调器完全一样,所以通常把冷风机或冷、热风机也称为空调器。立柜式空调机的外形像一个大立柜,柜内装有制冷压缩机、冷凝器、空气冷却器、控制器件、仪表、风机及其他辅助设备等。同窗式空调器相比、立柜式空调机是一种较大型的空调装置,制冷量一般在 7 kW 以上,常用于小型公共场所及中型实验室等,能使室内温度保持在 18～30 ℃。表5.6列出一些立柜式空调机的主要技术参数。

表 5.6　立柜式空调机的主要技术参数

型　号		L-10	L-15	LK-8	LK-12	L8.5	L-50
制冷剂		R12	R22	R22	R22	R12	R22
制冷剂充装量/kg		3.5	3.5	1.7	2.5	6	20
制冷量/kW		11.63	17.45	8.14	13.96	9.89	60.48
温度控制范围/℃		20～30	20～30	20～27	20～27	18～30	
压缩机	型　号	3FW5B	3FW5B	2FM4G	3FM4G	2FZ-6.6	4FS7B
	转速/(r·min⁻¹)	1 440	1 440	2 850	2 850	500	1 450
	电动机功率/kW	3	3	2.2	3	3	13
风机	风量/(m³·h⁻¹)	2 000	3 000	1 400	2 000	2 400	12 000
	风压/Pa	80	100			110	150
	电机功率/kW	0.37	0.55	0.18	0.37	0.4	2.2

续表

型　号		L-10	L-15	LK-8	LK-12	L8.5	L-50
冷却水	进水温度/℃	28	28	≤32	≤32	<32	
	耗水量/(m³·h⁻¹)	1.8	2.6	0.9	2.0	1.5~3.7	10.5
	进出口管径/min	20	25	15	20	20	40
噪　声/dB				≤65	≤60	≤65	
质　量/kg		330	380	140	220	400	
外形尺寸/ (mm×mm×mm)		950×470× 1 700	950×530× 1 850	450×650× 1 250	800×550× 1 500	960×570× 1 915	1 420×835× 2 010

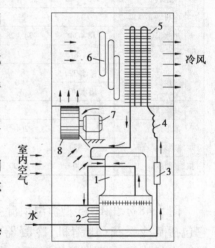

　　L型冷风机为立柜式空调机的一种,也称L型空调器。图5.47示出L型冷风机工作原理。压缩机1为封闭式,在压缩机旁装有套管式冷凝器2,压缩冷凝机组的上部装有带翅片的蒸发器5和离心式风机8。制冷系统采用毛细管4节流。

　　L型冷风机可直接放在被调节室内使用,空调室应适当考虑隔热保温措施。

　　立柜式空调机一般都采用水冷式冷凝器。为了节约用水,通常都使用冷却水塔循环供水。一些空调机厂已考虑了与空调器配套供应冷却水塔,以方便使用单位。

　　一般立柜式空调机主要用于夏季供冷,冬季可使用热水或蒸汽加热供热,也有的采用电加热器为室内提供热风。

图5.47　L型冷风机工作原理图
1—压缩机;2—冷凝器;3—过滤器;
4—毛细管;5—蒸发器;6—电加热器;
7—电动机;8—风机

　　风冷式冷风机组多为分体式,包括室内和室外两部分。将压缩冷凝机组(压缩机、冷凝器、风机等)和蒸发器组(蒸发器、毛细管、温度控制开关、电气控制等)分为两个组件,压缩冷凝机组安装在室外。同一般整体式相比,分体式空调机占据室内面积小,空调房间的噪声低。

2)恒温恒湿空调机组

　　用恒温恒湿机组处理空气时,不仅可以降温、加湿,而且可以使被调房间的温度、湿度自动控制在一定的范围,多为生产工艺性空气调节所采用。

　　恒温恒湿空调机组,一般是将制冷系统的蒸发器装在被处理空气的通道中,利用制冷剂的直接蒸发来冷却空气。当空气流过蒸发器的外表面时,在被冷却的同时,含湿量也降低。为了保证被调节房间所要求的湿度,在空调机组中设有加湿器。加湿器是一个盛有水的小容器,内有电极加热器,使水受热汽化成水蒸气,以增加空气的含湿量。此外,在空调机组中,还装有电加热器,可对空气进行干式加热,用以提高空气的湿度和降低其相对湿度,或者在冬季用来采暖。恒温恒湿空调机组温度的控制范围一般为(20~25)℃±1℃,相对湿度控制范围为(50%~70%)±10%。它的制冷量大小不等,一般为7~116 kW,风量为1 000~17 000 m³/h,均采用自动控制。表5.7列出部分恒温恒湿空调机组的主要技术参数。

表5.7　恒温恒湿空调机组主要技术参数

型　号		LH48	H35	LH38	KT3	H-10	H-15	LHR-20B
制冷剂		R12	R12	R12	R12	R12	R22	R12
制冷量/kW		55.8	34.9	44.8	7.0	11.6	15.7	23.3
控制范围	温度/℃	23±1	(20~25)±1	18~25	18~25	(20~25)±1	(20~28)±1	(15~25)±1
	相对湿度/%	55±10	(50~70)±10	40~70	40~70	(40~70)±10	(40~70)±10	(30~70)±10
压缩机	型　号	6FW7B	4FS7B	2FZ-10	2FZ-6.6	3FW5B	FW5B	8FS5B
	电动机功率/kW	17	13	15	3	3	3	7.5
	转速/(r·min⁻¹)	1 450	1 400	1 440	500	1 440	1 440	1 440
风机	风量/(m³·h⁻¹)	800~10 000	6 500~7 000	8 000	2 400	2 000	3 000	4 000
	风压/Pa	500~300	150~250	151	110	80	100	150~200
	电机功率/kW	3	2.2	3	0.37	0.4	0.55	1.5
冷却水	进水温度/℃	18~34	24~28	<32	<32	28	28	≤28
	流量/(m³·h⁻¹)	5.5~8.5	7	8.3~14.3	1.3~2.2	1.5	2.4	≤5
	进出口管径/mm	进水32 出水40	40	50	20	20	25	40
加湿器	功率/kW	7.5		15~20	2	2	2.5	4.2
	加湿量	7	20.7	2.7				6
加热器功率/kW		共35	共18	共33	共7	共9		
机组质量/kg		1 700	1 200	1 200	400	350	420	800

　　图5.48示出 H-15 型恒温恒湿空调机组原理。它包括制冷系统(压缩机、冷凝器、毛细管、蒸发器)、电加热器、加湿器及温湿度自动控制元件等。

　　H-15 型恒温恒湿空调机组的压缩机 6 为半封闭式,冷凝器 7 为水冷套管式,并装有电磁给水阀。当压缩机停转时,电磁阀能自动关闭水源。

　　加湿器 4 为电极式,是用 3 根铜棒或不锈钢棒作为电极,按照一定距离和尺寸装在瓷质容器中,以水作为电阻。由于水的电阻而产生热量,水被加热而蒸发成水蒸气,经出气管送到需加湿的空气中。这种加湿器内水位越高,通过的电流越大,产生的蒸气量越多,可用改变溢流管位置高低的办法来调节水位的高低,从而调节加湿量。

　　蒸发器 5 的蛇形管用铜管制作,管外套有铝制翅片。

　　风机 3 为双联离心式,转速为 960 r/min,风量为 3 000 m³/h。

　　夏季利用蒸发器 5 把混合空气冷却,然后再经过风机 3 加压送至室内,用自动控制仪表控制电加热器,以保证室内温度。用制冷系统中的蒸发器冷

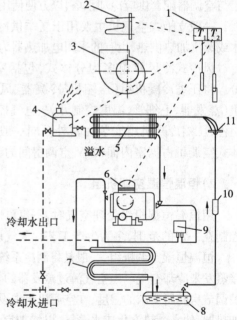

图5.48　H-15 型恒温恒湿空调机组原理图
1—干湿球温度控制器;2—电加热器;
3—风机;4—电极加湿器;5—蒸发器;
6—压缩机;7—冷凝器;8—贮液器;
9—压力控制器;10—过滤器;11—节流机构

却降温,由湿球温度计及继电器控制压缩机的停开,调节室内温度及湿度。冬季用自动控制电加热器 2 加热空气,保证室内温度,用自动控制电极式加湿器 4 调节湿度。

热泵式恒温恒湿空调机组可以实现夏季供冷,冬季供热。它与一般恒温恒湿空调机组的区别,在于制冷系统加一个四通换向阀,使冷凝器与蒸发器互相转换。当需要供冷时,按制冷循环工作;当需要供热时,设备按热泵循环工作。其工作原理与热泵型窗式空调器相同。

当室内温湿度波动时,用停开制冷装置和电极式加湿器的方法来控制;夏季室内干球温度低时,停开压缩机;冬季湿度偏低时,开启电极式加湿器。

3)特殊用途的空调机组和空气降湿机

①特殊用途的空调机组:为了满足某些空调房间提出的特殊要求,或者一些需要降温的环境有着不同于一般的工作条件,制成了各种特殊用途的空调机组。

图 5.49 为一净化恒温恒湿机组结构示意图。除了一般空调机组中的制冷设备和空气处理设备之外,该空调机组中还包括有中效、高效过滤器,活性炭过滤层及紫外线灯(杀灭细菌)等空气净化设备,可使被处理的空气达到较高的洁净度,适用于有净化、恒温及对空气中细菌有杀灭意要求的场所,诸如精密仪表生产车间、制药厂房及医院手术室、烧伤病房等。

专门用于特殊环境(高温环境、无水源等)的特殊冷风机,可用于高温车间行车、钢厂行车、揭盖机和钳式吊等设备的操纵室内的降温,还可用于其他高温环境的降温。

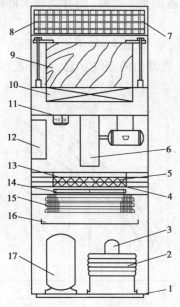

图 5.49　净化恒温恒湿机组结构示意图

1—底座;2—冷凝器;3—贮液器;4—手动电加热;

5—自动电加热;6—风机;7—可调双层百叶;

8—风帽;9—高效过滤器;10—中效过滤器;

11—温度调节指示仪表;12—电气盒;

13—活性碳过滤器;14—紫外线灯;

15—蒸发器;16—接水盘;17—压缩机

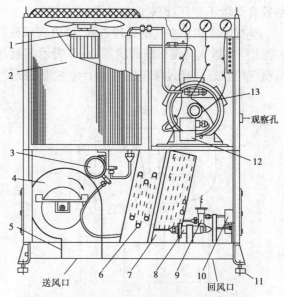

图 5.50　T-4 行车冷风机组结构图

1—冷凝器风机;2—冷凝器;3—贮液器;

4—蒸发器风机;5—机架;6—电加热器;

7—蒸发器;8—过滤器;9—热力膨胀阀;

10—电磁阀;11—减振器;

12—压力控制器;13—压缩机

T-4 行车冷风机组是用于冶金工业行车司机室降温的设备,冶金工厂部分车间的环境温度较高,行车室的室温多在 50 ℃左右,初轧车间的钳式吊车司机室内温度可达 70 ℃以上。图5.50 为 T-4 行车冷风机组结构简图。它为整体立式、机组上部为压缩冷凝机组,采用风冷式冷凝器,下部为冷风机(蒸发器和风机等)。压缩机 13 为半封闭式、风冷式冷凝器 2 的结构,采用二列错排周围进风形式,冷凝管及蒸发管用铜管套铝翅片,机组设置了压力保护装置,以保证运行的安全可靠。T-4 行车冷风机组采用 R142 为制冷剂,当环境温度为 60 ℃,被调间室内为 30 ℃时,其制冷量约为 4.7 kW。

②空气降湿机:空气降湿机(或称去湿机)是一种机械式空气干燥器。它是应用人工制冷的方法来凝结空气中的水蒸气,使空气得到干燥,所以空气降湿机也是一种空调机组。

空气降湿机是由一套制冷设备、通风机及电气控制设备等组成。它有降湿的功能,但不能控制温度和湿度。空气降湿机通常用于精密量具室、仪器仪表室、档案室、金属仓库等部门,以防止仪表、量具、材料等因潮湿而腐蚀和霉烂。地下建筑、涵洞等一般也使用空气降湿机,使室内空气干燥。

空气降湿机的形式较多,但其工作原理基本相同,如图 5.51 所示。被离心式通风机 2 引入降湿机的空气,首先经过蒸发器 4,由于蒸发器表面的温度低于空气的露点温度,当空气与蒸发器表面相接触时,空气中的水分被冷凝而析出,落入蒸发器下部的凝水盘中,并流入凝结水箱 8。此时,空气的含湿量减小。但由于空气温度也被降低,所以相对湿度有所增加。为了降低空气的相对湿度,使空气继续通过风冷式冷凝器 3 被加热。此时,随着空气温度的升高,尽管含湿量不变,但相对湿度减小。

空气降湿机中空气的处理过程,可以表示在湿空气的焓-湿图上,如图 5.52 所示。图中点1 表示空气进入降湿机前的状态,点 2 表示蒸发器后,冷凝器前的空气状态,点 3 表示冷凝器后空气的状态。经过降湿机的每千克空气去湿量为

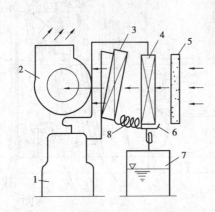
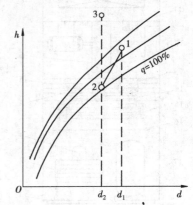

图 5.51　空气降湿机工作原理图
1—压缩机;2—离心式通风机;3—风冷式冷凝器;
4—表面式蒸发器;5—空气过滤工器;6—凝结水盘;
7—毛细管;8—凝结水箱

图 5.52　空气降湿机中空气处理过程的 h-d 图

$$\Delta d = (d_1 - d_2)$$

式中　Δd——每千克空气的去湿量,g/kg;
　　　d_1,d_2——点 1 状态和点 2 状态的含湿量,g/kg。

一台降湿机每小时的去湿量与通过的空气量有关,即

$$W = \frac{G(d_1 - d_2)}{1\ 000}$$

式中 W——每小时从空气中除去的水蒸气量,kg/h;

　　　G——每小时处理空气量,kg/h。

其制冷量为

$$Q_0 = \frac{G(h_2 - h_1)}{3\ 600}$$

式中 h_1, h_2——空气进、出蒸发器的焓,kJ/kg;

　　　Q_0——降湿机的制冷量,kW。

5.3.5　机组制冷系统的自动控制

目前,我国的制冷装置正向着自动化方面发展,并已取得一些成绩。实现制冷系统自动化有以下几点好处:

①根据用户需要或外界条件的变化,按程序自动启动、停机,并且自动调整制冷装置的工作,不但可以简化管理,节省操作人员,而且可以提高制冷装置运行的经济性,降低耗电量。

②提高用户的使用质量。例如,冷藏库实现自动控制,库房温度稳定,可以提高商品的储藏质量。

③保证制冷装置的安全运转,防止发生事故。

制冷装置的自动化系统被用来完成信号、监测、保护、操纵、调节等作用。

全自动化系统应具备上述5方面的作用。制冷装置也可以部分自动化,即某些操作过程或上述某些作用设有自动化系统。本节仅就被冷却对象的温度控制和制冷系统的自动保护举例进行说明。

1) 被冷却对象温度的自动控制

控制被冷却对象温度几乎是一切制冷装置均要解决的问题,其控制方法主要有双位控制法、卸载控制法、变频调节法等。

(1)双位控制法

冷水箱、房间等热惰性比较大的被冷却对象的温度控制常采用双位控制法,如图5.53所示。

图5.53(a)为1台制冷压缩机控制一个对象的系统,靠温度继电器控制制冷压缩机的启动或停机,使被控制对象的温度保持在一定范围内。

图5.53(b)为1台制冷压缩机控制两个对象的系统,靠温度继电器操纵各路供液管上电磁阀的启闭,断续地向各蒸发器供液,以保证每个控制对象的温度维持在要求温度范围内。当两路供液管上的电磁阀均关闭时,还应通过中间继电器或压缩机吸气管路上的低压继电器,使制冷压缩机停止运行。

此外,由于这两个被控制对象要求保证的温度不同,为了不使要求温度较高的对象的蒸发器的蒸发温度过低,降低温度和空气湿度的控制精度,在此蒸发器的出气管路上设有常闭主阀和正作用恒压导阀,以保证该蒸发器的蒸发压力恒定,并高于压缩机的吸气压力。同时,在另一路蒸发器的出气管上应设有止回阀,以防止产生倒流现象。

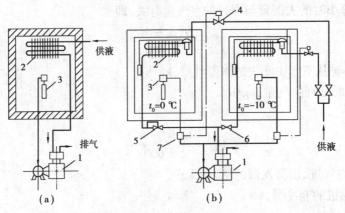

图 5.53　双位控制

1—压缩机;2—蒸发器;3—温度断电器;4—电磁阀;5—恒压主阀;6—止回阀;7—中间继电器

（2）卸载控制法

多台制冷压缩机或多缸制冷压缩机负责一个被冷却对象时,可以停止部分压缩机或部分汽缸的工作,以改变该系统的制冷量,使之与被冷却对象的需要量相适应,该方法称为卸载控制法。常用的卸载控制法有两种,即分级调节法和延时调节法。

①分级调节法:将被控制参数（可为冷冻水出口温度,制冷压缩机的吸气压力等）分为若干级,每级装置一个温度继电器或压力继电器,整定至各自不同的给定值,以便分别控制各台压缩机或各个汽缸的启停。

图 5.54 为 3 台同型制冷压缩机负责供应 5 ~ 9 ℃的冷冻水,采用分级调节。在冷冻水总出水管上装有 3 个幅差为 2 ℃的温度继电器,其整定值分别调至 5,6,7 ℃。这样,当冷冻水温度达到 5 ℃时,3 台制冷压缩机全部停止运行;当冷冻水温达到 9 ℃时,3 台制冷压缩机全部投入工作。

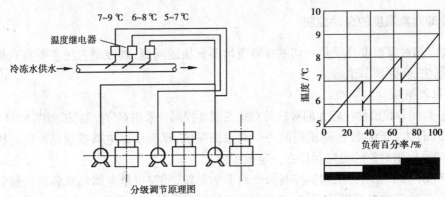

图 5.54　分级调节法

分级调节法的控制系统简单,但是,要求继电器的幅差值相当小,即使如此,其分级数目也不能过多,而且,控制精度不高。

②延时调节法:与分级调节法不同,它采用一个继电器控制被调节对象。当被控制参数达到上限或下限值时,发出增载或卸载信号,但需经过一定的时间延迟,方对制冷压缩机或汽缸进行控制。

图 5.55 所示的空气调节系统,由八缸制冷压缩机带动直接蒸发式空气冷却器,房间空气温度要求维持在 19 ~ 21 ℃。在回风道内装有温度继电器,其整定值的上下限为 19 ℃和 21 ℃。当回风温度(即室温)达到 21 ℃时,经过一定的延时,逐次开启电磁三通阀,给汽缸的卸载装置供油,使汽缸投入工作;反之,当回风温度降低到 19 ℃时,经过一定的延时,逐次关闭电磁三通阀,使汽缸卸载装置回油,汽缸处于不工作状态。

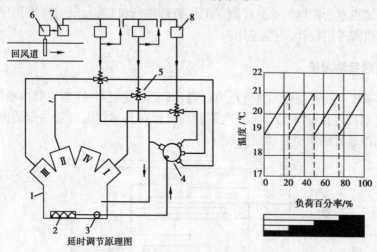

图 5.55 延时调节法
1—压缩机;2—油过滤器;3—油泵;4—分油阀;5—三通阀;
6—温度继电器;7—延时继电器;8—中间继电器

(3)变频调节法

变频调节法是在压缩机的电动机输入电路中加装一个变频调速器(或称逆变器),并用压力或温度传感器检测压缩机入口参数的变化,控制变频器的输出频率,改变电机转速,从而改变压缩机的排气量,达到改变制冷系统制冷量的目的。图 5.56 为变频调节法原理图,图 5.57 为变频调节法的负荷变化与运行图。

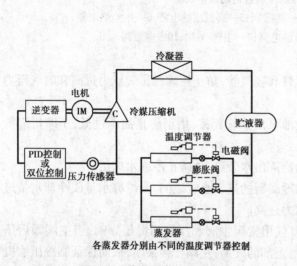

图 5.56 变频调节法原理图

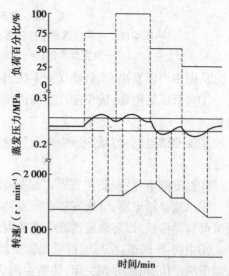

图 5.57 变频调节法负荷变化与运行图

变频调速器的输出频率可在 10～150 Hz 无级平滑变动,但由于压缩机在低速运行时,润滑、回油、谐振等因素将会恶化;在高速运行时,振动、噪声增大,部件耐久性下降。因此,变频调节法用于制冷压缩机时,运行频率一般限制在 30～90 Hz,负荷可在 10%～160% 无级变化。

变频调节法使冷冻机对于冷冻负荷的变化始终以接近设计条件的高效方式运行,具有明显的节能效果和使负荷温度稳定的特点。

一般制冷压缩机及所配电机都是按额定工作条件进行机械设计的,所以用于变频制冷系统的压缩机和电机需专门设计,不能混用。

2) 制冷装置的自动保护

制冷装置的事故可能有:液击、排气压力过高、润滑油供应不足、蒸发器内载冷剂冻结、制冷压缩机配用电动机过负荷等,为此,制冷装置均应针对具体情况设置一定的保护装置。图 5.58 是氟利昂制冷装置的典型自动保护系统。

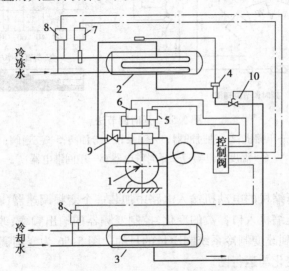

图 5.58　氟利昂制冷装置自动保护系统

1—压缩机;2—蒸发器;3—冷凝器;4—膨胀阀;5—高低压继电器;6—压差继电器;

7—温度继电器;8—水流量继电器;9—主阀-导阀;10—电磁阀

从图中可以看出,该自动保护系统包括:

①高低压继电器:接于制冷压缩机排气管和吸气管,防止压缩机排气压力过高和吸气压力过低。

②压差继电器:与制冷压缩机吸气管及油泵出油管相接,用于防止油压过低,压缩机润滑不良。

③温度继电器:安装在壳管式蒸发器的冷冻出水管路上,防止冷冻水冻结。

④水流量继电器:分别安装在蒸发器和冷凝器的进出水管之间,当冷冻水量或冷却水量过低时可自动停机,以防蒸发器冻结或冷凝压力过高。

⑤主阀-导阀组:在压缩机吸气管上装有气用常闭主阀和反作用恒压导阀,当主阀阀后压力高于额定值,恒压导阀关闭,切断主阀活塞上部的气路,主阀才会关闭,从而保证制冷压缩机吸气压力不超过允许数值,以免压缩机配用电动机过负荷。该保护装置一般用于低温制冷

系统。

此外,膨胀阀前的给液管上装有电磁阀,它的电路与制冷压缩机的电路连锁。制冷压缩机启动时,必须待压缩机运转后,电磁阀的线圈才通电,开启阀门向蒸发器供液;反之,停机时首先切断电磁阀线圈的电路,关闭阀门停止向蒸发器供液后,再切断制冷压缩机的电源。这样,可以自动地保证制冷压缩机启动和停机的步骤。

本章小结

1. 冷凝器是制冷系统向环境放出热量的换热设备,环境介质的传热特点决定了冷凝器的形式和结构。一切有利于向环境传热的方法都可以提高冷凝器换热效果,并改变冷凝器的形式和结构。

2. 蒸发器是制冷系统吸收工作对象热量的换热设备,各种强化传热的方法同样适用于蒸发器。由于蒸发器的传热过程中常常伴有凝水、凝霜,且蒸发器中的制冷剂数量较大,因此蒸发器应注意凝水、凝霜对传热的影响(特别是热泵的蒸发器),注意制冷剂的静压对蒸发温度的影响(特别是满液式蒸发器)。

3. 节流机构具有降压和调节制冷剂流量的作用。制冷系统的制冷剂流量直接关系到制冷系统的制冷量和放热量的大小。对于确定的压缩机、冷凝器和蒸发器,只有在制冷剂流量适当的条件下,才能组成高效的制冷系统。因此合理的选择节流机构,对制冷系统的匹配有十分重要的作用。

4. 制冷剂具有的不同性质,决定了采用该制冷剂的制冷系统结构。如氨具有冷凝压力高、可燃、溶于水、不溶于油等特性,在氨制冷系统中需要使用相应的辅助设备,以防止这些特点对系统运行产生不利影响。

5. 制冷系统的工作特性是指系统的制冷量、耗功量与系统之外的环境温度的关系特性。外部环境温度影响着系统内制冷剂的蒸发温度和冷凝温度,从而使系统的制冷量、耗功量随之改变,所以制冷系统在不同的环境温度下会有不同的制冷量和耗功量。

6. 制冷机组按冷却介质、被冷却介质的不同分为水冷式冷水机组、风冷式冷水机组、水冷式冷风机组及风冷式冷风机组4类,各类机组具有不同的特点和用途。

思考题

5.1 冷凝器有哪几种主要形式? 有何优缺点?

5.2 根据供液方式,蒸发器有哪几种形式,各有什么优缺点?

5.3 什么叫做满液式蒸发器? 什么叫做非满液式蒸发器? 常用的蒸发器有哪些主要类型? 各有什么特点?

5.4 节流机构在制冷系统中起什么作用? 共有几种节流机构? 它们的工作原理各是什么? 适用于什么场合?

5.5 内平衡热力膨胀阀与外平衡热力膨胀阀有什么不同? 各适用于什么地方?

5.6　用毛细管节流有什么优缺点？使用毛细管节流机构时应注意哪些问题？

5.7　油分离器的作用是什么？它有哪些类型？其作用原理有什么不同？

5.8　冷凝器与储液器之间为什么设有均衡管？不装可以吗？

5.9　什么是制冷系统的工作特性？其外在参数与内在参数有什么关系？

5.10　常用的制冷机组分为哪几类？

6

吸收式制冷及设备

学习目标：
1. 了解吸收式制冷工质对的特点。
2. 掌握吸收式制冷的工作原理。
3. 掌握单效溴化锂吸收式制冷理论循环及其热力计算。
4. 熟悉单效溴化锂吸收式制冷实际循环。
5. 熟悉直燃双效型溴化锂吸收式制冷机的流程。
6. 熟悉直燃型溴化锂吸收式冷热水机组。

6.1 吸收式制冷的工作原理

6.1.1 概述

1）吸收式制冷与蒸气压缩式制冷的比较

吸收式制冷是蒸气制冷的一种，和蒸气压缩式制冷一样，都是利用液态制冷剂在低压低温下汽化来达到制冷的目的。其不同之处在于：

（1）能量补偿方式不同

按照热力学第二定律，把低温物体的热量传递给高温物体要消耗一定的外界能量来作为补偿。蒸气压缩式制冷靠消耗电能转变为机械功来作为能量补偿，而吸收式制冷则是靠消耗热能来完成这种非自发过程。因此，在热源便宜、方便，特别是有废热可利用的地方，吸收式制冷便可发挥其优势。

（2）使用工质不同

蒸气制冷是由工质的相变来完成的。在蒸气压缩式制冷使用的工质中，除了混合工质外，均是单一物质，如 R717，R22，R134a 等。吸收式制冷的工质则是由两种沸点不同的物质组成的二元混合物。在混合物中,低沸点的物质叫做制冷剂,高沸点的物质叫做吸收剂。因此,它们被称为制冷剂-吸收剂工质对。例如,最常用的工质对有:

①氨-水工质对:氨在 1 atm 下的沸点是 −33.4 ℃,为制冷剂;水在 1 atm 下的沸点是 100 ℃,为吸收剂。氨-水工质对适用于低温如化工企业的生产工艺制冷中。

②溴化锂-水工质对:由于溴化锂在 1 atm 下的沸点高达 1 265 ℃,所以它是吸收剂,而水为制冷剂。溴化锂-水工质对主要用于空调制冷中。

2)吸收式制冷工质对的特性

(1)吸收式制冷工质对两组分的沸点不同

作为吸收式制冷工质对的二元溶液,其两种组分的沸点要不同,而且相差还要比较大,才能使制冷循环中的制冷剂纯度比较高,提高制冷装置的制冷效率。

(2)吸收剂对制冷剂要有强烈的吸收性能

吸收剂对制冷剂有强烈的吸收性能才能提高吸收循环的效率。对于氨-水工质对,1 kg 的水可吸收 700 kg 的氨,基本上可以认为是无限溶解。

(3)吸收式制冷工质对二元溶液的浓度

纯物质只要知道两个参数(如压力和温度)就能决定其状态,但对二元溶液来说,除了需知道压力和温度外,还需知道其组成溶液的成分,而溶液的组分常用浓度 ξ 来表示。

如果已知吸收式制冷工质对的二元溶液中,制冷剂的质量为 M_1,吸收剂的质量为 M_2,则

$$\xi_1 = \frac{M_1}{M_1 + M_2} \times 100\% \,(制冷剂浓度) \tag{6.1}$$

$$\xi_2 = \frac{M_2}{M_1 + M_2} \times 100\% \,(吸收剂浓度) \tag{6.2}$$

$$\xi_1 + \xi_2 = 1 \tag{6.3}$$

对于吸收式制冷常用的两种工质对,习惯上所说的二元溶液的浓度 ξ 为

$$\xi = \frac{M_{NH_3}}{M_{NH_3} + M_{H_2O}} \times 100\% \,(氨 - 水) \tag{6.4}$$

对于溴化锂-水工质对,有

$$\xi = \frac{M_{LiBr}}{M_{LiBr} + M_{H_2O}} \times 100\% \,(溴化锂 - 水) \tag{6.5}$$

纯溴化锂,$\xi = 1$;纯水,$\xi = 0$。

3)简单吸收式制冷系统

图 6.1,为一简单吸收式制冷循环系统图。吸收式制冷机主要由四个热交换设备组成,即发生器、冷凝器、蒸发器和吸收器,它们组成两个循环环路:制冷剂循环与吸收剂循环。

图 6.1 的左半部是制冷剂循环,属逆循环,由冷凝器、节能装置和蒸发器组成。从发生器中出来的高压高温制冷剂蒸气去到冷凝器,在冷凝器中向外界环境放出冷凝热 Φ_k,制冷剂冷凝成高压常温的液体。高压常温液态制冷剂经膨胀阀节流成低压低温的汽-液混合物,进入蒸发器后,低压低温的液态制冷剂吸收被冷却物体的热量 Φ_0,汽化成低压低温的制冷剂蒸发,进入吸收器。整个制冷剂循环与蒸气压缩式气相同。

从发生器中出来的高压高温制冷剂蒸气去到冷凝器,在冷凝器中向外界环境放出冷凝热 Φ_k,制冷剂冷凝成高压常温的液体。高压常温液态制冷剂经膨胀阀节流成低压低温的汽-液

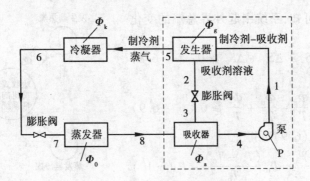

图6.1　简单吸收式制冷系统

混合物,进入蒸发器后,低压低温的液态制冷剂吸收被冷却物体的热量 Φ_0,汽化成低压低温的制冷剂蒸气,进入吸收器。整个制冷剂循环与蒸气压缩式相同。

图6.1的右半部是吸收剂循环(图中点画线部分)。属正循环,主要由吸收热、发生器和溶液泵组成。

液态吸收剂不断吸收蒸发器产生的低压气态制冷剂,以达到维持蒸发器内低压的目的;吸收剂吸收制冷剂蒸气而形成的制冷剂-吸收剂溶液,经溶液泵升压后进入发生器。在发生器中该溶液被加热,沸腾,其中沸点低的制冷剂气化形成高压气态制冷剂,与吸收剂分离,然后制冷剂蒸气进入冷凝器被液化、节流进行制冷,吸收剂(浓溶液)则返回吸收器再次吸收低压气态制冷剂。整个吸收剂循环相当于蒸气压缩式制冷循环中的制冷压缩机。

对于吸收剂循环而言,可以将吸收器、发生器和溶液泵看做是一个“热力压缩机”,吸收器相当于压缩机的吸入侧,发生器相当于压缩机的压出侧。吸收剂可视为将已产生制冷效应的制冷剂蒸气从循环的低压侧送到高压侧的运载液体。要注意的是,吸收过程是将制冷蒸气转化为液体的过程,和冷凝过程一样为放热过程,故需要由冷却介质带走其吸收热。

吸收式制冷机中的吸收剂通常并不是单一物质,而是以二元溶液的形式参与循环的,吸收剂溶液与制冷剂-吸收剂溶液的区别只在于前者所含沸点较低的制冷剂量比后者少,或者说前者所含制冷剂的浓度比后者低。

6.1.2　吸收式制冷机的热力系数与热力完善度

吸收式制冷机的经济性常以热力系数作为经济性评价指标。热力系数 ζ 是吸收式制冷机中获得的制冷量 Φ_0 与消耗的热量 Φ_g 之比,即

$$\zeta = \frac{\Phi_0}{\Phi_g} \tag{6.6}$$

和压缩式制冷中逆卡诺循环的制冷系数是最大的制冷系数相应,在吸收式制冷中也有其最大热力系数。

图6.2中,发生器中热媒对溶液系统的加热量为 Φ_g,蒸发器中被冷却物质对系统的加热量(即制冷量)为 Φ_0,泵的功率为 P,系统对周围环境的放热量为 Φ_e(等于吸收器中放热量 Φ_a 与在冷凝器中放热量 Φ_k 之和)。由热力学第一定律得

$$\Phi_g + \Phi_0 + P = \Phi_a + \Phi_k = \Phi_e \tag{6.7}$$

设该吸收式制冷循环是可逆的,发生器中热媒温度为 T_g,蒸发器中被冷却物温度为 T_0,环境温度为 T_e,并都是常量。则吸收式制冷系统单位时间内引起外界熵的变化为:对于发生器的热媒是 $\Delta S_g = -\Phi_g/T_g$;对于蒸发器中被冷却物质是 $\Delta S_0 = -\Phi_0/T_0$;对周围环境是 $\Delta S_e = \Phi_e/T_e$。

由热力学第二定律可知,系统引起外界总熵的变化应大于或等于0,即

$$\Delta S = \Delta S_g + \Delta S_0 + \Delta S_e \geqslant 0 \qquad (6.8)$$

或

$$\Delta S = -\frac{\Phi_g}{T_g} - \frac{\Phi_0}{T_0} + \frac{\Phi_e}{T_e} \geqslant 0 \qquad (6.9)$$

由式(6.7)和式(6.9)可得

$$\Phi_g \frac{(T_g - T_e)}{T_g} \geqslant \Phi_0 \frac{(T_e - T_0)}{T_0} - P \quad (6.10)$$

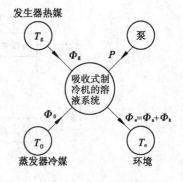

图 6.2 吸收式制冷系统与外界的能交换

若泵的功率忽略不计,则吸收式制冷机的热力系数为 ζ 为

$$\zeta = \frac{\Phi_0}{\Phi_g} \leqslant \frac{T_0(T_g - T_e)}{T_g(T_e - T_0)} \qquad (6.11)$$

最大热力系数为

$$\zeta_{max} = \frac{T_0(T_g - T_e)}{T_g(T_e - T_0)} = \varepsilon_c \eta_c \qquad (6.12)$$

热力系数与最大热力系数之比称为热力完善度,即

$$\eta_a = \frac{\zeta}{\zeta_{max}} \qquad (6.13)$$

式(6.12)表明,吸收式制冷机的最大热力系数等于工作在 T_0 和 T_e 之间的逆卡诺循环的制冷系数 ε_c 与工作在 T_g 和 T_e 之间的正卡诺循环的热效率 η_c 的乘积。它随热源温度 T_g 的升高、环境温度 T_e 的降低,以及被冷却介质温度 T_0 的升高而增大。

吸收式制冷机与由热机直接驱动的压缩式制冷机相比,在对外界能量交换的关系上是等效的。只要外界的温度条件相同,二者的理想最大热力系数是相同的。因此,压缩式制冷机的制冷系数应乘以驱动压缩机的动力装置的热效率之后,才能与吸收式制冷机的热力系数进行比较。

在吸收式制冷机中,氨吸收式制冷机的热力系数很低,约为0.15;即使采用了提高措施,也只能达到0.5。溴化锂吸收式制冷机的热力系数较高,单效溴化锂吸收式制冷机的热力系数可达0.7以上。

6.1.3 溴化锂吸收式制冷

从1945年美国凯里亚(CARLIN)公司制成第一台制冷量为每小时45万千卡(523.3 kW)的溴化锂吸收式制冷机至今有60多年历史,由于它具有不少优点,如噪声小,无振动,无磨擦等,因而得到了迅速的发展,特别是在空调制冷方面占有显著地位。

1)溴化锂水溶液的特性

溴化锂是无色粒状结晶物,性质和食盐相似,化学稳定性好,在大气中不会变质、分解或挥发,此外,溴化锂无毒(有镇静作用),对皮肤无刺激。无水溴化锂的主要物性质见表6.1。

表6.1 无水溴化锂的主要物理性质

分子式	相对分子质量	成 分	密 度	熔 点	沸 点
LiBr	86.856	锂7.99 %,溴92.01 %	3.464 g/cm³(25 ℃)	549 ℃	1 265 ℃

通常固体溴化锂中会含有一个或两个结晶水,则分子式为 LiBr·H$_2$O 或 LiBr·2H$_2$O。

溴化锂具有极强的吸水性,对水制冷剂来说是良好的吸收剂。当温度 20 ℃时,溴化锂在水中的溶解度为 111.2 g/100 g 水。溴化锂水溶液对一般金属有腐蚀性。

由于溴化锂的沸点比水高得多,溴化锂水溶液在发生器中沸腾时只有水汽化出来生成纯冷剂水,故不需要蒸气精馏设备。与氨吸收式制冷相比系统更为简单,热力系数也较高。由于以水为制冷剂,因此蒸发温度不能太低,系统内真空度较高。

2)溴化锂水溶液的压力-饱和温度图

由于溴化锂水溶液沸腾时只有水汽化出来,溶液的蒸气压就是水蒸气分压力。而水的饱和蒸气压只是温度的单值函数,因此溶液的蒸气压可以由该压力下水的饱和温度来代表。经验性杜林(Dühring)法则指出:溶液的沸点 t 与同压力下水的沸点 t' 成正比。实验数据的分析证实了,一定浓度的溴化锂水溶液符合下述关系,即

$$t = At' + B \qquad (6.14)$$

式中　A,B——系数,它们分别是溶液中溴化锂的浓度的函数。

若以溶液的温度 t 为横坐标,同压力 p 下水的沸点 t'(或 lg p)为纵坐标,绘制溴化锂水溶液的蒸气压图,即为一组以浓度为参变量的直线(见图 6.3)。

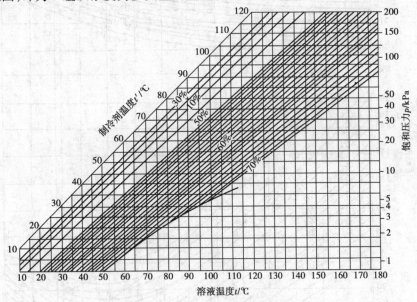

图 6.3　溴化锂水溶液的 p-t 图

图 6.3 中左侧第一根斜线是纯水的压力与饱和温度的关系;最右侧的折线为结晶线,它表明在不同温度下溶液的饱和浓度。温度越低,饱和浓度也越低。因此,溴化锂水溶液的浓度过高或温度过低时均易形成结晶,这是溴化锂吸收式制冷机设计和运行中必须注意的问题。

从图 6.3 可见,在一定温度下溶液面上水蒸气饱和分压力低于纯水的饱和分压力,而且溶液的浓度越高,液面上水蒸气饱和分压力越低。当压力一定时,溶液的浓度越高,其所需的发生温度也越高。

3)溴化锂水溶液的 h-ξ 图

溴化锂水溶液的 h-ξ 图如图 6.4 所示。工程热力学中介绍过氨-水溶液的 h-ξ 图,溴化锂-

水溶液的 h-ξ 图与之相比,相同处在下部仍为液态区,绘有等压线和等温线。不同处在上部的气态区。氨-水溶液的 h-ξ 图中,有饱和蒸气的等压线和辅助线两组曲线,可以利用辅助线找出湿蒸汽区的等温线。但是,在溴化锂-水溶液的 h-ξ 图上,气态区却没有饱和蒸汽的等压线,只有一组辅助线。这是因为蒸气中不含溴化锂,是纯水蒸气,即浓度为零。所以,h-ξ 图上的气态部分全部集中在浓度为零的一根纵轴上,饱和蒸气状态可利用已知的饱和液体线,通过辅助线来确定。

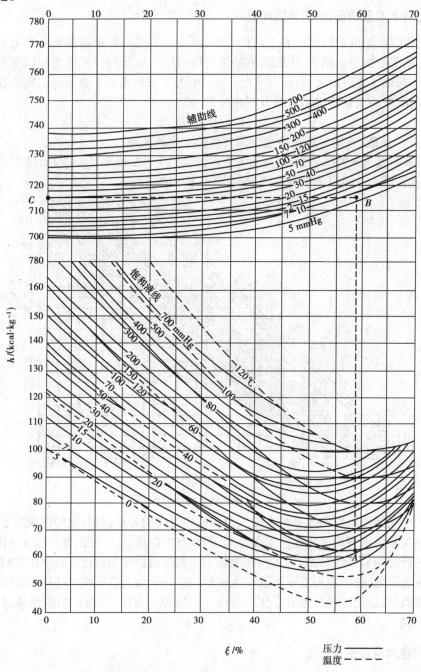

图 6.4　溴化锂-水溶液的 h-ξ 图

【例6.1】 已知饱和溴化锂水溶液的压力为0.93 kPa,温度40 ℃,求溶液及其液面上水蒸气各状态参数。

【解】 首先在h-ξ图的液态部分找到0.93 kPa等压线与40 ℃等温线的交点A,读出ξ_A = 59%,比焓h_A = 61 kcal/kg。液面上蒸气温度等于溶液温度40 ℃,$\xi = 0$。通过点A的等浓度线ξ_A = 59%与压力0.93 kPa的辅助线的交点B作水平线与$\xi = 0$的纵坐标相交于C点。C点即为液面上蒸气状态点,h_C = 714 kcal/kg,其位置在0.93 kPa辅助线之上,所以是过热蒸气。

从饱和水蒸气表知,压力为0.93 kPa时纯水的饱和温度为6 ℃,远低于40 ℃。可见,溶液面上的蒸气具有相当大的过热度。

6.2 单效溴化锂吸收式制冷机

6.2.1 单效溴化锂吸收式制冷理论循环

图6.5是单级溴化锂吸收式制冷装置流程图,与图6.1的简单吸收式循环基本相同。其左边是制冷循环,右边是吸收剂循环。图6.5只是在发生器和吸收器之间的溶液管路上增加了一个溶液热交换器,其作用是使发生器出来的热浓溶液的热量在溶液热交换器中传给来自吸收器的冷稀溶液。这样,既提高了进入发生器的冷稀溶液温度,减少发生器所需耗热量;又降低了进入吸收器的浓溶液温度,减少吸收器的冷却负荷,故溶液热交换器又可称为节能器。采取这一措施可使循环的热力系数提高约50%。

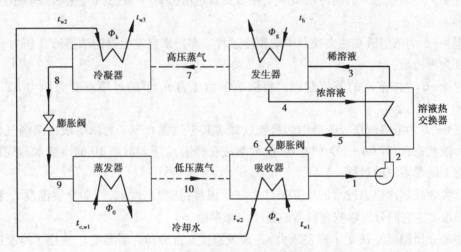

图6.5 单效溴化锂吸收式制冷装置流程

在溴化锂吸收式制冷装置中,冷却水系统如果采用串联式,则冷却水首先通过吸收器,出来后再去冷凝器冷却。这是因为吸收器中冷却水温度对制冷机的性能影响大,而且冷却负荷也大。在这种串联冷却水系统中,由于进出溴化锂吸收式制冷机的冷却水温差大,冷却塔应选用中温型冷却塔。

在分析理论循环时假定:工质流动时无损失,因此在热交换设备内进行的是等压过程;发生器压力p_g等于冷凝压力p_k,吸收器压力p_a等于蒸发压力p_0。发生过程和吸收过程终了的溶液状态,以及冷凝过程和蒸发过程终了的冷剂状态都是饱和状态。

图6.6是图6.5所示系统理论循环的溴化锂 $h\text{-}\xi$ 图。

过程1—2为泵的加压过程。将来自吸收器的稀溶液由压力 p_0 下的饱和液变为压力 p_k 下的再冷液。$\xi_1 = \xi_2$, $t_1 \approx t_2$, 点1与点2基本重合。

过程2—3为再冷状态稀溶液在热交换器中的预热过程。

过程3—4为稀溶液在发生器中的加热过程。其中过程3—3g是将稀溶液由过冷液加热至饱和液的过程;过程3g—4是稀溶液在等压 p_k 下沸腾气化变为浓溶液的过程。自发生器排出的蒸汽状态可认为是与沸腾过程溶液的平均状态相平衡的蒸气(状态7的过热蒸气)。

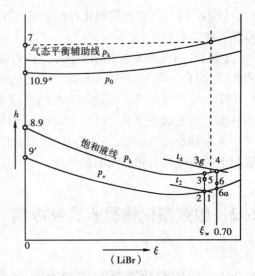

图6.6　$h\text{-}\xi$ 图上的溴化锂吸收式制冷理论循环

过程7—8为冷剂蒸气在冷凝器内压力 p_k 下除去过热,然后凝结为饱和水的过程。

过程8—9为冷剂水的节流过程。制冷剂由压力 p_k 下的饱和水变为压力 p_0 下的湿蒸汽。状态9的湿蒸气是由状态9′的饱和水与状态9″的饱和水蒸气组成。

过程9—10为状态9的制冷剂湿蒸气在蒸发器内压力 p_0 下吸热汽化至状态10的饱和水蒸气过程。

过程4—5为浓溶液在热交换器中的预冷过程。即把来自发生器的浓溶液在压力 p_k 下由饱和液变为再冷液。

过程5—6为浓溶液的节流过程。将浓溶液由压力 p_k 下的过冷液变为压力 p_0 下的湿蒸气。

过程6—1为浓溶液在吸收器中的吸收过程。其中过程6—6a为浓溶液由湿蒸气状态冷却至饱和液状态;过程6a—1为状态6a的浓溶液在等压 p_0 下与状态10的冷剂水蒸气放热混合为状态1的稀溶液的过程。

决定吸收式制冷热力过程的外部条件是三个温度:热源温度 t_h,冷却介质温度 t_w 和被冷却介质温度 t_e。它们分别影响着机器的各个内部参数。

被冷却介质温度 t_e 决定了蒸发压力 p_0(蒸发温度 t_0);冷却介质温度 t_w 决定了冷凝压力 p_k(冷凝温度 t_k)及吸收器内溶液的最低温度 t_1;热源温度 t_h 决定了发生器内溶液的最高温度 t_4。进而,p_0 和 t_1 又决定了稀溶液浓度 ξ_w;p_k 和 t_4 决定了浓溶液浓度 ξ_s 等。

溶液的循环倍率 f,表示系统中每产生1 kg制冷剂所需要的制冷剂-吸收剂的kg数。设从发生器流入冷凝器的制冷剂流量为 D kg/s,从吸收器流入发生器的制冷剂-吸收剂稀溶液流量为 F kg/s(浓度为 ξ_w),则从发生器流入吸收器的浓溶液流量为 $(F-D)$ kg/s。(浓度为 ξ_s)。由于从溴化锂水溶液中汽化出来的冷剂蒸气中不含有溴化锂,故根据溴化锂的质平衡方程可导出

$$f = \frac{F}{D} = \frac{\xi_s}{\Delta \xi} \tag{6.15}$$

其中

$$\Delta \xi = \xi_s - \xi_w \tag{6.16}$$

式中　$\Delta \xi$——称为"放气范围",表示浓溶液与稀溶液的浓度差。

图 6.6 所示的单效理想溴化锂吸收式制冷循环的热力系数 ζ_{R1} 为

$$\zeta_{R1} = \frac{h_{10} - h_9}{f(h_4 - h_3) + (h_7 - h_4)} \tag{6.17}$$

由式(6.17)可知,循环倍率 f 对热力系数 ζ_{R1} 的影响非常大,为增大 ζ_{R1},必须减小 f,由式(6.15)可知,欲减小 f,必须增大放气范围 $\Delta \zeta$ 及减小浓溶液浓度 ξ_s。但溴化锂 – 水溶液浓度大,易产生结晶。因此,放气范围和溶液的循环倍率这两个参数很重要。溴化锂吸收式制冷的四大性能指标指的就是热力系数、热力完善度、放气范围和溶液循环倍率。

6.2.2　单效溴化锂吸收式制冷理论循环热力计算

热力计算的原始数据有:制冷量 Φ_0,加热介质温度 t_h,冷却水入口温度 t_w 和冷冻水出口温度 t_{cw}。同时,可根据如下一些经验关系选定设计参数。

在溴化锂吸收式制冷机中的冷却水,一般采用先通过吸收器再进入冷凝器的串联方式。冷却水出入口总温差取 8 ~ 9 ℃。冷却水在吸收器和冷凝器内的温升之比与这两个设备的热负荷之比相近。一般吸收器的热负荷及冷却水的温升稍大于冷凝器。

冷凝温度 t_k 比冷凝器内冷却水出口温度高 3 ~ 5 ℃;蒸发温度 t_0 比冷冻水出口温度低2 ~ 5 ℃;吸收器内溶液最低温度比冷却水出口温度高 3 ~ 5 ℃;发生器内溶液最高温度 t_4 比热媒温度低 10 ~ 40 ℃;热交换器的浓溶液出口温度 t_5 比稀溶液侧入口温度 t_2 高 12 ~ 25 ℃。

【例 6.2】　如图 6.5 所示,已知制冷量 $\Phi_0 = 1\,000$ kW,冷冻水出口温度 $t_{cw2} = 7$ ℃,冷却水入口温度 $t_{w1} = 32$ ℃,加热用饱和蒸气温度 $t_h = 119.6$ ℃。试对该系统进行热力计算。

【解】　①根据已知条件和经验关系确定如下设计参数:

冷凝器冷却水出口温度　$t_{w3} = t_{w1} + 9$ ℃ $= 41$ ℃

冷凝温度　$t_k = t_{w3} + 5$ ℃ $= 46$ ℃

冷凝压力　$p_k = 10.09$ kPa

蒸发温度　$t_0 = t_{cw2} - 2$ ℃ $= 5$ ℃

蒸发压力　$p_0 = 0.87$ kPa

吸收器冷却水出口温度　$t_{w2} = t_{w1} + 5$ ℃ $= 37$ ℃

吸收器溶液最高温度　$t_1 = t_{w2} + 6.2$ ℃ $= 43.2$ ℃

发生器溶液最高温度　$t_4 = t_h - 17.4$ ℃ $= 102.2$ ℃

热交换器最大端部温差　$t_5 - t_2 = 25$ ℃

②确定循环节点参数:将已确定的压力及温度值填入表 6.2 中,利用 $h\text{-}\xi$ 图或公式求出处于饱和状态的点 1(点 2 与之相同)、4、8、10、3g 和 6a 的其他参数,填入表 6.2 中。

表6.2　例6.2计算用参数

状态点	P/kPa	t/℃	ξ/%	h/(kJ·kg^{-1})
1	0.87	43.2	59.5	281.77
2	10.09	约43.2	59.5	约281.77
3	10.09	—	59.5	338.60
3_g	10.09	92.0	59.5	—
4	10.09	102.2	64.0	393.56
5	10.09	68.2	64.0	332.43
6	0.87	—	64.0	332.43
6_a	0.87	52.4	64.0	—
7	10.09	97.1	0	3 100.33
8	10.09	46	0	611.11
9	0.87	5	0	611.11
10	0.87	5	0	2 928.67

③计算溶液的循环倍率：

$$f = \frac{\xi_s}{\xi_s - \xi_w} = \frac{0.64}{0.64 - 0.595} = 14.2$$

热交换器出口浓溶液为过冷液态，由 $t_5 = t_2 + 25 = 68.2$ ℃ 及 $\xi_s = 64\%$，求得焓值 $h_s = 332.43$ kJ/kg，$h_6 \approx h_5$。热交换器出口稀溶液点3的比焓由热交换器热平衡式求得

$$h_3 = h_2 + (h_4 - h_5)[(f-1)/f]$$
$$= 281.77 + (393.56 - 332.43)(14.2 - 1)/14.2$$
$$= 338.601 \text{ kJ/kg}$$

④各设备单位热负荷：

$$q_g = f(h_4 - f_3) + (h_7 - h_4)$$
$$= 14.2(393.56 - 338.60) + (3\ 100.33 - 393.56)$$
$$= 3\ 487.20 \text{ kJ/kg}$$

$$q_a = f(h_6 - h_1) + (h_{10} - h_6)$$
$$= 14.2(332.43 - 281.77) + (2\ 928.67 - 332.43)$$
$$= 3\ 313.61 \text{ kJ/kg}$$

$$q_k = h_7 - h_8 = 3\ 100.33 - 611.11 = 2\ 489.22 \text{ kJ/kg}$$

$$q_0 = h_{10} - h_9 = 2\ 928.67 - 611.11 = 2\ 317.56 \text{ kJ/kg}$$

$$q_t = (f-1)(h_4 - h_5) = (14.2 - 1)(393.56 - 332.43)\text{kJ/kg} = 806.92 \text{ kJ/kg}$$

总吸热量　　　　$q_g + q_0 = 5\ 804.8$ kJ/kg

总放热量　　　　$q_a + q_k = 5\ 804.8$kJ/kg

由此可见，总吸热量＝总放热量，符合能量守恒定律。

⑤热力系数：

$$\zeta = \frac{q_0}{q_g} = \frac{2\ 317.56}{3\ 487.20} = 0.665$$

⑥各设备的热负荷及流量：

冷剂循环量　　$D = \dfrac{\Phi_0}{q_0} = \dfrac{1\,000}{2\,317.56}\,\text{kg/s} = 0.431\,5\,\text{kg/s}$

稀溶液循环量　$F = fD = 14.2 \times 0.431\,5\,\text{kg/s} = 6.127\,1\,\text{kg/s}$

浓溶液循环量　$F - D = (f-1)D = 13.2 \times 0.431\,5\,\text{kg/s} = 5.695\,6\,\text{kg/s}$

各设备的热负荷：

发生器　　　　$\Phi_g = Dq_g = 1\,504.7\,\text{kW}$

吸收器　　　　$\Phi_a = Dq_a = 1\,430.6\,\text{kW}$

冷凝器　　　　$\Phi_k = Dq_k = 1\,074.1\,\text{kW}$

热交换器　　　$\Phi_t = Dq_t = 806.9\,\text{kW}$

⑦水量及加热蒸汽量：

冷却水量（冷凝器）

$$G_{wk} = \frac{\Phi_k}{c_{pw}\Delta t_{wk}} = \frac{1\,074.1}{4.18 \times 4} \cdot \frac{3\,600}{1\,000} = 231.3\,\text{t/h}$$

或冷却水量（吸收器）

$$G_{wa} = \frac{\Phi_a}{c_{pw}\Delta t_{wa}} = \frac{1\,430.6}{4.18 \times 5} \cdot \frac{3\,600}{1\,000} = 246.4\,\text{t/h}$$

二者的冷却水量基本吻合。

冷冻水量，设蒸发器入口冷冻水温 $t_{cw1} = 12\ ℃$，

$$G_c = \frac{\Phi_0}{c_{pw}(t_{cw1} - t_{cw2})} = \frac{1\,000}{4.18 \times (12 - 7)} \cdot \frac{3\,600}{1\,000} = 172.2\,\text{t/h}$$

加热蒸汽消耗量（汽化潜热 $r = 2\,202.68\,\text{kJ/kg}$）

$$G_g = \frac{\Phi_g}{r} = \frac{1\,504.7}{2\,202.68} \cdot \frac{3\,600}{1\,000}G = 2.46\,\text{t/h}$$

⑧热力完善度：

在计算吸收式制冷机的最大热力系数时，不用考虑传热温差，若取环境温度 $t_e = 32\ ℃$（冷却水进水温度），被冷却物温度 $t_0 = 7\ ℃$（冷冻水出水温度），热源温度 $t_g = 119.6\ ℃$（蒸气相变时为恒温热源），则最大热力系数为

$$\zeta_{max} = \frac{T_0(T_g - T_e)}{T_g(T_e - T_0)} = \frac{T_g - T_e}{T_g} \cdot \frac{T_0}{T_e - T_0} = \frac{392.6 - 305}{392.6} \cdot \frac{280}{305 - 280} = 2.5$$

则热力完善度为

$$\eta_a = \frac{\zeta}{\zeta_{max}} = \frac{0.665}{2.5} = 0.266$$

由热力计算可知，外部工作条件（t_h、t_w 和 t_{cw}）通过设备的传热影响溶液的压力、温度等机组的内部参数，后者又决定了溶液的浓度，即浓、稀溶液浓度和放气范围 $\Delta\xi$。由式（6.15）式可知，溶液的 $\Delta\xi$ 越大，溶液循环倍率 f 则越小。三个外部温度中的任何一个发生变化都会影响到 $\Delta\xi$ 的变化。

在实际工作中，冷却条件和要求制取的低温通常为给定条件。通过计算可以得出如下关系：当 t_w、t_{cw} 不变时，随着热源温度 t_h 的升高，$\Delta\xi$ 呈直线关系上升，溶液 f 及热交换器的热负荷 Φ_t 呈双曲线关系下降，而热力系数 ζ 先很快增加，后渐变平缓。

对一定的 t_w 和 t_{cw} 有一极限最低热源温度，此时放气范围 $\Delta\xi = 0$，热力系数 $\zeta = 0$，溶液循环

倍率 $f \to \infty$，热源温度 t_h 必须高于此值才能制冷。

对一定的冷却水温有一极限最高热源温度，该值一般由溶液的结晶条件决定，并随冷却水温度的降低而降低。

经验认为溴化锂吸收式制冷机的放气范围 $\Delta\xi = 4\% \sim 5\%$ 为好，此范围内的热源温度常被看成是经济热源温度。经济的和最低的热源温度都随冷冻水温的降低和冷却水温的升高而升高。欲保持放气范围不变，当降低热源温度 t_h 时须提高 t_{cw} 或降低 t_w。

当冷却水温为 $28 \sim 32$ ℃，制取 $5 \sim 10$ ℃冷冻水时，单效溴化锂吸收式制冷机可采用表压 $40 \sim 100$ kPa 蒸汽或相应温度的热水作热源，热力系数约 0.7。

6.2.3 单效溴化锂吸收式制冷的实际循环

实际过程是有损失的。在吸收过程中，由于冷剂蒸气的流动损失，吸收器压力（吸收器内冷剂蒸气的压力）p_a 应低于蒸发压力 p_0；作为吸收的推动力，溶液的平衡蒸气分压力 p_a^* 又必须低于吸收器压力 p_a；还有不凝性气体的影响等，都构成了吸收过程的损失。这些损失的存在使吸收终了状态不是 t_2 与 p_0 线的交点 2^*，而是 t_2 与 p_a^* 的交点 2；吸收终了稀溶液浓度由 ξ_w^* 升高至 ξ_w（见图 6.7）。吸收过程的损失用溶液的吸收不足来度量，即 $\Delta\xi_w = \xi_w - \xi_w^*$ 或 $\Delta p_a = p_0 - p_a^*$。实际吸收过程终了溶液状态 2 及稀溶液浓度取决于蒸发压力 p_0、吸收器溶液的最低温度 t_2 及溶液的吸收不足值 $\Delta\xi_w$ 或 Δp_a。

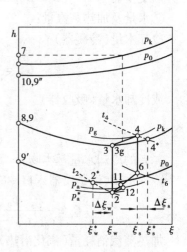

图 6.7 $h\text{-}\xi$ 图上的溴化锂吸收式制冷实际循环

在发生器的溶液沸腾过程中，由于液柱静压等影响，使过程偏离等压线 $3g\text{—}4^*$ 而沿 $3g\text{—}4$ 进行。发生终了溶液状态不是在 t_4 与 p_k 线的交点 4^*，而是在 t_4 与 p_g 交点 4；发生终了浓溶液浓度由 ξ_s^* 降低为 ξ_s。发生过程的损失用溶液的发生不足来度量，即 $\Delta\xi_s = \xi_s^* - \xi_s$ 或 $\Delta p_k = p_g - p_k$。实际发生过程终了溶液状态 4 及浓溶液浓度 ξ_s，由冷凝压力 p_k 发生器溶液最高温度 t_4 及溶液的发生不足值 $\Delta\xi_s$ 最或 Δp_k 来决定。

为了保证吸收器管束上浓溶液的喷淋密度，需要一部分稀溶液再循环：浓溶液（点 6）与部分稀溶液（点 2）混合，混合溶液（点 11）在吸收器节流至状态 12。吸收过程沿 12—2 线变化。溶液的再循环提高了热质交换强度，而降低了吸收过程的传热温差。

6.2.4 单效溴化锂吸收式制冷机的典型结构与流程

1) 单效溴化锂吸收式制冷机的典型结构

溴化锂吸收式制冷机在高度真空下工作，稍有空气渗入，制冷量就会降低，甚至不能制冷。因此，结构的密封性是最重要的技术条件，要求结构安排必须紧凑，连接部件尽量减少。通常把发生器 4 个主要换热设备合置于 1 个或 2 个密闭筒体内，即所谓单筒结构和双筒结构。

因设备内压力很低（高压部分约为 1/10 绝对大气压，低压部分约为 1/100 绝对大气压），冷剂水的流动损失和静液高度对制冷性能的影响很大，必须尽量减小，否则将造成较大的吸收不足和发生不足,严重降低机器的效率。为了减少冷剂蒸气的流动损失,采取把压力相近的设备合放在一个筒体内,以及使外部介质在管束内流动,冷剂蒸气在管束外较大的空间内流动等措施。

在蒸发器的低压下,100 mm 高的水层就会使蒸发温度升高 10~12 ℃。因此,蒸发器和吸收器必须采用喷淋式换热设备。至于发生器,仍多采用沉浸式,但液层高度应小于 300~350 mm,并在计算时计入由此引起的发生温度变化(有时发生器采用双层布置以减少沸腾层高度的影响)。

图 6.8 为双筒型溴化锂吸收式制冷机结构简图。上筒是压力较高的发生器和冷凝器,下筒是压力较低的蒸发器和吸收器。

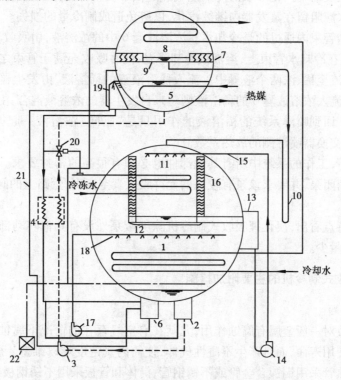

图 6.8 双筒型溴化锂吸收式制冷机典型结构简图

1—吸收器;2—稀溶液囊;3—发生器泵;4—溶液热交换器;5—发生器;6—浓溶液囊;

7—挡液板;8—冷凝器;9—冷凝器水盘;10—U 形管;11—蒸发器;12—蒸发器水盘;13—蒸发器水囊;

14—蒸发器泵;15—冷剂水喷淋系统;16—挡水板;17—吸收器泵;18—溶液喷淋系统;

19—发生器浓溶液囊;20—三通阀;21—浓溶液溢流管;22—抽气装置

在吸收器内,吸收水蒸气而生成的稀溶液,积聚在吸收器下部的稀溶液囊 2 内,此稀溶液靠发生器泵 3 沿管道送至热交换器 4,被预热后进入发生器 5。加热用水蒸气(或热水)在发生器的加热管束内通过。管束外的稀溶液被加热,升温至沸点,经沸腾过程变为浓溶液。此浓溶液自液囊 19 沿管道经热交换器 4,被冷却后流入吸收器的浓溶液囊 6 中。发生器溶液沸腾所生成的水蒸气向上流经挡液板 7 进入冷凝器 8(挡液板的作用是避免溴化锂溶液飞溅入冷凝器)。冷却水在冷凝器的管束内通过,管束外的水蒸气被冷凝为冷剂水,收集在冷凝器水盘 9 内,靠压力差的作用沿 U 形管水封 10 流至蒸发器 11。U 形管 10 相当于膨胀阀,起减压节流作用,其高度应大于上、下筒之间的压力差。有的吸收式制冷机此处不用 U 形管,而采用节流孔口。用节流孔口简化了构造,但对负荷变化的适应性不如 U 形管。

冷剂水进入蒸发器后,被收集在蒸发器水盘 12 内,并流入蒸发器水囊 13,靠冷剂水泵(蒸发器泵)14 送入蒸发器内的喷淋系统 15,经喷嘴喷出,淋洒在冷冻水管束外表面,吸收管束内冷冻水的热量,气化变成水蒸气。一般冷剂水的喷淋量都要大于实际蒸发量,以使冷剂水能均匀地淋洒在冷冻水管束上。因此,喷淋的冷剂水中只有一部分蒸发为水蒸气,另一部分未曾蒸发的冷剂水与来自冷凝器的冷剂水一起被蒸发器水盘收集后流入冷剂水囊,重新送入喷淋系统蒸发制冷。冷剂水囊应保持一定的存水量,以适应负荷的变化和避免冷剂水量减少时冷剂水泵发生气蚀。蒸发器中汽化形成的冷剂蒸气经过挡水板 16 再进入吸收器,这样做可以把蒸气中混有的冷剂水滴阻留在蒸发器内继续汽化,以避免造成制冷量的损失。

在吸收器 1 的管束内通过的是冷却水。浓溶液囊 6 中的浓溶液,由吸收器泵 17 送入溶液喷淋系统 18,淋洒在冷却水管束上,溶液被冷却降温,同时吸收充满于管束之间的冷剂水蒸气而变成稀溶液,汇流至稀、浓两个液囊中。流入稀溶液囊的稀溶液,由发生器泵经 3 热交换器 4 送入发生器 5。流入浓溶液囊 6 的稀溶液则与来自发生器的浓溶液混合,由吸收器泵重新送至溶液喷淋系统。回到喷淋系统的稀溶液的作用只是"陪同"浓溶液一起循环,以加大喷淋量,提高喷淋式热交换器喷淋侧的放热系数。

在真空条件下,工作的系统中所有其他部件也必须有很高的密封要求。如溶液泵和冷剂泵需采用屏蔽型密闭泵,并要求该泵有较高的允许吸入真空高度,管路上的阀门需采用真空隔膜阀等。

从以上结构特点看出,溴化锂吸收式制冷机除屏蔽泵外没有其他转动部件,因而振动、噪声小,磨损和维修量少。

2)溴化锂吸收式制冷机的主要附加措施

(1)防腐蚀问题

溴化锂水溶液对一般金属有腐蚀作用,尤其在有空气存在的情况下腐蚀更为严重。腐蚀不但缩短机器的使用寿命,而且产生不凝性气体,使筒内真空度难以维持。所以,早期这种吸收式制冷机的传热管采用铜镍合金管或不锈钢管,筒体和管板采用不锈钢板或复合钢板,以致成本昂贵,无法推广。

目前,这种机器的结构大都采用碳钢,传热管采用铜管。为了防止溶液对金属的腐蚀,一方面应确保机组的密封性,经常维持机内的高度真空,在机组长期不运行时充入氮气;另一方面应在溶液中加入有效的缓蚀剂。

在溶液温度不超 120 ℃的条件下,溶液中加入 0.1% ~ 0.3%的铬酸锂(Li_2CrO_4)和0.02%的氢氧化锂,使溶液呈碱性,保持 pH = 9.5 ~ 10.5,对碳钢-铜的组合结构防腐蚀效果良好。当溶液温度高达 160 ℃时,上述缓蚀剂对碳钢仍有很好的缓蚀效果。此外,还可选用其他耐高温缓蚀剂,如在溶液中加入 0.001% ~ 0.1%的氧化铅(PbO),或加入 0.2%的三氧化二锑(Sb_2O_3)与 0.1%的铌酸钾(KNbO_3)的混合物等。

(2)抽气设备

由于系统内的工作压力远低于大气压力,尽管设备密封性好,也难免有少量空气渗入,并且因腐蚀也会经常产生一些不凝性气体。所以,必须设有抽气装置,以排出聚积在筒体内的不凝性气体,保证制冷机的正常运行。此外,该抽气装置还可用于制冷机的抽空、试漏与充液。目前,常用的抽气系统如图6.9所示。图中辅助吸收器3又称冷剂分离器,其作用是将一部分溴化锂-水溶液淋洒在冷盘管上,在放热的条件下吸收所抽出气体中含有的冷剂蒸气,使真空泵排出的只是不凝性气体,以提高真空泵的抽气效果和减少冷剂水的损失。阻油器2的作用是防止真空泵停车时,泵内润滑油倒流入机体内。真空泵1一般采用旋片式机械真空泵。

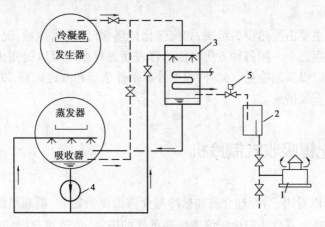

图6.9 抽气系统

1—真空泵;2—阻油器;3—辅助吸收器;4—吸收器泵;5—调节阀

但是上述抽气系统只能定期抽气,为了改进溴化锂吸收式制冷机的运转效能,除设置上述抽气系统外,可附设自动抽气装置。图6.10所示为许多自动抽气装置中的一种。该装置是利用引射原理,靠喷射少量的稀溶液,随时排出系统内存在的不凝性气体。排出的气体混在稀溶液中,经气液分离器分出,积存于分离器的上部,用手动放气阀定期放入大气。

(3)防止结晶问题

从溴化锂-水溶液的压力饱和温度图(见图6.3)可以看出,溶液的温度过低或浓度过高均容易发生结晶。因此,当进入吸收器的冷却水温度过低(<20～25 ℃)或发生器加热温度过高时就可能引起结晶。结晶现象一般先

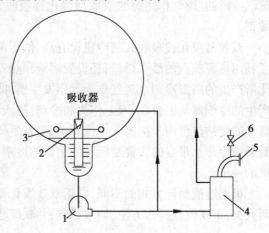

图6.10 自动抽气装置原理图

1—溶液泵;2—抽气引射泵;3—吸气管;
4—气液分离器;5—视镜;6—放气阀

发生在溶液热交换器的浓溶液侧,因为那里的溶液浓度最高,温度较低,通路窄小。发生结晶后,浓溶液通路被阻塞,引起吸收器液位下降,发生器液位上升,直到制冷机不能运行。

为解决热交换器浓溶液侧的结晶问题,在发生器中设有浓溶液溢流管(见图6.8中的21,也称为防晶管)。该溢流管不经过热交换器,而直接与吸收器的稀溶液囊相连。当热交换器浓溶液通路因结晶被阻塞时,发生器的液位升高,浓溶液经溢流管直接进入吸收器。这样,不但可以保证制冷机至少在部分负荷下继续工作,而且由于热的浓溶液在吸收器内直接与稀溶液混合,提高了热交换器稀溶液侧的温度,将有助于浓溶液侧结晶的缓解。此外,还可以通过

机组的控制系统,停止冷却水泵利用吸收热使吸收器内的稀溶液升温以融化热交换器浓溶液侧的结晶。

（4）制冷量的调节

吸收式制冷机的制冷量一般是根据蒸发器出口被冷却介质的温度,用改变加热介质流量和稀溶液循环量的方法进行调节的。用这种方法可以实现在10%～100%内制冷量的无级调节。

（5）提高效率的措施

吸收式制冷机主要由换热设备组成,如何强化传热,降低金属耗量,提高效率是其推广应用需解决的重要问题之一。用各种方法对传热管表面进行处理可以提高传热系数,在溶液中加入表面活性剂可以提高制冷量。此外,根据外界条件选择和改进流程,以及能量的综合利用等也是提高效率的重要措施。

6.3　双效溴化锂吸收式制冷机

从式(6.11)可以看出,当冷却介质和被冷却介质温度给定时,提高热源温度 t_h ,可有效改善吸收式制冷机的热力系数。但由于溶液结晶条件的限制,单效溴化锂吸收式制冷机的热源温度不能很高。当有较高温度热源时,应采用多级发生的循环。如利用表压600～800 kPa 的蒸汽或燃油、燃气作热源的双效型溴化锂吸收式制冷机,它们分别称为蒸汽双效型和直燃双效型。

双效型溴化锂吸收式制冷机设有高、低压两级发生器,高、低温两级溶液热交换器,有时为了利用热源蒸汽的凝水热量,还设置溶液预热器(或称凝水回热器)。以高压发生器中溶液汽化所产生的高温冷剂水蒸气作为低压发生器加热溶液的内热源,再与低压发生器中溶液汽化产生的冷剂蒸气汇合在一起,作为制冷剂,进入冷凝器和蒸发器制冷。由于高压发生器中冷剂蒸气的凝结热已用于机器的正循环中,使发生器的耗热量减少,故热力系数可达1.0以上;冷凝器中冷却水带走的主要是低压发生器的冷剂蒸气的凝结热,冷凝器的热负荷仅为普通单效机的一半。

根据溶液循环方式的不同,常用双效溴化锂吸收式制冷机主要分为串联流程和并联流程两大类,串联流程操作方便、调节稳定;并联流程系统热力系数较高。

6.3.1　蒸汽双效型溴化锂吸收式制冷机的流程

1)串联流程双效型吸收式制冷机

串联流程双效型吸收式制冷系统流程如图6.11(a)所示。

从吸收器5引出的稀溶液经发生器泵9输送至低温热交换器7和高温热交换器6吸收浓溶液放出的热量后,进入高压发生器1,在高压发生器中加热沸腾,产生高温水蒸气和中间浓度溶液,此中间溶液经高温热交换器6进入低压发生器2,被来自高温发生器的高温蒸气加热,再次产生水蒸气,并形成浓溶液。浓溶液经低温热交换器与来自吸收器的稀溶液换热后,进入吸收器5,在吸收器中吸收来自蒸发器的水蒸气,成为稀溶液。

串联流程双效型吸收式制冷机的工作过程如图6.11(b)所示。

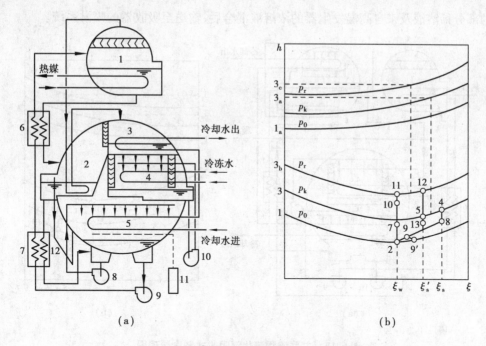

图 6.11 串联流程溴化锂吸收式制冷原理图

1—高压发生器;2—低压发生器;3—冷凝器;4—蒸发器;5—吸收器;6—高温热交换器;

7—低温热交换器;8—吸收器泵;9—发生器泵;10—蒸发器泵;11—抽气装置;12—防晶管

①溶液的流动过程:点 2 的低压稀溶液(浓度为 ξ_w)经发生器泵加压后压力提高至 p_r,经低温热交换器加热到达点 7,再经过高温热交换器加热到达点 10。溶液进入高压发生器后,先加热到点 11,再升温至点 12,成为中间浓度 ξ_s' 的溶液,在此过程中产生水蒸气,其焓值为 h_{3_c}。从高压发生器流出的中间浓度溶液在高温热交换器中放热后,达到 5 点,并进入低压发生器。

中间浓度溶液在低压发生器中被高温发生器产生的水蒸气加热,成为浓溶液(浓度 ξ_s)4 点,同时产生水蒸气,其焓值为 h_{3_a}。点 4 的浓溶液经低温热交换器冷却放热至点 8,成为低温的浓溶液,它与吸收器中的部分稀溶液混合后,达到点 9,闪发后至点 9′,再吸收水蒸气成为低压稀溶液 2。

②冷剂水的流动过程:高压发生器产生的蒸气在低压发生器中放热后凝结成水,比焓值降为 h_{3_b},进入冷凝器后冷却又降至 h_3。而来自低压发生器产生的水蒸气也在冷凝器中冷凝,焓值同样降至 h_3。冷剂水节流后进入蒸发器,其中液态水的比焓值为 h_1,在蒸发器中吸热制冷后成为水蒸气,比焓值为 h_{1_a},此水蒸气在吸收器中被溴化锂溶液吸收。

2)并联流程双效型吸收式制冷机

并联流程双效型吸收式制冷系统的流程如图 6.12(a)所示。从吸收器 5 引出的稀溶液经发生器泵 10 升压后分成两路:一路经高温热交换器 6,进入高压发生器 1,在高压发生器中被高温蒸气加热沸腾,产生高温水蒸气。浓溶液在高温热交换器 6 内放热后与吸收器中的部分稀溶液以及来自低温发生器的浓溶液混合,经吸收器泵 9 输送至吸收器的喷淋系统。另一路稀溶液在低温热交换器 8 和凝水回热器 7 中吸热后进入低压发生器 2,在低压发生器中被来自高压发生器的水蒸气加热,产生水蒸气及浓溶液。此溶液在低温热交换器中放热后,与吸收器中的部分稀溶液及来自高温发生器的浓溶液混合后,输送至吸收器的喷淋系统。

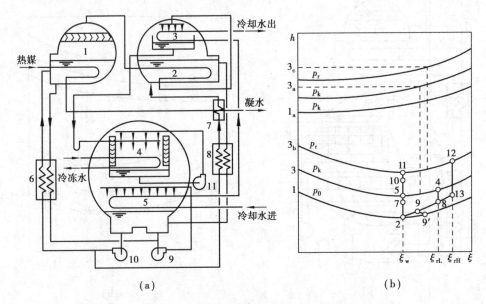

图 6.12　并联流程溴化锂吸收式制冷原理图

1—高压发生器;2—低压发生器;3—冷凝器;4—蒸发器;5—吸收器;6—高温热交换器;

7—凝水回热器;8—低温热交换器;9—吸收器泵;10—发生器泵;11—蒸发器泵

并联流程双效型溴化锂吸收式制冷机的工作过程如图 6.12(b)表示。

①溶液的流动过程:点 2 的低压稀溶液(浓度为 ξ_w)经发生器泵 10 提高压力至 p_r,此高压溶液在高温热交换器中吸热达到点 10,然后在高压发生器内吸热;产生水蒸气,达到点 12,成为浓溶液(浓度为 ξ_{sH}),所产生的水蒸气的焓值为 h_{3_c}。此浓溶液在高温热交换器中放热至点 13,然后与吸收器中的部分稀溶液 2 及低压发生器的浓溶液 8 混合,达到点 9,闪发后至点 9′。

点 2 的低压稀溶液经发生器泵 10 提高压力 p_k,经低温热交换器加热至点 7,其再经过凝水回热器和低压发生器升温至点 4,成为浓溶液(浓度为 ξ_{sL}),此时产生的水蒸气焓值为 h_{3_a}。浓溶液在低温热交换器内放热至点 8,然后与吸收器的部分稀溶液 2 及来自高压发生器的浓溶液 13 混合,达到点 9,闪发后至点 9′。

②冷剂水的流动过程:高压发生器产生的水蒸气(焓值为 h_{3_c})在低压发生器中放热,凝结成焓值为 h_{3_b} 的水(点 3b),再进入冷凝器中冷却至点 3。低压发生器产生的水蒸气(焓值为 h_{3_a})在冷凝器中冷凝成冷剂水(点 3)。压力为 p_k 的冷剂水经 U 形管节流并在蒸发器中制冷,达到点 1a,然后进入吸收器,被溶液吸收。

6.3.2　直燃双效型溴化锂吸收式制冷机的流程

直燃双效型溴化锂吸收式制冷机(简称直燃机)和蒸汽双效型制冷原理完全相同,只是高压发生器不是采用蒸汽加热换热器,而是锅筒式火管锅炉,由燃气或燃油直接加热稀溶液,制取高温水蒸气,此外,在冬季制热时,制取热水方面也有很大区别。

直燃机多采用串联流程结构。根据热水制造方式不同,可分为三类:a.将冷却水回路切换成热水回路;b.设置和高压发生器相连的热水器;c.将冷冻水回路切换成热水回路。

1) 将冷却水回路切换成热水回路的机型

图 6.13 为直燃机的工作原理图。关闭阀 A、开启阀 B,则构成直燃串联流程双效型溴化锂吸收式制冷系统。

该型直燃机制热运行时,开启阀 A,关闭阀 B,将冷却水回路切换成热水回路,发生器泵 10 和吸收器泵 9 运行,蒸发器泵 8 和冷冻水泵停止运转。

从吸收器 5 返回的稀溶液,在高压发生器 1 中吸收燃气或燃油的燃烧热,产生高温蒸气,溶液浓缩后经高温热交换器 6 进入低压发生器 2;高压发生器发生的蒸气进入低压发生器的加热管中,加热其中的溶液,发生蒸气,并进入冷凝器 3,加热管内热水。低压发生器传热管内的凝水和冷凝器的凝水经过阀 A 一同进入低压发生器,稀释由高压发生器送入的浓溶液。温度较高的稀溶液通过低温热交换器 7 返回吸收器,经喷淋系统喷洒在吸收器冷却盘管上,预热管内流动的热水,积存在吸收器底部的稀溶液由发生器泵 10 加压进入高压发生器;预热后的热水进入冷凝器盘管内,被进一步加热,制取温度更高的热水。

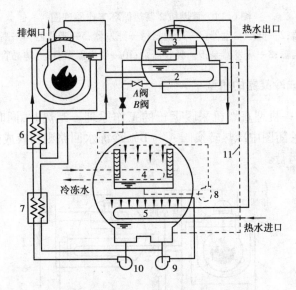

图 6.13　直燃机 1 制热循环工作原理图

1—高压发生器;2—低压发生器;3—冷凝器;4—蒸发器；5—吸收器;6—高温热交换器;
7—低温热交换器;8—蒸发器泵;9—吸收器泵;10—发生器泵;11—防晶管

2) 设置与高压发生器相连的热水器的机型

图 6.14 表示出了该型直燃机的工作原理图。直燃机在高压发生器的上方设置一个热水器,当制热运行时,关闭与高压发生器 1 相连管路上的 A,B,C 阀,热水器借助高压发生器所发生的高温蒸汽的凝结热来加热管内热水,凝水则流回高压发生器。制冷运行时,开启 A,B,C 阀,则按串联流程蒸汽双效型溴化锂吸收式制冷机的工作原理制取冷水,还可以同时制取生活热水。

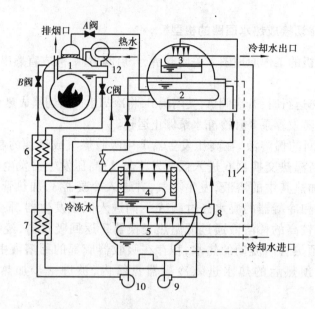

图 6.14 直燃机 2 制热循环工作原理图

1—高压发生器;2—低压发生器;3—冷凝器;4—蒸发器;5—吸收器;6—高温热交换器;

7—低温热交换器;8—蒸发器泵;9—吸收器泵;10—发生器泵;11—防晶管;12—热水器

3)将蒸发器切换成冷凝器的机型

图 6.15 表示了这一机型直燃机采暖运行的工作原理。制热时,同时开启冷热转换阀 A 与 B(制冷运行时,需关闭图中冷热转换阀 A 与 B),冷冻水回路则切换成热水回路。冷却水回路及冷剂水回路停止运行。

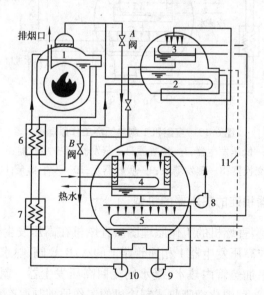

图 6.15 直燃机 3 制热循环工作原理图

1—高压发生器;2—低压发生器;3—冷凝器;4—蒸发器;5—吸收器;6—高温热交换器;

7—低温热交换器;8—蒸发器泵;9—吸收器泵;10—发生器泵;11—防晶管

稀溶液由发生器泵 10 送往高压发生器 1,加热沸腾,发生冷剂蒸气,经阀 A 进入蒸发器 4;同时高温浓溶液经阀 B 进入吸收器 5,因压力降低闪发出部分冷剂蒸气,也进入蒸发器。两股高温蒸气在蒸发器传热管表面冷凝释放热量,凝结水自动流回吸收器与浓溶液混合成稀溶液。稀溶液再由发生器泵送往高压发生器加热。蒸发器传热管内的水吸收冷剂蒸气的热量而升温,制取热水。

6.3.3　双级溴化锂吸收式制冷机

前已述及,当其他条件一定,随着热源温度的降低,吸收式制冷机的放气范围 $\Delta\xi$ 将减小。如若热源温度很低,致使其放气范围 $\Delta\xi < 3\% \sim 4\%$ 甚至成为负值,此时需采用多级吸收循环(一般为双级)。

图 6.16(a)所示的双级吸收式制冷循环,包括高、低压两级完整的溶液循环。来自蒸发器的低压(p_0)冷剂蒸气先在低压级溶液循环中,经低压吸收器 A_2、低压热交换器 T_2 和低压发生器 G_2,升压为中间压力 p_m 的冷剂蒸气,再进入高压级溶液循环升压为高压(冷凝压力 p_k)冷剂蒸气,最后到冷凝器、蒸发器制冷。

高、低压两级溶液循环中的热源和冷却水条件一般是相同的。因而,高、低压两级的发生器溶液最高温度 t_4,以及吸收器溶液的最低温度 t_2 也是相同的。

从图 6.16(b)所示的压力—温度图(见图 6.3)可以看出,在冷凝压力 p_k、蒸发压力 p_0 以及溶液最低温度 t_2 一定的条件下,发生器溶液最高温度 t_4 若低于 t_3',则单效循环的放气范围将成为负值。而同样条件下采用两级吸收循环就能增大放气范围,实现制冷。

这种两级吸收式制冷机可以利用 90 ~ 70 ℃废气或热水作热源,但其热力系数较低,约为普通单效机的 1/2,它所需的传热面积约为普通单效机的 1.5 倍。如若将两台单效机串联使用,达到相同制冷量其传热面积约为普通单效机的 2.5 倍。

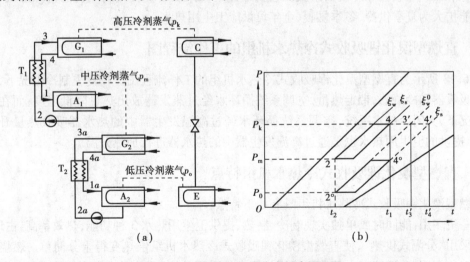

(a)　　　　　　　　　　　　(b)

图 6.16　两级溴化锂吸收式制冷原理图

G_1—高压发生器;A_1—高压吸收器;T_1—高压溶液热交换器;C—冷凝器;

G_2—低压发生器;A_2—低压吸收器;T_2—低压热交换器;E—蒸发器

6.4　直燃型溴化锂吸收式冷热水机组

直燃型溴化锂吸收式冷热水机组是以燃气或燃油直接燃烧驱动的双效吸收式制冷机组。图6.17是直燃型溴化锂吸收式冷热水机组的外形图。

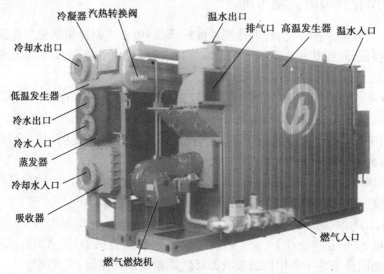

图6.17　直燃型溴化锂吸收式冷热水机组

直燃型溴化锂吸收式冷热水机组是由燃气或燃油直接燃烧加热的高压发生器,以及低压发生器、蒸发器、吸收器和冷凝器组成。它实际上是一种双效吸收式制冷机的特殊形式,只是将其功能扩大为夏季供冷、冬季供暖、全年可供应卫生用热水。

6.4.1　直燃型溴化锂吸收式冷热水机组的工作流程图

图6.18所示为直燃型溴化锂吸收式冷热水机组的工作流程图。在夏季制冷工况下,冷却水经过吸收器和冷凝器,带走热量,空调系统循环水经过蒸发器放出热量降低温度;而在冬季制热工况下,关闭冷却水系统,空调系统循环水经过高温发生器中的热水器吸收热量升高温度;全年提供的卫生用热水也是通过高温发生器中的热水器进行加热升温。

6.4.2　直燃型溴化锂吸收式冷热水机组特点

直燃型溴化锂吸收式冷热水机组具有如下特点:

①一机多用,能同时或单独实现制冷、制热、提供卫生用热水3种功能,热效率高,占地少。

②采用"分隔式供热",使直燃型溴化锂吸收式冷热水机组供热变得十分简单。燃烧的火焰加热溴化锂溶液,溶液产生的蒸气将换热管内的采暖热水、卫生热水加热,凝结水流回溶液中再次被加热,如此循环。冬季供热时,关闭3个冷热转换阀,使主体与高温发生器分隔,主体停止运转。高温发生器成为真空相变锅炉,采暖热水和卫生热水温度可在95 ℃以内稳定运行。

③制冷量较大时,初投资与常规制冷设备相当,运行成本较低。

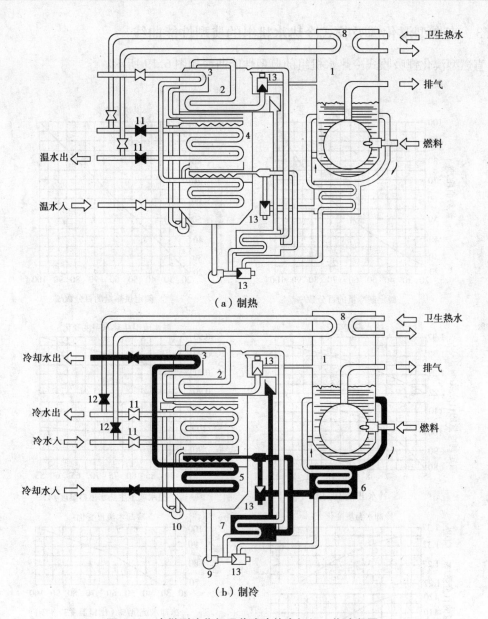

（a）制热

（b）制冷

图6.18　直燃型溴化锂吸收式冷热水机组工作流程图

1—高温发生器;2—低温发生器;3—冷凝器;4—蒸发器;5—吸收器;

6—高温热交换器;7—低温热交换器;8—热水器;9—溶液器;10—冷剂泵;

11—冷水阀(开);12—温水阀(关);13—冷热转换阀(开)

④几乎没有转动部件,因而设备维修费用低。

⑤噪声和振动小。

⑥负压运行,安全性好。

⑦不使用CFCs物质,有利于环境保护。

⑧使用一次能源,用电少,在用电高峰时更显示其优越性。

⑨在部分负荷下运行时,热效率不下降,调节性能比电动式机组好。

6.4.3 直燃型溴化锂吸收式冷热水机组的典型性能曲线

直燃型溴化锂吸收式冷热水机组的典型性能曲线如图 6.19 所示。

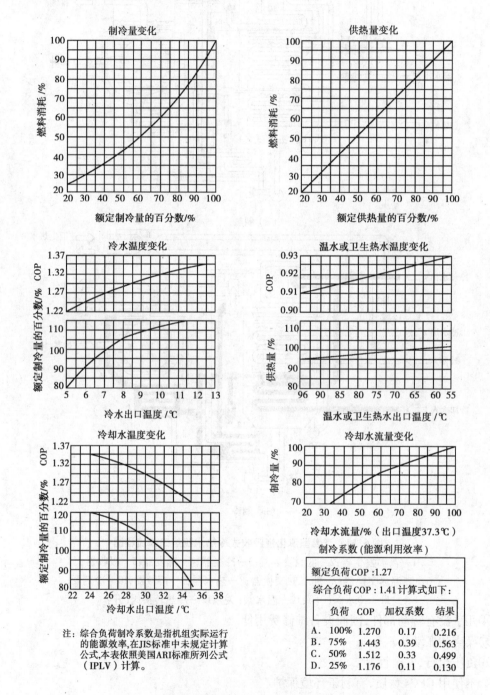

注：综合负荷制冷系数是指机组实际运行
的能源效率,在 JIS 标准中未规定计算
公式,本表依照美国 ARI 标准所列公式
（IPLV）计算。

图 6.19 直燃型溴化锂吸收式冷热水机组性能曲线图

本章小结

本章主要介绍了吸收式制冷的工作原理、单效和双效溴化锂吸收式制冷系统及直燃型冷热水机组。吸收式制冷工质对常用的有氨—水工质对和溴化锂—水工质对。吸收式制冷剂的经济性常用热力系数作为评价指标,热力系数与最大热力系数之比为热力完善度。单效吸收式制冷理论循环分析时要做必要的假定,决定吸收式制冷热力过程的外部条件是三个温度:热源温度 t_h,冷却介质温度 t_w 和被冷却介质温度 t_c,分别影响着机组的各个内部参数。溴化锂吸收式制冷机组的 4 大性能指标指的就是热力系数、热力完善度、放气范围和溶液循环倍率。本章还介绍了单效溴化锂吸收式制冷机的典型结构与流程及主要附加措施(防腐蚀、抽气和防结晶),蒸汽双效型溴化锂吸收式制冷机的流程(串联流程及并联流程)和直燃双效型溴化锂吸收式制冷机的流程(将冷却水回路切换成热水回路的机型、设置与高压发生器相连的热水器的机型、将蒸发器切换成冷凝器的机型)。本章针对直燃型溴化锂吸收式冷热水机组的工作流程及典型性能曲线做了简要介绍。

思考题

6.1 吸收式制冷机是如何完成制冷循环的?在溴化锂吸收式制冷循环中,制冷剂和吸收剂分别起哪些作用?从制冷剂、驱动能源、制冷方式、散热方式等各方面比较吸收式制冷与蒸气压缩制冷的异同点。

6.2 吸收式的制冷工质有何特点要求?常用的吸收式制冷工质有哪些?

6.3 什么是吸收式制冷机的热力系数?什么是吸收式制冷机的热力完善度?各有什么意义?

6.4 试分析在吸收式制冷系统中为何双效系统比单效系统的热力系数高。

6.5 溴化锂吸收式制冷机如何防腐蚀?

6.6 为什么溴化锂吸收式制冷机要设抽气装置?如何解决抽气问题?

6.7 溴化锂吸收式制冷机如何防止结晶问题?

6.8 试分析吸收式冷水机组与蒸气压缩式制冷机组的冷却水温度是否越低越好。

6.9 已知溴化锂吸收式制冷机的冷凝温度 44 ℃,蒸发温度为 6 ℃,吸收器出口稀溶液的温度为 42 ℃,发生器出口浓溶液的温度为 95 ℃,请把循环表示在 $\lg p\text{-}h$ 图上。

7

蓄冷技术

学习目标：
1. 建立起蓄冷技术的基本概念。
2. 了解不同工程材料的蓄冷原理与特性。
3. 熟悉各种蓄冷系统的基本组成、应用特点。
4. 着重以冰蓄冷空调系统为对象，掌握其工程设计的基本思路、方法与技术关键。

7.1 蓄冷技术综述

7.1.1 基本概念

所谓蓄冷技术，就是利用某些工程材料(工作介质)的蓄冷特性，储藏冷能并加以合理使用的一种实用蓄能技术。广义地说，蓄冷即蓄热，蓄冷技术也是蓄热、蓄能的一项重要技术内容。

工程材料的蓄热(冷)特性往往伴随其温度变化、物态变化或一些化学反应过程而得以体现。据此，可从原理上将全部蓄热(冷)介质广义地划分为显热蓄热、潜热蓄热和化学蓄热 3 大类型(见图 7.1)。在这些蓄热材料中，最常用作蓄冷介质的则是水、冰和其他一些相变材料(如共晶盐)。

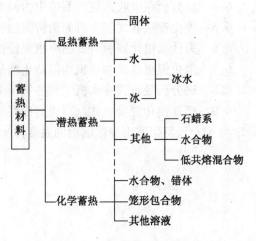

图 7.1 蓄热(冷)介质的类型

选择一定的蓄冷介质，配置适当的冷源、蓄冷装置，加上其他辅助设备、调控器件与连接管路，即可构成所谓蓄冷系统，即一种具有蓄冷能力的冷热源系统。工程实践中,蓄冷系统主要借助制冷设备提供冷量;各种形式的蓄冷装置通常既担负充冷、储冷功能,又是连接用户并向其供冷的中间设备。

应用蓄冷技术可以充分利用电网低谷时段的廉价电能,使用制冷设备将蓄冷介质中的热量移出,并将冷量予以储存;而后在用电峰值时段再将这些冷量取出,并供应至用户。因此,该项技术的应用不仅有利于平衡城市、区域电网负荷,实现移峰填谷,缓解电力供需矛盾,又可削减发电、用电设备装机容量,节省运行费用,提高电厂一次能源利用效率,从而获得良好的社会、经济效益。

一般认为,蓄冷技术最适宜间歇使用、需冷量大且相对集中或峰谷负荷差异悬殊的用户,这主要包括大量公共建筑、部分商用建筑的空气调节以及一些工业生产过程。此外,蓄冷系统可为某些特殊工程提供应急备用冷源。对于现代化大都市的集中区域供热供冷,蓄冷也将成为一种主要的冷源形式。

空气调节作为建筑环境控制的重要技术手段,正日益走向普及。因其耗电量大,且基本处于电负荷峰值期,蓄冷空调的概念也就随之被提出。目前,在空调工程中采用的蓄冷方式已有多种:按蓄冷原理主要分为显热蓄冷和潜热蓄冷;按蓄冷介质主要分为水蓄冷、冰蓄冷和共晶盐蓄冷;按设计与运行模式则有全负荷蓄冷和部分负荷蓄冷之分。

采用蓄冷式冷热源的空调系统即所谓蓄冷空调系统。蓄冷空调工程能实现节省运行费用的目的。但配置蓄冷装置必然增加系统的建设成本,这会涉及一个合理的投资回收年限。再者蓄冷空调技术的具体应用还会受到工程所在地的能源政策、电价结构、项目所涉建筑物的使用性质、空调负荷特性,以及拟选配之制冷机、蓄冷装置的技术性能等一系列因素的影响与制约。因此,在蓄冷空调工程设计中,除按常规空调系统要求考虑其运行安全、可靠,满足空调特定要求并尽可能便利维护管理外,还应充分重视其技术经济的合理性,应根据具体设计条件认真进行蓄冷空调系统技术经济的分析与评估,确定正确的蓄冷设计与运行方案,实现系统的整体优化,从而获取最佳的综合的经济与节能效益。

7.1.2 蓄冷设计模式与运行控制策略

1)蓄冷设计模式

蓄冷系统设计中,蓄冷装置容量大小是首先应予考虑的问题。通常蓄冷容量越大,初投资越大,而制冷机开机时间越短,运行电费则更节省。按照正确的蓄冷设计思想与运行策略,系统设计中需对蓄冷装置和制冷机二者供冷的份额作出合理安排,即对设计模式加以选择。蓄冷模式的确立应以设计循环周期(即设计日或周等)内建筑物的负荷特性及冷量需求为基础,同时还应综合考虑电费结构及其他一些具体设计条件。常用的蓄冷模式有全负荷蓄冷和部分负荷蓄冷两种。

(1)全负荷蓄冷

将建筑物典型设计日(或周)白天用电高峰时段的冷负荷全部转移到电力低谷时段,启动制冷机进行蓄冷;在白天空调制冷机组不运行时,由蓄冷装置释冷,承担空调所需的全部冷量。图 7.2 是全负荷蓄冷模式示例,假如采用常规空调系统,制冷机容量系按周期内的最大冷负荷确定为 1 000 kW。图中面积 A 表示用电低谷期(下午 6 时至翌日上午 8 时)的全部蓄冷量,制冷机在该运行时段内的平均制冷量约为 590 kW。不难看出,这一模式下蓄冷系统需要配置较大容量的制冷机和蓄冷装置,虽然节省了运行电费,但其设备投资增加,蓄冷装置占地面积也会增大。因此,除非建筑物峰值需冷量大且用冷时间也短,一般是不宜采用这一设计模式的。

(2)部分负荷蓄冷

筑物典型设计日(或周)全天所需冷量的部分由蓄冷装置供给,另一部分由制冷机供给。制冷机在全天蓄冷与用冷时段基本上是 24 h 持续运行。图7.3是部分负荷蓄冷模式的一个示例,图中面积 D 是制冷机在用电低谷期的蓄冷量,面积 E 则代表同一制冷机在电力峰值期运行的供冷量(注意其上部曲线位置要比面积 D 为高)。显然,部分负荷蓄冷不仅蓄冷装置容量减小,由于制冷机利用率提高,其装机容量大幅降低至 400 kW 左右,是一种更为经济有效的蓄冷设计模式。

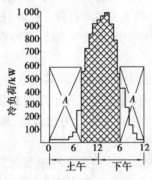

图7.2　全负荷蓄冷模式

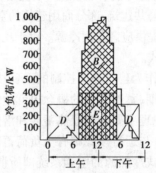

图7.3　部分负荷蓄冷模式

2)运行控制策略

蓄冷空调系统在运行中的负荷管理或控制策略关系到能否最终确保蓄冷空调使用效果,并尽可能获取最大效益的问题。原则上应使蓄冷装置充分发挥其在电力非高峰期的蓄冷作用,并保证在高峰期内满足负荷需求,应尽可能保持制冷机长时间处在满负荷、高效率、低能耗的条件下运行。控制策略应按蓄冷模式分别考虑,不同的控制策略下的运行效果、效益将会各有不同。此外,蓄冷系统按制冷机和蓄冷装置所处位置有并联流程与串联流程之分,后者又有制冷机置于上游或下游两种情况,不同条件下的运行特性也是不同的。

(1)全负荷蓄冷

全负荷蓄冷中只存在制冷机蓄冷和蓄冷装置供冷两种运行工况,二者在时间上截然分开,运行中除设备安全运转、参数检测及工况转换等常规控制外,无需特别的控制策略。

(2)部分负荷蓄冷

部分负荷蓄冷涉及制冷机蓄冷、制冷机供冷、蓄冷装置供冷或制冷机和蓄冷装置同时供冷等多种运行工况,在运行中需要合理分配制冷机直接供冷量和蓄冷装置释冷供冷量,使二者能最经济地满足用户的冷量需求。常用的控制策略有:

①制冷机优先:尽量使制冷机满负荷供冷,只有当用户需冷量超过制冷机的供冷能力时才启用蓄冷装置,使其承担不足部分。这种控制策略实施简便(尤其对串联流程中制冷机位于上游时),运行可靠,能耗较低,但蓄冷装置利用率不高,因而采用的不多。

②蓄冷装置优先:尽量发挥蓄冷装置的释冷供冷能力,只有在其不能满足用户需冷量时才启动制冷机,以补充不足部分供冷量。这种控制策略利于节省电费,但能耗较高,在控制程序上比制冷机优先复杂。它需要在预测用户冷负荷的基础上,计算分配蓄冷装置的释冷量及制

冷机的直接供冷量,以保证蓄冷量得以充分利用,又能满足用户的逐时冷负荷要求。

③优化控制:根据电价政策,借助于完善的参数检测与控制系统,在负荷预测、分析的基础上最大限度地发挥蓄冷装置的释冷供冷能力,使用户支付的电费最少,使系统实现最佳的综合经济性。采用优化控制比制冷机优先控制可以节省运行电费25%以上。

7.2 冰蓄冷技术

7.2.1 基本概念

冰蓄冷是指利用水或一些有机盐溶液作为蓄冷介质,在电力非峰值期用以制成冰或冰晶(即一种冰水混合物),借助其凝固相变过程的放热作用将冷量蓄存起来。在电力峰值期内,利用冰或冰晶融解相变过程的潜热吸热作用,再将冷量释放出来,用以满足用户的冷量需求。简言之,冰蓄冷即主要借助冰的相变潜热进行蓄冷的一种蓄能技术。

冰是一种廉价易得,使用安全、方便且热容量大的潜热蓄冷材料,在空调蓄冷中使用最为普遍。冰的融解潜热为 335 kJ/kg,在通常空调 7/12 ℃ 的水温使用范围,其蓄冷量可达 386 kJ/kg,比水仅有的显热蓄冷量要高出大约 17 倍。因而,在同样数量蓄冷量条件下,以冰水形式蓄存比单纯蓄存冷水所需容积要小得多。二者的相差程度取决于冰蓄冷容器的制冰率 IPF(Ice Packing Factor)——冰在冰蓄冷容器内介质中所占的容积比率。在上述使用温差下,这一关系如图 7.4 所示。由图可见,当 IPF = 10% 时,冰蓄冷容积 V_I 约为水蓄冷容积 V_w 的 32%。IPF 值一般控制在 10% ~ 40%,因而冰蓄冷容器所需容积大幅度减少,其冷量损失随之减少,通常仅为蓄冷量的 1% ~ 3%。它导致设备投资和占用空间的节省,十分有利于旧建筑增设空调系统,并且这一特点还促进了冰蓄冷机组的工业化发展。

制冰方法是冰蓄冷技术应用的基本课题。根据各国多年来的开发实践,可将各种制冰方法按成冰形态概括为固冰和液冰两种方式,也可按制冰过程归纳成静态与动态两种方式(见图 7.5)。

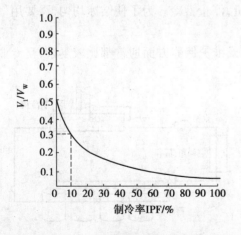

图 7.4 IPF 对蓄冷容积的影响

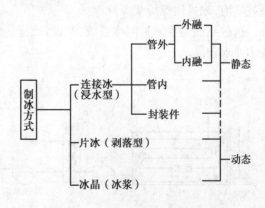

图 7.5 制冰方法与分类

冰蓄冷在制冰过程中,由于蒸发温度低(通常为 $-6 \sim -10\ ℃$),导致制冷机耗电量增加和性能系数 COP 值降低,并限制了常规制冷机的使用,这构成了冰蓄冷技术应用的一大障碍。为此,冰蓄冷技术应用要求制冷设备具有更高的技术水平,必须进行系统的精心设计与施工,采取最佳的运行与控制方式,使系统总体 COP 值得以提高。此外,采用蒸发式冷凝器,开发、利用高温相变材料等,也是提高系统 COP 值十分有效的途径。

冰蓄冷技术广泛应用于建筑物的空气调节。蓄冰空调系统主要由制冰设备(制冷机)、蓄冰装置、空调设备、控制系统、各种连接管路与构件等几大部分所组成。这种系统一般多选用乙烯乙二醇水溶液作载冷剂,借以实现冷、热能量在蓄冷系统与空调用户之间的输运与转移。

蓄冰空调系统通常为用户提供 $2 \sim 4\ ℃$ 的低温冷水,这为加大冷水利用温差创造了条件。采用低温介质虽使系统冷量损失有所增加,但因介质循环量减少,导致输送动力和系统建设投资的节省。此外,设备、管线占用建筑空间减少,也特别有利于旧建筑改造。近年来,各国正大力进行低温送风技术的应用研究,将它与冰蓄冷技术相结合,可使冰蓄冷空调系统在建设投资方面全面节省,达到可与常规空调相抗衡,从而更加增强冰蓄冷空调技术应用的竞争力。目前,冰蓄冷空调已成为蓄冷技术应用的一种主流形式。

7.2.2 冰蓄冷系统形式

1)冷媒盘管式

冷媒盘管式系统也称直接蒸发式蓄冷系统,通常采用往复式或螺杆式制冷机,其制冷系统的蒸发器直接放入蓄冷槽内,系统原理如图 7.6 所示。蓄冷时,制冷剂在蒸发器盘管内流过,使其外表面结冰厚 $25 \sim 90\ mm$。在空调取冷过程中采用外融冰方式,从空调用户侧流回的冷冻水进入蓄冰槽,将蒸发器盘管表面的冰融化成温度较低的冷冻水,经换热设备将冷量送入空调用户,或直接供给低温送风空调系统。冰蓄冷槽一般做成开式,IPF 值约为 40%。

在蓄冷过程中,随着盘管表面冰厚的增加,盘管表面与水之间的热阻增大,盘管中制冷剂的蒸发温度将会降低,制冷机消耗的功率也会增大。若要抑制这种能耗增加的趋势,则需增大传热面积或减少结冰厚度。为防止盘管间产生冰桥并控制结冰厚度,需设置传感器,根据冰与水的导电性能不同,当达到结冰厚度时令制冷机停机,停止蓄冷。为了使结冰均匀,需要用气泵鼓气泡,或采用螺旋桨搅拌。

这种系统的主体是制冷系统,其设计、运行管理或维护保养方面通常都比较复杂,且专业技术要求较高。

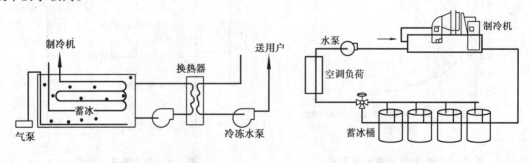

图 7.6 冷媒盘管式蓄冷系统 　　　　图 7.7 完全冻结式蓄冷系统

2)完全冻结式

完全冻结式系统采用特定类型的换热盘管沉浸在充满水的容器中构成冰蓄冷装置,其系统原理如图7.7所示。蓄冷时,通常是由冷水机组制备低温的二次冷媒(一般用质量分数为25%的乙烯乙二醇水溶液作载冷剂),送入蓄冷容器中的盘管内,使容器中的水在盘管外表面结冰,并可达到完全冻结。

这种系统的融冰释冷过程可以采用如下两种方式:

(1)内融冰方式

来自用户或二次换热装置的温度较高的载冷剂仍在盘管内循环,使蓄冷容器中的冰自管壁向外逐渐融化、释冷。由于盘管外壁处水层存在加大了融冰换热的热阻(水的导热系数仅为冰的25%左右),难免影响到取冷速率,目前多采用细管、薄冰层蓄冰措施加以解决。

(2)外融冰方式

来自用户的温度较高的载冷剂直接回到蓄冰容器中,使盘管表面上的冰层自外向内逐渐融化。该方式下,空调用户可以直接从蓄冰容器中取用冷水,从而不必设置二次换热装置。此外,空调回水与冰直接接触,换热效果好,取冷迅速,供水温度可达1 ℃左右。其他应用特点与冷媒盘管式相近。

目前,这种系统的蓄冰装置既有标准系列产品可供选用,也可按需加工制作,根据配用盘管类型的不同,主要分为以下3种:

①蛇形盘管蓄冰装置:这类装置采用钢制连续卷焊而成的立置蛇形盘管,组装在钢架上后进行整装外表面热镀锌,一般按外融冰方式设计。以国外某公司产品为例,盘管外径为26.7 mm,长度有多种规格,管内额定工作压力为1.05 MPa,管外冰层厚度约为35.56 mm,换热表面积为0.137 m²/(kW·h)。标准型(TSU)蓄冰装置的贮槽由双层镀锌钢板制成,内填约100 mm厚的聚苯乙烯绝热层,体积为0.021 m³/(kW·h)。该型号3种规格的蓄冷容量分别为833,1 674和2 676 kW·h。根据需要,也可按非标准尺寸制作盘管和贮槽,槽体材料尚可采用玻璃钢或钢筋混凝土。这种蓄冰装置中的蛇形盘管,由于单路管长可达数十米,故流体在盘管内的流动阻力较大,一般为80~100 kPa。

②圆形盘管蓄冰装置:这种蓄冰装置均采用内融冰方式,盘管使用聚乙烯材质,以不锈钢及镀锌钢材构架整体组装于蓄冰筒内。美国Calmac蓄冰装置(亦称高灵蓄冰筒)如图7.8所示,它的圆筒形盘管外径为16 mm,结冰厚度一般为12 mm。蓄冰筒筒体为9.6 mm厚的高密度聚乙烯板,外敷50 mm厚绝缘层,再包8 mm厚的铝板。它的标准系列产品规格有5种,其潜热蓄冷容量为288~570 kW·h。盘管内的工作压力为0.6 MPa,盘管换热表面积为0.511 m²/(kW·h)。蓄冰筒直径为1.88~2.261 m,高度为2.083~2.566 m,体积为0.019 m³/(kW·h)。

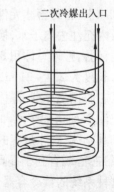

二次冷媒出入口

图7.8 Calmac 蓄冰筒示意

圆筒形蓄冰装置虽属内融冰方式,然而盘管管径、管间距均较小,设计冰层厚度较薄,盘管的相对换热表面积增大,故仍有利于蓄冰与融冰。由于蓄冰筒为圆形,占地面积相对较大。此外,它的盘管同蛇形盘管一样具有较大的单路管长,故其流体流动阻力也会高达80~100 kPa。

③U形盘管蓄冰装置:蓄冰装置的U形换热盘管(如图7.9所示)是由耐高、低温的聚烯烃石蜡脂喷射成型的。盘管分片组合,每片由200根外径为6.35 mm的中空管组成,管两端与直径50 mm的集管相联。这种产品的标准系列盘管分140,280,420,590四种型号,有效换热面积为0.449 m²/(kW·h),潜热蓄冷容量为440~1 758 kW·h。盘管内工作压力为0.62 MPa,压降75 kPa。蓄冰槽槽体采用1.6 mm厚镀锌钢板(也可用玻璃钢),内壁敷设带有防水膜的保温层,贮槽高2.083 m,宽2.348 m,长1.661~5.979 m,体积容量为0.018 m³/(kW·h)。非标准盘管

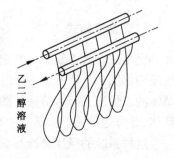

图7.9　Fafco换热盘管示意

通常以12片为一组,布置在地下室的钢筋混凝土贮槽或基础筏基内,每片盘管宽0.17 m,长1.3 m,高1.53~3.66 m。

U形盘管蓄冰装置也是采用内融冰方式。由于这种盘管管径很细,不仅导致流体的流动阻力增大,使用中更应注意防止流道堵塞。

3)封装式

这种系统通常采用充满水或有机盐溶液的塑料密封胶囊(称为封装件)作为蓄冰元件,将其密集地安置在密闭的金属贮罐内或堆放在开敞的贮槽中组成冰蓄冷装置。蓄冷时,由制冷机组提供的低温二次冷媒(乙二醇水溶液)进入蓄冷容器,使封装件内的蓄冷介质结冰。用冷时,仍以乙二醇溶液作为载冷剂,将封装件的融冰释冷量取出,直接或间接(通过热交换装置)向用户供冷。

封装式蓄冰装置按其采用封装件形式的不同而有不同形式,目前主要分为如下3种:

①冰球:法国的密封蓄冰元件为硬质塑料制空心球,壁厚1.5 mm,外径95 mm或77 mm。球内充注水,预留约9%的膨胀空间。外径95 mm的冰球换热表面约为0.8 m²/(kW·h)。每立方米罐体空间可分别容纳大、小蓄冰球1 300个和2 550个,潜热蓄冷量约48.5 kW·h,总蓄冷量约57 kW·h。国产齿球式冰球和波纹式冰球对改善传热效果或适应体积胀缩方面都别具特色。

②冰板:密封蓄冰元件由高密度聚乙烯制成,呈812 mm×304 mm×44.5 mm的中空扁平板。板内充注去离子水,换热表面积约为0.66 m²/(kW·h)。冰板有序地放置在圆形卧式密封罐内,约占贮罐总体积80%,罐中载冷剂可分1流程、2流程和4流程。贮罐直径为1.5~3.6 m,长度为2.4~21 m,其潜热蓄冷能力为267~12 659 kW·h。

③芯心摺囊冰球:球体系由高弹性、高强度聚乙烯材料制成,直径为130 mm,长242 mm,内部充注95%去离子水和5%ICAR添加剂。每个冰球蓄冷量约0.22 kW·h。球体摺囊结构有利于其制冰、融冰过程的膨胀与收缩;球体内用直径2 mm铝合金翅片管作成的双金属(或单金属)芯心既有利于提高冰球的传热效率,也可避免冰球在开敞式贮槽中制冰时浮起。

这种系统的蓄冷容器分为密闭式贮罐和开敞式贮槽,既有标准形式,也有非标制作。密闭贮罐罐体为圆柱形,根据安装方式又分为卧式和立式。它一般用普通钢板制成,体积从2~100 m³不等,承压能力为450~700 kPa。开敞式贮槽通常为矩形,可采用钢板、玻璃钢加工,槽体耐压一般为50 kPa;也可采用钢筋混凝土现场浇筑。各种蓄冷容器可布置在室内或室外,也可埋在地下,其设计加工与施工过程应妥善处理保温隔热以及必要的防腐或防水问题,尤其应

采取措施保证乙二醇溶液在容器内和封装件四周均匀流动,防止开敞容器中蓄冰元件制冰过程向上浮动。图7.10是冰球式卧式蓄冷罐的结构示意。

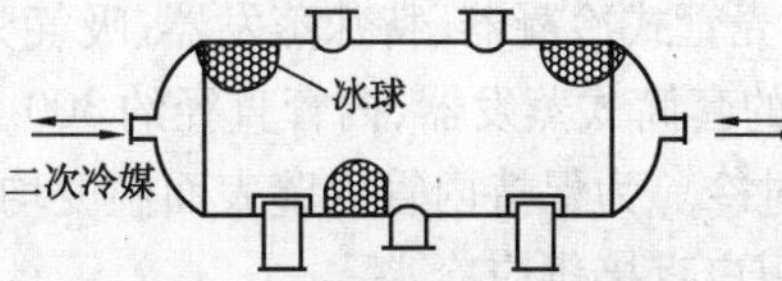

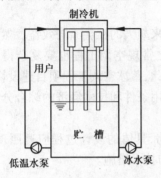

图7.10 冰球式卧式蓄冷罐结构示意

4)片冰滑落式

片冰滑落式系统的蓄冷装置主要由制冰成套设备(或称制冰机)和蓄冰贮槽所组成。制冰机则包括制冷压缩机、冷凝器和蒸发器等部件,单机规格容量为35~530 kW,现场组装的带水冷冷凝器的蓄冷装置容量可达1 400 kW。

图7.11 片冰滑落式蓄冷系统

片冰滑落式蓄冷系统原理如图7.11所示。该系统可按需在冰蓄冷和水蓄冷两种蓄冷模式下运行。当其制冰蓄冷运行时,制冰阶段由制冷系统向平行板状(或管状)蒸发器内直接供入低温制冷剂(蒸发温度为-4~-8 ℃),使喷洒到蒸发器外表面的水冻结成冰,并控制冰厚在3~6 mm;收冰阶段则以不低于32.5 ℃的制冷工质通入蒸发器内,使其表面片冰剥离并落入下方贮槽之中,贮槽内的IPF保持在40%~50%。当取冷供冷运行时,来自用户的回水仍可继续向蒸发器表面喷洒,或通过喷射集管使其部分均匀返回贮槽,经融冰释冷即可将低温冷水直接或间接地提供给用户。这种系统的蓄冷容器通常采用现场浇筑的矩形开敞式钢筋混凝土贮槽,也可用钢板或玻璃钢制作。贮槽体积一般为0.024~0.027 m³/(kW·h),它的设计应考虑到能够承受上部制冷设备的荷载,合理设计配管系统和正确标定槽内起始水位。

片冰滑落式蓄冷系统与其他系统相比,片状冰具有更大的表面积,当其在槽内均匀分布时可以获得更低(1~2 ℃)的释冷温度和较高的释冷速率,特别适合于尖峰用冷,或者用于大温差低温空调系统,以进一步节省投资。这种蓄冷装置初投资较高,设备用房对层高也会有不利的要求。

5)冰晶式

冰晶式系统需使用专用制冷设备将蓄冷介质(8%的乙烯乙二醇溶液)冷却到低于0 ℃,而这种过冷的冰/水双相液进入蓄冷水槽易于分解出0 ℃的细小冰粒,并自结晶核以三维空间向外生长,形成冰晶。如果过冷温度为-2 ℃,即可产生2.5%的直径约100 μm的冰晶。该系统所制备的冰/水混合物温度甚低,呈淤浆状(俗称"液冰"),可以用泵直接输送,其系统原理如图7.12所示。

冰晶式蓄冷制冰机,单台最大制冷量不超过315 kW。以加拿大Sunwell公司TS-30型产品为例,其制冰能力为105 kW,配有半封闭活塞式制冷

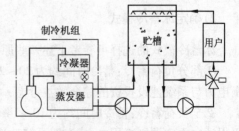

图7.12 冰晶式蓄冷系统

机、水冷壳管式冷凝器、特殊蒸发器、吸气分液储液器和汽-液回热器等。该机配有 6 个长度为 1.83 m 的套筒式蒸发器,内管直径约 300 mm,制冷剂 R22 从套管夹层中通过,蓄冷介质则在内管中过冷。为保持内管内壁表面温度均一,配有 3 台电动擦拭机。该机既可用于制造冰晶,也能向用户直接供应冷水。

冰晶式蓄冷系统一般采用钢制贮槽作为蓄冷容器,槽内 IPF 值可达 50% ~60%。由于贮槽中存在大量微小的冰晶且分布十分均匀,其总热交换面积很大,融冰释冷速度极快,因而对冷负荷的急剧变化有很强的适应性。这种液冰系统中 IPF 值的大小将对介质的物理特性(如黏度、密度、热值等)有较大影响,在选择水泵及换热盘管时应予注意。

7.2.3 冰蓄冷空调工程设计要点

作为蓄冷技术应用的一种主流形式,蓄冰空调给我们带来颇大的社会经济效益。然而,蓄冰空调由于制冰过程能效降低,系统设备配置、系统构成较之常规空调工程也要复杂得多,再则其具体应用价值如何还将受到众多因素的影响和制约,因此,蓄冰空调工程项目建设切忌盲目、草率,需要我们更为充分地调查研究,审慎地进行有关应用条件和技术经济的综合分析,进而提出切实、可行的设计法案。

下面仅扼要给出冰蓄冷空调工程设计的一般原则与思路,具体的设计过程应遵照现行相关国家标准、规范的各种规定,还可参照相关专业设计手册与技术措施。

1)设计基础资料

对于冰蓄冷空调工程来说,除常规空调工程设计所需收集的各种原始资料外,尚需着重掌握如下一些基础资料:

①当地的电力供应状况与电价政策。电力供需矛盾越大,峰谷电价差越大,采用蓄冷技术意义越大。

②建筑物类型及其空调负荷特性。就不同使用性质与功能的建筑物而言,由负荷计算确定的设计日逐时冷负荷分布特性也有所区别。对于负荷比较集中且发生在用电高峰的建筑物,更有利于采用蓄冷技术。

③建筑设计资料。这里是指与系统设计、设备选择与布置密切相关的各种信息。

④建筑使用要求。建筑物的使用时间及有无加班要求等情况将影响到蓄冷量大小、蓄冷方式选择以及设备选型等。

⑤对于改建、增建项目,还需了解原有或拟用制冷机、水泵等设备类型、容量大小及原有系统的设计情况等。

2)确定冰蓄冷模式

冰蓄冷模式的选择可参考下述一些原则:

①部分负荷蓄冷:蓄冷时间约为 20 ~24 h。制冷机利用率高且容量可获大幅缩减。从平衡电力与系统建设投资的综合效益考虑,一般多宜采用这种方式。

②全负荷蓄冷:蓄冷时间约为 10 ~14 h。其让电效能最佳,但制冷机容量较大。如当地难以保证白天空调制冷用电,或在旧系统改造中希望充分利用原有设备之制冷能力时,宜采用这种方式。

3）空调设计冷负荷计算

（1）设计日逐时冷负荷 Q_τ

Q_τ 应根据当地"标准天"等逐时气象数据、建筑围护结构设计条件以及人员、照明、内部设备和工作制度等相关资料，采用动态计算方法加以确定。根据负荷计算的结果，遂可获得该对象建筑设计日的空调冷负荷分布曲线 $Q_\tau = f(\tau)$。

在方案设计或初步设计阶段，可以采用"系数法"或"平均法"，根据峰值负荷来估算设计日的逐时冷负荷。

（2）设计日总制冷量 Q_{td}

理论上，Q_{td} 系由负荷分布曲线 $Q_t = f(\tau)$ 在建筑物日使用时间 H（假定 $H = \tau_2 - \tau_1$）内的积分而得，即 $Q_{td} = \int_{\tau_1}^{\tau_2} f(\tau)\mathrm{d}\tau$。工程中，由于负荷计算中已给出空调冷负荷的逐时序列值 $Q_{\tau i}$，用这些序列值的阶梯图形可近似表征日负荷分布曲线，从面可直接由逐时负荷的累加来求得 Q_{td}，即

$$Q_{td} = \sum_{i}^{H} Q_{\tau i} \tag{7.1}$$

式中　i——空调冷负荷出现的时间序列：$1,2,3,\cdots,H$。

在需要估算设计日总制冷量时，亦可用下面的简易公式：

$$Q_{td} = Q_d \times H \times B \tag{7.2}$$

式中　Q_d——设计工况制冷量，kW；

　　　H——建筑物日使用时数，h；

　　　B——建筑物空调负荷变化率，随建筑物的使用性质、功能不同而有所区别。一般建筑物可取 0.8～0.9。

（3）年间总制冷量 Q_{ty}

Q_{ty} 是计算蓄冷空调运行费用的基础，一把宜根据当地"标准年"气象资料和有关建筑和设计与使用条件，运用动态负荷计算程序加以计算。

4）制冷设备的选择

冰蓄冷空调系统制冷设备的容量取决于用户典型设计日冷负荷分布规律以及选定的蓄冷设计模式与运行时间安排，通常根据设计日总供冷负荷与机组白天空调工况运行时数及夜间蓄冰工况运行时数（考虑冷量变化率修正）之和的比值来决定。

（1）部分负荷蓄冷

$$Q_e = \frac{kQ_{td}}{H_{ws} + H_{st}\beta} \tag{7.3}$$

式中　H_{st}——（冰）蓄冷运行小时数，h；

　　　H_{ws}——制冷机空调（供应水）运行小时数，h；

　　　k——考虑冰蓄冷槽冷量损失的修正系数，取 1.03～1.05；

　　　β——蓄冷运行时制冷机制冷量（相对于空调运行时制冷量）的变化率，其值为 0.6～0.8。

《实用供热空调设计手册》中也提出如下建议：按制冷工况来选择制冷机容量，但须根据

空调工况配用电机。这样才能满足制冷机不同运行工况的需要。

（2）全负荷蓄冷

$$Q_e = \frac{kQ_{td}}{H_{st}\beta} \tag{7.4}$$

冰蓄冷空调工程一般应当选用能适应制冰蓄冷和空调供冷这种双工况运行的制冷机组，可供选择的类型有活塞式、螺杆式和两级或三级离心式冷水机组。常用双工况制冷机组制冷量范围和性能见表 7.1，表中 COP 值反映机组能耗高低，也可用以估定机组配电容量。对比可知，离心式制冷机组性能较优；但应注意，对用于空调蓄冰的机组最好采用 R22，R134a 等中温中压制冷剂，否则蓄冰工况下蒸发器的真空度会过高。目前我国冰蓄冷空调工程最常选用的是螺杆式冷水机组。

表 7.1　冰蓄冷常用双工况制冷机组的性能

类　型	空调制冷量/kW	COP	
		空调工况（6.7 ℃）	蓄冰工况（−5.6 ℃）
往复式	90 ~ 530	4.1 ~ 5.4	2.9 ~ 3.9
螺杆式	180.3 ~ 1 900	4.1 ~ 5.4	2.9 ~ 3.9
离心式	700 ~ 7 000	5.0 ~ 5.90	3.5 ~ 4.5

对于具有连续且较大空调负荷的用户来说，冰蓄冷空调系统在制冰蓄冷时宜另设基载主机独立地向空调用户供冷，以获取较高的制冷效率，降低能耗。

在设计冰蓄冷空调系统时应掌握冷水机组在不同工况（如制冰蓄冷与空调供冷，采用不同空调供水温度、冷却水进水温度或者采用不同载冷剂等）条件下运行时制冷量的变化，这需借助各制造厂商提供的产品性能资料。当然，在选定机组容量时还应考虑必要的各种站内冷损失及泵的得热引起的附加冷负荷，在设计日供冷负荷基础上增加 5% ~ 10%。

5）蓄冰装置的设计与选择

蓄冰装置的容量应由其蓄冷量与制冷机组在蓄冰工况下的总制冷量间的平衡关系来决定。如前所述，按照不同的蓄冷系统形式和具体的设计条件，可以酌情选用合适的蓄冰槽（罐）。

蓄冰装置的设计、选择一般按如下程序进行：首先应确定蓄冷系统形式、流程配置（开式、闭式，并联、串联等）形式、典型设计日峰值小时负荷、载冷剂流量以及制冷机组和蓄冰槽的进出口温度；其次，根据逐时所需取冷量以及空调供回水温度，计算蓄冰槽（罐）逐时进出水温度，然后根据所选定的蓄冰槽（罐）形式及可能的总取冷量，计算所需蓄冰容器的型号与台数。最后，还需对所选定的蓄冰装置能否满足逐时取冷量和取冷供水温度需求进行校核。

（1）蓄冷量的确定

蓄冷系统制冷机制冷量 Q_e 确定之后，无论哪种蓄冷方式，系统的设计日蓄冷量 Q_{st} 均可按下式计算：

$$Q_{st} = Q_e H_{st}\beta \tag{7.5}$$

（2）蓄冷槽容积的确定

冰蓄冷所需蓄冷槽容积 V_{st} 可按下式计算：

$$V_{st} = \frac{Q_{st}}{(\rho_w c_w \Delta t_w + \rho_1 L_I \cdot lPF)\eta_{st}} \tag{7.6}$$

式中　ρ_w——水的密度，取 1 000 kg/m³；

　　　ρ_1——冰的密度，取 920 kg/m³；

　　　c_w——水的比热，取 4. 19 kJ/(kg · ℃)；

　　　Δt_w——蓄冷槽的利用温差，$\Delta t_w = t_f - t_s$，℃；

　　　t_f——蓄冷槽的进水温度，一般取 10 ~ 12 ℃；

　　　t_s——蓄冷槽的出水温度，一般按 0 ℃考虑；

　　　L_I——冰的溶解热，取 335 kJ/kg；

　　　IPF——蓄冷槽的制冰率，一把取 10% ~ 40%（中、小型建筑物取上限，大型建筑物取下限）；

　　　η_{st}——蓄冷槽效率，考虑冷量损失与混合损失，一般取 0. 9。

根据所需的蓄冷槽容积 V_{st} 即可设计冰蓄冷槽，或者按蓄冷设备厂商提供的产品样本资料，确定蓄冷设备的规格和数量。

（3）制冰换热器的设计

制冰换热器是冰蓄冷系统中的一个重要部件。前已述及，它可以采用多种结构形成：既可采用一组组浸没在蓄冷槽蓄冷介质内的双重螺旋形盘管，也可采用一组组蛇形盘管管束（多呈正方形顺排排列），还可由许多多密封球或密封盒堆叠于蓄冷容器内构成。热交换介质可以是制冷剂（直接蒸发式系统），也可以是盐水或有机溶液。换热器盘管通常采用钢管或耐高压的聚乙烯管材。以双重螺旋形盘管为例，一般 1 m³ 槽容积的换热盘管管长为 50 ~ 100 m，换热器总的传热系数为 17. 45 ~ 34. 89 W/(m² · ℃)。

设计制冰换热器必须充分考虑换热器材料、换热介质的热力特性、参数要求，并根据热平衡原理确定传热面积。由于结构形式多样，换热介质物性、参数的动态变化都将影响其热交换效果，这类产品的开发最好结合实验来进行。

制冰换热器通常多与蓄冷容器组合或一体化的冰蓄冷装置，并由设备制造厂商定型生产，提供用户加以选用。这类装置在设计选用时，除应确保换热蓄冷的特定需求外，蓄冷槽容积的确定还须考虑足够的安装与维修空间。设计中一般可用制冰换热器占蓄冷槽容积大约 65% 来加以考虑。

6）辅助设备、构件与管线

冰蓄冷空调系统中的辅助设备、构件包括各种循环泵、二次换热装置、膨胀水箱及阀件等，它们应根据不同蓄冷方式及系统流程配置情况进行选择。

一般情况下，蓄冷系统需要通过二次换热装置把它与空调用户间接联系起来。冰蓄冷空调中普遍采用板式换热器，这是因为这种换热设备具有高低温介质相互隔离，运行管理方便，可靠性好，技术经济合理等优点。

冰蓄冷空调系统中，作为输送溶液或冷水的各种循环泵，选择时应注意其流量、扬程与载冷介质的温度、浓度、密度、比热容、黏度等密切相关，并应满足现行节能设计标准对能耗的要求。对于输送乙烯乙二醇溶液的溶液泵,可在常规水系统水力计算基础上,按不同溶液浓度取相应系数加以修正。在同样载冷量和温度条件下,质量浓度 25% ~30% 乙烯乙二醇溶液所需流量为水的 1.08 ~1.1 倍,而管道阻力修正系数则为 1.22 ~1.39 倍。考虑到某些二次冷媒价格昂贵或具有毒性,为严格控制运行中的泄漏量,常需采用优质的机械密封泵。由于充冷过程介质温度经常在 -6 ~ -4 ℃,因而泵体和密封材质均应具备耐低温的要求。G 形管道屏蔽电泵以其结构紧凑、安装方便、能耗低、无泄漏和无污染等优点,在冰蓄冷空调工程中得到广泛应用。

在冰蓄冷闭式管路系统中同样需要设置膨胀水箱,尤其在封装件蓄冰系统中,应特别注意冰水相变体积膨胀率高所致箱体容积颇大的问题。此外,输送乙烯乙二醇水溶液的管道不得采用镀锌钢管。施工中阀门等构件连接要求密封性良好,施工完毕后应认真做好管路内部清洗,使用过程还应有必要的水质保证。

7)配置容量的估算

①常规空调系统的配电容量可用下式估算:

$$E_s = Q_d(\alpha_1 + \eta) \tag{7.7}$$

式中　E_s——空调系统的配电容量,kW;

　　　α_1——制冷机空调运行时单位制冷量的耗电量,kW/kW;

　　　η——制冷空调系统单位制冷量的附属设备耗电量,kW/kW;

　　　α_1 及 η 的取值和制冷机的类型及空调系统的形式有关,α_1 可参照表 7.2 选取,η 值约为 0.11 ~0.07 kW/kW。

表 7.2　不同冷水机组单位制冷量的耗电量　　　　　单位:kW/kW

类　型	多级离心式	活塞式	螺杆式	涡旋式
空调(4 ~7 ℃)	0.17 ~0.2	0.18 ~0.24	0.18 ~0.24	0.24 ~0.35
制冰(-9 ~ -3 ℃)	0.24 ~0.28	0.25 ~0.34	0.25 ~0.34	0.34 ~0.37

②全部蓄冷时系统的配电容量可按下式估算:

$$E_s = Q_e \times \beta \times \alpha_2 + E_a \tag{7.8}$$

式中　α_2——制冷机蓄冷运行时单位制冷量的耗电量,kW/kW。α_2 值可参考表 7.2 选取。

　　　E_a——蓄冷运行时附属设备的总功率,kW。

③对于部分蓄冷空调系统,若采用相同的制冷机,白天空调运行,夜间蓄冷运行时,可按下式估算配电容量:

$$E_s = Q_e \times \alpha_1 + Q_d \times \eta \tag{7.9}$$

否则,应按式(7.8)及式(7.9)分别计算配电容量,然后选取较大值。

8)蓄冰空调系统的运行费及初投资

蓄冰空调系统的运行费为全年蓄冷与空调运行的电费之和,与当地的电价构成及蓄冷设计模式有关,初步设计时可进行估算。

蓄冰空调系统的初投资包括空调设备及蓄冷设备的投资,为综合比较还需计算电气及控制系统的投资。

9）蓄冰空调系统的经济效益分析

蓄冷空调系统投资属于长期性投资，因此分析其效益时，除设备成本及运行费之外，还需考虑诸如贷款利率、通货膨胀率等经济变化因素，采用一些成熟的软件进行动态经济分析。在确定设计方案及初步设计阶段，可采用以下方法进行估算。

①求出蓄冷系统增加的初投资费用

$$\Delta I = I_s - I_c \tag{7.10}$$

式中　ΔI——蓄冷空调系统增加的初投资，元；

　　　I_s——蓄冷空调系统的初投资，元；

　　　I_c——常规空调系统的初投资，元。

②求出全年电费节省量

$$\Delta P = P_c - P_s \tag{7.11}$$

式中　ΔP——蓄冷空调系统年电费节省量，元；

　　　P_c——常规空调系统全年总电费，元；

　　　P_s——蓄冷空调系统全年总电费，元。

③计算回收年限

$$N = \frac{\Delta I}{\Delta P} \tag{7.12}$$

7.3　水蓄冷（热）技术

7.3.1　基本概念

水蓄冷是使用水作为蓄冷介质，利用水温变化进行显热蓄冷的一种蓄能技术。制冷机尽量在用电低谷期间运转，制备出 5~7 ℃的冷冻水，将冷量蓄存起来。待到电力高峰时段建筑物空调负荷出现时将冷水抽出，提供给空调用户使用。

水蓄冷系统通常是以普通冷水机组作冷源，以保温池（槽、罐）为蓄冷装置，加上其他附属设备、管路、控制器件与自控系统所构成。它基本上是在常规空调系统基础上，增加必要的蓄冷槽（池、罐）及其附属构件，是一种最为简单的蓄冷系统形式。

水蓄冷系统代表性的流程如图 7.13 所示。图中显示出水蓄冷槽在用户侧的回水温度为15 ℃，出水温度为7 ℃。当槽内水温逐渐由 15 ℃冷却至 7 ℃，即完成其蓄冷过程；反之，当槽内水温逐渐由 7 ℃升高至15 ℃时，即完成其取冷过程。这种情况下，冷源侧需要设置旁通管，以便借三通阀调温来协调

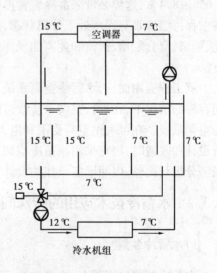

图 7.13　水蓄冷系统流程示意

冷水机组"7/12 ℃"和蓄冷水槽"7/15 ℃"的水温参数需求。

水蓄冷空调工程与冰蓄冷空调工程在设计思路、步骤、方法上是基本一致的。随工程的具体条件与采用蓄冷装置类型的不同,水蓄冷空调系统也可采用各种流程配置与系统形式。工程实践中,采用的基本流程有开式流程和开闭式混合流程。通常蓄冷槽(池)为开式,而空调冷水系统宜采用闭路循环,二者如何相联应予妥善处理。

为了提高水蓄冷空调系统的蓄冷效率,设计与运行中应注意:

①原则上应当采用全负荷蓄冷模式;

②适当加大冷水利用温差;

③让冷源出口温度保持恒定;

④尽可能保持负荷侧回水温度恒定。

水蓄冷空调系统除具有蓄冷技术应用的一般特点外,与冰蓄冷空调系统相比较,在以下方面存在着显著区别:

①制冷设备:与常规空调制冷机组相同,COP 值(为 4.17 ~ 5.9)高,运行能耗低。

②蓄冷装置:显热蓄冷所需蓄冷容器体积大(通常为冰蓄冷的 3 ~ 5 倍),冷量损耗随之增加,亦难以适应旧建筑改造。

③介质输送系统:只使用水作载冷介质,但因冷水利用温差相对较低且多为开式系统,输水能耗增大。

④初投资:一般情况下初投资较小,如能充分利用消防水池或高层建筑地下基础梁空间构筑蓄冷水槽(池),可进一步减小初投资。

⑤技术要求:水蓄冷空调系统不如冰蓄冷空调系统复杂,设计与运行方面技术要求不高。

⑥兼顾蓄热:尤其对于纬度适中地区,适宜利用较大的蓄水装置容积同时兼顾冬季蓄热供热,以利于简化热源并提高蓄冷装置的利用率。

水蓄冷空调技术应用的主要问题是:它只能利用水的显热蓄冷,其蓄冷量仅为冰蓄冷的 5.6% ~ 8.4%,这势必带来蓄冷装置占空更多和输水能耗加大的弊端;再就是如何确保蓄冷容器中保持温冷水与冷水处于分离状态,避免二者因相互掺混产生能量损失。为此,可采用分层化、隔离、复合贮槽、折流和迷宫曲径等技术,其中分层技术简单、有效,是最经济、高效的蓄冷方法。

就工程应用而言,水蓄冷空调系统和冰蓄冷空调系统各有其优势与局限。一般来说,在空间容许的情况下,在进行空调系统改造时,为充分利用原有制冷设备的供冷能力,宜采用水蓄冷空调系统。在可利用空间受限和电力供应比较紧张的大城市,对新、旧建筑物的空调系统进行设计和改造时,则宜采用冰蓄冷空调系统。无论选择何种系统类型,都必须通过认真的技术经济分析与比较,以期确定最佳的设计方案。

7.3.2 水蓄冷技术应用的特殊问题

1)水蓄冷装置

水蓄冷装置的容积 V_w 主要取决于装置蓄冷量和冷水利用温差等因素,可通过下式确定:

$$V_w = \frac{Q_{st}}{C_w \rho_w \Delta t_2 P} \times 3\ 600 \tag{7.13}$$

式中　Q_{st}——蓄冷装置的蓄冷量,kW·h;

　　　　C_w——水的比热,取 4.19 kJ/(kg·℃);

　　　　ρ_w——水的密度,取 1 000 kg/m³;

　　　　Δt_2——蓄冷装二次冷冻水(负荷侧)设计温差,一般取 5~8 ℃;

　　　　P——蓄冷装置的容积效率(与蓄冷装置的构造有关),一般取 0.9~0.95。

用于水蓄冷系统的蓄冷装置包括各种蓄水池(槽、罐)。它通常可以分为矩形与圆形、开敞式与密闭式、单槽式(多为温度分层型)与复槽式或地下式与地面式等不同类型。地面式多用钢板制作成槽、罐;地下式则以钢筋混凝土浇筑成蓄冷水池,且多设置于建筑物的地下层或机房地板下面。

为妥善处理系统蓄冷、取冷过程中供、回水相互分离问题,通常采用如图 7.14 所示的方法。图 7.14(a)为从蓄水槽口将空调回水经缓冲后喷洒而下,保持蓄水槽上方为温冷回水;较低温度的水则从槽底抽出,从而维持不同温度水的分层。图 7.14(b)为以一种可移动的薄膜隔开回水和冷水的方法。图 7.14(c)为采用空蓄冷桶轮替来分开冷水和回水的方法。图 7.14(d)为采用蓄冷水池多槽分隔来减少冷水和回水混合的方法。图 7.15 为在池内分格基础上加以改进的方法,即蓄冷池各分格之间采用带浮漂水口和伸缩软管的连通方式,保持了池内分隔方式中水流行程距离大的优点,同时又能充分利用水温自然分层作用来加大水池的有效蓄冷量。由于上部水口可由浮漂自动控制在水位线上,蓄冷、取冷运行中对使用容积和水位均能方便地进行调整。

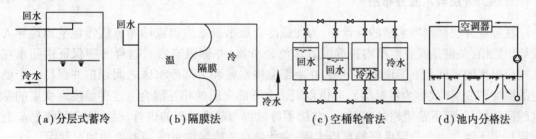

(a)分层式蓄冷　　(b)隔膜法　　(c)空桶轮管法　　(d)池内分格法

图 7.14　减少蓄冷水槽内供回水相互混合的技术措施

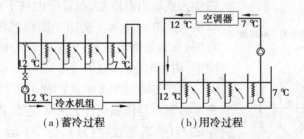

(a)蓄冷过程　　　　　(b)用冷过程

图 7.15　带伸缩软管与水口的分格蓄水池

对于大型蓄冷系统,通常将蓄冷水槽分隔成多个单元槽,各单元间有序地加以串联或并联,或采取复合流动方式,从而构成所谓多槽混合型(亦称迷宫型)蓄水贮槽。单元槽间堰或连通管的布置应使水流在充冷过程下进上出,取冷过程上进下出;单元槽进出口的平面方位应呈直角布置;进出口水管位置应使水流路径尽可能增长。

串联混合型蓄水槽按连接方式分为堰式和连通管式,前者结构简单,节省空间;后者在单元槽间采用 S 形连通管连接,在管端设计成圆盘或条形并带一用于稳定水流的浮子,与堰式相比保冷、防水施工较为方便。串联混合型和温度分层型一样,都属于最简单、有效的蓄冷水槽形式。

并联型蓄水槽采用集管方式将各单元槽进出水管路并联,保证水流恒量分配。根据集管布置方式又分为内集管式和外集管式,前者适用于水位差及进出口管径相对较小而流通量大的多槽系统;后者适用于水位变动小,单元槽数相对较少且宜外设集管的系统,各并联进出口支管与单元槽连接的水口可做成圆盘形、条形或锥形。

复流型蓄水槽即在一大容量贮槽内设置多道局部隔墙,在其上、下部均设开口连通,水槽进出水管形状为盘形或条形,水流状态类似于单槽。这种贮槽结构简单,投资较少。

水蓄冷贮槽的体积也应根据其蓄冷量与用户需冷量的平衡关系来确定,所需体积主要取决于槽内冷水利用温差,也要受结构、形状以及在进出冷水之间保持分层程度的影响。一般蓄冷温度为 4 ~ 6 ℃,当蓄冷温差为 8 ℃时,每蓄存 1 kW · h 冷量需要体积 0.118 m³,如温差加大到 11 ℃时,所需体积则减少到 0.086 m³。

设计中应尽可能增加冷水利用温差,槽内装设稳流装置,同时还需通过采用合理的槽体结构,加强槽体保冷与防水以及尽量缩小无用空间等措施,以提高贮槽的蓄冷效率和容积(利用)率。

2)热力分层与水流分布器

在温度分层型蓄冷水槽的设计中,为使载冷介质水以重力流或活塞流缓慢地平稳地导入或导出贮槽,关键是要在贮槽内正确配置水流分布器(亦称稳流器),这样才能保证供回水在其相应温度的密度差下实现依次分层,在上部温冷水区和下部冷水区之间创造并保持一个稳定的温度剧变层(或称为斜温层),并借以阻止上下部介质的相互混合。这种温度剧变层的厚度越薄越好,一般不希望超过 0.5 m。伴随蓄冷过程与取冷过程的进行,温度剧变层将稳步上升或稳步下降。一个分层良好的蓄冷水槽,它所储存的能量约 90% 可有效地加以利用。

水流分布器由开孔圆管按对称平衡格局组合成形。它布置于贮槽上方时,用于从顶部孔口供入或取出温冷水;布置于贮槽下部时,用于从底部孔口供入或取出冷水。适用于圆形贮槽的有八角形(见图 7.16)和辐射圆盘形;适用于矩形贮槽的则有连续水平缝隙形、树枝形、条形及 H 形。

为使温冷水和冷水从贮槽上下部位进入时主要依靠密度差而不是依靠惯性力横向流动,设计水流分布器时应保证 Fr(弗诺德数)约为 1,且决不能大于 2。为尽量减少对温度剧变层的扰动,应保证蓄冷进水水流的雷诺数不超过一定范围:小容积贮槽的小于 200,一般建议不超过 850。此外,下部装设时孔口的间距应小于管心至槽底高度的 2 倍。至于孔口的出流速度,则宜限制在 0.3 ~ 0.6 m/s。

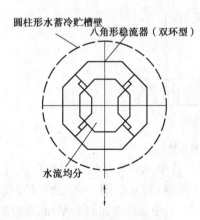

圆柱形水蓄冷贮槽壁

八角形稳流器(双环型)

水流均分

图 7.16 八角形水流分布器

3)水蓄冷系统的流程配置

(1)开式流程

以使用开式蓄冷水槽(池)并直接向用户供冷为特征,按照蓄冷装置的类型,又可分为串联完全混合型流程(见图7.17)和温度分层型流程。这两种流程配置具有系统简单、初投资低和温度梯度损失小等优点,因而在水蓄冷工程中应用较为广泛。不过,它不可避免地存在开式系统水质污染、管路(设施)腐蚀严重、水泵能耗较高等弊端。在其制冷与供冷回路设计中,还应考虑采取必要措施防止虹吸、倒空使运行工况遭受破坏。

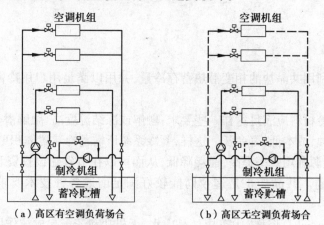

（a）高区有空调负荷场合　　　　（b）高区无空调负荷场合

图7.17　高层建筑分区开、闭式回路混合流程

(2)开闭式混合流程

根据用户的不同特点,可以采取如下几种组合形式:

①供冷回路与用户间采用间接连接:这种流程的特点是采用热交换设备将供冷回路同用户间接连接起来。由于热交换器的用户侧二次回路为闭式流程,水泵输水电耗降低,有利于防止水质污染与管路腐蚀,但投资有所增加,且制冷回路水温降低致使制冷机能耗增加。一般认为,这种流程只有用于高于35 m的高层或超高层建筑才比较经济。

②高层供冷采用闭式回路,低层采用开式回路(见图7.17):该流程适用于高层建筑低区晚间有冷负荷的空调用户。晚间由制冷机组按开式流程向蓄冷槽充冷,并负责低区供冷;白天高区采取由制冷机组直供的闭式流程运行方式,低区则由蓄冷槽直接供冷。

③闭式制冷回路与开式辅助蓄冷回路结合(见图7.18):该流程由制冷机与用户串联构成常规的闭式回路,白天可按机组直接供冷、蓄冷槽间接供冷方式运行,制冷机也可同时进行部分蓄冷。夜间制冷机满负荷运行,通过热交换器进行间接充冷,也可向用户提供部分冷量。不难看出,这种流程配置有较大的灵活性,可以满足用户侧对水质、静压的要求;但是,冷水机组温差利用甚低,蓄冷槽充冷、释冷及送至用户温度梯度损失达2~4 ℃,势必导致主

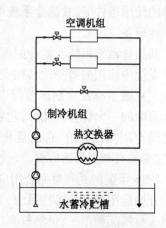

图7.18　闭式制冷回路与开式辅助蓄冷回路结合流程

机容量加大,投资增加,运行电耗提高,故只在用户有特殊要求时才宜考虑使用。

④水蓄冷系统远距离供冷流程:这种流程在制冷机供冷回路按闭式流程运行,在蓄冷槽充冷、供冷回路则按开式流程运行。它适用于蓄冷贮槽没有条件靠近用户设置且距离较远的场合。由于远距离输水,在用户与蓄冷槽间的开式回路中应增设加压水泵,并在适当位置装设必要的控制阀、止回阀及自力式压力维持阀等构件。

7.4 共晶盐蓄冷技术

7.4.1 基本概念

共晶盐蓄冷是利用共晶盐的相变潜热蓄存冷量,并用以满足用户用冷需求的一种实用蓄能技术。

理想的相变蓄冷材料应满足这样一些要求:融解或冻结温度高,融解潜热大,导热系数高,密度大,无毒,无腐蚀,成本低,寿命长。这样,蓄冷系统所需蓄冷装置体积可以减小,制冷设备可选用常规机组,能源利用效率提高,能耗降低,从而可以在节省建设投资和运行费用等方面获得更大的综合效益。共晶盐正是迄今尚能较好满足前述各种技术要求的一种相变蓄冷材料。

共晶盐(Eutectic Salts)俗称"优态盐",是由水、无机盐和若干起成核作用和稳定作用的添加剂调配而成的混合物。它作为无机物,无毒,不燃烧,不会发生生物降解,在固-液相变过程中不会膨胀和收缩。目前,使用效果较好的一种共晶盐其相变温度为 8.3 ℃,相变潜热为 95.3 kJ/kg,密度为 1 473.7 kg/m³。

共晶盐这种盐类混合物通常封装在塑料盒内出售。工程应用中,将一定数量的密封盒层层叠置于蓄冷槽内,使水从盒间流过,密封盒及其他构件在蓄冷槽内约占 2/3 的水容积。这样的蓄冷槽同时也用作换热设备。这种系统的蓄冷体积(包括管道集管、贮槽和容器中的水)约为 0.048 m³/(kW·h)。鉴于共晶盐本身的化学惰性,美国所做的加速寿命周期试验表明,在正常的使用条件下,共晶盐系统可保持恒定的蓄冷能力达 10 年以上,共晶盐的寿命甚至将超过制冷设备。

共晶盐蓄冷系统在蓄冷原理方面与冰蓄冷基本相同,从系统构成上则与水蓄冷相当接近。这种系统中使用的蓄冷材料相变温度较高,因而常规制冷、空调设备均能与之配合使用。这从根本上克服了冰蓄冷制冰过程中制冷机 COP 值低、能耗高的缺点,也从一个方面体现了类似于水蓄冷的一大优势。此外,它所需蓄冷容器体积较小(约为水蓄冷的1/3),从设备投资与占用建筑空间方面评价,它也是介于冰蓄冷和水蓄冷之间。因此,无论对新建项目还是改建项目,它都具有相当的适应性。

1986 年美国亚利桑那公用事业公司(APS)在菲尼克斯的迪尔瓦利信息中心空调工程改造中开始应用共晶盐蓄冷系统,其后在其他一些国家或地区也陆续有所应用。迄今,共晶盐蓄冷由于材料品种单一,价格较高,应用范围受到一定限制,相关蓄冷介质和技术均有待进一步开发。但是,由于它兼具冰蓄冷和水蓄冷的一些优点,也克服了二者的一些缺点,因而在蓄冷空调这一市场内仍然有着良好的应用前景。

7.4.2 共晶盐蓄冷技术的应用特点

共晶盐系由多种原料配制而成,通过适当改变添加剂及其配方,可以获得所需的某种溶液冻结或融解温度。目前国内外已开发出低温至 −11 ℃,高温达 27 ℃冻结温度的共晶盐材料,但对空调蓄冷而言,5 ~ 8 ℃的冻结温度当是最为适宜的。

蓄冷空调工程中,通常将共晶盐封装于塑料容器内,并整齐堆放在充满空调循环水的贮槽(罐)中,构成共晶盐蓄冷装置。随着循环水温度的变化,共晶盐相变结冰或融解,其蓄冷、释冷过程与封装件冰蓄冷十分相似。蓄冷贮槽通常采用开敞式,以钢筋混凝土现场构筑居多,也有用钢板加工制作的。

一般共晶盐蓄冷装置充冷温度为 4 ~ 6 ℃,释冷温度为 9 ~ 10 ℃。由于充冷温度较高,可以使用常规冷水机组,其性能系数 COP 值可达 5.0 ~ 5.9。

共晶盐蓄冷装置可以美国 Transphase 公司 T 型产品为代表。这种单元蓄冰容器为板式封装件,由高密度聚乙烯材料制作,内部充注以五水硫酸钠化合物为主要成分的共晶盐溶液。该产品的主要技术性能见表 7.2。若干单元容器在蓄冷贮槽内有序排列和正确定位,加上内封的共晶盐溶液密度为水的 1.5 倍,相变时也不发生膨胀与收缩,所以充冷、释冷过程单元容器是不会产生浮动的。

我国生产的共晶盐蓄冷容器有球形(直径为 70 mm)和板式(外形尺寸:400 mm × 200 mm ×40 mm)两种,外壳材料为高密度聚乙烯,内注共晶盐溶液,相对密度为 1.43,相变温度 6 ~ 9 ℃,充冷温度 3 ~ 4 ℃,单位质量蓄冷量为 0.04 (kW · h)/kg。

表 7.3　T 型共晶盐蓄冰容器的性能

型　号	T-41	T-47	型　号	T-41	T-47
融解温度/℃	5	8.3	释冷温度/℃	11 ~ 6	14 ~ 9
融解潜热/(kJ · kg⁻¹)	125.6	95.5	每千瓦时蓄冷所需片数	约 6	约 8
每片融解潜热/kJ	640	485	外形尺寸/mm	410 ×203 ×44	410 ×203 ×44
充冷温度/℃	1.5 ~ 4	5 ~ 7.5	每片质量/kg	5.6	4.2

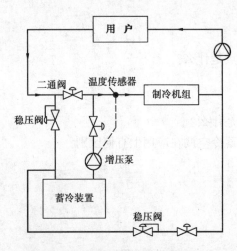

图 7.19　共晶盐蓄冷系统流程示例

评价高温相变的共晶盐蓄冷介质和装置时,应注意以下特性:

①具有准确的冻结温度,不发生过冷现象:这样可以保证容器在完全结冰和释冷时,供冷水温度不致过高,以满足用户必需的参数要求。

②蓄冷介质在容器内不发生层化现象:由于有的共晶盐在过饱和状态融解时,一部分无机盐可能产生沉淀,而与上部溶液分离。这种"层化"现象将导致介质潜热蓄冷能力大幅下降。所以要选择合适的共晶盐及其核化方法,以及选择封装容器的适当厚度,以避免此类现象发生。

共晶盐蓄冷空调系统的基本组成与水蓄冷空调

$融解潜热/(kJ · kg^{-1})$

系统相同,它也是使用常规冷水机组作为制冷设备,通常也是采用开式水系统和开式蓄冷水槽;不同的只是蓄冷装置使用的蓄冷介质不再是水,而是封装容器内的共晶盐溶液——单从蓄冷装置的结构形式看,它与封装件蓄冰系统也有若干相似之处。开式贮槽冷水进出总管分别位于贮槽相对的两端,进出口集管一般为多孔的 PVC 管,其管径和流速与贮槽的宽度有关,通常贮槽内水的水平断面流速为 5~10 mm/s。

共晶盐蓄冷空调系统在流程配置上通常多将制冷机组与蓄冷装置串联连接,制冷机组的位置又分上游布置和下游布置两种情况。在开式流程系统中应当装设稳压阀,用于系统的静压控制,在泵的出口应设止回阀,以防止系统内的水倒流进入蓄冷贮槽。图 7.19 为制冷机组下游布置的一种共晶盐蓄冷系统典型流程示例,图中在蓄冷贮槽出口设置增压泵,该泵根据制冷机入口水温检测控制其变流量运行。

作为工程应用实例,前述迪尔瓦利信息中心改建的共晶盐蓄冷空调系统在设计、运行方面都颇有特色。该蓄冷空调系统虽按全负荷蓄冷方式设计,但借助冷水机组和蓄冷贮槽所装设的旁通管路与控制阀件,使其可能实现部分负荷蓄冷和预冷器(即放冷过程中令蓄冷箱串接到冷水机组之前)等多种运行方式。该系统配备了一套完整的数据采集系统,对其运行实施有效监控,实现了能源管理的两个重要目标——最大限度地减少设备运行时间和能量消耗。

本章小结

蓄冷(热)是实用储能技术的一种表现形式,也是国民经济各个领域广泛应用并借以达成合理使用能源与节能的重要技术手段。本章集中阐述了不同类型蓄冷材料的蓄冷原理与特性;阐明了蓄冷空调技术应用的基本原则、设计模式与控制策略;分述了各种冰蓄冷系统的组成、工作流程与应用特点;侧重介绍冰蓄冷空调系统的设计方法、步骤及相关设备、部件的选择;给出了水蓄冷(热)技术的应用特点及流程配置;扼要阐述了共晶盐蓄冷技术的应用问题。

思考题

7.1 何谓蓄冷技术? 它有哪些主要类型? 其应用特点是什么?

7.2 试述主要的蓄冷设计模式和运行控制策略。

7.3 何谓冰蓄冷空调技术? 它有何应用特点?

7.4 冰蓄冷系统的形式有哪几种? 各自的技术原理是什么?

7.5 何谓水蓄冷空调技术? 它有何应用特点? 与冰蓄冷空调在应用上有何区别?

7.6 何谓共晶盐蓄冷? 它有何应用特点?

8

供热锅炉

学习目标:

1. 了解锅炉及锅炉房设备的基本组成。
2. 了解燃料的种类,掌握燃料的分析基准、发热量等基本性质。
3. 熟悉锅炉燃烧设备。
4. 掌握锅炉热平衡及正反平衡法分析锅炉热效率的方法。
5. 掌握锅炉水循环可靠性指标及蒸汽品质保证措施。

8.1 锅炉的基本知识

就一个供热系统而言,通常是利用锅炉及锅炉房设备生产出蒸汽(或热水),之后通过热力管道将蒸汽(或热水)输送至用户,以满足人们的生产或生活需要。因此,锅炉是供热之源,锅炉及锅炉房设备的任务在于安全可靠、经济有效地把燃料的化学能转化为热能,进而将热能传递给水,以生产热水或蒸汽。

蒸汽,不仅可用作将热能转变成机械能的工质,而且蒸汽还广泛地作为工业生产和采暖通风等方面所需热量的载热体。通常把用于动力、发电用途的锅炉,称为动力锅炉;把用于工业及采暖方面的锅炉,称为供热锅炉,又称为工业锅炉。按锅炉燃用的燃料不同,又分为燃煤锅炉、燃气锅炉、燃油锅炉、气-油两用锅炉等。按锅炉生产的介质类型又可分为蒸汽锅炉和热水锅炉。

随着我国经济建设的迅速发展,城市高层民用建筑的快速崛起,国家对城市环保工作提出了更高的要求。目前,油气资源得到大力开发,燃气燃油锅炉应用逐年上升,进入新的发展时期,已成为中心城市的主要热源;但对于远离主城区或油气资源匮乏地区,燃煤锅炉仍是首选方式。

8.1.1 锅炉工作过程

锅炉,最根本的组成是汽锅和炉室两部分。燃料在炉膛里进行燃烧,将其化学能转化为热能;高温的燃烧产物——烟气则通过汽锅受热面将热量传递给汽锅内温度较低的水,水被加热为高温水(热水锅炉),或进一步加热,沸腾汽化生成蒸汽(蒸汽锅炉)。现在以内燃式室燃炉(见图8.1)为例,简要地介绍锅炉的基本构造和工作过程。

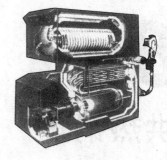

蒸汽锅炉由汽锅和炉子两部分组成。汽锅的基本构造包括锅壳(或称锅筒)、管束受热面等组成的水系统。炉子包括燃烧器、燃烧室等组成的燃烧设备。

此外,为了保证锅炉的正常工作和安全,锅炉还必须装设安全阀、压力表、温度计、报警器、排污阀、止回阀等安全附件,

图8.1　锅炉的基本构造图

以及用来消除受热面上积灰以利传热的吹灰器和提高锅炉运行经济性的辅助受热装置等。

锅炉的工作包括3个同时进行着的过程:燃料的燃烧过程、烟气向水的传热过程和水的受热升温(汽化)过程。

1)燃料的燃烧过程

如图8.1所示,锅炉的炉膛设置在锅壳的前下方,此种炉膛是供热锅炉中应用较为普遍的一种燃烧设备。燃料(燃气或柴油)通过送风机经过燃烧器与空气混合送入燃烧室,进行燃烧反应形成高温烟气,整个过程称为燃烧过程。其进行得完善与否,是锅炉正常工作的根本条件。要保证良好的燃烧必须要有高温的环境、充足的空气量和空气与燃料的良好混合。为了锅炉燃烧的持续进行,还得连续不断地供应燃料、空气和排出烟气。

2)烟气向水(汽)的传热过程

由于燃料的燃烧放热,炉内温度很高。在燃烧室四周是锅壳,高温烟气与锅壳壁进行强烈的辐射换热,将热量传递给锅壳内工质水。继而烟气受送风机的风压、烟囱的引力而向烟管束内流动。烟气掠过管束受热面,与管壁发生对流换热,从而将烟气的热量传递给水。

3)水的受热升温(或汽化)过程

这个过程是热水或者蒸汽的生产过程。热水锅炉主要包括水循环过程,而蒸汽锅炉则包括水循环和汽水分离过程。图8.1为直流锅炉。经过水处理的锅炉补给水和管网回水是由水泵加压后进入锅筒内。由于生产的是90℃的热水,锅壳中的水始终处于过冷状态,因此不可能产生汽化。有关蒸汽锅炉的水循环和汽化过程,将在8.4节中介绍。

8.1.2 锅炉房设备的组成

如上所述,锅炉房是供热之源。工作时,它源源不断地产生蒸汽(或热水),满足用户的需要;工作后的冷凝水(或称回水)又被送回锅炉房,与经水处理后的补给水一起,再进入锅炉继续受热、汽化。为此,锅炉房中除锅炉本体以外,还必须装置水泵、风机、水处理等辅助设备,以保证锅炉房的生产过程能继续不断地正常运行,达到安全可靠、经济有效地供热。

锅炉本体和它的辅助设备,总称为锅炉房设备。

锅炉房的辅助设备,可按它们围绕锅炉所进行的工作过程,由以下几个系统组成:

①燃料供应系统:其作用是保证为锅炉送入燃料,根据锅炉燃用的燃料不同,燃料供应系统是不一样的,如燃气输配管道、供油系统及运煤系统。

②送、引风系统:为了给炉子送入燃烧所需空气和从锅炉引出燃烧产物——烟气,以保证燃烧正常进行,并使烟气以必需的流速冲刷受热面,有时只需单独设置送风机或引风机,有时二者需同时设置。

③水系统(包括排污系统):锅壳内具有一定的压力,因而给水需借给水泵提高压力后送入。此外,为了保证给水质量,避免汽锅内壁结垢或受腐蚀,锅炉房通常还设有水处理设备;锅炉的排污水由于具有相当高的温度和压力,因此须排入排污降温池或专设的扩容器,进行膨胀减温。

④仪表控制系统:除了锅炉本体上装有的仪表外,为监督锅炉设备安全经济运行,还常设有一系列的仪表和控制设备,如蒸汽流量计、水量表、烟温计、风压计、排烟二氧化碳指示仪等常用仪表。在有的工厂锅炉房中,还设置有给水自动调节装置,烟、风闸门远距离操纵或遥控装置,以至更现代化的自动控制系统,便于科学地监督锅炉运行。

以上所介绍的锅炉辅助设备,并非每一个锅炉房千篇一律,配备齐全;而是随锅炉的容量、型式、燃料特性和燃烧方式,以及水质特点等多方面的因素因地制宜、因时制宜,应根据实际要求和客观条件进行配置。

8.1.3 锅炉基本特性的表示

为区别各类锅炉构造、燃用燃料、燃烧方式、容量大小、参数高低以及运行经济性等特点,常用下列的锅炉基本特性来说明。

1)蒸发量、热功率

锅炉额定蒸发量和额定热功率统称额定出力或锅炉的额定热负荷,即锅炉在额定参数(压力、温度)和保证一定效率下的每小时最大连续蒸发量(产热量),用以表征锅炉容量的大小。蒸发量常用符号 D 来表示,单位为 t/h,供热锅炉蒸发量一般为 0.1 ~ 65 t/h。

对于热水锅炉,可用额定热功率来表征容量的大小,常以符号 Q 来表示,单位是 MW。

热功率与蒸发量之间的关系为

$$Q = 0.000\ 278D(h_q - h_{gs}) \tag{8.1}$$

式中 D——锅炉的蒸发量,t/h;

h_q, h_{gs}——蒸汽和给水的比焓,kJ/kg。

对于热水锅炉,有

$$Q = 0.000\ 278G(h''_{rs} - h'_{rs}) \tag{8.2}$$

式中 G——热水锅炉每小时送出的水量,t/h;

h'_{rs}, h''_{rs}——锅炉进、出热水的比焓,kJ/kg。

2)蒸汽(或热水)参数

锅炉产生蒸汽的参数是指锅炉出口处蒸汽的额定压力(表压力)和温度。对生产饱和蒸汽的锅炉来说,一般只标明蒸汽压力;对生产过热蒸汽(或热水)的锅炉,则需标明压力和蒸汽(或热水)温度。

供热锅炉的容量、参数,既要满足生产工艺上对蒸汽(或热水)的要求,又要便于锅炉房的设计,锅炉配套设备的供应以及锅炉本身的标准化,因而要求有一定的锅炉参数系列,分别见表8.1和表8.2。

表8.1　蒸汽锅炉参数系列

额定蒸发量 /(t·h⁻¹)	额定出口蒸汽压力(表压)/MPa										
	0.4	0.7	1.0	1.25			1.6		2.5		
	额定出口蒸汽温度/℃										
	饱和	饱和	饱和	饱和	250	350	饱和	350	饱和	350	400
0.1	△										
0.2	△										
0.5	△	△									
1	△	△	△								
2		△	△	△			△				
4		△	△	△			△		△		
6			△	△	△		△		△		
8			△	△	△	△	△	△	△		
10			·	△	△	△	△	△	△		△
15				△	△	△	△	△	△	△	△
20				△	△	△	△	△	△	△	△
35				△		△	△	△	△	△	△
65										△	△

注:表中的额定蒸发量,对于<6 t/h 的饱和蒸汽锅炉是 20 ℃给水温度情况下锅炉的额定蒸发量,对于≥6 t/h 的饱和蒸汽锅炉及过热蒸汽锅炉是 105 ℃给水温度情况下锅炉的额定蒸发量。

表8.2　热水锅炉参数系列

额定热功率 /MW	额定出口(进口)水温度/℃									
	95/70			115/70		139/70		150/90		180/110
	允许工作压力(表压)/MPa									
	0.4	0.7	1.0	0.7	1.0	1.0	1.25	1.25	1.6	2.5
0.1	△									
0.2	△									
0.35	△	△								
0.7	△	△		△						
1.4	△	△				△				
2.8	△	△	△	△	△	△		△		
4.2		△	△	△	△	△	△	△		

续表

额定热功率/MW	额定出口(进口)水温度/℃									
	95/70			115/70		139/70		150/90		180/110
	允许工作压力(表压)/MPa									
	0.4	0.7	1.0	0.7	1.0	1.0	1.25	1.25	1.6	2.5
7.0		△	△	△	△	△	△			
10.5				△			△	△		
14.0				△		△		△	△	
29.0						△		△	△	△
46.0								△	△	△
58.0									△	△
116.0									△	△

3)受热面蒸发率、受热面发热率

受热面是指汽锅和附加受热面等与烟气接触的金属表面积,即烟气与水(或蒸汽)进行热交换的表面积。受热面的大小,工程上一般以烟气放热的一侧来计算,用符号 H 表示,单位为 m^2。

每平方米受热面在单位时间所产生的蒸汽量,称为锅炉受热面的蒸发率,用 D/H 表示,但各受热面所处的烟气温度水平不同,它们的受热面蒸发率也有很大的差异。例如,炉内辐射受热面的蒸发率可达 80 kg/(m^2·h)左右;又如对流管受热面的蒸发率就只有 20~30 kg/(m^2·h)。因此,对整台锅炉的总受热面来说,该指标只反映蒸发率的一个平均值。鉴于各种型号的锅炉,其参数不尽相同,为了便于比较时有共同的"参数基础"就引入了标准蒸汽(在 1 atm 下的干饱和蒸汽)的概念,即其焓值在工程单位取为 640 kcal/kg,相应的法定计量单位下的焓值为 2 676 kJ/kg。把锅炉的实际蒸发量 D 换算为标准蒸汽蒸发量 D_{bz},受热面蒸发率用 D_{bz}/H 来表示。其换算公式为

$$\frac{D_{bz}}{H} = \frac{D(h_q - h_{gs})}{640H}10^3 \qquad (对工程单位) \qquad (8.3)$$

$$\frac{D_{bz}}{H} = \frac{D(h_q - h_{gs})}{2\ 676H}10^3 \qquad (对法定计量单位) \qquad (8.4)$$

显然,式中蒸汽的焓 h_q,给水的焓 h_{gs} 也应一致,单位为 kJ/kg。

热水锅炉采用受热面发热率这个指标来衡量,即每平方米受热面每小时能生产的热量。一般供热锅炉的 $D/H < 30~40$ kg/(m^2·h),热水锅炉的 $Q/H < 83\ 700$ kJ/(m^2·h)或 $Q/H < 0.023\ 25$ MW/m^2。

受热面蒸发率或发热率越高,则表示传热好,锅炉所耗金属量少,锅炉结构也紧凑。这一指标常用来表示锅炉的工作强度,但还不能真实反映锅炉运行的经济性;如果锅炉排出的烟气温度很高,D/H 值虽大,但未必经济。

4)锅炉的热效率

锅炉的热效率是指每小时送进锅炉的燃料(全部完全燃烧时)所能发出的热量中有一部

分被用来产生蒸汽或加热水,以符号 η_{gl} 表示。它是一个能真实说明锅炉运行的热经济性的指标,详见 8.3 节。目前,我国生产的燃煤供热锅炉,其效率 $\eta_{gl} \approx 60\% \sim 85\%$,燃油、燃气锅炉的热效率为 $\eta_{gl} \approx 85\% \sim 92\%$。

5)锅炉型号的表示方法

我国供热(工业)锅炉型号由 3 部分组成,各部分之间用横线相连:△△△ ××——××/×××——×,见表 8.3。

表 8.3　锅炉型号表示

第 1 部分			第 2 部分		第 3 部分
△△	△	××	××/	×××	×
本体型式	燃烧设备	额定蒸发量或热功率	额定蒸汽压力或工作压力	过热蒸汽温度或出/进水温度	燃料种类

型号的第 1 部分表示锅炉类型、燃烧方式和蒸发量。共分 3 段:第 1 段用两个汉语拼音字母代表锅炉本体型式,其意义见表 8.4;第 2 段用一个汉语拼音字母代表燃烧方式(废热锅炉无燃烧方式代号),其意义见表 8.5;第 3 段用阿拉伯数字表示蒸发量为若干 t/h(热水锅炉表示热功率为若干 MW,废热锅炉则表示受热面为若干 m^2)。

表 8.4　锅炉本体类型代号

火管锅炉		水管锅炉	
锅炉本体类型	代　号	锅炉本体类型	代　号
立式水管	LS(立、水)	单锅筒立式 单锅筒纵置式	DL(单、立) DZ(单、纵)
立式火管	LH(立、火)	单锅筒横置式 单锅筒纵置式	DH(单、横) SZ(双、纵)
卧式内燃	WN(卧、内)	双锅筒横置式 纵横锅筒式	SH(双、横) ZH(纵、横)
卧式内燃	WN(卧、外)	强制循环式	QX(强、循)

表 8.5　燃料方式代号

燃烧方式	代　号	燃烧方式	代　号
室燃炉	S(室)	振动炉排	Z(振)
固定炉排	G(固)	下饲式炉排	A(下)
固定双层炉排	C(层)	往复推饲炉排	W(往)
活动手摇炉排	H(活)	F(沸)	沸腾炉
链条炉排	L(链)	半沸腾炉	B(半)
抛煤机	P(抛)	旋风炉	X(旋)
倒转炉排加抛煤机	D(倒)		

　　型号的第 2 部分表示蒸汽(或热水)参数,共分两段,中间以斜线分开。第 1 段用阿拉伯数字表示额定蒸汽压力或允许工作压力;第 2 段用阿拉伯数字表示过热蒸汽(或热水)温度为若干度。生产饱和蒸汽的锅炉,无第 2 段和斜线。

　　型号的第 3 部分表示燃料种类,以汉语拼音字母代表燃料类别,同时以罗马字代表燃料品种分类与其并列,见表 8.6。如同时使用几种燃料,则设计主要燃料代号放在前面。

表 8.6　燃料品种代号

燃料品种		代　号	燃料品种	代　号
天　然　气		Q_T	柴　油	Y_c
焦炉煤气		Q_s	重　油	Y_z
液化石油气		Q_y	油母页岩	Y_m
劣质煤	Ⅰ类劣质煤	LⅠ	褐　煤	H
	Ⅱ类劣质煤	LⅡ	贫　煤	P
无烟煤	Ⅰ类无烟煤	WⅠ	型　煤	X
	Ⅱ类无烟煤	WⅡ	木　柴	M
	Ⅲ类无烟煤	WⅢ	稻　糠	D
烟煤	Ⅰ类烟煤	AⅠ	甘蔗渣	G
	Ⅱ类烟煤	AⅡ	其他燃料	T
	Ⅲ类烟煤	AⅢ		

　　例如:型号为 SHL 10-1.25/350-WⅡ锅炉,表示为双锅筒横置式链条炉排锅炉,额定蒸发量为 10 t/h,额定工作压力为 1.25 MPa,出口过热蒸汽温度为 350 ℃,燃用Ⅱ类无烟煤的蒸汽锅炉。

　　又如,型号 QXS0.93-0.8/90/70-QY$_c$,表示为强制循环室燃锅炉,额定热功率为0.93 MW,允许工作压力为 0.8 MPa,出水温度为 90 ℃,进水温度为 70 ℃,燃用燃气、柴油的热水锅炉。

8.2　燃　料

　　燃料是锅炉用于生产蒸汽或热水的能量来源。目前,锅炉的燃料主要是矿物燃料,如气体燃料天然气、液体燃料石油制品和固体燃料煤等。根据我国现行的燃料政策,建筑用供热锅炉燃料在有条件的地区尽量以气体燃料和液体燃料为主,以减少环境污染。

　　不同的燃料因其性质各异,需采用不同的燃烧方式和燃烧设备。燃料的种类和特性与锅炉造型、运行操作以及锅炉工作的安全性和经济性有着密切的关系。因此,了解锅炉燃料的分类、组成、特性,以及分析这些特性在燃烧过程中所起的作用是有重要意义的。

　　无论是气体、液体还是固体燃料,都是由可燃质(高分子有机化合物)和惰性质(多种矿物质)两部分混合而成。燃料的化学成分及含量,通常是通过元素分析法测定求得[①],其主要组

---

　　① 详见《煤的元素分析法》(GB/T 476—2001)。

成元素有碳(C)、氢(H)、氧(O)、氮(N)和硫(S)5 种,此外还包含有一定量的灰分(A)和水分(M)。燃料的上述成分,成为元素分析成分。对于固体燃料,组成成分还可以通过工业分析法测定,工业分析成分有水分、挥发分(V)、固定碳(C_{gd})和灰分。气体燃料不做元素分析,它的成分通常是指它所含有的每一组成气体,如氢气、甲烷、一氧化碳、二氧化碳等。

8.2.1 燃料的成分

1)气体燃料的成分

气体燃料的成分通常是指它所含有的每一种组成气体。其化学成分可分为可燃性气体与不可燃气体两部分。可燃部分有氢(H_2)、一氧化碳(CO)、甲烷(CH_4)、乙烯(C_2H_4)、乙烷(C_2H_6)、丙烯(C_3H_6)、丁烯(C_4H_8)、丁烷(C_4H_{10})、戊烯(C_5H_{10})、戊烷(C_5H_{12})、苯(C_6H_6)和硫化氢(H_2S);不可燃部分有氮气(N_2)、氧气(O_2)、二氧化碳(CO_2)、二氧化硫(SO_2)和水蒸气。由于上述各种成分气体的体积分数比例不同,形成了不同的气体燃料。

2)液、固燃料的元素分析成分

液、固燃料的化学成分及质量分数,通常是通过元素分析法测定求得,其主要组成元素有碳(C)、氢(H)、氧(O)、氮(N)和硫(S)5 种,此外还包含有一定比例的灰分(A)和水分(W)。燃料的上述组成成分,称为元素分析成分。碳(C)、氢(H)、硫(S)是燃料的主要可燃元素,氧(O)、氮(N)、灰分(A)和水分(W)是燃料中的杂质。气体燃料一般不进行元素分析。

8.2.2 燃料成分分析的基准与换算

对于既定的燃料,其碳、氢、氧、氮和硫的绝对质量分数是不变的,但燃料的水分和灰分会随着开采、运输和储存等条件的不同,甚至气候条件的变化而变化,从而使燃料各组成成分的质量分数也随之变化。因此,提供或应用燃料成分分析数据时,必须标明其分析基准;只有分析基准相同的分析数据,才能确切地说明燃料的特性,评价和比较燃料的优劣。分析基准,即计算基数。燃料的元素分析成分和工业分析成分,通常采用以下 4 种分析基准计算得到。

(1)收到基

以收到状态的固体燃料为分析基准,即对进厂原煤或炉前应用燃料取样,以其质量为100% 计算其个组成成分的质量百分数含量。这种分析数据,称为收到基成分,常用下脚码"ar"(as received)作为标记,其组成成分可写为

$$C_{ar} + H_{ar} + O_{ar} + N_{ar} + S_{ar} + A_{ar} + M_{ar} = 100\% \tag{8.5}$$

燃料的收到基成分是锅炉燃用燃料的实际应用成分,用于锅炉的燃烧、传热、通风和热工试验的计算。

(2)空气干燥基

以与空气达到平衡状态的固体燃料为分析基准,即以在实验室的条件[温度为(20 ± 1)℃,相对湿度为$(65 \pm 1)\%$]下进行自然干燥(固体燃料的水分由外在水分和内在水分组成,自然干燥即除去外在水分)后的燃料为基准。这种分析数据,称为空气干燥基成分,常用下脚码"ad"(air dry)作为标记,其组成成分可写为

$$C_{ad} + H_{ad} + O_{ad} + N_{ad} + S_{ad} + A_{ad} + M_{ad} = 100\% \tag{8.6}$$

（3）干燥基

干燥基是假想以无水状态的固体燃料为基准，即除去全部水分的干燥燃料作为分析基准。这种分析数据，称为干燥基成分，常用下脚码"d"（dry）作为标记，其组成成分可写为

$$C_d + H_d + O_d + N_d + S_d + A_d = 100\%$$ (8.7)

（4）干燥无灰基

干燥无灰基是以除去全部水分和灰分的燃料作为分析基准。分析所得的其他各组成成分的质量百分数含量，称为干燥无灰基成分，常用下脚码"daf"（dry ash free）作为标记，其组成成分可写为

$$C_{daf} + H_{daf} + O_{daf} + N_{daf} + S_{daf} = 100\%$$ (8.8)

气体燃料的组成成分是用各组成气体的体积百分数表示。通常以干燥基作为分析基准，而水分则以标准状态下 1 m³ 干燥气体燃料携带的水蒸气克数（g/m³）来表示。

各分析基准之间可以通过换算系数相互转换，限于篇幅，本书不再叙述。

8.2.3 气体燃料

气体燃料是由多种可燃和不可燃的单一气体成分组成的混合气体。其中，可燃成分有碳氢化合物、氢气和一氧化碳等，不可燃气体有氮气、氧气和二氧化碳等，并含有水蒸气、焦油和灰尘等杂质。气体燃料的组成一般依体积分数计，所有计算都是对 1Nm³ 干气体而言，杂质含量的单位用 g/m³（干气体）表示。

气体燃料通常按照获得的方式分类，有天然气体燃料和人工气体燃料两大类。天然气体是由自然界直接开采和收集的、不需要加工即可燃用的气体燃料，有气田气、油田气和煤田气。人工气体燃料是以煤、石油或者各种有机物为原料，经过各种加工而得到的气体燃料。锅炉使用的人工气体燃料主要有气化炉煤气、焦炉煤气、高炉煤气、油制气、液化石油气和沼气等。

与固体燃料和液体燃料相比，气体燃料具有其明显的优点。气体燃料是一种基本无公害的清洁优质燃料，有利于环境保护。与燃煤相比，气体燃料管道运输，消除了输送、贮存过程产生的有害气体、粉尘和噪声；与燃煤和燃油相比，其在燃烧过程中更容易与空气充分混合，可以使用最少的空气就保证燃烧的稳定，从而大大减少排烟热损失，提高锅炉热效率。气体燃料燃烧时，只要选择好合适的燃烧器，可方便地在较宽的范围内调节燃烧，使其处于最佳燃烧状态。而且，它还具有跟踪并迅速适应和满足锅炉负荷变化的特性，从而降低燃气耗量，使锅炉效率得以提高。气体燃料的热值也易于调节，根据用户对热值的要求可以方便地将两种不同燃气掺和使用。

然而气体燃料是具有一定毒性的爆炸性气体，是在压力下输送和使用的。由于管道及设备材质和施工方面存在的问题和使用不当，容易造成漏气，从而可能引起着火、爆炸和中毒等危险。所以，气体燃料在使用安全方面有着较高要求，必须采取相应的防范措施，避免发生事故。

8.2.4 液体燃料

石油是传统的天然的液体燃料，石油经过诸如蒸馏、裂化等一系列加工处理后的部分产品，如汽油、煤油、柴油和重油等，统称为燃料油。目前，我国锅炉的燃油有重油、渣油和柴油三大类。从广义上说，密度较大的油都可以称为重油，根据我国的燃料政策，燃油锅炉首先应燃

用重油和渣油。

（1）重油

重油由裂化重油、减压重油、常压重油或蜡油等按不同比例调合制成的。不同的炼油厂选用的原料和比例常不相同，根据行业标准 SHO 356—92，按 80 ℃ 的运动黏度分为 20,60,100,200 这 4 个牌号，油品牌号的数字相当于该油在 50 ℃ 的恩氏黏度 E_{50}。

不同牌号的重油的适用范围为：20 号重油用在较小喷嘴（30 kg/h 以下）的燃油炉上；60 号重油用在中等喷嘴的船用蒸汽锅炉或工业炉上；100 号重油用在大型喷嘴的民用锅炉或具有预热设备的锅炉上；200 号重油用在与炼油厂有直接管路送油的具有大型喷嘴的锅炉上。

从元素分析成分上看，重油和煤一样，也是由碳、氢、氧、氮、硫、水分、灰分等组成，其特点是含碳氢量高，灰分和水分含量少，所以发热量较高（Q_{net} = 37 600 ~ 40 000 kJ/kg）。

因重油中氢的质量分数较高，所以很容易着火燃烧，并且几乎没有炉内结渣及磨损的问题。重油加热到一定温度就能流动，故运输和控制都较方便。然而重油的硫分和灰分对受热面的腐蚀和积灰影响要比煤粉炉严重得多。

（2）渣油

减压蒸馏塔塔底的油，也称为直馏渣油，其主要成分为高分子烃类和胶状物质。原油在蒸馏后，硫分集中于渣油中，所以渣油中硫的质量分数相对较高，且取决于原油硫的质量分数及加工工艺情况。渣油的黏度和流动性取决于原油本身的特性和含蜡量。渣油除用作锅炉燃料外，还用作再加工（如裂化）的原料油。

（3）柴油

柴油分轻柴油和重柴油。轻柴油由石油的直馏柴油馏分、催化柴油馏分和混有热裂化柴油馏分等制成。其产品按质量分为优等品、一级品和合格品三个等级，每个等级按凝点分为六个牌号（10,0,-10,-20,-35,-50）。目前，小型燃油锅炉用轻柴油作燃料已日趋普遍。

8.2.5 煤

煤是由远古植物残骸没入水中，又被地层覆盖经地质化学作用而形成的有机生物岩，是一种有机化合物和无机化合物的复杂混合物。随着煤的形成年代的增长，煤的煤化程度逐年加深，所含水分和挥发物随之减少，而碳的质量分数则相应增大。由于煤的用途甚广，其分类方法也很多。为了便于判断煤的类别对锅炉工作的影响，比较简单而科学的方法是按可燃基挥发分多少，即按煤化程度对煤进行分类，划分为褐煤、烟煤、贫煤和无烟煤四类。目前，在我国煤炭是锅炉的主要燃料，为了合理利用煤炭资源，对煤炭的分类和各类煤的外表特征、组成成分及物理化学性质应有所了解。

1）煤的特性

（1）挥发分

失去水分的干燥煤样在隔绝空气下加热至一定温度时，它所析出的气态物质称为挥发物，其质量分数即为挥发分。可见，挥发物不是以现成状态存在于燃料中的，而是在燃料加热中形成的。挥发物主要由各种碳氢化合物、氢气、一氧化碳、硫化氢等可燃气体和少量的氧气、二氧化碳、氮气等不可燃气体组成。

煤的挥发分质量分数对燃烧过程的发生和发展有较大影响。煤在炉中受热干燥后，挥发分首先析出,当体积分数和温度达到一定时遇到空气迅即着火燃烧。因此,挥发分对燃烧过程的初始阶段具有特殊的意义。挥发分质量分数高的煤,不但着火迅速,燃烧稳定,而且也易于燃烧完全。

另一方面,挥发分是气态可燃物质,它的燃烧主要在炉膛空间进行。对于高挥发分的煤,需要有较大的炉膛空间以保证挥发分的完全燃烧;对于低挥发分的煤,燃烧过程几乎集中在炉排上,炉层温度很高,则又需要加强炉排的冷却。由此可见,煤的挥发分大小对锅炉工作有着很大的影响,锅炉的炉膛结构和锅炉的运行方法等均与煤的挥发分质量分数有关。所以,挥发分是煤的一个重要燃烧特性,也被中、美、俄、英、法等国作为煤的分类的重要依据之一。

(2)焦结性

煤在隔绝空气加热时,水分蒸发、挥发分析出后的固体残余物是焦炭。煤种不同,其焦炭的物理性质、外观等也各不相同,有的松散呈粉末状,有的则结成不同硬度的焦块。焦炭的这种不同焦结性状,称为煤的焦结性,它是煤的又一重要燃烧特性。

煤的焦结性对煤在炉内的燃烧过程和燃烧效率有着很大影响。例如,在层燃炉的炉排上燃用焦结性很弱的煤,因焦呈粉状,极易被穿过炉层的气流携带飞走,使燃烧不完全,还可能从炉排通风空隙中漏落,造成漏落损失;燃用焦结性很强的煤,焦呈块状,焦炭内的质点难于与空气接触,使燃烧困难,同时,炉层也会因焦结而失去多孔性,既增大阻力,又使燃烧恶化。所以,层燃炉一般不宜燃用不黏结或强黏结的煤。

(3)灰熔点

当焦炭中的可燃物——固定碳燃烧殆尽,残留下来的便是煤的灰分。灰分的熔融性,习惯上称作煤的灰熔点。

灰熔点对锅炉工作有较大的影响。灰熔点低,容易引起受热面结渣。熔化的灰渣会把未燃尽的焦炭裹住而妨碍继续燃烧,甚至会堵塞炉排的通风孔隙而使燃烧恶化。

由于灰分不是单一的物质,其成分变动较大,没有一定的熔点,只有熔化温度范围。灰分值通常用试验方法测得:把煤灰制成底边为 7 mm,高为 20 mm 的三角灰锥,然后其锥放在锥托平盘上送进高温电炉(最高允许温度为 1 500 ℃)中加热,以规定的速度升温,不断观察灰锥形态发生的变化。当角锥尖端开始变圆或弯曲时的温度称为灰的变形温度 t_1;当灰锥尖弯曲到平盘上或呈半球体时的温度称为软化温度 t_2;当灰锥熔融倒在锥托平盘上,并开始流动时的温度称为流动温度 t_3。工业上一般以煤灰的软化温度 t_2 作为衡量其溶融性的主要指标。对固态排渣炉,为避免炉膛出口结渣,出口烟温要比软化温度 t_2 低 100 ℃。软化温度 t_2 高于 1 425 ℃的灰称为难熔性灰,在 1 200 ~ 1 425 ℃的灰为可熔性灰,低于 1 200 ℃的灰为易熔性灰。

2)锅炉常用煤种类

①褐煤:褐煤因外观呈棕褐色而得名。其煤化程度较低,挥发分析出温度低,容易着火;由于吸水能力较强,且内部杂质和外部杂质都比较多,所以发热量不高;质地松脆,易风化、易自燃,难于储存,也不宜远运,属于地方性低质煤。

②烟煤:烟煤的碳质量分数高,易于着火和燃烧,灰分和水分质量分数一般较少,发热量较高;呈黑色,质地松软,具有一定光泽,燃烧时多烟,是自然界中分布最广和品种最多的煤种。

③无烟煤:无烟煤俗称白煤,是煤化程度最高的煤种。它的挥发分质量分数很低,碳质量

分数高,着火相当困难,且不容易燃尽烧透;燃烧时无烟,只有很短的青蓝色火焰,其焦渣呈粉末状,无黏结性。

④贫煤:贫煤的煤化程度低于无烟煤。与烟煤相比,贫煤较难着火和燃烧,燃烧时火焰短,焦结性差,发热量介于无烟煤和一般烟煤之间。

我国煤炭资源丰富,燃料特性差异很大。供热锅炉燃料需要量大、分布面广,必须因地制宜,就地取材,充分利用各地的燃料资源,特别是应该就近利用低质煤资源。

8.2.6 燃料的发热量

燃料的发热量是指单位体积或单位质量的燃料在完全燃烧时所放出的热量,单位为 kJ/m³ 或 kJ/kg。

根据燃烧产物中水的物态不同,发热量有高位发热量 Q_{gr} 和低位发热量 Q_{net} 两种。高位发热量是指 1 m³(1 kg)燃料完全燃烧后所产生的热量,它包括燃料燃烧时所生成的水蒸气的汽化潜热,也即所有水蒸气全部凝结为水。实际上,燃料在锅炉中燃烧生成的烟气,到离开锅炉时的排烟温度也还有 160~200 ℃,烟气中的水蒸气不可能凝结而放出汽化潜热。在高位发热量中扣除全部水蒸气的汽化潜热后的发热量,称为低位发热量。它接近锅炉运行的实际情况,所以在锅炉设计、试验等计算中均以此作为计算依据。

燃料发热量的大小取决于燃料中可燃成分种类和数量。由于燃料并不是各种成分的物理混合物(气体燃料除外),而是有着极其复杂的化合关系,因而燃料的发热量并不等于所含各可燃组分的发热量的算术和,无法用理论公式来准确计算,只能借助于实测或借助某些经验公式来推算出它的近似值。

8.3 锅炉的热平衡

热效率是锅炉的重要技术经济指标,它表明锅炉设备的完善程度和运行管理水平。燃料是重要能源之一,提高锅炉热效率以节约燃料,是锅炉运行管理的一个重要方面。

锅炉热平衡是研究燃料的热量在锅炉中利用的情况。有多少被有效利用?有多少变成了热量损失?这些损失又表现在哪些方面及它们产生的原因?这些研究的目的是为了有效地提高锅炉的热效率。

8.3.1 锅炉热平衡的组成

锅炉生产蒸汽或热水的热量主要来源于燃料燃烧生成的热量。但是进入炉内的燃料由于种种原因不可能完全燃烧放热,而燃烧放出的热量也不会全部有效地利用于生产蒸汽或热水,其中必有一部分热量被损失掉。为了确定锅炉的热效率,就需要使锅炉在正常运行情况下建立锅炉热量的收、支平衡关系,通常称为"热平衡"。

锅炉热平衡是以标准状态下 1 m³ 气体燃料(液、固燃料以 1 kg)为单位组成热量平衡的。

锅炉热平衡的公式可写为

$$Q_r = Q_1 + Q_2 + Q_3 + Q_4 + Q_5 + Q_6 \tag{8.9}$$

式中 Q_r——标准状态下,1 m³ 燃料带入锅炉的热量,kJ/m³;

Q_1——标准状态下,锅炉有效利用热量,kJ/m³;

Q_2——标准状态下,排烟热损失,kJ/m³;

Q_3——标准状态下,气体不完全燃烧热损失,kJ/m³;

Q_4——标准状态下,固体不完全燃烧热损失,kJ/m³;

Q_5——标准状态下,散热损失,kJ/m³;

Q_6——标准状态下,灰渣物理热损失及其他热损失,kJ/m³。

1 m³燃料带入锅炉的热量 Q_r是指由锅炉范围以外输入的热量,不包括在锅炉内循环的热量。它由以下各项组成,即

$$Q_r = Q_{net} + h_r + Q_{wl} \qquad (8.10)$$

式中 h_r——标准状态下,燃料的物理显热,kJ/m³;

Q_{wl}——标准状态下,当外用来热源预热燃料或空气时带入的热量,kJ/m³。

燃料的物理显热可按式(8.11)计算,即

$$h_r = c_{ar}t_r \qquad (8.11)$$

式中 c_{ar}——标准状态下,收到基燃料的比热,kJ/(m³·℃);

t_r——燃料的温度,如燃料未经预热,t_r取 20 ℃。

如果式(8.10)中 h_r可忽略不计,且 $Q_{wl} = 0$ 时,则

$$Q_r = Q_{net} \qquad (8.12)$$

如果在等式(8.9)两边分别除以 Q_r,则锅炉热平衡就以带入热量的百分率来表示,即

$$q_1 + q_2 + q_3 + q_4 + q_5 + q_6 = 100\% \qquad (8.13)$$

式中各项 q_i 分别表示有效利用热量和各项热损失百分率,如:

锅炉正平衡热效率 $\qquad \eta_{gl} = q_1 = \dfrac{Q_1}{Q_r} \times 100\% \qquad (8.14)$

各项热损失 $\qquad q_i = \dfrac{Q_i}{Q_r} \times 100\% \qquad (8.15)$

锅炉反平衡热效率 $\qquad \eta_{gl} = q_1 = 100\% - (q_2 + q_3 + q_4 + q_5 + q_6) \qquad (8.16)$

8.3.2 锅炉热效率

锅炉热效率可用热平衡试验方法测定,测定方法有正平衡试验和反平衡试验两种,试验必须在锅炉稳定运行工况下进行。

1)正平衡法

正平衡试验按式(8.14)进行,锅炉热效率即有效利用热量占燃料带入锅炉热量的百分率,即

$$\eta_{gl} = q_1 = \frac{Q_1}{Q_r} \times 100\%$$

有效利用热量 Q_1,即

$$Q_1 = \frac{Q_{gl}}{B} \qquad (8.17)$$

式中 Q_{gl}——标准状态下,锅炉每小时有效吸热量,kJ/h:

B——标准状态下,每小时燃料消耗量,m^3/h(气体)。

蒸汽锅炉每小时有效吸热量 Q_{gl} 为

$$Q_{gl} = D(h_q - h_{gs}) \times 10^3 + D_{ps}(h_{ps} - h_{gs}) \times 10^3 \qquad (8.18)$$

式中　D——锅炉蒸发量,t/h,如锅炉同时生产过热蒸汽和饱和蒸汽,应分别进行计算;

　　　h_q——蒸汽的焓,kJ/kg;

　　　h_{gs}——锅炉给水的焓,kJ/kg。

　　　h_{ps}——排污水的焓(锅炉工作压力下的饱和水的焓),kJ/kg;

　　　D_{ps}——锅炉排污水量,t/h。

由于供热锅炉一般都是定期排污,为简化测定工作,在热平衡测试期间可不进行排污。

当锅炉生产饱和蒸汽时,蒸汽干度一般都小于1(即湿度不等于0)。湿蒸汽的焓可按式(8.19)计算,即

$$h_q = h'' - \frac{r\omega}{100} \qquad (8.19)$$

式中　h''——干饱和蒸汽的焓,kJ/kg;

　　　r——蒸汽的汽化潜热,kJ/kg;

　　　ω——蒸汽湿度,%,供热锅炉生产的饱和蒸汽通常都有 1% ~5% 的湿度。

对于热水锅炉,每小时有效吸热量为

$$Q_{gl} = G(h''_{rs} - h'_{rs}) \times 10^3 \qquad (8.20)$$

式中　G——热水锅炉每小时产热水量,t/h;

　　　h''_{rs}, h'_{rs}——热水锅炉出水及进水的焓,kJ/kg;

供热锅炉常用正平衡来测定效率,因为只要测出燃料量 B、燃料低位发热量 Q_{net}、锅炉蒸发量 D 以及蒸汽的压力和温度,即可算出锅炉效率。这是一种常用的比较简单的方法。

2)反平衡法

通过测出锅炉的各项热损失,应用式(8.16)来计算锅炉的热效率,该方法称为反平衡法。正平衡法只能求得锅炉的热效率,不可能据此研究和分析影响锅炉热效率的种种因素,以寻求提高热效率的途径。这正是反平衡法的优势。

反平衡法测定热效率时,q_2, q_3, q_4, q_5 及 q_6 的测定计算,将分别在下面各节讨论。

国家标准规定,锅炉热效率测定应同时采用正平衡法和反平衡法,其值取两种方法测得的平均值。当锅炉额定蒸发量(额定热功率)大于或等于 20 t/h(14 MW),由于不易准确测定燃料燃烧消耗量等原因,用正平衡法测定有困难时,可采用反平衡法测定锅炉热效率,但其试验燃料消耗量应按式(8.17)进行反算得出。式中的锅炉热效率先行估取,当计算所得反平衡效率与估取值相差 ±2% 范围内,则计算结果有效,否则,应重新估取锅炉热效率做重复计算。

8.3.3　固体不完全燃烧热损失

对于气体和液体燃料,在正常燃烧情况下可认为固体不完全燃烧热损失 $q_4 = 0$。

对于固体燃料,q_4 是由于进入炉膛的燃料中,有一部分没有参与燃烧或未燃尽而被排出炉外而引起的热损失。它由 3 部分组成。

①灰渣损失 Q_{hz},未参与燃烧或未燃尽的碳粒与灰渣一同落入灰斗所造成的损失。

②漏煤损失 Q_{lm}，部分燃料经炉排落入灰坑造成的损失。对于煤粉炉，则 $Q_{lm}=0$。

③飞灰损失 Q_{fh}，未燃尽的碳粒随烟气带走所造成的损失。

固体不完全燃烧热损失是燃用固体燃料的锅炉热损失中的一个主要项目。

8.3.4 气体不完全燃烧热损失

气体不完全燃烧热损失 q_3 是由于部分一氧化碳、氢气、甲烷等可燃气体未燃烧放热就随烟气排出所造成的损失。其热损失应为烟气中各可燃气体容积与它们的容积发热量乘积的总和。

气体不完全燃烧热损失的大小与炉子的结构、燃料特性、燃烧过程的组织以及运行操作水平等因素有关。炉膛高度不够或炉膛体积太小，使烟气中一些可燃气体未能燃尽而离开炉子，增大其 q_3 损失。当炉内水冷壁布置过多时，会使炉膛温度过低，不利于燃烧反应，也会增大 q_3 损失。过量空气系数过小，可燃气体因得不到充分的氧而未能燃尽，使 q_3 增大；如过量空气系数过大，使炉膛温度下降，也会使 q_3 增大。运行中当负荷增加时，可燃气体在炉内停留时间减少，也会使 q_3 增加。

锅炉设计时，q_3，q_4 可选用表 8.7 的推荐值。

表 8.7　q_3，q_4 的推荐值

燃烧方式	燃料种类		q_3	q_4
天然气或炼焦煤气			0.5	0
油炉			0.5	0
链条炉	褐煤		0.5~2.0	8~12
	烟煤	Ⅰ	0.5~2.0	10~15
		Ⅱ	0.5~2.0	10~15
		Ⅲ	0.5~2.0	8~12
因态排渣煤粉炉	烟煤		0.5~1.0	6~8
	褐煤		0.5	3

8.3.5 排烟热损失

由于技术经济条件的限制，烟气离开锅炉排入大气时，烟气温度比进入锅炉的空气温度要高很多，排烟所带走的热量损失简称为排烟热损失。

影响排烟热损失的主要因素是排烟温度和排烟容积。

排烟温度越高，排烟热损失越大。一般排烟温度每提高 12~15 ℃，q_2 将增加 1%，所以应尽量设法降低排烟温度。但是排烟温度过低经济上是不合理的，甚至技术上是不允许的。因尾部受热面处于低温烟道，烟气与工质的传热温差小，传热较弱；若排烟温度降得过低，传热温差也就更小，换热所需金属受热面就大大增加。此外，为了避免尾部受热面的腐蚀，排烟温度也不宜过低。当燃用含硫分较高的燃料时，排烟温度相应要高一些。因此，必须根据燃料与金属耗量进行技术经济比较来合理决定排烟温度。供热锅炉的排烟温度在 150~200 ℃。对于运行中的锅炉，受热面积灰或结渣将使排烟温度升高。所以在运行时，必须设法保持受热面的清洁，以减少 q_2 损失。

影响排烟容积大小的因素有炉膛出口过量空气系数 α_l''，烟道各处的漏风量及燃料所含水

分。如炉墙及烟道漏风严重,α_1'' 大;燃料水分高,则排烟容积就大,排烟损失就增加。为了减少排烟损失,必须尽力设法减少炉墙烟道各处的漏风,在锅炉安装施工时应重视炉墙、烟道等砌筑的严密性。但炉膛出口过量空气系数 α_1'' 的大小,不仅与 q_2 有关,还与 q_3、q_4 有关。减小 α_1'',q_2 可以降低,但 q_3、q_4 会增加。所以,合理的 α_1'' 值应使 q_2,q_3,q_4 三项热损失的总和最小,如图 8.2 所示。通常排烟热损失是锅炉热损失中较大的一项,一般装有省煤器的水管锅炉,q_2 为 6% ~ 12%,不装省煤器时,q_2 往往高达 20% 以上。

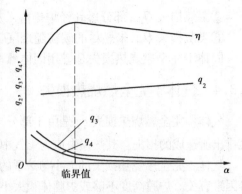

图 8.2　q_2,q_3,q_4,η 与过量空气系数 α 的关系

8.3.6　散热损失

锅炉运行时,各部分炉墙、钢架、管道和其他附件等的表面温度均较周围空气温度为高,对于层燃炉为了拨火、清炉或投煤等原因常需打开炉门,这些都不可避免地将有热量散失于大气中,就形成了锅炉的散热损失。

散热损失的大小主要决定了锅炉散热表面积的大小、表面温度及周围空气温度等因素。与水冷壁和炉墙的结构、保温层的性能和厚度有关。

锅炉容量越大,燃料消耗量也大致成比例的增加。但由于锅炉外表面积并不随锅炉容量的增加而成正比例地增加,即对应于单位燃料的炉墙外表面积反而减少了,故 q_5 损失随锅炉容量的增加而减小。

在锅炉热力计算时需计及各段受热面烟道的散热损失。为了简化计算,一般用保热系数来计及各段烟道散热损失的大小。保热系数表示烟气在烟道中的放热量有多少被该烟道中的受热面所吸收。

散热损失一般为 2% ~ 4%,保热系数为 0.96 ~ 0.98。q_5 可查阅有关资料求得。

8.3.7　灰渣物理热损失及其他热损失

锅炉的其他热损失通常是指灰渣物理热损失 Q_6^{hz} 及冷却热损失 Q_6^{lq}。

对于固体燃料,由于锅炉中排出的灰渣及漏煤的温度一般都在 600 ~ 800 ℃ 及其以上,因此应考虑灰渣物理热损失 q_6^{hz}。此外,由于锅炉的某些部件采用了水冷却,而此冷却水未接入锅炉汽水循环系统中,被它吸收了锅炉的一部分热量并带出炉外,从而造成了热量损失 q_6^{lq},即

$$q_6 = q_6^{hz} + q_6^{lq} \tag{8.21}$$

8.3.8　燃料消耗量

锅炉每小时耗用的燃料称为锅炉的燃料消耗量,由式(8.22)可得其计算式,即

$$\left. \begin{aligned} B &= \frac{Q_{gl}}{Q_r \eta_{gl}} \\ B &= \frac{Q_{gl}}{Q_{net} \eta_{gl}} \end{aligned} \right\} \tag{8.22}$$

对于固体燃料,考虑到不完全燃烧热损失 Q_4 的存在,实际参加燃烧反应的燃料量应为

$$B_j = B(1 - q_4) \tag{8.23}$$

B_j 称为小时计算燃料消耗量,在计算每小时燃料燃烧所需空气量及生成的烟气量时,均应按小时计算燃料消耗量 B_j 来计算。

8.4 水管锅炉水循环及汽水分离

在蒸汽锅炉中,给水进入汽锅后就按一定的循环路线流动不已。在循环不息的流动过程中,水通过蒸发受热面被加热、汽化,产生蒸汽;而受热面——金属壁则靠水循环及时将高温烟气传给的热量带走,使壁温保持在金属的允许工作温度范围内,从而保证蒸发受热面能长期可靠地工作。但是,如果水循环组织不好,循环流动不良,即便是热水锅炉,也会造成事故。

8.4.1 锅炉的水循环

水和汽水混合物在锅炉蒸发受热面回路中的循环流动,称为锅炉的水循环。由于水的密度比汽水混合物的大,利用这种密度差所产生的水和汽水混合物的循环流动,叫做自然循环;借助水泵的压头使工质流动循环的叫做强制循环。在供热锅炉中,除热水锅炉外,蒸汽锅炉几乎都采用自然循环。

1)自然循环的基本原理

如图 8.3 所示,水自锅筒进入不受热的下降管,然后经下集箱进入布置于炉内的上升管,在上升管中受热后部分水汽化,汽水混合物则由于密度较小向上流动输回锅筒,如此形成了水的自然循环流动。任何一台蒸汽锅炉的蒸发受热面,都是由这样的若干个自然循环回路所组成。

可见,在循环回路中位置越低,工质压力越大。也就是说,锅筒中的水即便是饱和水,当流进上升管时,该处水温仍然处于过冷态,需要继续受热才能达到沸点,即需上升一段高度 H_s 后方会开始沸腾汽化。实际上,由锅筒进入下降管的水不一定达到饱和温度,所以上升管下端 H_s 这一区段加热水总是存在的。

上升管内的水在向上流动的过程中,一边受热一边减压,当到达汽化点 Q 时,水温等于该点压力下的饱和温度,开始沸腾汽化。在 Q 点以后,压力继续降低,汽化更强烈,工质中含汽量随上升流动越来越多。因此,Q 点以后的这段 H_q,便是上升管的含汽区段,也即汽水混合物区段。

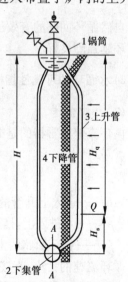

图 8.3 自然循环回路示意图

如此,循环回路的总高度 H 即为加热水区段高度 H_s 和含汽区段高度 H_q 之和,即

$$H_s + H_q = H \tag{8.24}$$

在水循环稳定流动的状态下,作用于图 8.3 中集箱 A—A 截面两边的力平衡相等。假设此回路中没有装置汽水分离器;H_s 区段加热水的密度和下降管中的水一样,近似等于锅筒中蒸汽

压力 p_g 下的饱和水密度 ρ'，则 A—A 截面两边作用力相等的表达式可写为

$$p_g + (H_s + H_q)\rho'g - \Delta p_{xj} = p_g + H_s g \rho' + H_q \rho_q g + \Delta p_{ss} \qquad (8.25)$$

式中　p_g——锅筒中蒸汽压力，Pa；

　　　　ρ'——下降管和加热水区段饱和水的密度，kg/m^3；

　　　　ρ_q——上升管含汽区段中汽水混合物的平均密度，kg/m^3；

　　　　g——重力加速度，m/s^2；

　　　　Δp_{xj}，Δp_{ss}——下降管和上升管的流动阻力，Pa。

经移项整理，得

$$H_q g(\rho' - \rho_q) = \Delta p_{xj} + \Delta p_{ss} \qquad (8.26)$$

式(8.26)等号左边是下降管和上升管中工质密度差引起的压头差，也就是驱动自然循环的动力，称为水循环的运动压头，等式的右边是循环回路的流动总阻力。这样，其物理意义为：当回路中水循环处于稳定流动时，水循环的运动压头等于整个循环回路的流动阻力。

由式(8.26)可见，自然循环的运动压头取决于上升管中含汽区段的高度和饱和水与汽水混合物的密度差。显然，增大循环回路的高度，含汽区段高度也增加；加强上升管的受热，可使其中含汽率增高，这些都会使运动压头增高。当锅炉压力增高时，水汽密度差减少，组织稳定的自然循环就趋困难，所以高压锅炉总是设法提高循环回路的高度，以便获得必要的运动压头，或采用强制循环。

水循环运动压头中，用于克服下降管阻力 Δp_{xj} 的压头，在水循环计算中，称为循环回路的有效压头，以 S_{yx} 表示，数值上即等于运动压头和上升管阻力之差，即

$$S_{yx} = H_q g(\rho' - \rho_q) - \Delta p_{ss} = \Delta p_{xj} \qquad (8.27)$$

自然循环回路的有效压头越大，可用以克服的下降管阻力就越大，也即循环的水量越大，水循环越强烈良好。

2)水循环的可靠性指标

(1)循环流速

循环流速通常指的是循环回路中水进入上升管时的速度，用 ω_0 表示，即

$$\omega_0 = \frac{G}{3\,600\rho' \sum f_{ss}} \qquad (8.28)$$

式中　G——进入上升管的水流量，即循环水质量流量，kg/h；

　　　　ρ'——水进入上升管时的密度，近似取锅炉压力下的饱和水密度，kg/m^3；

　　　　f_{ss}——循环回路的上升管总截面积，m^2。

循环流速的大小，直接反映管内流动的水将管外传入的热量和管内产生的蒸汽泡带走的能力。循环流速越大，工质放热系数越大，带走的热量越多，也即管壁的冷却条件越好，金属就不会超温。所以，循环流速是用以判断锅炉水循环可靠性的重要指标之一。

对于供热锅炉，由于工作压力低，汽、水的密度差大，对自然循环是有利的。水冷壁的循环流速，一般在 $0.4 \sim 2$ m/s，锅炉对流管束的循环流速为 $0.2 \sim 1.5$ m/s。

(2)循环倍率

为了保证在上升管中有足够的水来冷却管壁，在每一循环回路中由下降管进入上升管的

水流量 G 常常是几倍、甚至上百倍地大于同一时间内在上升管中产生的蒸汽量 D。二者之比称为循环回路的循环倍率,这是另一个用以说明水循环好坏的重要指标,常用符号 K 表示,即

$$K = \frac{G}{D} \tag{8.29}$$

不难看出,循环倍率 K 的倒数即为上升管的含汽率,或汽水混合物的干度,以 χ 表示。

循环倍率的物理意义是单位质量的水在此循环回路中全部变成蒸汽,需经循环流动的次数。循环倍率 K 越大,干度 χ 越小,它表示上升管出口处汽水混合物中水的份额越大,冷却条件越好,水循环越安全。

由于水的汽化潜热是随压力的增高面降低的,在上升管受热情况相同的条件下,压力越高,K 值越小。蒸发量大的锅炉,上升管受热长度一般都较长或者上升管的热负荷较高,则 K 值也较小。基于供热锅炉的压力和容量都较小,上升管热负荷也不高,所以其循环倍率一般都很大,其数值在 50 ~ 200 内变动无需多虑循环倍率过低的问题。对于某些燃油锅炉所采用的双面曝光水冷壁回路,因其热负荷很高,应当注意不使该回路的 K 值过少。增大循环倍率的结构措施,通常是加大该回路的下降管总额面积和使上升管受热长度与直径之比不宜过大。

(3)循环回路的特性曲线

对于结构已定的循环回路,下降管阻力是水循环流速 ω_0 的函数,ω_0 增大,Δp_{xj} 也增大。对上升管而言,在一定热负荷下,增大 ω_0 时,使管内含汽率减小,上升管含汽区段中汽水混合物的平均密度 ρ_q 增大。这样,用于克服下降管阻力的有效压头 S_{yx} 下降。只有在 S_{yx} 与 Δp_{xj} 两者取得平衡时,即两曲线的交点 A 才是水循环的工作点。图 8.4 所示为循环回路的特性曲线,在水循环回路工作点处可得出实际的循环流速 ω_0,可用以与一般的推荐值对照,并对水循环工作的可靠性进行校核,以检查个别管子有无可能发生水循环故障。

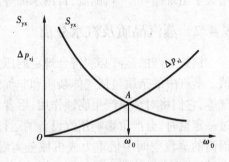

图 8.4 水循环特性曲线

3)自然循环锅炉的水循环故障

供热锅炉压力不高,容易保证良好的水循环。但在实际运行中,发生水循环故障的却不乏其例,常见的除上升管产生循环停滞、倒流和汽水分层之外,还有下降管带汽,它们都将会严重影响锅炉工作的安全和正常运行。

(1)循环的停滞和倒流

如果个别上升管的受热情况非常不良(由炉膛和燃烧设备的结构特性、管外挂渣积灰等引起),则会因受热微弱产生的有效运动压头不足以克服公共下降管的阻力,以致该上升管的循环流速趋近于 0,这种现象称为循环停滞。如果接入锅筒水空间的某根上升管受热极差,其有效运动压头小于共同下降管阻力时,将会发生循环倒流现象。此时,如倒流速度较大,上升管中产生的蒸汽泡将被带着向下流动,这不会发生什么危险;但是,如果倒流速度较小时,汽泡会停滞积聚,在管内形成"汽塞",导致管子烧损。

为防止循环的停滞和倒流,常用加大下降管及引出管截面积的办法,以减少循环回路的阻

力。但要从根本上消除这一弊病，只有设法减少或避免并联的各上升管受热的不均匀性。

（2）汽水分层

在水平或微倾斜的上升管段，由于水汽的密度不同，当流速低时会出现汽水分层流动。汽水分层的程度取决于流动工况，是否会造成危害则要看这管段的受热情况。当汽水分层管段受热时，会引起管壁上下温差应力及汽水交界面的交变应力；管壁上部会结盐垢，使热阻变大，壁温升高。所以，在布置锅炉炉膛的顶棚管，前后拱上的水冷壁以及燃油炉冷炉底受热面时，需特别予以注意。据研究表明，只要供热锅炉压力不高，只要循环流速不低于0.6~0.8 m/s，就不会产生汽水分层现象。为进一步提高锅炉工作的可靠性，管子与水平线之间倾角不宜小于15°。

（3）下降管带汽

造成下降管带汽的原因有：一是下降管入口阻力较大，产生压降，水则可能汽化造成下降管带汽；二是下降管管口距锅筒水位面太近，上方水面形成旋涡斗而将蒸汽吸入下降管；三是下降管受热过强、上升管出口和下降管入口距离太近而又无良好的隔离装置等情况，也会引起下降管带汽。不论何种原因引起的下降管带汽，所造成的后果使其平均体积流量增大，流速加快，阻力增加，还使得循环回路的运动压头降低，对水循环不利，也减弱了水的循环流动，从而增大了出现循环停滞、倒流、自由水面等不正常流动现象的可能。

8.4.2　蒸汽品质及汽水分离

锅炉生产的蒸汽必须符合规定的压力和温度，同时其中的杂质含量也不能超过一定的限值。蒸汽中的杂质包括气体杂质和非气体杂质两部分。前者主要有氧气、氮气、二氧化碳和氨气等，它们将对金属产生腐蚀作用；后者为蒸汽中的含盐——主要来源于蒸汽带水，当含盐超过一定量时，会严重影响用汽设备的运行安全。由各蒸发受热面汇集于锅筒的汽水混合物，在锅筒的蒸汽空间中借重力或机械分离后，蒸汽引出。如果汽水分离效果不佳，蒸汽将严重带水，导致蒸汽过热器内壁沉积盐垢，恶化传热以致过热而被烧损。对于饱和蒸汽锅炉，蒸汽带水过高也难以满足用户需要，还会引起供汽管网的水击和腐蚀。因此，需对供热锅炉规定其蒸汽品质指标，对于装设有蒸汽过热器的锅炉，其饱和蒸汽湿度规定应不大于1%；对无过热器的锅炉，饱和蒸汽湿度应不大于3%；对于无过热器的锅壳式锅炉，饱和蒸汽湿度应不大于5%。影响蒸汽带水的因素是很复杂的，如锅炉的负荷、蒸汽压力、蒸汽空间高度和锅水含盐量等，但锅水含盐量的影响是主要的，它是使蒸汽品质变坏的主要根源。所以，锅炉水质标准中对各种锅炉的锅水含盐量都做了严格的规定。

汽水分离装置类型很多，按其分离的原理可分自然分离和机械分离两类。自然分离是利用汽水的密度差，在重力作用下使汽水得以分离；机械分离则是依靠惯性力、离心力和附着力等使水从蒸汽中分离出来。按其工作过程，汽水分离装置又可分粗分离（一次分离）和细分离（二次分离）两种，在实际应用中也常有将它们分别组合使用的，以便获得更好的分离效果。

目前，供热锅炉常用的汽水分离装置有水下孔板、挡板、匀汽孔板、集汽管、蜗壳式分离器、波纹板及钢丝网分离器等多种。图8.5是几种常见汽水分离装置结构图。

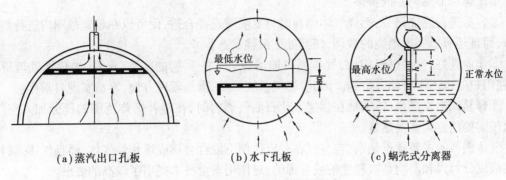

(a)蒸汽出口孔板　　　(b)水下孔板　　　(c)蜗壳式分离器

图8.5　常见汽水分离装置

8.5　锅炉的燃烧方式与燃烧设备

　　汽锅和炉膛是锅炉的两大基本组成部分。燃料在炉膛中燃烧,燃烧放出的热量则为汽锅受热面吸收,一个放热,一个吸热。显然,放热是根本,是锅炉生产蒸汽或热水的基础。或者说,只有在燃料燃烧良好的前提下,研究汽锅受热面如何更好地吸热才有意义。

　　试验表明,燃料的燃烧过程是一个非常复杂的物理化学过程,不可能用简单的式子来表示其微观特性。在燃烧技术中,把从氧和燃料可燃物质的混合、扩散至发光放热的剧烈氧化反应完成的整个过程,称为燃烧过程。它是一种复杂的物理化学综合过程,既需要提供温度和质量浓度条件,又需要一定的时间和空间条件。炉膛作为锅炉的燃烧设备,就在于为燃料的良好燃烧提供和创造这些物理、化学条件,使其将化学能最大限度地转化为热能;同时也应尽可能兼顾炉内辐射换热的要求。可见,燃烧设备的配置及其结构的完善程度,将直接关系到锅炉运行的安全、可靠和经济性。

　　鉴于燃料有气体、液体和固体3大类别,燃烧特性差别很大,锅炉容量、参数又有大小高低之分。所以,为适应和满足各种锅炉的需要,燃烧设备有着多种形式。按照燃烧方式的不同,主要可划分为如下两类:

　　①室燃炉:燃料随空气流进入炉室呈悬浮状燃烧的炉子,又称为悬燃炉,如燃气炉和燃油炉、煤粉炉。

　　②层燃炉:燃料被层铺在炉排上进行燃烧的炉子,也称为火床炉。它是目前国内供热锅炉中采用得较多的一种燃烧设备,常以链条炉为代表形式。

　　为了保护环境减少大气污染,我国今后较长时期内都将大力发展燃气炉和燃油炉,因此本书论述的重点放在室燃炉。对于层燃炉,由于历史的原因,尤其在城区,虽然国内用于供热锅炉的为数较多,本书只介绍目前应用最广泛的链条炉。

8.5.1　气体燃料的燃烧方式及燃烧设备

1)气体燃料燃烧特点

　　①具有基本无公害燃烧的综合特性:气体燃料是一种比较清洁的燃料,其灰分、含硫量和

含氮量比煤和油燃料要低得多。

②容易进行燃烧调节:燃烧气体燃料时只要喷嘴选择合适,便可以在较宽范围内进行燃烧调节,而且还可以实现燃烧的微调,使其处于最佳状态。

③作业性好:与油燃料相比,气体燃料输运免去了一系列的降黏、保温、加热预处理等装置,在用户处也不需要储存措施。因此,燃气系统简单,操作管理方便,容易实现自动化。

④容易调整发热量:特别是在燃烧液化石油气燃料时,在避开爆炸范围的部分加入空气,可以按需要任意调整发热量。

气体燃料的主要缺点是:它与空气在一定比例下混合会形成爆炸性气体,而且气体燃料大多灵敏成分对人和动物是窒息性的或有毒的,对使用安全技术提出了较高的要求。

2)燃气的燃烧方法

燃用发热量高的燃气,空气用量大,如标准状态下 1 m³天然气或液化石油气需要 10 ~ 25 m³的空气,要使燃气充分燃烧,需要大量空气与之混合。燃气的燃烧过程没有燃油的雾化与汽化过程,只有同空气混合和燃烧的过程。燃气与空气的混合方式,对燃烧的强度、火焰长度和火焰温度都有很大的影响。根据混合方式的不同,燃气的燃烧方法可分为 3 种:

(1)扩散式燃烧

燃气未预先与空气混合,燃烧所需的空气依靠扩散作用从周围大气中获得,这种燃烧方法称为扩散式燃烧,此时一次空气系数 α' 取 0。扩散式燃烧的燃烧速度和燃烧完全程度主要取决于燃气与空气分子之间的扩散速度和混合的完全程度。

(2)部分预混式燃烧

燃气与所需的部分空气预先混合而进行的燃烧,称为部分预混式燃烧(又称为大气式燃烧)。一次空气系数为:$0 < \alpha' < 1$(一次空气系数在 $0.2 \sim 0.8$ 变动)。根据燃气-空气其混合物出口速度流动状态的不同,形成不同的燃烧火焰,可分为部分预混层流火焰和部分预混紊流火焰。

(3)完全预混式燃烧

燃气与所需的全部空气预先进行混合,即 $\alpha' \geqslant 1$,可燃混合物在稳焰装置(火道、燃烧室及其他)配合下,瞬时完成燃烧过程的燃烧方法称完全预混式燃烧,又称为无焰式燃烧。

进行完全预混式燃烧的条件是燃气和空气在着火前预先按化学当量比混合均匀,要有稳定的点火源,以保证燃烧的进行。点火源一般是炽热的燃烧室内壁,专门的火道,高温燃烧产物的滞留地带或其他稳焰设备。

完全预混式燃烧火焰传播速度快,火道的容积热强度很高,可达 $(100 \sim 200) \times 10^6$ kJ/(m³·h)或更高,且能在很小的过剩空气系数下(一般 $\alpha = 1.05 \sim 1.10$)达到完全燃烧,几乎不存在化学不完全燃烧现象。因此,燃烧温度很高,但火焰稳定性较差,易发生回火。

工程上常把一次空气系数 α' 取 $1.05 \sim 1.10$ 的燃气-空气混合物送入炉内,使其与高温火道、高温耐火材料堆积物或与炉内灼热的拱体、挡墙等接触,来实现全预混式燃烧。为防止回火发生,应尽可能使气流速度场均匀,保证在最低负荷下各点的气流速度都大于火焰传播速度。为了降低燃烧器出口的火焰传播速度,还可以采用带有水冷却的燃烧器喷头。

3)常用的燃气燃烧器

（1）燃气燃烧器的分类

燃气燃烧器类型很多,不可能用一种分类方法来全面反映所有燃烧器的特性,只能根据部分共性进行分类。

按一次空气分类:

①扩散式燃烧器:按扩散式燃烧原理设计,一次空气系数为 $0(\alpha'=0)$,燃气燃烧完全靠二次空气。此种燃烧方法即为燃气与空气不预先混合,而是在燃气喷嘴口相互扩散混合并燃烧。其优点是燃烧稳定,燃具结构简单,但火焰较长,易产生不完全燃烧,使受热面积炭。

②部分预混式燃烧器:按部分预混式燃烧原理设计,燃烧前预先将一部分空气与燃气混合,然后进行燃烧,剩余的燃气或燃烧中间产物仍靠二次空气。其优点是燃烧火焰清晰,燃烧强化,热效率高,但燃烧不稳定对一次空气的控制及燃烧组分要求较高。燃气锅炉的燃烧器,一般多采用此种燃烧方式。

③完全预混式燃烧器(无焰燃烧):按完全预混式燃烧原理设计,此种燃烧方法燃气所需空气,在燃烧前已完全与燃气均匀混合,一次空气系数等于过量空气系数($\alpha = \alpha' = 1.05 \sim 1.15$),在燃烧过程中不需从周围空气中取得氧气(即燃烧过程不需要二次空气),当燃气与空气混合物到达燃烧区后,能在瞬间燃烧完毕。

按空气供给方法分类:

①引射式燃烧器:空气被燃气射流吸入或燃气被空气射流吸入。

②鼓风式燃烧器:用鼓风设备将空气送入燃烧系统。

③自然引风式燃烧器:靠炉膛中的负压将空气吸入燃烧系统。

如图8.6所示,其头部由若干根辐射状的涡卷形火管组成,火孔布满了整个圆面,每个火焰都能充分地接触空气,燃烧较完全。火管一般由内径 $\phi 4 \sim \phi 8$ 的铜管或钢管制成。集成管内截面积应大于各火管内截面积之和。

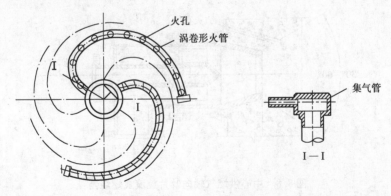

火孔
涡卷形火管
集气管
I—I

图8.6 卷管燃烧器

（2）鼓风式扩散燃烧器

①套管式燃烧器:在鼓风式扩散燃烧器中,应用最广泛、结构最简单、使用最可靠的是套管式燃烧器。

套管式燃烧器的基本结构如图8.7所示。它是由大管套小管组成,通常燃气从中间小管中流出,空气从大管和小管之间的夹套中流出,二者在火道和炉膛中边混合边燃烧。燃气的出口速度不应高于 80 ~ 100 m/s,相当于燃烧器前燃气压力不大于 6 kPa。空气出口速度应与燃气速度相差 1 倍左右,为 40 ~ 60 m/s,相当于冷空气压力为 1 ~ 2.5 kPa,若空气预热至 400 ℃,其相应压力为 0.5 ~ 1.0 kPa。

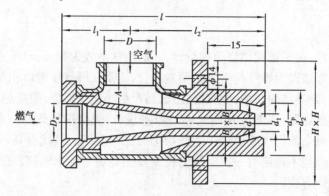

图 8.7 套管式燃烧器

一般在燃烧器前的管道中,空气流速可取 8 ~ 10 m/s,燃气流速可取 10 ~ 15 m/s。燃气在燃烧器内部通道中的流速可取 20 ~ 25 m/s。燃烧器出口处混合物流速可达 25 ~ 30 m/s。

套管式燃烧器均由铸铁组成,利用燃烧器外壳端头部分的法兰,把燃烧器固紧在炉子的金属结构上。

②旋流式燃烧器:其结构特点是燃烧器本身带有旋流器。根据旋流器的结构(蜗壳或导流叶片)和供气方法不同,又可做成多种形式。空气在旋流器作用下产生旋流,燃气则从分流器的喷孔或缝隙中喷出,二者强烈混合进入火道或炉膛中燃烧。

中心供气轴向叶片旋流式燃烧器如图 8.8 所示。可使用多种燃气:人工煤气压力为 800 Pa,油田伴生气压力为 2 000 Pa,液化石油气压力为 5 000 Pa;空气压力为 1 200 Pa;过剩空气系数为 1.1。

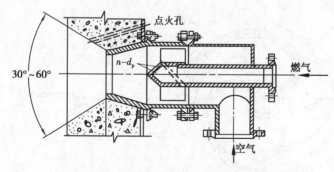

图 8.8 中心供燃气轴向叶片旋流式燃烧器

图 8.9 为中心供燃气切向叶片旋流式燃烧器。造成空气旋流的切向导流叶片布置在圆周上,燃气分流器处在配风器中心位置,其上有两排燃气喷孔。利用手柄推拉调风导筒,改变旋转与不旋转的空气量的比例,从而控制燃气与空气的混合程度,以调节火焰长度。天然气额定压力为 50 000 Pa,额定流量为 900 m³/h;空气压力为 2 000 Pa,过量空气系数 α 为 1.05。

鼓风式扩散燃烧器是供热锅炉中常用的燃烧器之一。由于空气与燃气的混合是在炉膛内进行的,所以燃气形成拉长的扩散火焰。其主要优点如下:

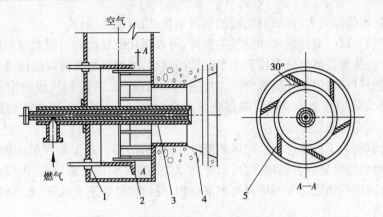

图8.9　中心供燃气切向叶片旋流式燃烧器

1—调风导筒手柄;2—滑轮;3—燃气分流器;4—火道;5—切向叶片

①由于排除了回火的可能性,所以具有极高的调节范围。

②空气和燃气的预热温度可足够高,它仅受管道在高温下的使用寿命和燃气热分解的限制。

③可使火焰高温区离开炉衬内表面,提高了烧嘴砖及紧贴炉膛的燃烧器金属件寿命。

④由于混合过程不在燃烧器内部进行,显著减小了燃烧器尺寸,燃烧器达到极高的热负荷。

⑤可以简捷地从燃烧某一种发热量燃气改用另一种热值的燃气,或者由气体燃料转为液体燃料,并且在燃气发热量和空气、燃气预热温度波动的情况下保持稳定的工作。

但是,鼓风式扩散燃烧器必须按空气、燃气的比例使用风机供给空气,因此需要增加投资和消耗电能;必须在较大的过剩空气系数下工作,导致燃料消耗增加;此外要求具备足够大的炉膛空间,以适应火焰的扩展。

由于其结构简单、工作可靠,并能利用预热温度很高的空气工作,因此得到广泛应用。尤其是在需少量大规格燃烧器进行集中供热,要求燃烧器有较宽的调节范围,并在生产中需要不同种类的燃气或燃气和重油交替使用的情况下,更显示出优越性。

4)改善燃气炉燃烧的措施

燃气锅炉设备结构比较简单,操作方便。但与燃用重油一样,在燃烧时如缺氧,将会热分解析出炭黑,造成不完全燃烧热损失。燃气与一定量的空气混合时具有爆炸性,操作管理上应有可靠的安全措施。为了改善和强化燃气炉的燃烧,以期提高炉膛的容积热负荷和降低不完全燃烧热损失,可以采取的技术措施主要有以下几项:

①改善气流相遇的条件:改善燃气和空气两股气流的相遇条件,其目的是增大它们的接触面积。接触面积越大,即反应面积越大,从而强化了燃烧。具体办法是,可以把燃气和空气分成多股细流,让两股气流具有一定速度并交叉相遇,或将一股气流(通常是燃气)穿过并淹没在另一股气流之中,等等。

②加强混合、扰动:气体燃料的燃烧是单相反应,着火和燃烧比固体燃料容易。但其燃烧速度和燃烧的完善程度与其和空气的混合程度关系密切,混合愈好,燃烧愈迅速、完全,火焰也短。所以,只要火焰的稳定性不被破坏,应尽量提高气流出口或燃烧室中的气流速度,甚至可

在入口处设置挡板等阻力大的障碍物,增加气流的扰动,以加强混合。

③预热燃气和空气:提高燃气和空气的温度,可以强化燃烧反应。因此应利用排烟的余热预热燃气和空气,从而提高燃烧温度和火焰的传播速度,使燃烧过程得以强化。

④旋转和循环气流:促使气流旋转可以加强扰动和混合。在旋转气流的中心会形成一个回流区,它引导大量烟气回流、循环,既强化了混合,也延长了烟气在炉内流动路线和逗留时间,从而减少了不完全燃烧损失。

⑤烟气再循环:为了提高燃烧反应区的温度,可以将一部分高温烟气引向燃烧器,使之与未燃的或正在燃烧的可燃混合物相混合,以提高燃烧强度。但需注意的是,再循环的烟气量不宜过大,不然会因惰性物质过多而稀释可燃混合物,反而使燃烧速度减缓,甚至缺氧热解,造成不完全燃烧损失。

8.5.2　液体燃料的燃烧方式及燃烧设备

1)燃油的燃烧特点

燃油是一种液体燃料,其沸点总是低于它的着火点,所以油的燃烧总是在气态下进行的。燃油经雾化后的油粒喷进炉膛以后,被炉内高温烟气所加热,进行汽化,汽化后的油气和周围空气中的氧相遇,形成火焰,燃烧产生的热量有一部分传给油粒,使油粒不断汽化和燃烧,直到燃尽。

理论分析和试验证明,油粒燃尽所需的时间与它的粒径平方成正比,即

$$\tau = \frac{d_0^2}{k} \tag{8.30}$$

式中　τ——燃尽时间,s;

　　　d_0——油粒粒径,mm;

　　　k——燃烧速度常数,mm^2/s。

燃烧速度常数主要取决于燃料的性质,不同燃料的燃烧速度常数 k 值相差不大。由式(8.30)可知,假如最大油粒粒径比平均油粒粒径大 5 倍,则燃尽时间要长 25 倍。可见燃烧器的雾化质量对燃烧有重要影响。

在燃烧重油时,情况要稍差一些,因为高分子烃的燃尽相对要难一些。如果空气供应不足或油粒与空气混合不均匀,那就会有一部分高分子烃在高温缺氧的条件下发生裂解,分解出炭黑。炭黑是粒径小于 1 μm 的固体粒子,它的化学性质不活泼,燃烧缓慢,所以一旦产生炭黑往往就不易燃尽,严重时未燃的炭黑就会进入烟气中,而使烟囱冒黑烟。重油中的沥青成分也会由于缺氧分解成固体油焦。油焦破裂后即成焦粒,后者也是不易燃烧的。由此可见,重油燃烧中的一个重要问题是必须及时供应燃烧所需的空气,以尽可能减少油的高温缺氧分解。

强化油的燃烧有如下途径:

①提高雾化质量,减少油粒粒径:这样可以增大油粒的吸热面和汽化面,从而加快油的汽化速度。因为油粒汽化速度与其粒径的大小有关,粒径愈小,则汽化愈快。

②增大空气和油粒的相对速度:这样可以加速气体的扩散和混合,从而有效地加强燃烧。

③合理配风:分别对不同区域及时供应适量的空气,以避免高温缺氧而产生炭黑并能在最少的过量空气下保证油的完全燃烧。由于油的燃烧和配风条件较煤粉有利,所以应该采用较低的过量空气系数 α。在采用低氧燃烧时,α 达到很低的数值,甚至可低到 1.03。

燃油燃烧的上述要求是通过燃烧器来达到的。燃油燃烧器主要由油雾化器和调风器所组成。燃油通过雾化器雾化成细油粒,以一定的雾化角度喷入炉内,并与经过调风器送入的具有一定形状和速度分布的空气流相混合。油雾化器与调风器的配合应能使燃烧所需的大部分空气及时地从火焰根部供入,并使火炬各处的配风量与油雾的流量密度分布相适应。同时,也要向火炬尾部供应一定量的空气,以保证炭黑和焦粒的燃尽。

2)燃油燃烧器类型

燃油燃烧器的最为重要的部件是燃油雾化器(或称油喷嘴),它的作用是把油雾化成雾状粒子,并使油雾保持一定的雾化角和流量密度,促其与空气混合,以强化燃烧过程和提高燃烧效率。燃油燃烧器主要以雾化器的形式来分类,油喷嘴的形式很多,常用的有机械雾化喷嘴、转杯式雾化喷嘴、蒸汽雾化喷嘴和空气雾化喷嘴等多种形式。

3)常用的燃油燃烧器

(1)简单压力雾化喷嘴

如图8.10所示,切向槽式简单压力雾化喷嘴主要由雾化片、旋流片、分流片构成。由油管送来的具有一定压力的燃油,先经过分流片上的几个进油孔汇合到环形均油槽中,再进入旋流片上的切向槽,获得很高的速度后,以切向流入旋流片中心的旋流室,燃油在旋流室中产生强烈的旋转,最后从雾化片上的喷口喷出,并在离心力作用下迅速被粉碎成许多细小的油粒,同时形成一个空心的圆锥形雾化炬。

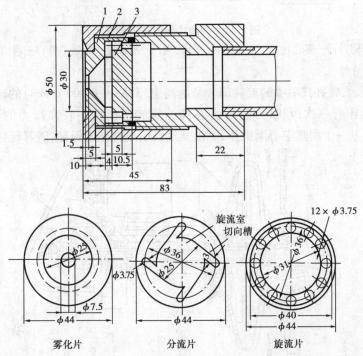

图8.10　切向槽式简单压力雾化喷嘴

1—雾化片;2—旋流片;3—分流片

简单压力雾化喷嘴的进油压力一般为 $2 \sim 5$ MPa,运行过程中的喷油量是通过改变进油压力来调节的,但进油压力降低会使雾化质量变差,因此负荷调节范围受到限制,这种喷嘴的最大负荷调节比为1:2。

(2)回油式压力雾化喷嘴

如图8.11所示,回油式压力雾化喷嘴结构原理与简单压力雾化喷嘴基本相同。它们的不同点在于回油式压力雾化喷嘴的旋流室前后各有一个通道,一个是通向喷孔,将燃油喷向炉膛,另一个则是通向回油管,让燃油流回储油罐。因此,回油式压力雾化喷嘴可以理解为是由两个简单压力雾化喷嘴对叠而成。在油喷嘴工作时,进入油喷嘴的油被分成喷油和回油两部分。理论和试验表明,当进油压力保持不变时,总的进油量变化不大。因此,只要改变回油量,喷油量就自行改变。回油式压力雾化喷嘴也正是利用这个特性来调节负荷的。显然,当回油量增大时,喷油量相应减少,反之亦然。同时,因这时进油量基本稳定不变,油在旋流室中的旋转强度也就能保持,雾化质量就始终能得到保证。这种喷嘴的负荷调节比可达1:4。

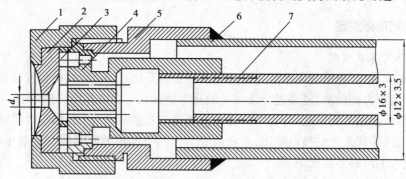

图8.11 回油式压力雾化喷嘴

1—螺母;2—雾化片;3—旋流片;4—分油嘴;5—喷油座;6—进油管;7—回油管

(3)转杯式喷嘴

如图8.12所示,转杯式喷嘴的旋转部分是由高速(3 000 ~ 6 000 r/min)的转杯和通油的空心轴组成。轴上还有一次风机叶轮,后者在高速旋转下能产生较高压力的一次风(2.5 ~ 7.5 kPa)。转杯是一个耐热空心圆锥体,燃油从油管引至转杯的根部,随着转杯的旋转运动沿

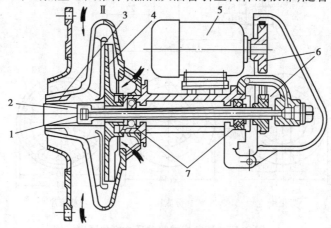

图8.12 转杯式喷嘴

(1~7.图注同图8.11)

杯壁向外流到杯的边缘,在离心力的作用下飞出,高速的一次风(40～100 m/s)则帮助把油雾化得更细。一次风通过导流片后作旋转运动,旋转方向与燃油的旋转方向相反,这样能得到更好的雾化效果。

转杯式喷嘴由于不存在喷孔堵塞和磨损问题,因而对油的杂质不敏感,油的黏度也允许高一些。这种喷嘴在低负荷时不降低雾化质量,甚至会因油膜减薄而改善雾化细度,因此调节比最高,可达1:8。转杯式喷嘴雾化油粒较粗,但油粒大小和分布比较均匀,雾化角较大,火焰短宽,进油压力低,易于控制。其最大缺点是:由于它具有一套高速旋转机构,结构复杂,对材料、制造和运行的要求较高。

(4)高压介质雾化喷嘴

高压介质雾化喷嘴利用高速喷射的介质(0.3～0.6 MPa 的空气)冲击油流,并将其吹散而使之雾化。该型喷嘴可分为内混式(见图 8.13)和外混式(见图 8.14)两种。这种喷嘴结构简单运行可靠,雾化质量好而且稳定,火焰细长(2.5～7 m),调节比很大,可达1:5,对油种的适应性好,但耗汽量大,有噪声。

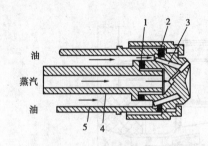

图 8.13　内混式蒸汽雾化喷嘴
1—密封垫圈;2—压盖螺母;3—油喷嘴;
4—内管;5—外管

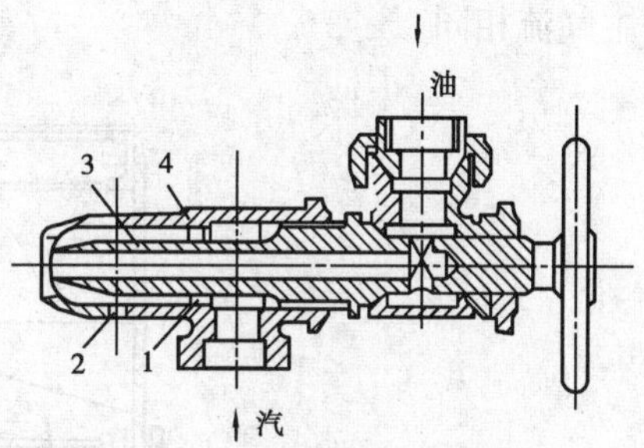

图 8.14　外混式蒸汽雾化喷嘴
1—定位爪;2—定位螺钉;3—油管;4—蒸汽套管

(5)低压空气雾化喷嘴

如图 8.15 所示,燃油在较低压力下从喷嘴中喷出,利用速度较高的空气从油的四周喷入,将油雾化,所需风压为 2.0～7.0 kPa,这种喷嘴的出力较小,一般用于喷油量在 100 kg/h 以下。其雾化质量较好,能使空气部分或全部参加雾化,火焰较短,油量调节比大,达到1:5以上时对油质要求不高,从轻油到重油都可燃烧,能量消耗低,系统简单,适合用于小型锅炉。

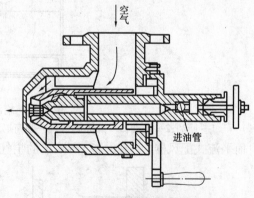

图 8.15　低压空气雾化喷嘴

(6)调风器

调风器又称配风器,它不仅是将燃烧所需的空气送入炉内,而且还使进入炉内的空气形成有利的空气动力场(气流形状和速度分布),使之与油喷嘴喷出的油雾很好地混合,促成着火容易、火焰稳定及燃烧良好的运行工况,在油的燃烧过程中起着重要作用。

根据油的燃烧过程的特点,首先调风器必须应有根部风。因为油滴蒸发成的油气在高温、缺氧的情况下,会使碳氢化合物热分解生成炭黑粒子,造成不完全燃烧损失。为此,调风器首先要使一部分空气和油雾预先混合,以避免产生热分解。这部分空气称为一次风,故需从油雾根部送入,又称为根部风,其风量为总风量的15%～30%,风速为25～40 m/s。其次,调风器应能在燃烧器出口造成一个尺寸较小的、离喷嘴有一定距离的高温烟气回流区,使之能保证燃油的着火稳定。此外,由于油的燃烧速度主要取决于氧的扩散速度,因此强化油雾和空气的混合就成为提高燃烧效率的关键,也即调风器还必须使二次风在燃烧器出口以后尽快地与油雾混合,并组织气流有强烈的扰动,强化整个燃烧过程,以保证炭黑和焦粒的燃尽。

调风器一般由稳焰器、配风器、风箱和旋口4个部分组成。其中配风器结构形式很多,主要按气流流动的方式分为旋流式和平流式(或称直流式)两种。旋流式配风器(见图8.16)所喷出的气流是旋转的,可使一、二次风产生旋流。在此调风器出口的中心位置装置有一个扩散锥,又称稳焰器。其作用:一是使一次风产生一定的扩散,在火焰根部形成一个高温回流区,以点燃油雾,稳定燃烧;二是利用其锥体面上开设的多条狭长缝隙和缝后的斜翅使气流旋转,旋转方向与主气流相同。

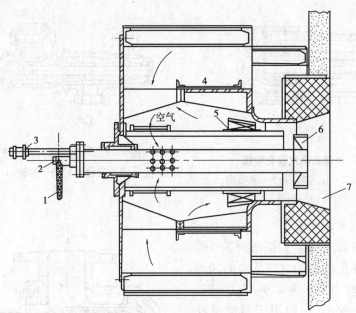

图8.16 旋流式配风器

1—回油;2—进油;3—点火设备;4—圆筒形风门;5—二次风叶轮;6—稳焰器;7—风口

而平流式配风器(见图8.17)所喷出的主气流是不旋转的。

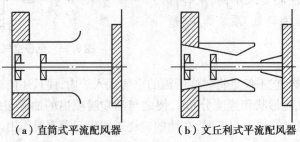

（a）直筒式平流配风器　　　（b）文丘利式平流配风器

图8.17 平流式调风器

实践表明,平流式配风器比旋流式配风器具有一系列的优点:

①稳燃器产生的中心回流较弱,回流区的形状位置比较合适。这样既能保证着火,又能使火炬根部有一定浓度的氧气,防止燃油的高温分解。

②二次风速高,穿透力强,扰动强烈。

③气流速度衰减慢,射程长,后期混合好。

④流动阻力小。

⑤气流流量易于测量,特别是文丘里式配风器,测量的精确度高,这一点对低氧燃烧有利。

⑥没有二次风叶轮,结构简单。

平流式配风器由于火焰比较长,过去在小型锅炉上很少采用,但经过改进,火焰长度已经能适用于小型锅炉。还由于其火焰较窄,能完全避免炉墙的结焦。

4)改善燃油炉燃烧的措施

对比燃煤炉,燃油炉的排烟中含灰很少,其烟气对环境的污染主要来自于成分中的 SO_2、一部分 SO_3 以及氮氧化物 NO_x。抑制和减少它们的产生和形成以保护生态环境,从根本上还得从改善燃烧着手。

(1)低氧燃烧

在油的燃烧过程中,把过量空气量尽可能压低,即让其在 α 处于低值(1.03 ~ 1.05)状态燃烧,同时注意保持炉内温度均匀,不产生局部过热现象以及改善油雾与空气的混合,加强扰动使燃烧完全。这些技术措施,可有效降低 SO_3 和 NO_x 在燃烧过程中生成。

低氧燃烧可能增大锅炉的气体和固体不完全热损失,降低炉内温度水平也会影响燃烧效率。因此采取措施时,需要综合考虑、多方兼顾:例如提高油的雾化质量、改善油气混合、改进燃烧器设计以及提高运行操作技术等;或像平流式调风器那样,采用自动调节设备监视和控制燃烧所需风量,将过量空气系数压低在 1.05 水平,燃烧效率可以保持在 95% 以上。

为实现低氧燃烧,国内外许多燃油锅炉采用微正压(2 000 ~ 3 000 Pa)炉膛,有效防止炉外空气的渗漏。目前,燃油炉是否实施和保持低氧燃烧已成为衡量燃油设备优劣和燃烧技术水平的重要标志之一。

(2)分级燃烧

分级燃烧是将燃料所需的空气由不同设备和部位送入炉内供其燃烧的技术。通常,除调风器供给空气外,在距离调风器一定高度处再供给一部分空气,称为火焰上部风,以弥补经调风器送入二次风不足的 10% ~ 20%。如此,不但可以使火焰区扩大,同时也使炉温趋于均匀并适当降低。炉温降低,有利于抑制和减少 NO_x 的生成(这是采取分级燃烧技术的主要目的),也有利于防止高温区的结渣,但或多或少影响了燃烧效率的提高。

8.5.3 固体燃料的燃烧方式及燃烧设备

1)煤的燃烧过程

煤的燃烧过程也是一个非常复杂的物理化学过程,不可能用简单的式子来表示其微观特性。为了便于分析研究,习惯上将煤的燃烧过程划分为 3 个阶段:

（1）着火前的热力准备阶段

煤进入炉内首先被加热、干燥，当其温度升至100 ℃时，水分迅速汽化，直至完全烘干。随着煤的温度继续升高，挥发分开始析出，最终形成多孔的焦炭。煤在炉子中预热干燥所需热量的大小和时间长短，与其特性、所含水分、炉内温度水平等多种因素有关。煤的水分愈多，预热所需热量愈多，干燥时间愈长。显然，提高炉温或采用预热空气，都将有利煤的预热干燥。

（2）挥发物与焦炭的燃烧阶段

挥发物在燃料加热逸出的同时就开始氧化，当析出的挥发物达到一定温度和浓度时，马上着火燃烧，发光发热，在燃料颗粒外围形成一层火膜，通常把挥发物着火温度就粗略地看作燃料的着火温度。一般说来，挥发物多的燃料，着火温度较低，且易燃烧完全。这是因为挥发物的大量析出，会使固体颗粒中的孔隙增多，有利氧气向里扩散而加速燃烧反应。在挥发物燃烧的后期，焦炭颗粒已被加热至高温。焦炭中因其所含的固定碳含量很高，不仅着火温度高，所需时间长，而且燃烧的同时在表面会形成灰壳，空气中的氧难以扩散进入内部与碳发生氧化反应，也即焦炭要燃烧完全也相当困难。同时，又因焦炭燃烧是燃料释放热量的主要来源，可以认为固体燃料燃烧过程进行得完善与否，在很大程度上决定于焦炭的燃烧。因此，为使这一阶段燃烧完全和提高燃烧速度，除了保持炉内高温和一定空间外，更重要的是必须提供充足而适量的空气，并使之与燃料有良好的混合接触，加快氧的扩散，以提高燃烧反应速度。

（3）燃尽阶段

即灰渣形成段，事实上，焦炭一经燃烧灰就随之形成，给焦炭披上一层薄薄的"灰衣"。随后，"灰衣"增厚，最后会因高温而变软或熔化将焦炭紧紧包裹，空气中氧很难扩散进入，以致燃尽过程进行得十分缓慢，甚至造成较大的固体不完全燃烧损失。煤的燃尽阶段放热量不大，所需空气也很少。

综观煤燃烧的3个阶段，为使燃烧过程顺利进行和尽可能完善，必须根据燃料的特性，为它创造有利燃烧的必需条件：一是保持一定的高温环境，以便能产生急剧的燃烧反应；二是供应燃料在燃烧中所需的充足而适量的空气；三是采取适当措施以保证空气与燃料能很好接触、混合，并提供燃烧反应所必需的时间和空间；四是及时排出燃烧产物——烟气和灰渣。

2）常见的燃煤炉——链条炉排炉

燃煤炉较为常见的燃烧设备是层燃炉，层燃炉又分人工操作层燃炉（手烧炉）和机械化层燃炉。加煤、拨火和除渣三项主要操作部分或全部由机械代替人工操作的层燃炉，统称机械化层燃炉。

机械化层燃炉的类型有：链条炉排炉、机械-风力抛煤机炉、往复炉排炉、振动炉排炉和下饲燃料式炉等多种，其中以链条炉排炉在我国的应用最为广泛。本书只介绍链条炉排炉的构造及燃烧特点。

（1）链条炉的构造

图8.18为链条炉的结构简图。煤靠自重由炉前煤斗落于链条炉排上，链条炉排则由主动链轮带动，由前向后徐徐运动；煤随之通过煤闸门被带入炉内，并逐渐依次完成预热干燥、挥发物析出、燃烧和燃尽各阶段，形成的灰渣最后由装置在炉排末端的除渣板铲落渣斗。

煤闸门可以上、下升降，是用以调节所需煤层厚度的。除渣板，俗称老鹰铁，其作用是使灰渣在炉排上略有停滞而延长它在炉内停留的时间，以降低灰渣含碳量；同时也可减少炉排后端

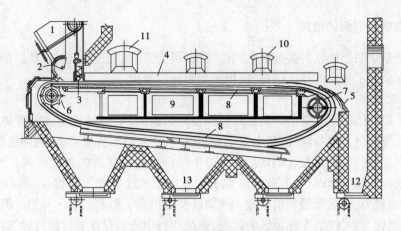

图 8.18　鳞片式炉排总图

1—煤斗；2—扇形挡板；3—煤闸门；4—防渣箱；5—除渣板；6—主动链轮；7—从动轮；

8—炉排地支架上、下导轨；9—送风仓；10—拨火孔；11—入孔门；12—渣斗；13—漏灰斗

的漏风。煤闸门至除渣板的距离，称为炉排有效长度，约占链条总长的40%；有效长度与炉排宽度的乘积即为链条炉的燃烧面积。其余部分则为空行程，炉排在空行过程中得到冷却。在链条炉排的腹中框架里，设置有几个能单独调节送风的风仓，燃烧所需的空气穿过炉排的通风孔隙进入燃烧层，参与燃烧反应。

在炉膛的两侧，分别装置有纵向的防渣箱，一半嵌入炉墙，另一半贴近运动着的炉排面敞露于炉膛，通常是以侧水冷壁下集箱兼作防渣箱。防渣箱的作用：一是保护炉墙不受高温燃烧层的侵蚀和磨损；二是防止侧墙黏结渣箱，确保炉排上的煤横向均匀满布，避免炉排两侧严重漏风而影响正常燃烧。

（2）链条炉的燃烧过程及特点

链条炉的煤自煤斗滑落在冷炉排上，主要依靠来自炉膛的高温辐射，自上而下地着火、燃烧。显然，这种着火条件较差，是一种"单面引火"的炉膛，这是其特点之一。

链条炉的第二特点是燃烧过程的区段性。由于煤与炉排没有相对运动，链条炉自上向下的燃烧过程受到炉排运动的影响，使燃烧的各个阶段分界面均与水平成一倾角。图 8.19 形象地显示了这一情况，燃烧层被划分为 4 个区域。这 4 个区域的特点在改善链条炉燃烧措施中细述。

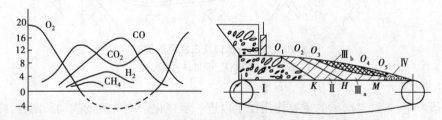

图 8.19　链条炉燃烧过程与烟气成分随炉排长度变化规律

Ⅰ—新燃料区；Ⅱ—挥发物逸出、燃烧区；Ⅲ$_a$—焦炭燃烧氧化区；Ⅲ$_b$—焦炭燃烧还原区；Ⅳ—灰渣形成区

3)改善链条炉燃烧的措施

为改善链条炉的燃烧以其提高燃烧的经济性,目前链条炉在空气供应、炉膛结构及炉内气流组织等方面采取了相应的技术措施,获得到了很好的效果。

(1)分区配风

根据图8.19可以看出,链条炉的燃烧过程是分区段的,沿炉排长度方向燃烧所需空气量各不相同。在煤的热力准备阶段,基本上不需要空气;在灰渣形成阶段,可燃物所剩无几,需要的空气也不多。空气需要量最大的区段在炉排中段挥发物和焦炭的燃烧区域。因此,炉排前后端的送风量可大幅度地调小,有效地降低了炉膛中总的过量空气系数 α_1,既保持了炉膛高温,又减少排烟损失;在需氧最甚的中段主燃烧区及时得到了更多的氧气补给。但增大中段风量,只能增强燃烧,而无法消除还原区的出现,燃烧产物中依然存在有许多可燃气体。因此,如何使各燃烧区段上升的气体在炉膛空间中良好混合,保证其中所含可燃气体成分的燃尽,乃是改善链条炉燃烧的又一重要课题。目前,主要采取改变炉膛的形状(如改变炉拱)和吹送高速的二次风措施等。

(2)炉拱

炉拱在链条炉中有着相当重要的作用,它不但可以改变自燃料层上升的气流方向,使可燃气体与空气得以良好混合,为可燃气体燃尽创造条件的同时,炉拱还有加速新入炉煤着火燃烧的作用。

炉拱的形状、尺寸与燃料的性质密切相关。通常,前、后拱同时布设,各自伸入炉膛形成"喉口",对炉内气体有强烈的扰动作用(见图8.20)。

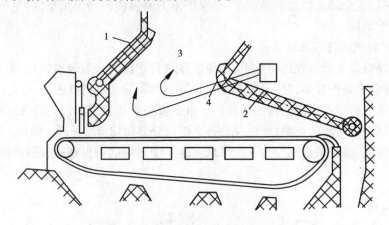

图8.20 炉拱与喉口及二次风的关系
1—前拱;2—后拱;3—喉口;4—二次风

(3)二次风

在链条炉中,布设二次风的主要作用在于以进一步强化炉内气流的扰动和混合,降低气体不完全燃烧热损失和炉膛过量空气系数。其次,布置于后拱的二次风能将高温烟气引向炉前,以增补后拱作用,帮助新燃料着火。同时,由二次风造成的烟气旋涡,一方面延长了悬浮于烟气中的细屑燃料在炉膛中的行程和逗留时间,促成更好的燃尽;另一方面借旋涡的分离作用,把许多未燃尽的碎屑炭粒甩回炉排复燃,减少了飞灰。显然,这将有效地提高锅炉效率,也利于消烟除尘。

二次风的工质可以是空气,也可用蒸汽或烟气。为了达到预想的效果,二次风必须具有一定的风量和风速。一般控制在总风量的 5% ~ 15%,挥发物较多的燃料取用较高值。二次风量既不能多,就要求有高的出口速度,才能获得应有的穿透深度。二次风初速一般在 50 ~ 80 m/s,相应的风压为 2 000 ~ 4 000 Pa。

需强调的是,上述设置分区送风、炉拱和二次风等改善燃烧工况的措施,不单适用于链条炉,在其他类似燃烧过程的炉型中也可因炉制宜,按燃料及燃烧上的要求,恰当地采用上述全部措施或个别措施,以提高燃烧的经济性。

8.5.4　炉子的工作强度

炉子的工作强度主要有炉膛热强度和炉排热强度两个指标,用以表征燃料在炉内燃烧的强烈程度。

对于室燃炉,用炉膛热强度来反映炉内燃烧的强烈程度。单位体积的炉膛,在单位时间内所燃烧的燃料的放热量,即

$$q_v = \frac{BQ_{net}}{3\ 600V_1} \tag{8.31}$$

式中　B——标准状态下,锅炉的燃料消耗量,m^3/h;

　　　V_1——炉膛体积,m^3。

对于层燃炉,煤主要集中在炉排上燃烧放热,其燃烧的强烈程度常用炉排热强度来表示,意思是单位面积的炉排,在单位时间内所燃烧的煤的放热量,即

$$q_R = \frac{BQ_{net}}{3\ 600R} \tag{8.32}$$

式中　R——炉排有效面积,m^2。

层燃炉的燃烧热强度都冠以"可见"两字,这是因为在层燃炉中要分别测出燃料在炉排面上和炉膛体积中燃烧放热量是困难的,所以在炉排和体积热强度中,都把燃料燃烧的全部放热量假定为热强度计算的基础,引入了所谓"可见"的概念。在实际使用中,为了简化称呼,也可不提"可见"两字。

对于既定形式的炉子,q_v、q_R 有一个合理的限值。过分提高炉膛热强度 q_v,会使烟气和它携带的可燃物在炉内时间缩短,也导致不完全燃烧损失增大。同样,过分提高炉排热强度 q_R,追求过小的炉排面积,势必会使煤层增厚和空气流经燃烧层的流速过高,导致不完全燃烧产物 CO、飞灰和阻力的增加,使气体和固体不完全燃烧损失增大。

在室燃炉中,炉膛体积热强度的大小反映燃气、燃油、煤粉气流通过炉膛的时间长短。如加大 q_v,意味着气流通过炉膛的时间缩短,燃料有可能因来不及燃尽而使不完全燃烧热损失增大。但是,假如 q_v 取得太小,炉膛体积增大,增加了锅炉制造费用和散热损失。当然,首要的是保证燃烧过程的基本完成,以烧好燃尽为原则。

8.6　锅炉的受热面的布置形式

锅炉的出现和发展迄今已有 200 余年的历史。其间,从低级到高级,由简单到复杂,随着生产力的发展和对锅炉容量、参数要求的不断提高,锅炉型式和锅炉技术得到了迅速发展。

8.6.1 锅炉受热面形式的演变

随着蒸汽机的发明,18世纪末时出现了工业用的圆筒型蒸汽锅炉。由于当时社会生产力的迅猛发展,蒸汽在工业上的用途日益广泛,不久就对锅炉提出了扩大容量和提高参数的要求。于是,在圆筒型蒸汽锅炉的基础上,从增加受热面入手,对锅炉进行了一系列的研究和技术变革,从而推动了锅炉的发展。锅炉型式的演变,其实质是锅炉受热面形式的演变。图8.21形象地展示了锅炉向着两个方向发展的过程和结构形式的演变。

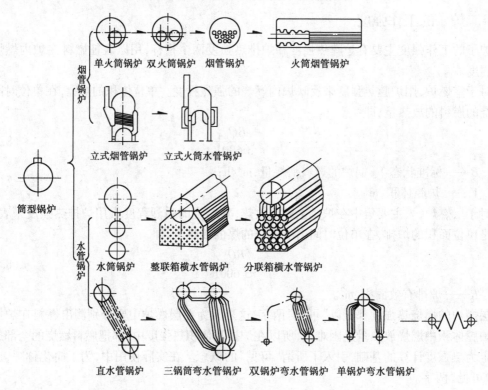

图8.21　锅炉受热面形式发展过程简图

第一个方向:在锅筒内部增加受热面形成的烟管锅炉系列。起初在锅筒内增设一个火筒(也称炉胆),即单火筒锅炉(俗称科尼茨锅炉),燃料在火筒内燃烧放热;后增加为两个火筒——双火筒锅炉(俗称兰开夏锅炉)。为了进一步增大锅炉容量,后来又发展到用小直径的烟管取代火筒以增加受热面,形成了烟管锅炉和火筒烟管组合锅炉,其时烟管锅炉的燃烧室也由锅筒内部移至锅筒外侧。这类锅炉统称为烟管锅炉,其共同的特点是高温烟气在火筒或烟管内流动放热,低温工质——水则在火筒或烟管外侧吸热、升温和汽化。

显然,这类锅炉的炉膛一般都较矮小,炉膛四周又被作为辐射受热面的筒壁所围住,所以炉内温度低,燃烧条件较差。而且烟气纵向冲刷壁面,传热效果也差,排烟温度很高,热效率低。此外,锅筒直径大,既不宜提高汽压,又增加钢耗量,蒸发量也受到了限制。对于烟管锅炉,还存在结构刚性大、烟管排列紧密使清洗水垢困难和烟管内容易堵灰等缺点。当然,这类锅炉也有一定优点,如结构简单,维修方便,水容积大,能较好地适应负荷变化,水质要求低等。随着传热强化技术的提高,其传热效果差的缺陷已得到较大的改善,对于应用广泛容量较小

（$Q \le 10$ t/h）、压力较低的供热锅炉，特别是燃气燃油锅炉，优越性更加突出，至今尚被广泛采用。

第二个方向：在锅筒外部发展受热面，形成水管锅炉系列。大约在19世纪中叶，锅炉开始在锅筒外面再增设几个直径较小些的圆筒受热面。后来，进一步发现增加圆筒数目、减小圆筒直径，以至于以钢管取代圆筒等做法有利于蒸汽参数的提高和传热的改善，最后终于出现了水管锅炉。它的特点是高温烟气在管外冲刷流动而放出热量，汽水在管内流动而吸热和蒸发。

水管锅炉的出现是锅炉发展的一大飞跃。它摆脱了火筒、烟管锅炉受锅筒尺寸的制约，在燃烧条件、传热效果和受热面的布置等方面都得到了根本性的改善，为提高锅炉的容量、参数和热效率创造了良好的条件，金属耗量也大为下降。

早期出现的水管锅炉是整联箱横水管锅炉。由于整联箱尺寸太大，强度难以保证，于是后来改为波形分联箱结构，联箱富有弹性，受力情况大为改善。为了便于拆换水管和清除水垢，波形分联箱上开有许多手孔，因而制造工艺复杂，金属耗量较大。再者，水管横置，水循环不很可靠，易出故障。所以，这种横水管锅炉已不再生产，仅剩为数不多的此类锅炉尚在运行，它们俗称"拔柏葛"锅炉。

竖水管锅炉出现于20世纪初，最早采用的也是直水管结构。研究发现，弯水管比直水管结构不仅富有弹性，而且布置方便，锅筒的制造也大为简化。最初，为了增加受热面，采用许多只锅筒做成多锅筒弯水管锅炉。此后，由于传热学的发展，对锅炉辐射换热规律有了进一步的认识，锅炉向着减少对流受热面，增大辐射受热面的方向发展。于是，锅筒数目逐渐减少，演变成双锅筒、单锅筒锅炉，以至发展到现代的无锅筒锅炉——直流锅炉。这不仅节约了钢材，而且简化了制造工艺。与此同时，蒸汽过热器、省煤器及空气预热器受热面也相继被采用，使锅炉设备更趋完善。

在蒸汽锅炉发展的同时，由于热水供热系统的发展和节能的需要，另一类用于直接生产热水的热水锅炉也正得到较快的发展。此外，为利用生产过程中产生的、数量相当可观的废热，废热锅炉应运而生，并作为废热回收利用设备受到世界各国的普遍重视。

8.6.2　蒸汽锅炉

1）烟管锅炉

烟管锅炉，也称火管锅炉。目前，它还广泛使用于蒸汽需要量不大的用户，以满足生产和生活的需要。火管锅炉有卧式和立式两种：锅壳纵向轴线平行于地面的称为卧式锅炉，锅壳纵向轴线垂直于地面的称为立式锅炉。

蒸汽锅炉按烟气与受热面的相对位置，分烟管锅炉、烟管水管组合锅炉和水管锅炉3类。烟管锅炉的特点是烟气在火筒内和为数众多的烟管内流动换热；水管锅炉是水在管内流动，烟气在管外流动而进行换热；烟管水管组合锅炉则是两者兼而有之，是介于烟管锅炉和水管锅炉之间的一种锅炉。烟管锅炉根据炉胆的布置又可分为对称型和非对称型两种。所谓对称型是指炉胆布置在锅壳对称中心线上；不对称型是指炉胆偏心布置。

近年来，在中小型燃气、燃油锅炉的炉型发展方面，卧式烟管锅炉受到重视。其原因在于：

①高和宽尺寸较小，适合组装化的要求，锅壳结构也使锅炉围护结构简化，比组装水管锅炉有明显优点。

②采用微正压燃烧时,密封问题容易解决,而且炉胆的开头有利于燃油、燃气。

③由于采用新的传热技术(如螺纹式烟管等)使传热性能接近一般水管锅炉水平,克服和烟管传热性能差的缺点。

④对水处理要求低,水容积较大,对负荷变化的适应性强。

2)卧式烟水管组合锅炉

烟管水管组合锅炉是在卧式外燃烟管锅炉的基础上发展起来的另一种新型锅炉。烟管构成锅炉的主要对流受热面,水冷壁管和大锅筒下腹壁面则为锅炉的辐射受热面。

此类型锅炉由于水冷壁紧密排列,为减薄炉墙和用轻质绝热材料创造了条件,使炉体结构更加紧凑,可组装出厂。因此,此类型锅炉俗称快装锅炉,其容量有 0.5,1,2,4 t/h 等多种规格。

3)水管锅炉

容量在 4 t/h 以上的国产蒸汽锅炉,除少数采用烟管锅炉形式外,目前大都采用了水管锅炉的结构形式。它与烟管锅炉相比较,在结构上没有特大直径的锅筒,富有弹性的弯水管替代直烟管,不但节约金属,更为提高容量和蒸汽参数创造了条件。在燃烧方面,由于炉膛不再受锅筒的限制,可以根据燃用燃料的特性自如处置,从而改善了燃烧条件,使热效率有较大的提高。从传热学可知,可以尽量组织烟气对水管受热面作横向冲刷,传热系数比纵向冲刷的烟管要高。此外,因水管锅炉有良好的水循环,水质一般又都经严格处理,所以即便在受热面蒸发率很高的条件下,也有可能使金属壁不致过热而损坏。加上水管锅炉受热面的布置简便,清垢除灰等条件也比烟管锅炉好,它在近百年中得到了迅速的发展。

水管锅炉类型繁多,构造各异。按锅筒数目有单锅筒和双锅筒之分;按锅筒放置形式则又可分为纵置式、横置式和立置式等几种。

在中小容量范围内,水管锅炉的型式主要有 D 型、A 型、O 型 3 种布置形式(见图 8.22)。它们的共同优点是:卧式布置、燃烧器水平安装、操作检修方便、宽高度尺寸较小长度伸缩较大,适合于系列化生产。其中,D 型在布置过热器和尾部受热面方面更灵活,应用范围广。

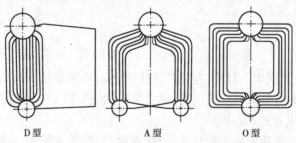

D 型　　　　　A 型　　　　　O 型

图 8.22　水管锅炉的主要形式

8.6.3　热水锅炉

在采暖工程中,热煤有热水和蒸汽两种。由于热水采暖比蒸汽采暖具有节约燃料、易于调温、运行安全和采暖房间温度波动小等优点,同时国家对热媒又做了政策性规定,要求大力发展热水采暖系统。因此,作为直接生产热水的设备——热水锅炉随之得到了迅速的发展。

与蒸汽锅炉相比,热水锅炉的最大特点是锅内介质不发生相变,始终都是水。为防汽化,保证运行安全,其出口水温通常控制在比工作压力下的饱和温度低25 ℃左右。

因此,热水锅炉无需蒸发受热面和汽-水分离装置,一般也不设置水位表,有的连钢筋也没有,结构比较简单。其次,传热温差大,受热面一般不结水垢,热阻小,传热情况良好,热效率高,既节约燃料,又节省钢材,钢耗量比同容量的蒸汽锅炉约可降低30%。另外,对水质要求较低(但须除氧),一般不会发生因结水垢而烧损受热面的事故,受压元件工作温度较低,又无需监视水位,热水锅炉的安全可靠性较好,操作也较简便。

热水锅炉的结构形式与蒸汽锅炉基本相同,有立式和卧式之分;也有烟管(锅壳式)、水管和烟、水管组合式。按生产热水的温度,可分低温热水锅炉和高温热水锅炉两类。前者送出的热水温度一般不高于95 ℃,后者出口水温则高于常压下的沸点温度,通常为130 ℃,高的可达180 ℃。如果按热水在锅内的流动方式,热水锅炉又可分强制流动(直流式)和自然循环两类。根据锅筒内水是否与大气相通,热水锅炉又可分为常压热水锅炉和承压热水锅炉。

强制流动热水锅炉是靠循环水泵提供动力使水在锅炉各受热面中流动换热的。这类锅炉通常不设置锅筒,受热面由多组管排和集箱组合而成,结构紧凑,制造、安装方便,钢耗量少。我国早期生产的热水锅炉和国外大容量热水锅炉大多采用这种强制流动的方式。

此型热水锅炉以往习惯称为强制循环热水锅炉,其实水在锅内并非循环流动,而是进行一次性通过的强制流动;只有在整个供热系统内,热水才是强制循环流动的。

自然循环热水锅炉,其锅内水的循环流动是主要靠下降管和上升管中的水温不同引起密度差异而造成的水柱重力差来驱动的。但因水的密度随温度的变化率不大,且锅内水的温升又有限,与蒸汽锅炉的自然循环以水、汽的密度差为基础相比较,热水锅炉自然循环的驱动力——流动压头要小得多。因此,采用自然循环方式的热水锅炉,自有特点,设计时要特别注意其水循环的可靠性。

8.6.4　废热锅炉

在现代工业中,可供回收的废热量十分可观。例如,用于冶金的工业炉窑,其可资利用的废热约相当于燃料总消耗量的1/3;在玻璃、建筑材料、机械及石油加工等工业部门,可利用的废热也在15%以上。因此,在能源紧缺和环保容量日少的当今,废热的回收利用受到极大重视。

按其物态,废热源可分固体废热(如刚从炉子排出的焦炭、水泥熟料和烧结矿料等)、液体废热(如高温冷却水、化工厂中用于调节反应温度的有机或无机介质、熔融金属或熔渣等)和气体废热(如加热炉烟道气、熔炼炉及反应炉排气以及化工厂工艺气体等)三大类。回收废热的方法很多,目前广为采用的方法是装设废热锅炉,也称余热锅炉。它既可利用高温烟气和可燃废气的余热,也可利用化学反应余热,甚至还可利用高温产品的余热。

废热锅炉一般由省煤器、蒸发器和蒸汽过热器等几部分组成,少数为汽轮机供汽的废热锅炉还装置有回热装置。除有特殊要求外,废热锅炉一般都不配置辅助燃烧设备。废热热源的温度高低差别也很大,低者仅200~300 ℃,高者可达1 500 ℃以上,而且热源一般较为分散。

废热锅炉就其结构特点,可分为管壳式和烟道式两类。前者常用于石油化工生产中回收余热,是一种特殊形式的管壳式换热器,主要利用高温流体(余热源)与冷却介质(水)间接换热以产生蒸汽。后者与普通蒸汽锅炉的型式相近,由高温烟气(或气体)冲刷锅炉管束进行换热而获得蒸汽。

按照水循环系统的工作特性,废热锅炉又可分自然循环式和强制循环式两类。图8.23 所示是一台强制循环式废热锅炉。它由锅筒、蒸发器和蒸汽过热器组成。考虑到烟气向上流动时易沉积烟灰,第二烟道中不布置受热面,利用这个空间作为该废热锅炉启动时的辅助燃烧装置。

对于某些废热锅炉,由于要对其周围的工厂、单位或地区连续供汽,或其所利用的废气中含有可燃物质,通常设置辅助燃烧装置,其负荷可以在 0 ~ 100% 的范围内调节。

在运行条件上,废热锅炉也有它的特殊性。例如有的余热载热体与燃料燃烧生成的烟气,其成分相差无几,有的则含有腐蚀性很强的物质,对受热面有腐蚀作用;又如,有色冶炼、玻璃、水泥等行业的高温尾气,携带有大量的半熔融状态的粉尘或烟炱,通常需要配置较大空间的冷却室和完善的除尘设备,以确保废热锅炉和辅助设备安全可靠地运行;此外,有的废热锅炉内外两侧均为高压高温的流体,对其密封性和材料的耐热性能均有较高要求。如果废热锅炉的各个换热器分散在生产流程的各个部位时,则还应尽可能采用自动控制系统,以保证废热锅炉可靠而持久地运行。

该废热锅炉借循环泵加压的给水由蒸发器进口联箱 6 分配进入蒸发器的蛇形管束受热,汽水混合物汇集锅筒 5。锅水被循环水泵抽出并再次送入进口联箱循环受热。蒸汽则送往蒸汽过热器 3 加热,最后由出口联箱 4 汇集送出。

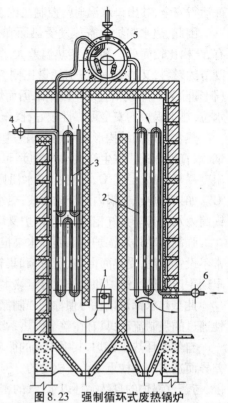

图 8.23　强制循环式废热锅炉
1—辅助燃烧装置;2—蒸发器;3—蒸汽过热器;4—过热蒸汽出口联箱;5—锅筒;6—蒸发器进口联箱

8.6.5　辅助受热面

锅炉本体中除汽锅和炉子两大基本组成部分外,还设置有辅助受热面:蒸汽过热器、省煤器和空气预热器。显然,各辅助受热面是根据具体情况,按实际需要选择增设的。例如,供热锅炉除生产工艺有要求或热电联供,一般较少设置蒸汽过热器,而省煤器则已作为节能装置被普遍采用。

1)蒸汽过热器

蒸汽过热器是为把饱和蒸汽加热成为具有一定温度的过热蒸汽的装置。供热锅炉的过热汽温较低,一般不超过 400 ℃,其容许偏差为 −20 ~ +10 ℃,因而所需受热面不多,也无需采用耐热钢。

蒸汽过热器的结构如图 8.24 所示。它是由蛇形无缝钢管管束和进、出口及中间集箱等组成。由汽锅生产的饱和蒸汽引入过热器进口集箱,之后分配经各并联蛇形管受热升温至额定值,最后汇集于出口集箱由主蒸汽管送出。

根据布置位置和传热方式,过热器可分为对流式、半辐射式和辐射式 3 种形式。对流式过热器位于对流烟道,吸收对流放热;供热锅炉采用的都为对流式过热器。

如果按照蒸汽与烟气的流动方向,过热器又有顺流、逆流和混合流等多种形式,其中以逆流布置的传热温差最大,但因出口管段所处的烟温和内侧气温都最高而工作条件较差;顺流式传热温差最小,又使金属耗量增大。所以,一般常采用混合流的形式。

蒸汽过热器内侧流过的是过热蒸汽,它不单是锅炉各受热面中温度最高的工质,而且放热系数也最小,其工作条件最差。为改善过热器金属材料的工作条件,避免使用昂贵的合金管材,过热器不应布置在烟温很高的区域;另外,又应兼顾保持有合理的传热温差,供热锅炉的过热器一般布置在烟温为850~950 ℃的烟道中。

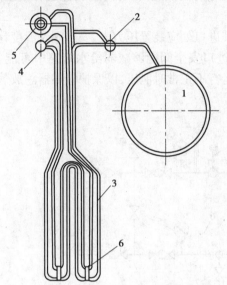 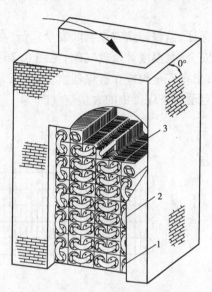

图8.24 垂直式过热器构造	图8.25 铸铁省煤器安装组合简图
1—锅筒;2—进口集箱;3—蛇形管;	1—省煤器进水口;2—铸铁连接弯头;
4—中间集箱;5—出口集箱;6—夹紧箍	3—铸铁鳍片管

2)省煤器

省煤器是给水的预热设备,装置在锅炉的尾部烟道,能有效地降低排烟温度,提高热效率,节约燃料。同时,由于提高了给水温度,还可减小因温差而引起的锅筒壁的热应力,有利延长锅筒的使用寿命。

进入省煤器的给水温度一般仅为30~50 ℃,即便是来自大气式热力除氧的给水,水温虽已达105 ℃左右,但省煤器中的平均水温仍然要比汽锅中饱和水温度低几十摄氏度。在相同烟温下,省煤器比对流管束的传热温差大。另外,省煤器中的水是借水泵强制流动,使它布置得很紧凑,水流自下而上与烟气呈逆向流动,加之省煤器可采用带鳍片铸铁管或小直径钢管,传热系数也大。由于传热系数和温差的提高,当需降低数值相同的尾部排烟温度时,所需的省煤器受热面仅约为蒸发受热面的1/2,且单位受热面的价格也较低廉。所以,现在国内凡蒸发量大于1 t/h的锅炉,出厂时都随带省煤器;蒸发量小于1 t/h的锅炉,用户一般也常自行装置省煤器或余热水箱。

省煤器按制造材料的不同,可分铸铁省煤器和钢管省煤器;按给水被预热的程度,则又可分沸腾式和非沸腾式两种。在供热锅炉中,使用得最普遍的是铸铁省煤器,它由一根根外侧带有方形鳍片的铸铁管通过180°弯头串接而成(见图8.25)。水从最下层排管的一侧端头进省煤器,水平来回流动至另一侧的最末一根,再进入上一层排管,如此自下向上流动受热后送入上锅筒。烟气则由上向下横向冲刷管簇,与水逆流换热。

铸铁省煤器因铸铁性脆,承受冲击能力差而只能用作非沸腾式省煤器,其出口水温至少应比相应压力下的饱和温度低30 ℃,以保证工作的安全可靠。铸铁省煤器还由于铸造工艺的局限,管壁较厚,体积和质量都大,鳍片间毛糙容易积灰、堵灰而难于清除。此外,它的所有铸铁管全靠法兰弯头连接,不仅安装工作繁重,又易渗水漏水。但是,铸铁省煤器对管内水中溶解氧和管外烟气中的硫氧化物一类腐蚀性气体有较好的抗蚀能力,对高速灰粒也有较强的耐磨性能。

为了保证、监督铸铁省煤器的安全运行,在其进口处应装置压力表、安全阀及温度计;在出口处应设安全阀、温度计及放气阀,见图8.26。进口安全阀能够减弱给水管路中可能发生的水击的影响;出口安全阀能在省煤器汽化、超压等运行不正常时泄压,以保护省煤器。放气阀,则用以除排启动时省煤器中的大量空气。

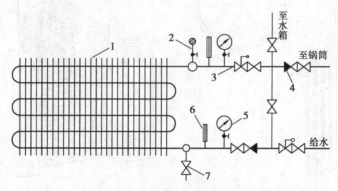

图8.26 铸铁省煤器附件及管路

1—省煤器管;2—放气阀;3—安全阀;4—止回阀;5—压力表;6—温度计;7—排污阀

在锅炉启动时,也即从锅炉升火到产出蒸汽这段时间,它常常是不连续进水的。为保护省煤器不致过热而损坏,让烟气从旁通烟道绕过省煤器或从省煤器出口接一再循环管,将省煤器出水送回给水箱。假若不装再循环管,则只有打开锅炉排污阀放水,造成热量浪费。当省煤器损坏、漏水而锅炉又不能立即停炉时,省煤器应能和汽锅切断隔绝,给水则改由另设的旁路直接送往锅筒,确保给水的供应。

3)空气预热器

空气预热器简称空预器,是一利用锅炉尾部烟气的热量加热空气的换热设备。和省煤器一样,它也是一种能有效降低排烟温度和提高锅炉热效率的锅炉尾部受热面。当锅炉给水采用热力除氧或锅炉房有相当数量的回水时,因给水温度较高而使省煤器的作用受到限制,省煤器出口烟温较高,此时设置空气预热器,可以有效地降低排烟温度,减少排烟热损失;同时提高燃烧所需空气的温度,又可改善燃料的着火和燃烧过程,从而降低各项不完全燃烧损失,提高锅炉热效率。供热锅炉大多采用的是管式空气预热器。

管式空预器有立式和卧式之分。图8.27所示为一立式空预器,它是由许多竖列的有缝薄壁钢管和管板组成。管子上、下端与管板焊接,形成方形管箱结构。烟气在管内自上而下流动,空气则在管外做横向冲刷流动。空气预热器的管子根数及管距取决于烟气流速。一般情况,烟气流速在 10 ~ 14 m/s,空气流速为 5 ~ 7 m/s。烟速过低,不利传热,也易导致烟灰沉积;烟速过高,流动阻力增大,使通风设备电耗增加。为了使烟气对管壁的放热系数接近于管壁到空气的放热系数,以获得空预器最高的传热系数,设计时烟气流速应尽可能调整到空气流速的 2 倍左右。

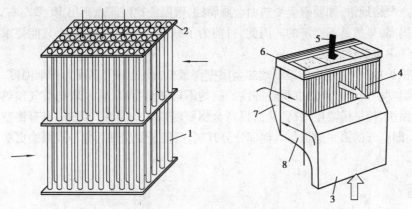

图 8.27　空气预热器结构示意图
1—烟管管束;2—管板;3—冷空气入口;4—热空气出口;
5—烟气入口;6—膨胀节;7—空气连通罩;8—烟气出口

4)尾部受热面烟气侧的腐蚀

烟气中含有水蒸气和硫酸蒸气。当烟气进入尾部烟道,因烟温降低可能使蒸汽凝结,也可能蒸汽遇到低温受热面——省煤器和空预器的金属壁而冷凝。水蒸气在受热面上冷凝会引起氧腐蚀,硫酸蒸气的凝结液与金属接触则发生酸腐蚀,这两种腐蚀称为低温腐蚀。

低温腐蚀主要发生于空气预热器中的冷空气入口段。对于供热锅炉,由于给水温度一般都比较低,在省煤器中也会发生低温腐蚀。低温腐蚀的程度与燃料成分、燃烧方式、受热面布置以及工质参数等多种因素有关。

硫是燃料中的有害元素,燃烧时生成 SO_2,其中 0.5% ~7% 会进一步转化为 SO_3。随着烟气的流动,SO_3 又同烟气中水蒸气结合生成硫酸蒸气,如凝成酸液将对受热面产生严重腐蚀。可见,燃料的含硫量愈高,引起金属腐蚀的可能性就愈大。

水蒸气的露点温度,随烟气中水蒸气含量的高低而变,但一般在 30 ~ 60 ℃。可是,当烟气中含有 SO_3 时,即使含量只有 0.005% 左右,它与水蒸气形成的硫酸蒸气的露点就会很高,甚至达 150 ℃ 左右。这样,当尾部受热面的壁温低于酸露点时,硫酸蒸气就会凝结,引起这部分受热面金属的严重腐蚀。此外,硫酸液还会与受热面上的积灰起化学反应,形成以硫酸钙为基质的水泥状物质,这样的积灰呈硬结状,会堵住管子或管间通道。这种现象在供热锅炉的铸铁省煤器和管式空预器管中是屡见不鲜的。

根据研究,烟气中 SO_3 形成的数量,不仅与燃料含硫量有关,而且也与燃烧温度、空气过量系数、飞灰性质和数量等有关。当燃烧温度高,空气过量系数又大时,由于火焰中氧原子浓度高,烟气中 SO_3 含量就大为增多。而烟气中飞灰的粒子则具有吸收 SO_3 的作用;所以在燃油炉中,因飞灰少,炉膛温度高,特别是当烟气中含有较多的钒氧化物时,它对 SO_2 继而氧化成 SO_3 的反应起有催化作用,这些都将使炉膛中形成的 SO_3 含量增多,致使尾部受热面低温部分发生严重腐蚀。

由上可知,锅炉低温受热面腐蚀的根本原因是烟气中存在有 SO_3 气体,发生腐蚀的条件是金属壁温低于烟气露点温度。因此,如能进行燃料脱硫,控制燃烧以减少产生 SO_3,使用添加剂(如石灰石、白云石等)加以吸收或中和烟气中 SO_3 及提升金属壁温,避免结露,则可有效地减轻和防止低温腐蚀与堵灰。但由于技术和经济的原因,目前国内采用最多的办法是提高壁温,即相应提高排烟温度。严格地讲,如要避免受热面金属腐蚀,壁温应比酸露点高出 10 ℃ 左右。这样,排烟温度将大为提高,显然是不经济的。因此,目前为了减轻尾部受热面腐蚀,只能要求受热面的壁温不低于烟气中水蒸气露点。

在供热锅炉中,空气预热器最下端的金属壁温最低,此处烟气温度为排烟温度,入口空气温度是冷空气温度。由于排烟温度受经济性的制约不可随意提高,常采取把空气预热器进风口高置于炉顶的做法,使进风温度增高,从而提高金属壁温以减少腐蚀。此外,也有将空气预热器的最底下一节,即空气的第一通道与其他部分分开制作,便于受腐蚀后修补或调换更新。

本章小结

本章主要介绍了锅炉及锅炉房的基本组成、表征锅炉特性的指标、燃料、燃烧设备、锅炉汽水循环系统。锅炉主要由汽锅和炉子两部分组成,锅炉房由锅炉本体和辅助设备组成。表征锅炉特性的指标有:蒸发量(蒸汽锅炉)或热功率、产生的蒸汽或者热水的参数、受热面蒸发率或发热率、锅炉的热效率等。锅炉燃料有气体、液体、固体三种,燃料的成分分析基准有收到基、空气干燥基、干燥基和干燥无灰基,燃料的发热量有高位发热量和低位发热量两种。锅炉热效率的测定可用热平衡试验方法测定,测定方法有正平衡法和反平衡法。水管锅炉的水循环有自然循环和强制循环两种,水循环可靠性指标是循环流速和循环倍率。燃料不同,燃烧特性及燃烧设备也不同。供热锅炉有蒸汽锅炉、热水锅炉、废热锅炉,锅炉辅助受热面根据节能需要选择增设,尾部受热面烟气侧的腐蚀主要是低温腐蚀,应当采取一定的措施避免或者减少腐蚀。

思考题

8.1　什么是锅炉? 它的主要构造有哪几个部分? 其工作原理是什么?

8.2　什么是燃料成分的分析基准?

8.3　什么是燃料的低位发热量? 为什么计算热平衡时要采用低位发热量?

8.4　锅炉有哪些可能的热损失? 哪些是可以尽量减小的? 哪些是受技术经济条件制约较大的?

8.5　锅炉热平衡方法是否适合于其他类似的热源或冷热源一体化设备,如燃气空调、直燃式机组? 热平衡与建筑节能有什么关系?

8.6　蒸汽带水有什么危害? 有哪些汽水分离的方法?

8.7　什么是炉膛热强度和炉排热强度? 为什么有时要在前面加"可见"二字?

8.8　为什么锅炉的辅助受热面布置的多少必须根据技术经济安全等因素综合决定?

8.9　水管锅炉有什么优缺点? 为什么大型锅炉必然是水管锅炉?

9 热 泵

学习目标：

1. 了解热泵的常用分类方式，掌握热泵各种低位冷热源的热工性质以及参数变化对热泵性能的影响。

2. 了解各种空调冷热利用的不同能源方式，熟练掌握不同热泵的能源利用系数，熟悉其他能源方式的能源利用系数。

3. 掌握不同热泵的系统形式、热泵热回收系统形式以及各种系统形式在实际工程中的利用特点，熟悉不同热泵在建筑空调供热中的各种系统应用方式以及应用要点。

4. 掌握可再生能源在热泵系统利用中的各种形式。

9.1 热泵的分类及其热源

所谓热泵，在工程热力学原理上就是制冷机。按照 ASHARE Handbook 基础篇的解释，热泵就是一个系统：当需要供热时，它从某一热源获取热量并释放至欲调节的空间或物体中去；当需要制冷和去湿时，从该空间或物体吸取热量并排放到冷却介质中去。该热力循环与用于制冷变形后卡诺循环相同。然而，热泵对蒸发器中产生的冷效应和冷凝器中产生的热效应同样有关。在大多数应用中，在卡诺循环中所得到的冷、热效应都被同时利用。由于应用的范围和场合不同，与制冷机相比，热泵在四通换向阀、压缩机承压及润滑、节流和分液装置的可逆性，控制系统的复杂程度，室外侧盘管换热面积等方面有明显的差异。

国际制冷学会(IIR)、世界能源委员会(WEC)和国际能源机构(IEA)多年来一直在大力推广热泵，要求各国政府、厂矿企业、公共事业等部门加强对热泵的推广和应用，并进一步研究制定热泵的国际标准。由于热泵具有不污染环境、可同时利用冷和热量、节能等突出优点，因此被广泛应用于工业方面和农业方面。

9.1.1 热泵的分类

对不同类型热泵,可以从很多方面来进行系统分类,如用途、热输出量、热源类型、热泵工艺类型等。

按热源种类和热媒种类来划分,是常见的分类方法,分别见表9.1 和表9.2。

表9.1 建筑供暖用热泵的分类

热 源	冷 媒	热 媒	热泵名称	热泵装置名称
水	—	温水	水-水热泵	水-水热泵装置
水	—	暖空气	水-空气热泵	水-空气热泵装置
空气	—	温水	空气-水热泵	空气-水热泵装置
空气	—	暖空气	空气-空气热泵	空气-空气热泵装置
空气	冷盐水	温水	盐水-水热泵	空气-水热泵装置
空气	冷盐水	暖空气	盐水-空气热泵	空气-空气热泵装置
土壤	—	温水	土壤-水热泵	土壤-水热泵装置
土壤	—	暖空气	土壤-空气热泵	土壤-空气热泵装置
土壤	冷盐水	温水	盐水-水热泵	土壤-水热泵装置
土壤	冷盐水	暖空气	盐水-空气热泵	土壤-空气热泵装置

表9.2 闭式蒸气压缩循环的热泵形式

热泵形式	热源和热汇	供热(冷)介质	热力循环	⇨ 制热　　　　⇨ 制冷　　　　➡ 制热和制冷
空气-空气热泵	空气	空气	热泵工质换向	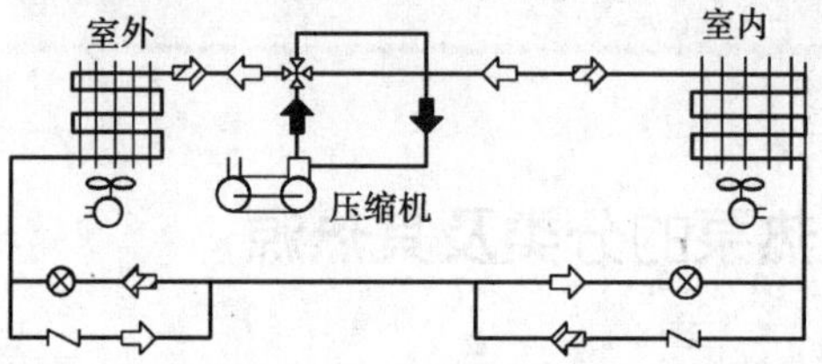
空气-水热泵	空气	水	热泵工质换向	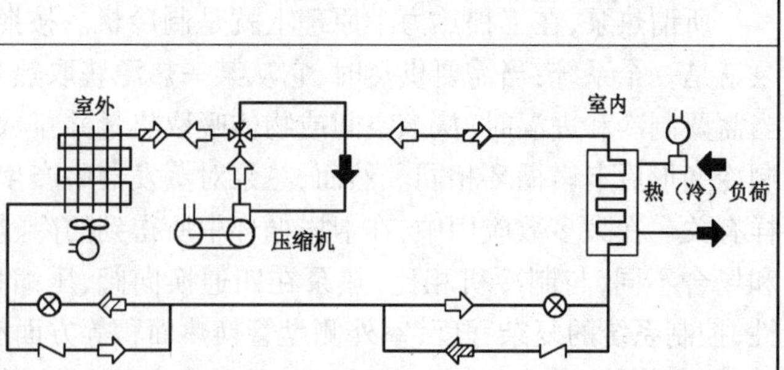

续表

热泵形式	热源和热汇	供热(冷)介质	热力循环	制热　　　　　制冷　　　　　制热和制冷
水-空气热泵	水	空气	热泵工质换向	
水-水热泵	水	水	水换向	
大地耦合式热泵	大地耦合(或闭路大地热源)	空气	热泵工质换向	
大地热源直接膨胀式热泵	大地热源直接膨胀式	空气	热泵工质换向	

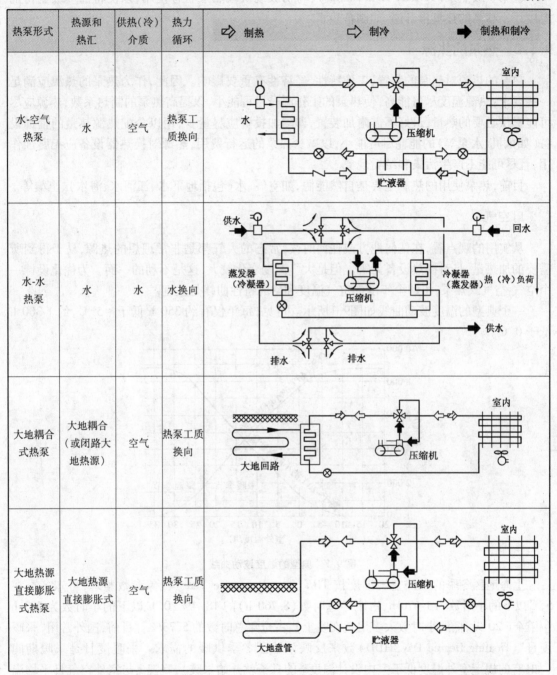

按照热量提升的方式,其分类如下:

①初级热泵(Primary Heat Pumps):使用环境中存在的天然能源,如以室外空气、土壤、地下水、地表水作热源。

②次级热泵(Secondary Heat Pumps):回用废热(即已用过的热)作为热源,如由室内排出有待于降温的排气、废水、废热。

③第3级热泵(Tertiary Heat Pumps):与初级或次级热泵联合使用,以便将前一级制得的温度还不够高的热量再升温,如制备热水。

9.1.2 热泵的热源

热泵的热源对热泵的装置、工作特性、经济性有重要影响。因此,作为热泵的热源应满足一些要求:热源温度尽可能高,使热泵的工作温升尽可能小,以提高热泵的制热系数,热源应尽可能提供必要的热量,最好不需附加装置,即附加投资应尽量少,用以分配热源热量的辅助设备(如风机、水泵等)的能耗尽可能小,以减少热泵的运行费用,热源对换热器设备应无腐蚀作用,且尽可能不产生污染和结垢现象。

目前,热泵使用的热源主要是自然能源,如空气、水(包括地下水、江河水、海水)、土壤等。

1)空气

从实用的观点看,在任何地方或任何时候,常态的大气都是非常理想的热源,易于得到所需要的加热量,且对换热设备无害。但是大气温度变化较大,这是不利的一面。为优化设计一个空气-空气式热泵,了解全年度的空气温度和焓的特性曲线是关键。

一个典型的温度波动曲线如图9.1所示。可见,每年仅有约 350 h 低于 −5 ℃,约 1 300 h 低于 0 ℃。

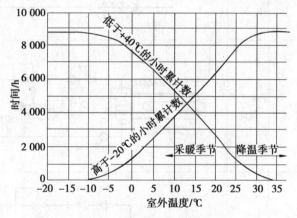

图9.1 典型的温度波动曲线

上海地区冬季的室外空气温度按 TRY(Test Reference Year)气象参数整理,可知冬季在 5 ℃以下的小时数为 1 670 h,占全年总时数(8 760 h)的 18.4% ;0 ℃以下的小时数为 502 h (相当于 20 天,低温小时数大多出现在晚上),占全年总时数的 5.73% 。目前,国外常用"采暖度日"(Heating Degree Day, HDD)数来反映该地区冬季供暖的需求。采暖度日是采暖期间(如:有的规定室外温度低于室内设计温度 t_i 的日子就开始采暖),室温 t_i 与室外空气日平均温度 t_0 之差的累计值,即

$$HDD = \sum_{i}^{n} (t_i - t_0) \tag{9.1}$$

式中 n——采暖日数。

按上海地区以 18 ℃为室内基准温度的采暖度日可算得 HDD 为 1 904,低于日平均温度 18 ℃的日数为 194 天,这些天的平均温度为 8.2 ℃。

按照日本的经验,采暖度日数小于3 000,用空气热源热泵是可行的。近年来的事实也证明,在我国长江流域及其以南的夏热冬冷地区采用空气热源热泵是可行的。

以空气为热源的蒸气压缩式热泵的主要缺点是:它们的制热量与蒸发温度关系甚大,也即与环境温度关系甚大。随着环境温度下降,建筑物所需供热量随温差增加而正比地增加,但是,热泵的制热量却随温度的降低而降低。

图9.2表示了采用空气热源热泵供暖的系统特性,图中Q_h-t_a表示热泵装置的供热能力曲线(不同容量热泵曲线不同)。在相同的坐标系统中,Q_0-t_a为建筑物的耗热量特性线(对已定的建筑物只存在一根曲线),两线呈相反的变化趋势。故产生一交点O称为热泵装置的平衡点,相对应的横轴温度称平衡点温度。当环境处于该温度时,建筑物的耗热量(需求)与热泵能力(供给)相平衡,当$t_a > t_0$时,热泵供热有余;当

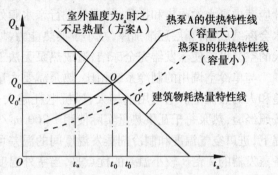

图9.2 空气热源热泵供暖的系统特性

$t_a < t_0$时,则热泵供热不足。若能将多余的热量储存起来,在室外低温时予以填补,则是很合理的措施,但往往不易理想地实现。

一般在热泵设计时,应选定该工程的经济合理的平衡点以便配置热泵主机的额定容量。如果所取的t_0与当地最低环境温度(通常指冬季采暖设计温度)相等,虽能保证最低温度时能满意地供热。但在其他室外温度时,供热量富裕而造成浪费,很不经济,所以要平衡点温度高于室外冬季采暖设计温度,以保证压缩机选配的容量不致过大,并在大部分时间能在较高的效率下运转。这样不仅初投资可以节省,运行费用也较节约。当环境温度低下时,可适当设置辅助加热器或蓄热器来补充热泵的不足热量。当压缩机的输气量可调时(如利用变频器调节压缩机转速),则供需关系就能得到满足。此外,采用多台热泵并联工作时,也能较好地满足供需的平衡(见图9.3)。

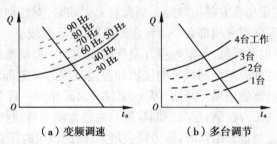

(a)变频调速   (b)多台调节

图9.3 采用压缩机变频或多台热泵来满足供需平衡

由于空气热源热泵在供热季节中,其压缩机在各部分负荷下运行的时间、部分负荷时的效率以及辅助加热器的容量变化和加热时间都是不同的,故对空气热源热泵的经济性评价是按整个季节的运行效率来确定的。这就是所谓的热泵制热季节性能系数(Heating Seasonal Performance Factor,HSPF)。

为了评价空气源热泵用于某一地区在整个采暖季节运行时的热力经济性,提出了制热季节性能系数概念,即

HSPF = 供热季节热泵总的制热量/供热季节热泵总的输入能量   (9.2)

式中,供热季节热泵总的制热量包括为满足室内温度所需的辅助电加热量。

空气中包含的水蒸气增加了空气的焓值,且当水蒸气在冷表面凝结成水时,可增强传热量50%~100%,其增长量视水蒸气含量的不同而不同。只要蒸发器表面温度高于0℃,那么空气中的水蒸气将在冷表面凝结成水,这使得掠过蒸发器的空气所受阻力加大,故大型蒸发器设计应考虑凝水的收集和排除,如翅片进行亲水膜处理。如果蒸发器表面温度降至0℃以下,凝水会冻结成霜,霜层逐渐加厚,减小了换热能力,增大了空气阻力。运行时间较长时,含湿量很大的空气可能使蒸发器完全冻结,造成热泵无法工作。

与单冷空调用的制冷系统相比,热泵需要大量的空气作为蒸发器用,以便保持小的工作温差和大的热流量。空气用量越大,风机电耗越大,总性能系数越小,故应尽可能减少空气量。按照经验,热泵每千瓦供热实际使用1 200 m³/h空气。在经济可行的蒸发面积和空气量前提下,进口空气温度和制冷剂蒸发温度间的温差可达5℃。此时的蒸发面积约是一般制冷设备蒸发器的2倍。较小温差的优点是,当室外温度高于3~4℃时,蒸发表面不会结霜;当室外温度高于2℃时,热泵工作时结成的霜当停机时可被室外空气融化掉,不过此时室外空气循环用风机也应停掉,直至融霜完毕;室外温度低于2℃时,结霜就很难避免了。

热泵在融霜运行时四通换向阀动作,室外侧换热器暂时变为冷凝器,由压缩机的高温排气散热来融霜,室内侧盘管变为蒸发器。

理想的热泵融霜循环是在室外盘管确实结有一定量的冰或霜后才开始,即根据实际需要开始。以下介绍的融霜系统不是完全理想的:

①时间-温度控制:所有融霜控制系统中,该法应用最为普遍,即每隔一定的时间融霜装置开动一次,间歇长短以蒸发器温度低至足以结冰霜的程度为限。融霜控制装置可在融霜期内控制室外风机停转,同时其定时器只在压缩机运转时才计量,这样就可防止融霜误动作。但单靠时间控制不能适应室外气温的变化,往往在室外气温较高时,造成融霜过于频繁,融霜效率低,室内温度波动大,且平均性能系数低。

②温差控制:这类系统大部分采用了电子装置。系统采用了两个温度敏感元件:一个感知室外空气温度,另一个固定在蒸发器出口处。当盘管上无霜时,对任何给定的室外空气温度,制冷剂出口温度与室外空气温度间都有一个预定的温差,且温差较小。当盘管结霜后,传热效果显著减弱,制冷剂出口温度降低,与室外空气温度的差增大。如能准确感知这种温差,就可控制融霜循环开动。但这种温差控制系统的使用和温差范围的预定都较困难。另外,室外风机损坏,传热减小,将引起该融霜循环开始、停止、紧接着又开始……直至热泵关闭或损坏。

③流过蒸发器的空气压力控制:这类控制装置是通过监测室外风机吹出的风掠过蒸发器时产生的压降来工作的。当盘管结霜时,压力降会增大,按照预定的压差控制融霜开始。这种装置的任何失误都会导致融霜误开动或开动过于频繁,控制融霜停止的性能较差,且易受阵风的影响。

④电子膨胀阀和变频压缩机联合除霜:采用电子膨胀阀可以对热泵实行新的热气除霜方法。这种方法是用两个温度传感器分别检测室外环境温度 t_a 和室外热交换器的温度 t_0,根据这两者的温差作为结霜判断,结霜判断条件如图9.4所示。除霜时四通阀不换向,制冷剂维持原来供热运行的流动方向,电子膨胀阀全开,变频器使压缩机高速运行,工质在系统中大流量循环,同时室外风扇关闭,室内风扇低速间歇运行,运行15 s,停止15 s。除霜时工质的状态循

环(见图9.5)。由于室内风扇间歇工作,减弱室内热交换作用,压缩机的高温排气在室内换热器排出少量热(过程2—3),经电子膨胀阀适度节流(过程3—4),以较低压力的过热蒸气状态进入室外热交换器排热除霜(过程4—5),然后进压缩机吸收压缩机蓄热(过程5—1),再经压缩(过程1—2)完成循环。可见这种除霜方式利用工质气体的显热化霜,除霜过程所需的能量由输入压缩机的电能和除霜开始前压缩机自身储存的热能提供。若膨胀阀开足,室内风扇停止工作,压缩机排气可在能量几乎完全不损失的情况下到达室外热交换器(见图9.5)。当室内风扇低速断续运行时,除霜能力降低也不多(见图9.5中的虚线)。这时,一部分能量以热风的形式送入室内,室内的供暖作用在除霜过程中不间断,因而室内送风温度下降不多。

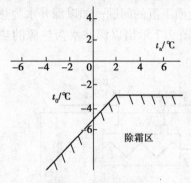
图9.4 结霜判断条件

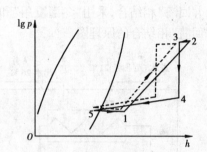
图9.5 除霜时的制冷剂循环

不间断供暖除霜的效果与传统的逆循环除霜效果之比较如图9.6所示。可以看出,逆循环除霜时,室内换热器的送风温度由50 ℃降到0 ℃,使室温降低6 ℃,而不间断供暖除霜方式,送风温度降到40 ℃仍为热风,室温只下降2 ℃。此外,除霜持续的时间也由原来需要11 min缩短为6 min。

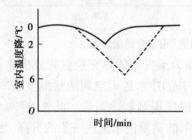
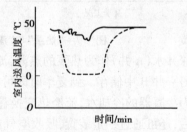

图9.6 除霜效果比较

—— 不间断供暖除霜   --- 传统逆循环除霜

2)水

由于水的比热容大,水温较为稳定,且传热性能好,这使得换热设备较为紧凑,热泵运行性能良好,所以水就成为最佳热源。但是,由于水的资源日减,价格日涨,所以对它的应用较困难,也较昂贵。对于必须靠近水源或有一定要求的蓄水装置,水质也要有一定要求。

(1)地下水

地下水温几乎跟全年平均环境温度相同,有时仅高1~2 ℃,温度十分稳定,不仅夏季可获得较低的冷凝温度,而且可作为冬季恒温热源。据国外资料介绍,确定地下水量是否可作为独立住宅的热源,估算式为

$$W_L = 10A \times 10 \times 200 \tag{9.3}$$

式中　A——地板面积;

　　　10——系数,$10A$ 表示单独住宅每小时所需地下水的容积,$10A \times 10$ 表示独立住宅每天的耗水量;

　　　200——运行周期,d/a。

应用地下水作热源,要注意水质。如果地下水的 pH < 7,且含有游离状态的二氧化碳,还含有高于 0.15 mg/L 的氧化铁和高于 0.1 mg/L 的锰,则利用地下水就显得不经济了,水的处理费用太高。

大量利用地下水作热源将涉及地下水资源枯竭和地面下沉的问题。如以深井水为热源可与"深井回灌"相结合,采用"冬灌夏用"和"夏灌冬用",图 9.7 示出以深井水为热源的热泵与"深井回灌"相结合的原理图。

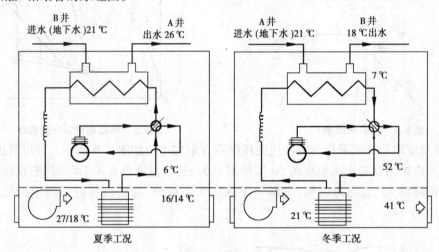

图 9.7　"热泵"与"深井回灌"相结合的原理图

冬季把深井水(A 井)作为热泵的热源,流经作为蒸发器的热交换盘管放出热量而得到冷却后再送入另一井 B 中储存。到夏季时即可将 B 井的冷水送入空调的喷淋室去冷却空气,也可将井水作为冷凝器的冷却水,流经热交换盘管,以便提高制冷系数。此外,冷却水在冷凝器中温度升高后,还可通过一定装置,吸收空气或太阳的热量使水温进一步的升高,然后,再送回原深井 A 中储藏起来,在冬季便可获得比深井水温度还要高的热源,从而提高热泵的供热系数。典型的地表下水源热泵系统示意图见图 9.8。

(2)地表水

地表水有江、河、湖、海等多种存在型式,海水的水质和水温与其他地表水有较大的区别,是一种特殊的地表水。从水体的流动状态来分,可以分为流动水体和滞留水体两种。

①普通地表水水温及水质分布特性

利用地表水作为低位冷热源,首先应了解地表水的水温和水质的分布规律。适用的地表水具备较高的低位冷热源品质,而非所有的地表水均适合作为热泵的低位冷热源,因此,以流动水体和滞留水体的水温分布来了解地表水的冷热源品质。

在中国,比较典型的流动水体有长江、黄河等大型流动水体。取长江重庆寸滩水文站 2004 年月平均水温资料、2006 年实测江水月平均温度及重庆月平均干球温度进行对比(见

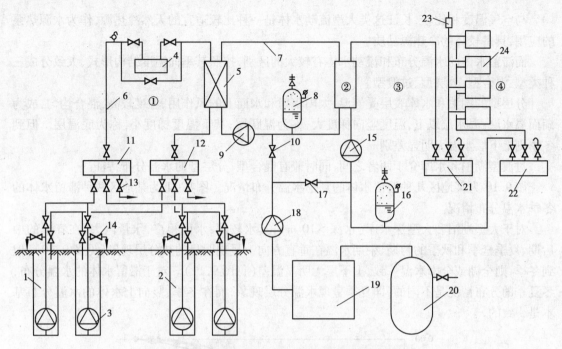

图9.8 典型的集中式地下水源热泵空调系统图示

①地下水换热系统;②水源热泵机组;③热媒(或冷煤)管路系统;④空调末端系统

1—生产井群;2—回灌井群;3—井泵(或潜水泵);4—除砂设备;5—板式换热器;6——次水(地下水)环路系统;7—二次水环路系统;8—二次水管路定压装置;9—二次水循环泵;10—二次水环路补水阀;11—生产井转换阀门组;12—回水井转换阀门组;13—排污与泄水阀;14—排污与回扬阀门;15—热媒(或冷媒)循环泵;16—热媒(或冷媒)管路系统定压装置;17—热媒(或冷媒)管路系统补水阀门;18—补给水泵;19—补给水箱;20—水处理设备;21—分水缸;22—集水缸;23—放气装置;24—风机盘管

图9.9),可以看出:长江水夏季月平均温度在22~25 ℃,较夏季月平均干球温度低3~5 ℃,冬季月平均水温在11~16 ℃,较冬季月平均干球温度高2~4 ℃;从一年内的月平均气温和月平均水温变化趋势上看,水温是随着气温的升高而升高,但由于水的热容比较大,水温相比于气温的变化具有一定的迟滞性,从而形成了夏季水温低于气温,冬季水温高于气温的现象。

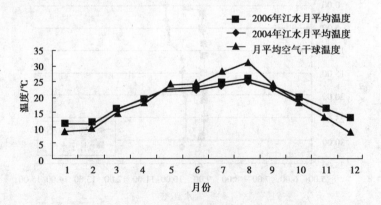

图9.9 长江月平均水温及月平均干球温度变化

与空气温度相比较,长江这类大型流动水体是一种比较适宜的天然冷热源,作为水源热泵的应用,具备较高的冷热源品质。

而滞留水体的水温分布和流动水体有较大的区别,按照其垂向温度结构形式,大致分成三种类型:混合型、分层型、过渡型。

分层型的湖泊和水库表层受气温、太阳辐射和水面上的风作用,温度较高,混合均匀,成为湖面温水层;温水层以下,温度竖向梯度大,称为温跃层;其下温度梯度小,称为底温层。但到冬季则上下层水温无明显差别。

过渡型湖泊和水库介于两者之间,同时兼有混合型、分层型的水温分布特征。

图 9.10 为某地区几种滞留水体的夏季水温分布情况。图 9.11 为某地区两种滞留水体的冬季水温分布情况。

对于大型湖泊和大型深水库(水深 > 10 m),其水较深,水面很广,水量巨大,在春季的中后期、夏季全季和秋季的初期、中期水温在垂直方向上呈现明显的热分层现象(见图 9.10),但到冬季,则全湖或全库水温一致,上下层无明显温差(见图 9.11)。对于滞留水体的水温分布,冬夏季的分布情况是不同的,即夏季呈现水温分层现象,而在冬季,竖向上水体的水温分布基本是一致的。

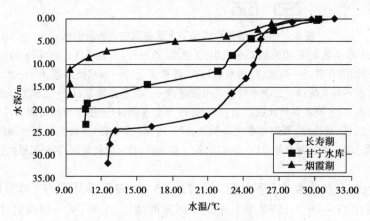

图 9.10　夏季水温分布情况

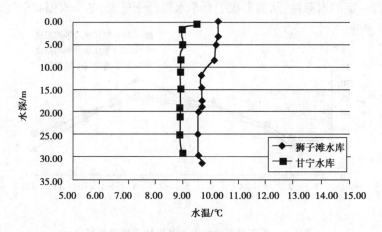

图 9.11　冬季水温分布情况

小型浅水水库和池塘,水很浅(一般水深在 3 m 以内),这类水体多为混合型,即使在夏季,每日内整个水体水温分布也较一致,但水温的变化受气象条件变化的影响很大(见表9.3,表中划"一"的表明该测点处水深未达到表格最上列的水深值),夏季天气最热也正是冷负荷最大时,其水温也达到最高,冬季气温最低也是热负荷最大时,水温达到最低。这类型水体不能作为水源热泵的低位冷热源。

表9.3 几个混合型湖泊的水温分布情况

测试时间	水深/m 水温/℃	3.00	2.00	1.00	0.50	0.10	空气温度/℃
7月上旬	重庆某人工湖	—	—	32.19	32.91	32.91	35.4
8月上旬	四川崇州某湖	25.81	27.55	27.97	28.30	28.53	30.7
8月底	四川文井湖	—	25.35	25.86	26.24	26.68	28.6
9月中旬	昆明某人工湖	—	20.28	21.14	22.23	22.53	25.7
8月底	昆明滇池	21.76	22.13	22.19	22.16	22.14	29.2

由于水温分布参数是水源热泵应用水体的重要参数,从以上的分析得出,水源热泵系统利用地表水的型式上,要注意以下方面:a. 滞留水体和流动水体的水温分布不同,对于利用地表水作为低位冷热源的热泵系统中,为获取适宜的水温,其取水技术是不同的。b. 滞留水体由于水深的分布不同导致其水温分布不同。浅层水体和气温比较接近,应该特别注意其水体的适应性。

对于地表水源热泵系统,除水温参数外,其水质也是影响热泵稳定运行的重要参数,这是与利用空气作为低位冷热源的重要区别。

由于湖、水库、水塘等地表水体拥有复杂的化学成分、化学性质和物理性质,在冷热利用过程中,如果进入系统的地表水不作任何处理,很可能锈蚀系统设备、管道、阀件等部件,影响系统设备的使用寿命,还可能会形成泥沙淤积、产生污垢并由于微生物不断繁殖而产生生物黏泥等堵塞设备管道,从而增加系统能耗、降低制冷效果,影响系统正常使用。

常见的水质影响有结垢、腐蚀、生物污泥等。

常见的结垢物有钙盐、镁盐和硅化物等。引起结垢的原因通常有以下几个方面:a. 水的混浊度大,悬浮于水中的固体微粒因重力作用而沉积;b. 管道和换热器本身表面起化学反应,其产物作为污垢而附于表面上;c. 管道内的水流动速度太小(一般来说,在不考虑其他因素的影响下,水流速度越小,结垢趋势越大);d. 钙在酸性、中性、弱碱性介质中的溶解度随温度升高而减小,而 CO_3^{2-} 的浓度随温度的升高而增大(所以随着温度的升高碳酸钙结垢就越厉害);e. 若水中含有铁离子,这些离子在碱性条件下易形成 $Fe(OH)_3$、Fe_2O_3 晶体,其他盐类晶体很容易以其为晶种,吸附在其表面,快速聚集,使结垢程度加大(温度越高,垢形成得越多)。

金属产生腐蚀的主要原因有化学腐蚀和电化学腐蚀两种,地表水源热泵系统的腐蚀主要是由溶解氧和 Cl^- 引起的电化学腐蚀。在阳极极化条件下,介质中的 Cl^- 可使金属发生孔蚀,且随着 Cl^- 浓度的增加,孔蚀电位下降,使孔蚀容易发生,进而又使孔蚀加速;溶解氧的还原是腐蚀微电池阴极上的主要反应。

自然水体中常见的有害微生物主要有藻类、细菌和真菌。他们生成的主要因素是:水体的温度和 pH 值恰好适合微生物的生长;水体中有微生物生长所需的营养源,如有机物、碳酸盐、硝酸盐、磷酸盐等;自然水体常年有阳光照耀,给微生物的生长提供了良好的条件。许多细菌能将悬浮水中的无机物、腐蚀产物、灰砂淤泥等粘结在一起,形成淤泥沉淀物,附着在管壁上,且越积越厚。微生物沉淀不仅增大传热热阻,还会影响冷却水的流通性,使传热系数进一步降低。

在实际工程应用中,对水质要进行分析,特别是对滞留水体的水质,应根据不同的水质选择合适的水处理方法。还可以采用针对不同的水质选择不同的管材,提高管道中的水流速度等方法来阻止结垢、腐蚀和生物污泥等危害的发生。

从实际调查的情况看,长江等流动水体的水质影响主要是泥砂以及浊度的影响,对于水处理的方式不易过于强调其影响,可以通过改变换热器的型式以及采用最简单的水处理方式,来降低水处理的能耗及投资。

②海水水温分布和水质问题

海水是一种特殊的地表水,海洋作为容量巨大的可再生能源应该得到充分的开发。我国海岸线长达3万多千米,有众多的岛屿和半岛,海洋资源极为丰富。

根据有关部门测定资料,黄海冬季海水(水面以下5 m处)在1月15~31日,其温度不仅高于空气温度而且相当稳定,当空气温度为-6 ℃,海水温度在6 ℃左右。在夏季7月16日至8月23日,海水温度变化范围不大,在20~25 ℃范围内,东海、南海沿海岸夏季水温在27~28℃。我国漫长的海岸线,绝大水域海水均适宜做热泵机组的冷热源,这就为海水源热泵提供了广阔的市场。

海水对金属尤其是黑色金属有强烈的腐蚀作用。如何解决海水对材料的腐蚀问题,而且要简单易行,成为海水源热泵技术的关键。在材料选择和换热器结构上要考虑海水的腐蚀性,同时采取相应防腐措施。

海洋生物包括固着生物(藤壶类、牡蛎等)、粘附微生物(细菌、硅藻和真菌等)、附着生物(海藻类等)和吸营生物(贻贝、海葵等)。他们在适宜条件下大量繁殖,给海水循环带来极大危害。有些海洋生物极易大量粘附在管壁上,形成黏泥沉积引起结垢,严重时可直接堵塞管道。海生物还给海水循环带来严重的腐蚀问题。海生物控制是海水源热泵的常见技术措施。

常用海生物控制的措施有:

a.设置过滤装置:过滤是防止海生物等污染物质进入循环冷却水系统的有效方法。它包括:海水入口的一次滤网,即各种拦污栅、格栅及筛网,主要阻止海生物等异物进入海水冷却系统;进入冷凝器前的二次滤网,即在冷凝器入口尽可能设置粗滤器及涡流过滤器等设备,使进入的一些海生物等异物不能最后进入冷凝器。

b.防污涂漆:防污涂漆的主要成分以有机锡系和硅系漆为主。涂层的主要部位包括循环水系统(循环水管、海水管、冷凝水室、循环水泵等)和吸水口周围设备(旋转筛网等)。防污漆法是通过漆膜中的防污剂的药物作用和漆膜表面的物理作用防止海生物污损。

c.投加杀生剂:控制菌藻、微生物的药剂有许多种类,但控制贝类等的药剂很少;控制海生物的杀生剂主要包括氧化型杀生剂(氯气、二氧化氯和臭氧等)和非氧化型杀生剂(新洁尔灭、十六烷基氯化吡啶和异氰尿酸酯等)两大类;黏泥杀菌剂有松香胺、松香胺与环氧乙烷聚合物等。

取水水泵的腐蚀问题是海水源热泵的技术问题之一。若泵轴本身没采取任何防腐措施,泵上下轴承支撑结构导致海水在泵管内形成滞留区。下轴承区导流罩外处于主流道的位置,海水流量大,不锈钢易保持钝性状态,泥沙不易沉积。导流罩内海水受到阻滞,不锈钢不易钝化,轴和轴承之间的润滑是通过辅助叶轮将水打入轴承间隙润滑。上轴承安装在由泵体伸出管上,海水通过盘根和泵体上压盖间隙维持循环,如果泥沙堵塞或流量减少,易形成恶劣的局部环境,造成上轴承区轴的严重腐蚀,而下轴承区相对较轻。另外,腐蚀部位集中在海水流动性差的部位及结构缝隙部位;表面腐蚀的发生和发展与相对静止的环境有关,腐蚀不会在运转期间发生,而是在静止期间发生。

海水水质对系统的影响主要是盐和藻类对管道和换热器的腐蚀。为提高海水源热泵系统的能效,系统设计时要尽量考虑海水直接进入机组。这种方式对机组提出了较高要求,普通的水源热泵无法满足海水水质要求,即其换热器必须进行材质改造。目前,随着满液式水源热泵机组的发展,用海军铜或镍黄铜作为传热管可以比较容易解决海水腐蚀问题,且不论制热或制冷工况均有较高的效率。这样不论是蒸发器还是冷凝器均可以解决海水腐蚀问题:海水在管程内流动,传热管采用耐海水腐蚀的材料,其他和海水接触部分,如管板外侧、封头内壁也采用防腐蚀材料和相应措施。通常,换热器管板外侧与海水接触侧采用复合管板;换热器封头采用耐腐的铸铁件材料,内置活泼金属锌块。但这种方式的缺点是机组的造价高。

避免海水水质处理的技术措施可以采用闭式换热系统,这就避免了处理海水的工艺。但是,闭式换热系统存在较多的应用技术难点,只能在条件适宜的小范围内使用。

大量的海水源热泵工程的应用还在于对开式系统的研究,开式系统存在较多的技术问题,问题的根源就在于海水的水质。只有解决海水对系统的腐蚀和堵塞问题以及开发出适合海水水质的海水源热泵机组,海水源热泵才能得到广泛的应用。

利用海水作热泵热源的实例也很多,如20世纪70年代初建成的悉尼歌剧院;日本20世纪90年代初建成的大阪南港宇宙广场区域供热供冷工程,为23 300 kW的热泵提供热源。我国黄海之滨的青岛东部开发区和高科技工业园区正规划采用大型海水热源热泵站供热的方案。根据测定,青岛沿黄海的冬、夏浅海水温(水面下5 m处),和室外空气温度变化如图9.12所示。可以看出冬季1月15日—31日的水温不仅高于空气温度而且相当稳定,可确认为良好的热源。

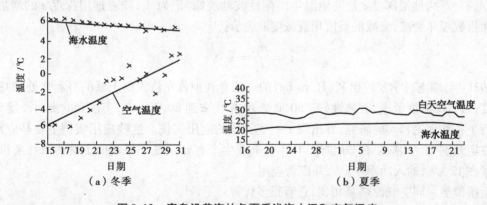

图9.12 青岛沿黄海的冬夏季浅海水温和空气温度

北欧诸国在利用海水热源方面具有丰富的实践经验。以瑞典为例,1 MW以上的热泵装置中约30%为海水热源,其中10 MW以上的采用多级大型离心制冷机,中型的采用螺杆式制冷机。将低温的海水提升温度到50~80 ℃作供热用。海水热源热泵用于水产养殖业亦十分普遍。

3)土壤

与空气和地表水相比较,一定深度的土壤或岩土温度相对恒定,该温度特性对热泵而言,可以作为较好的地位冷热源。以土壤或岩土作为低位冷热源的热泵系统称为大地耦合热泵系统,其原理如图9.13所示。

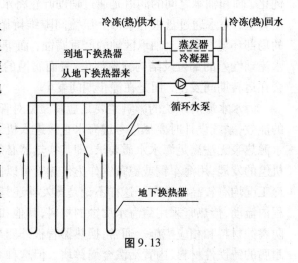

图9.13

对于大地耦合热泵系统,影响其系统效率的因素较多,其中地温分布是一个重要参数。地温受地表面温度年周期性变化和日周期性变化的影响,呈现周期性变化。由于温度日周期性波动较小,工程上一般不予考虑,而主要考虑年周期波动的影响。地温计算公式为:

$$T(z,t) = T_0 + A_\mathrm{s}\mathrm{e}^{-\sqrt{\frac{\omega}{2a}}z}\cos\left(\omega t - z\sqrt{\frac{\omega}{2a}}\right) \tag{9.4}$$

式中　z——从地表面算起的地层深度,m;

$\quad$　t——从地表面温度年波幅出现算起的时间,h;

$\quad$　$T(t,z)$——在 t 时刻,深度 z 处的地温,℃;

$\quad$　T_0——地表面年平均温度,℃;

$\quad$　A_s——地表面温度年周期性波动波幅,℃;

$\quad$　a——土壤导温系数,m²/h;

$\quad$　ω——温度年周期性波动频率,1/h,$\omega = \dfrac{2\pi}{8\ 760}$。

其中,$A_\mathrm{s}\mathrm{e}^{-\sqrt{\frac{\omega}{2a}}z}$ 为地层深度 z 处的地温年周期性波动波幅,记为 A_z,随着地层深度 z 的增加,A_z 以自然指数规律衰减,衰减的程度用衰减度 v 表示:

$$v = \frac{A_z}{A_\mathrm{s}} = \mathrm{e}^{-z\sqrt{\frac{\omega}{2a}}} \tag{9.5}$$

1921年,瑞士科学家佐伊利(H. zoehy)的一项专利中首先认识到土壤的有利之处,即稳定的温度,适宜的温度范围,蓄热性好。20世纪70年代末到80年代末,美国和欧洲对土壤源热泵进行了各种理论和实验研究,并出现了一些具体的应用实例。这些应用实例主要是应用于小型住宅或别墅。瑞典早在20世纪70年代末就生产有专供冬季采暖的土壤热源热泵机组,供热量在12 kW,输入功率4 kW,并广为应用。

土壤源热泵同空气源热泵相比,它有很多优势:

①全年土壤温度波动小,随着土壤深度的增加,土壤温度变化相对稳定。因此,土壤源热泵COP值较高。地表面1 m以下,温度的日变化已觉察不出来,深度达30～40 m,地球各处的温度已基本保持不变。冬季土壤温度比空气温度高,夏季又比空气温度低,所以热泵的供热供冷性能系数较高。

②埋地盘管不需要除霜,减少了结霜和除霜的损失。

③土壤有较好的蓄能作用。冬季从土壤中取出的热量在夏季可通过热传导由地面补充。据重庆大学测定,在重庆,冬季运行土壤源热泵后,经3个月大地地温即可恢复,在冬、夏空调负荷平均的地区,土壤蓄热效果更好。

④在室外气温处于极度状态时,用户对能源的需求量处于高峰期,由于土壤温度有延迟,这时它的温度并不处于极端状态,它可以提供较小的冷凝温度和较高的蒸发温度,以减小高峰需求。

图9.14为河北省怀来县土壤温度的季节性波动。可以看出,在10 m深度以下,土壤温度几乎全年一样,但在埋深1.5~2 m处,土壤温度的季节性波动仍较明显,随着深度增加,土壤温度的波动进一步减小,且波动有延迟现象,这就十分有利于供暖运行。因为主要用热期间的地温还比较高,到春季地温达到最低,但这时需热量已减小,热泵运行时间也相应缩短了。

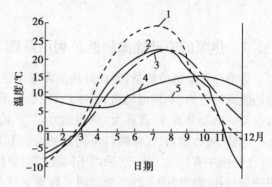

图9.14 河北省怀来县土壤温度的季节性波动
1—地面温度;2—气温;3—地面以下0.8 m处温度;
4—地面以下3.2 m处温度;5—地面以下14 m处温度

土壤源热泵的主要缺点是:

①要根据各地土壤性质不同,导热系数不同来设计地下换热器。一般土壤导热系数小,换热强度弱,需要较大的换热面积。同其他系统比,系统的投资大。

②在连续运行过程中,盘管与土壤的换热引起土壤温度变化,从而引起热泵蒸发温度和冷凝温度的变化。

③室外埋管工程量大,造价高。

土壤源热泵的形式很多,根据埋管埋设方式不同,可分为水平埋管热泵和垂直埋管热泵。其中水平埋管又可分为U形、蛇形、单槽单根管、单槽多根管等多种形式。垂直埋管又分为多浅井埋管、单一深井埋管等形式。水平埋管、开挖技术不高,但换热能力低于竖埋管,开挖工作量大,占用地面积大,最好利用地形来获得较高的经济性。

影响土壤源热泵的因素主要有土壤特性、热泵系统的设计等。埋地盘管受土壤特性的影响很大,这些因素主要包括:

①土壤的导热系数:导热系数越大,盘管的需求量越小,初投资也就越少。

②土壤的含湿量:湿土壤的导热系数比干土壤要大。

③系统运转期间,埋地盘管周围会出现冻土层现象,当冻土解冻后,已经位移的土壤不再复位,使土壤和盘管之间产生了裂缝。为了防止这种现象对传热带来的不良影响,一般应在埋地盘管周围填细砂,采用柔性盘管等。用钻孔的岩浆回填,效果也不错。

④土壤的表面作用,如周围温度变化、降雨、蒸发、太阳辐射的不断变化,以及通过土壤缝隙的渗入使盘管周围的土壤再湿等,都会影响埋管的换热。

⑤沿埋管长度方向土壤特性的变化:如果沿管长方向土壤特性变化激烈,沿管长土壤温度变化较大,使系统运行不稳定。

⑥地下水位线的位置:如果盘管安装接近或低于地下水位线时,可以加强土壤的传热。

⑦土壤湿度的变化和干燥的影响:土壤热量传递和湿度变化是相互影响的,合理应用土壤,保持土壤的湿度,有利于传热的进行。

系统设计对土壤源热泵的运行也有较大影响,由于土壤特性在不同地区、不同深度存在较大的差异,所以设计必须因地制宜,作详尽的技术经济分析才能确定系统型式。

9.2 热泵的能源利用系数

9.2.1 热泵的驱动能源和能源利用系数

热泵热源是低位热量,要提升热位需采用驱动设备并利用必要的驱动能源。常用的热泵驱动能源为电力(利用电动机),也可以用燃料发动机(包括柴油机、汽油机或燃气轮机等)作为热泵的驱动装置,后者称为"热驱动方式"。而吸收式热泵则以热能作为驱动能源。

电能、液体燃料、气体燃料虽同是热源,但其价值有异,电能是由其他初级能源转变而成的,在转换中有损失。因此,采用不同能源驱动热泵时,其经济性是不一样的,通常,可以采用供热量与初级能源的比即能源利用系数 E 来评价。

对于电能驱动的热泵,若热泵的制热系数为 ε_h,发电效率为 η_1,输配电效率为 η_2,则电动热泵的能源利用系数 $E = \eta_1\eta_2\varepsilon_h$。目前凝汽式火力发电厂的发电效率 $\eta_1 = 0.25 \sim 0.35$,输配电效率 η_2 为 0.9。若取 $\eta_1\eta_2 = 0.27$,$\varepsilon_h = 3$,则能源利用系数 $E = 0.81$。其能流图如图 9.15(a)所示。

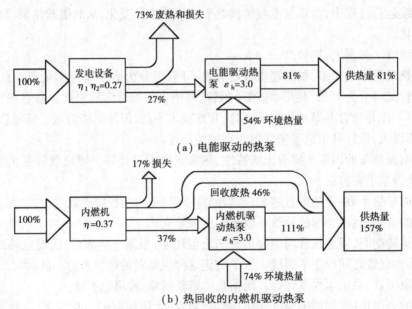

(a) 电能驱动的热泵

(b) 热回收的内燃机驱动热泵

图 9.15 电能驱动热泵和带热回收的内燃机驱动热泵的能流图

对于用内燃机驱动的热泵,若内燃机的热机效率为 0.37,热泵的 $\varepsilon_h = 3$,则其能源利用系数 $E = 0.37 \times 3 = 1.11$。此外,内燃机驱动热泵还可以利用内燃机的排气废热和汽缸缸套的冷却水热量,若这一回收废热为 46%,则实际的能量系数 $E = 1.11 + 0.46 = 1.57$。其装置的能流图如图9.15(b)所示。因此,从能源利用观点看,内燃机热泵优于电动热泵。实际情况下,电站的燃料和内燃机的燃料一般不同,燃料的价格和所采用的设备也不同。因此,从经济观点看,内燃机驱动热泵不一定优于电驱动热泵。

9.2.2 热泵的能量利用系数分析

热泵虽有大于1的制热系数,仅以此来判断供热的经济性还是不够的。在将电动热泵供暖和其他供暖比较时,还应考虑另一个经济指标——能源利用系数。它除了反映制热系数的高低外,还考虑到热泵利用一次能源(燃料)的效率,它包括发电效率 η_1 和输电效率 η_2,故 $E = \eta_1\eta_2\varepsilon_h$。当 $\eta_1 = 0.3$,$\eta_2 = 0.9$ 时,$E = 0.27\varepsilon_h$。如果与利用锅炉直接燃烧燃料相比较,可得表9.4所示的结果。

表9.4 锅炉供热 E 值与相当的热泵 ε_h 值

锅炉供热的 E 值		热泵 ε_h 值		
小型供热锅炉	0.50		1.85	
小区锅炉房	0.65	火力发电热泵	2.40	$E = 0.27\varepsilon_h$
集中供热	0.75		2.80	

由表9.4可知,这一比较运用于不同规模的供热方式。

对于用水力发电的热泵,则几乎任何形式的热泵都是可以优于锅炉供热方式的能源利用系数的(因为水力发电的总效率平均都达0.8,接近火力发电的3倍)。

由于热泵的驱动除电力之外,还可以用热力原动机驱动(前已述及热力原动机驱动时可回收大量余热),因此该方式与所有其他方式供暖相比较,其 E 值是遥遥领先的,如表9.5所示。

表9.5 各种供暖方式 E 值比较

序号	供暖热源	简 图	E
1	电采暖	燃料产生的能量100%→电厂→发电33%→房间,损失67%	0.33
2	锅炉采暖	100%→锅炉→70%→房间,30%	0.70
3	(电动)热泵	100%→电厂→33%→热泵(COP=3)→房间,67%,≈66%	0.99
4	利用热力原动机(燃汽轮机)供热	100%→原动机(COP=3)机械功30%→热泵→90%→房间,70%(排出)↓15%,60%余热利用55%	1.45

9.3　热泵在空调供热系统中的应用

9.3.1　空气源热泵的应用

1) 空气-空气热泵

属于这类机组的主要有窗式或分体式冷暖两用型空调机,各种类型的卧式和立式风冷型冷热风机组等。这类机组按制热工况运行时的热源方向,都是室外空气-制冷剂-室内空气这一途径,故归纳为空气-空气热泵。图9.16为该类机组的流程图。

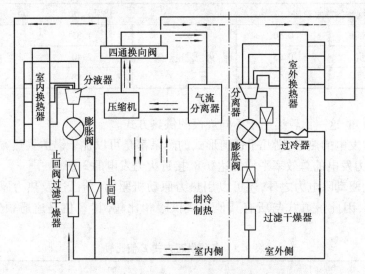

图 9.16　风冷热泵型空调机组流程图

这类机组发展初期,容量小,主机多为全封闭或半封闭型活塞式、滚动转子式、涡旋式压缩机,广泛用于家用空调和分散型非集中空调。但后来出现了一些大型空气-空气热泵机组。以屋顶式空调器和 VAV 系统为代表,其容量有的可高达 80 ~ 160 kW,风量为17 000 ~ 25 000 m³/h(甚至更大),较适用于单区或多区的集中式空调。

屋顶式风冷热泵机组的结构如图 9.17 所示。该机组为自动控制的整体组装式空调机,所有部件(即压缩机、蒸发器、冷凝器、离心风机、轴流风机、热力膨胀阀、换向阀、时间/温度除霜控制器等)均组合在一个箱体内,只需通过风管将处理好的冷(暖)空气输送到所需房间内,机组的回风口和送风口都有连接口,可以方便机组与风管连接。该空调系统室内只有风管,无室内机和风机、换热器等,因此室内环境不存在机械噪声,使人感到安静和舒适。

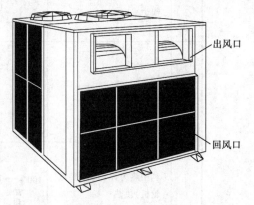

图 9.17　屋顶式风冷热泵空调机组的结构

日本大金公司在20世纪80年代初率先试制成功了VRV(Variable Refrigerant Volume)系统。VRV即为变制冷剂流量系统,如图9.18所示。

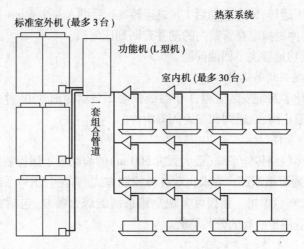

图9.18 VRV管道系统图

VRV系统以制冷剂作为热输送介质。其传送的热量约205 kJ/kg,几乎是水的10倍和空气的20倍,加上采用了先进的变频技术,以及模块式的结构形式灵活组合,较适用于1 000 ~ 10 000 m²的空调建筑。它除了单机空调具有的特点之外,还有以下显著的特点:

(1)灵活的高效容量控制

由于各房间拥有独立的空气调节控制,可使每个房间能得到各自满意舒适的温度。采用变频技术,可以在一个系统内安装种类不同的室内机,满足用户的各自需求。

①节约能源:据统计,在部分负荷下VRV系统与风冷式冷水机系统的年运转费用比可达到69.7:100,这意味着可节约30%的运行费用。

②精确的室温控制:电子膨胀阀能随室内机组的负荷变动连续调节制冷剂流量,这样可消除传统的开/关控制系统中易发生的温度变动,很快就达到并保持近于恒定值的舒适室温。

③适应室外温度的变动范围大:常见的空调机在低室外温度的环境下制冷或制热时,由于其冷凝温度或蒸发温度的变低,使蒸发温度变低和效率低下,使得夏季制冷时室内换热器结霜和冬天制热时供热量不足。而VRV系统借助于压缩机转速变化和室外创新的控制,因此在室外温度低于0 ℃的场所也能很好工作。在极低的室外温度下,由于室外机风机超速运行,使室外换热器表面霜层不易积聚,蒸发温度相应提高,这样就满足了一些特殊的空调要求(如全年需要空调的办公室自动化机房),以及低室外温度时对热泵的制热量要求。

(2)制冷剂配管长度延长

机组室内外配管一般不超过30 m,而VRV系统则最长可达100 m,最大高低落差可达50 m(室外机在下面为40 m)。同一系统内的室内机高低差最大为15 m,而且如此高低悬殊的位差不需要装集油弯,系统的垂直管道可延伸到4 ~ 5层,这样大大地增大了配套系统的灵活性。

但是,环境温度过低与长距离的管道也会带来新的问题:

①液体回流造成的液击。

②回油困难,大金公司利用VRV软性启动特性,致使液体不回流。对于回油困难问题,大金VRV系统采用的方法是:

a. 在压缩机上加装高效率气油分离器,使大部分油在排出后即被分离出来,回到压缩机壳体内;

b. 润滑油分离再生运转,即在启动后 1 h 或运转 8 h 后进入一个 4 min 的润滑油分离再生运转,让大量的液态冷剂冲刷掉附在管壁内的油并带回到压缩机。

通过以上方法,成功地解决了回油问题。

(3)管线、端管及接头均易选择

配管系统大大简化了系统安装工程,1 个系统只需 2 条制冷剂管道,并且不需要防冻措施和吹洗,也不需要滤网、截止阀、双通阀和三通阀等附件。

(4)控制方式多种多样

使用带有双电缆多线路传输系统(最大长度 500 m)的液晶显示遥控装置和多功能集中控制板。VRV 系统变频系列可根据用户要求实现各种控制方式。有些 VRV 系统多功能控制板最大能够控制 16 个系统、256 台单机。该板可实现空调系统的综合控制,包括室内单机独立温度设定、检查程序操作等,适用于所有的公共场所。

(5)运转成本低

虽然初始投资成本稍高些,但由于运转成本、维修成本和能量消耗较低,总成本仅是冷水机组系统的 86% 左右。

另外,对于降低噪声、节省空间等,VRV 系统也具有很强的竞争力。

2)空气-水热泵

这类机组主要是空调设计中常用的各种所谓空气热源热泵式冷热水机组。其压缩机也有活塞式、涡旋式、螺杆式等。这类机组按供热工况运行时,热流方向是室外空气-制冷剂-热水,可统称为空气-水热泵机组。风冷热泵冷热水机组的制冷剂流程见图 9.19。

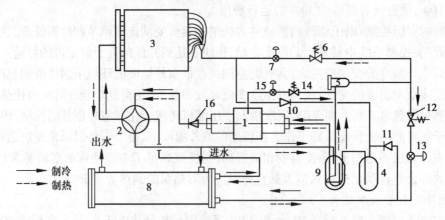

图 9.19　风冷热泵冷热水机组的制冷剂流程图

1—双螺杆压缩机;2—四通换向阀;3—空气侧换热器;4—贮液器;5—干燥过滤器;6—电磁阀;
7—制热膨胀阀;8—壳管式水侧换热器;9—汽-液分离器;10,11,16—止回阀;12,14—电磁阀;
13—制冷膨胀阀;15—喷液膨胀阀

空气-水热泵机组的特点是,其制冷与制热所得冷量或热量可通过热媒——水传输到较远的用冷、用热设备。因此,它适用于冬季室外空调计算温度较高,无集中供热热源的地区,作为集中式空调系统的冷、热源设备。近年来,在我国长江流域及其以南地区,这类机组的应用发展很快。

其优点是:冷热源兼用,一机两用;整体性好,安装方便,可露天安装机房,不占用有效建筑面积;采用风冷,省去了冷却塔及冷却水系统,安装简单、方便;冬季运行时,利用的是大气中的自然能,较之简单的直接电加热供暖 COP 值高。其主要缺点是:夏季采用风冷冷凝器,冷凝压力高,COP值较水冷机组低;冬季运行时,其制热能力随室外空气而变化的特性曲线与建筑物热损失负荷特性恰巧是反方向,在低温地区当供暖能力不足时,还得需辅助热源供暖。室外空气温度过低时,机组回油也是个值得注意的问题。空气-水热泵机组的最大短处在于其空气侧换热器要求的换热面积大,设备价格昂贵。

根据我国制订的风冷热泵冷热水机组的标准,机组的额定制冷量是指环境空气温度为35 ℃,出水温度为7 ℃时机组的制冷量,在实际工作时由于环境温度不同和空调系统末端装置设计的进水温度不同,机组的制冷量是变化的。图9.20 是上海冷气机厂生产的 LSQFR-130 机组的制冷量、功耗随环境温度和出水温度变化的特性曲线。由图上可以看出,风冷热泵冷热水机组的制冷量是随冷水出水温度的增加而增加,并随环境进风温度的增加而减少。这主要是由于冷水出水温度增加时,相应于系统的蒸发压力提高,压缩机的吸气压力提高后,系统中的制冷剂流量增加了,于是制冷量增大;相反,当环境温度增加时系统中的冷凝压力提高,压缩机的排气压力提高后使系统中的制冷剂流量减少,于是制冷量也减少。

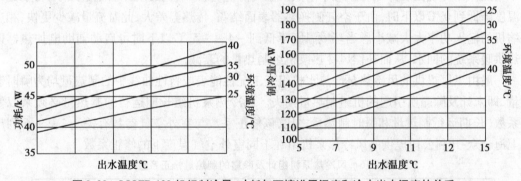

图 9.20　LSQFR-130 机组制冷量、功耗与环境进风温度和冷水出水温度的关系

从图9.20 可看出,机组的功耗是随冷水的出水温度的增加而增加,并随环境温度的增加而增加。这主要是由于当冷水出水温度增加时蒸发压力提高,此时如环境温度不变,则压缩机的压力比减小,对每千克制冷剂的耗功减少。但是由于系统中制冷剂的流量增加,因而压缩机的耗功仍然增大。当环境温度升高时,使系统的冷凝压力升高,导致压缩机的压力比增加,对每千克制冷剂的耗功增加,此时虽然由于冷凝压力提高后使系统中的制冷剂流量略有减少,但压缩机的耗功仍然是增加的。由图可以看出,风冷热泵机组的制冷量和输入功率大体上与冷水出水温度和环境温度成线性关系。

根据我国制订的风冷热泵冷热水机组的标准,机组的额定制热量是指环境温度为7 ℃,出水温度为45 ℃时机组的制热量。在实际工作时,由于环境温度不同和空调系统中要求冬季供热水温度不同,而使机组的制热量随之变化。图9.21 所示为上海冷气机厂生产的LSQFR-130机组的制热量随环境温度和热水出水温度变化的特性曲线。由图上可以看出风冷热泵冷热水机组的制热量是随热水出水温度的增加而减少,随环境温度的降低而减少。这主要是由于机组制热时,如要求出水温度增加,则必须相应提高冷凝压力,当压缩机冷凝压力提高后,必然导致系统的制冷剂流量减少,制热量也相应减少。当环境温度降低到 0 ℃ 左右时空气侧换热器表面结霜加快,此时蒸发温度下降速率增加,机组制热量下降加剧,必须周期地除霜,机组才能正常工作。

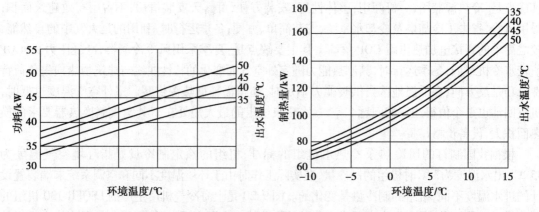

图 9.21　LSQFR-130 机组制热量、功耗与环境进风温度和冷水出水温度的关系

从图 9.21 可见,机组在制热工况下的输入功率是随热水的出水温度增加而增加的,随环境温度的降低而减少。这主要是由于热水出水温度提高时要求冷凝压力相应提高,此时如环境温度不变,则压缩机的压力比增加,压缩机对每千克制冷剂的耗功增加,导致压缩机的输入功率增加。当环境温度降低时系统中的蒸发温度降低,使压缩机的制冷剂流量减小,特别是环境温度降低到 0 ℃以下时,由于空气侧换热器表面结霜,传热温差大,此时流量减少更快,相应压缩机的输入功率大大减小。当环境温度降低到 −4 ~ −5 ℃以下时可启动辅助电加热器以加热供暖系统的回水,从而补偿风冷热泵机组制热量的衰减。

一般由工厂提供的风冷热泵冷热水机组变工况性能表或特性曲线中的制热量均为瞬时制热量,即未计及除霜所引起的机组制热量损失。风冷热泵机组长期运行的制热量必须乘以修正系数(长期运行制热量和瞬时制热量之比,该修正系数与室外空气参数有关)。表 9.6 列出了上海合众-开利公司提供的风冷热泵机组在不同室外空气温度下的修正系数。

表 9.6　风冷热泵机组计及除霜的制热量修正系数

室外空气温度/℃	15	7	4	0	−5	−10	−15
修正系数	1.00	1.00	0.93	0.94	0.96	0.97	0.97

近年来也出现了一些小型的空气-水热泵机组(即所谓的户型中央空调)。其特点是采用单相电和夏季采用蒸发式冷凝器,COP 值高,适用于建筑面积在 100 m² 以上的多居室住宅和多用户出租写字楼的空调。

9.3.2　水源热泵的应用

1)水-水热泵机组

水-水热泵机组又可称为水源热泵式冷热水机组,工作原理如图 9.22 所示。

水-水热泵机组是以水作为低位冷热源,高位冷热源侧提供冷冻水或热水的热泵机组。在水-水热泵机组的应用中,利用自然界中的岩土、江河、湖、海水体等的自然能源,构成不同的水源热泵系统。

以岩土体作为低位冷热源构成的热泵系统,为地埋管地源热泵系统或岩土源热泵系统。根据埋入到大地中的换热器不同,可以分为竖直埋管热泵系统和水平埋管热泵系统。

以江河、湖、海水体等的自然能源作为低位冷热源构成的热泵系统,根据低位冷热源侧换热形式的不同,可以分为闭式地表水换热系统和开式地表水换热系统。从自然水体中直接抽取水源供给热泵机组的热泵系统称为开式地表水换热系统;而将封闭的换热盘管按照特定的排列方式放入具有一定深度的

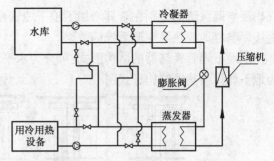

图 9.22 水-水热泵机组的工作原理

地表水体中,传热介质通过换热管管壁与地表水进行热交换的系统称为闭式地表水换热系统。一般情况下,由于换热器置于水体中需要进行固定以及检修,在大型的流动水体中安装换热器存在施工和维护的难题,故通常采用开式地表水换热系统。而对于相对滞留的水体,安装和维护换热器方便,可以采用闭式地表水换热系统。

开式地表水换热系统和闭式地表水换热系统各有优缺点:开式地表水换热系统的水质要求要高于闭式地表水换热系统,但闭式地表水换热系统由于换热器和水体之间存在换热温差,系统效率通常要低于开式地表水换热系统。

开式地表水换热系统是按照水体与低位冷热源侧的换热情况确定的。根据热泵机组冷凝器或蒸发器换热型式的不同,又可以分为直接进水的水源热泵系统和间接换热的水源热泵系统。两种热泵系统的差别是前者水源侧水直接进入到热泵机组,后者在水体与热泵机组之间设置有中间换热器。由于设置有中间换热器,且存在二次循环水泵,通常情况下,直接进水的热泵系统效率要高于间接换热的热泵系统。

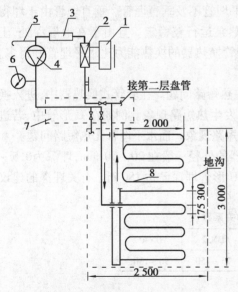

图 9.23 地源热泵空调系统图
1—热泵空调器;2—板式换热器;
3—转子流量计;4—水泵;5—放气阀;
6—压力表;7—地沟;8—地下水平埋管换热器

水-水热泵机组的运行性能稳定,COP 值较高,且由于可充分利用江河、湖、海水体的自然能源,冬季供暖所需能耗少,是中央集式空调系统节能性能最好的冷热源设备。

由图 9.22 可知,水-水热泵机组的工况转换较之于其他类型热泵简单,不需改变制冷系统中制冷工质的流向,而只要通过冷冻水和冷却水管路的切换即可。由于水-水热泵机组结构简单、轻巧,又不需要复杂而易损的四通换向阀,所以价格低廉。但其应用受到自然条件的很大限制,因为只有邻近江河、湖、海建造的建筑物才具备这样的条件。此外,仅有充沛的水源还不够,还要求水源水质也必须满足使用要求。

目前在国内外应用较为广泛的地源热系统均采用介质流经埋在地下的管子与大地进行换热的模式。

图 9.23 为水平埋管地源热泵空调系统图。可以看出,地源热泵空调系统与一般的水-水和水-空

气热泵空调系统的差别在于其增加了地下埋管换热器。因此,地下埋管换热器的设计和运行直接影响着地源热泵空调系统的效果。

①地下埋管换热器的结构形式:可分为水平埋管和垂直埋管两种主要结构形式。图9.24为地下埋管换热器结构形式图。

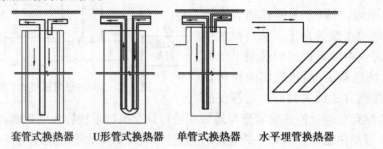

套管式换热器　　U形管式换热器　　单管式换热器　　水平埋管换热器

图9.24　地下埋管换热器结构形式图

水平埋管和垂直埋管两种结构形式的比较如下:

a.水平埋管换热器目前有单、双层之分,一般单层埋深为1.0 m,双层埋深为2.0 m。垂直埋管换热器按埋深分深埋和浅埋两种(埋深 $h \leq 30$ m 为浅埋,埋深 $h > 30$ m 为深埋);按结构形式可分为单管、U形管和套管。水平埋管换热器由于来回环绕,平铺于地面,故占地面积较大;垂直埋管换热器由于垂直向下敷设,故占地面积较小。如果垂直埋管埋于混凝土桩基内,占地面积就更小了。

b.虽然垂直埋管换热器占地少,但由于插入土壤太深,影响土壤自然恢复,且施工费用较高,维修极为麻烦。水平埋管换热器虽然占地面积较大,但由于埋深较浅,土壤的自然恢复能力快,而且施工维修相对容易。

c.比较土壤源热泵的供冷、供热稳定性方面,水平埋管不及垂直埋管。垂直埋管由于埋得较深,几乎不受地表以上自然界气温变化的影响,故热泵运行较稳定。且由于在地层深处,土壤出现极端温度的情形比气温滞后的较多,故垂直埋管换热器的换热能力比水平埋管好得多。但水平埋管又比空气源要好。

d.垂直埋管换热器不管是U形管还是套管均存在热短路问题。在套管式换热器中,进入换热器的水经过换热后出换热器时与刚进入换热器的水发生热短路现象。例如在U形管中,若进出水管相隔较近,且两管的温度相差较大,就会发生热短路现象。而水平埋管无热短路问题。

②地下埋管换热器的埋深:目前,水平埋管换热器的外径一般在20~50 mm,埋深为0.5~2.5 m。垂直埋管越深,换热性能越好。现在最深的U形管埋深已达180 m。有关埋深的建议见表9.7。

表9.7　管径与埋深的关系建议

管　径	DN20	DN25	DN32	DN40
埋深/m	30~60	45~90	75~150	90~180

③地下埋管换热器的换热量:垂直埋管换热器的换热指标为40~100 W/m(孔深),具体单位管长换热量要根据当地的气候条件、岩土的热物理性质及地质状况而定。据重庆大学测定,水平埋管换热器的换热指标为30~50 W/m。

④地下埋管换热器的管长:管长指地下埋管换热器一个环路的长度。地下换热器一个环

路的长度并非越长越好,水平埋管换热器的管长有一最大值,一旦超过长度极限,长度对换热性能的影响就非常小。

⑤地下埋管换热器的管径:一般来说,地下埋管换热器管径增加,换热面积增大,换热效果会更好。但若管径增加到使管内流体处于层流区则换热性能就比较差。必须使埋管中的流体处于紊流区或过渡区,这样才能保持较高的对流换热系数。

⑥地下埋管换热器的管间距:水平埋管间距在 250 ~ 300 mm 时,单位换热与管间距无关,而只同换热器管长有关。

⑦地下埋管换热器的管材:地下埋管换热器一旦埋入地下就很难维修,因此对地下埋管管材就有特殊的要求:为保持良好的水质,要求管壁不生锈,不结垢,不滋生细菌,避免水质的"二次污染";管材耐温性能好,抗冷冻,在 - 50 ~ + 70 ℃ 仍能保持良好的韧性和强度;管材耐腐蚀和抗老化性能好,使用寿命在 50 年以上;管材抗压性能好,额定工作压力应在 0.6 MPa 以上;管材表面光滑,流动阻力小;管材导热性能好,材质的导热系数应在 0.35W/(m·℃)以上;管材便于安装,剪切方便,弯曲随意。

目前,一般采用 PE(聚乙烯)管、PB(聚丁烯)管、PVC 管或其他复合管作为地下埋管。

⑧地下埋管换热器的运行方式:地热源热泵系统在与土壤换热过程中必然改变土壤温度分布,而土壤温度恢复又需要时间。因此,在运行方式上需要采用时停时开的间歇运行方案。

2)水-空气热泵机组

水-空气热泵机组又称为水环热泵机组的设备。

水源热泵机组的结构及流程如图 9.25 所示。从图中可以看到,水源热泵是由压缩机、水侧换热器、风侧换热器、风机等组合而成的整体式机组。在外形上可做成卧式,装于吊平顶内;也可以做成立式,倚墙或柱安装。

水源热泵中央空调系统的构思最早是 1961 年由美国加州热泵公司提出的。实际上,它是以一个双管封闭的水系统连接建筑中全部水源热泵机组,从而构成一个中央空调系统。

水源热泵空调系统流程如图 9.26 所示。

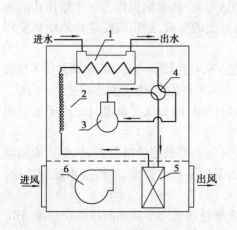

图 9.25 水源热泵流程简图(供热运行)

1—水侧换热器;2—毛细管;3—制冷压缩机;
4—四通换向阀;5—空气侧换热器;6—风机

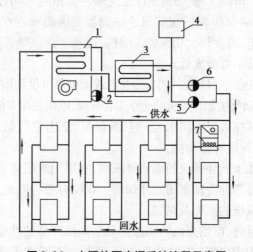

图 9.26 水源热泵空调系统流程示意图

1—封闭循环蒸发水冷却器;2—冷却器泵;3—水加热器;
4—膨胀水箱;5—主循环泵;6—备用泵;7—热泵空调机

水源热泵机组在夏季按供冷工况运行时,其工作与水冷式直接蒸发型冷风机相同。回风通过直接蒸发式表冷器降温除湿后送入房间。冷凝器的冷却水通过冷却塔排热冷却后循环使用。到冬季,机组可按热泵供热工况运行,通过换向阀,改变制冷剂的流向,水侧换热器用作蒸发器,空气侧换热器用作冷凝器,回风通过冷凝器加热后送入房间,实现室内供热。

显然,冬季在水源热泵空调系统中,冷却塔内的水容量及其所含热量是很有限的,如无外部热源的连续补充加热,不需很多时间,水的温度便会很快降低接近冰点。按照水源热泵出厂使用说明规定,在设备按冬季供热工况运行时,循环水温度需保持在 10 ~ 15 ℃。这表明冷却塔对于冬季供暖运行毫无助益或助益很小,冬季按热泵工况运行时,必须要有专门的辅助热源设备,连续不断地向作为热媒的水供给热量。但是,如果一幢建筑物里有两个房间,各有一台水源热泵机组在冬季同时运行,其中一个房间需要供冷,另一个房间要求供暖,则两台机组可分别按不同工况运行。这时,按供冷工况运行机组的冷凝热即可用于补偿另一台按供暖工况运行所需的热量。

水-空气热泵机组的优点:

①在冬季如果同一系统中有要求同时供冷的用户便能实现系统内部能量平衡,减少辅助加热量,达到节能的目的。

②从动力供应角度和空气侧看,这类机组更接近于分散型系统,所以其用电量便于分层分室独立计量,使用灵活。

③可省去冷冻水系统及其相应的保温工程,减少管道占用空间,避免了这部分管道凝露滴水的弊端。

④由于系统在更大程度上接近于分散型系统,故设计、施工简便,对原有建筑加装空调也较容易实施,改建、扩建也较方便。

⑤不需集中供冷、供热的专用机房。

但是,采用这类机组也存在着一些弊端:

①运行噪声大。重庆大学曾对 4 台水源热泵机组进行过测定,实测平均噪声值为66.38 dB(A)(供热与制冷工况噪声值相同),明显比国家标准 GB 7725—87"房间空调器"规定的≥4 500 W 的窗式风冷空调器室内侧噪声 60 dB(A)高。热泵机组作为一个整体式的独立机组,内含较大功率的压缩机,而基于送回风管接管方便的要求,机组的安装场地距离使用地点又不可能太远。

②在冬季若无同时供冷要求或无废热可供利用的情况下,利用该类热泵机组供暖是得不偿失的,反而要增加压缩机的全年运转时间,缩短使用寿命,不如采用别的热源加热热水直接进行供暖。

③如果仅采用水-空气热泵机组,室内空气品质难以保障,因为这类机组只适用于处理回风,无新风补给功能。

④水循环系统的水质要求高,宜采用封闭式系统,因而需要采用价格昂贵、热工性能较差的间接蒸发冷却密闭式冷却塔。在没有条件的地方,如采用开式水系统,应增加水处理措施,减少系统的结垢及腐蚀。

目前,市场提供的水源热泵空调机产品的性能数据都是在美国空调和制冷协会标准 ABI-320 规定的额定工况下测定的,即制冷工况在干球进风温度为 27 ℃,湿球进风温度为 19 ℃,进水温度为 29 ℃,出水温度为 35 ℃;制热工况在干球进风温度为 21 ℃,进水温度为 21 ℃时测定的,在实际使用中要按实际室温和环路进水温度进行修正。图 9.27 和图 9.28 中示出了制冷量、制冷系数、制热量和制热系数随进水温度 t_1 变化的相对修正系数 α。

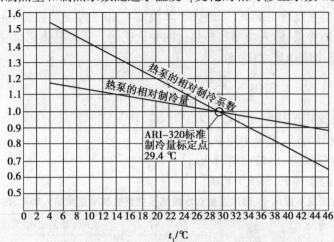

图 9.27　水源热泵在制冷工况下的相对性能曲线

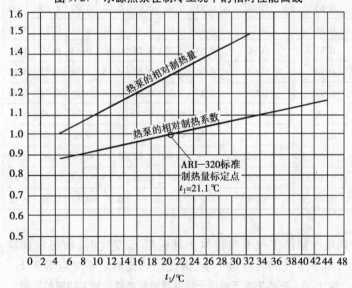

图 9.28　水源热泵在制热工况下的相对性能曲线

由图 9.27 可以看出在制冷工况下当水源温度 t_1 减小时，由于水源热泵空调机中的冷凝温度 t_c 减小，而使制冷系数增加，制冷量 Q_0 也相应增加。在制热工况下，由图 9.28 可以看出当水源温度 t_1 增加时，在水源热泵空调机中的蒸发温度 t_e 增加，而使制热系数增高，制热量 Q_c 也相应增大。

表 9.8　某 006 型水源热泵空调机的额定特性

制冷工况					额定风量 /(m³·h⁻¹)	机外静压 /Pa	水流量 /(L·s⁻¹)
总冷量/kW	显热冷量/kW	排热量/kW	输入功率/kW	制冷系数			
1.8	1.3	2.3	0.55	3.3			
制热工况					382	25	0.10
制热量/kW		吸收热量/kW		制热系数			
2.5		1.8		3.9			

表 9.8 为某 006 型水源热泵空调机在 ARI 标准工况下的性能。

在表 9.9 中列出在制冷工况下,当进风干球温度 t_{c1} 和进风湿球温度 t_{M1} 变化时,某 006 型水源热泵空调机的制冷量、输入功率和显热比的变化比例。所谓显热比,是指空气通过制冷盘管时,显热吸热量与全吸热量之比,即

$$SHR = \frac{显热吸热量}{全吸热量} = \frac{c_{p,a}(t_{c1} - t_{c2})}{h_1 - h_2} \tag{9.6}$$

式中　$c_{p,a}$——空气比定压热容,$J/(kg \cdot ℃)$;

　　　t_{c1}, t_{c2}——空气的进、出口干球温度,$/℃$;

　　　h_1, h_2——空气的进、出口比焓,J/kg。

在空气干冷却的条件下,$SHR = 1.0$。

表 9.9　制冷工况下进风干、湿球温度对水源热泵空调机制冷量和输入功率、显热比的影响

进风湿球温度 $t_{M1}/℃$	制冷量比	输入功率比	进风干球温度 $t_{c1}/℃$									
			22	23	24	25	26	27	28	29	30	31
14	0.85	0.94	0.83	0.89	0.95	0.97	0.99	1.00	1.00	1.00	1.00	1.00
15	0.88	0.95	0.76	0.80	0.86	0.91	0.94	0.97	0.99	1.00	1.00	1.00
16	0.91	0.96	0.67	0.73	0.78	0.83	0.87	0.90	0.94	0.96	0.98	0.99
17	0.94	0.97	0.58	0.64	0.70	0.75	0.78	0.81	0.88	0.92	0.94	0.96
18	0.97	0.98	0.47	0.56	0.62	0.66	0.70	0.74	0.80	0.85	0.88	0.92
19	1.00	1.00	0.35	0.42	0.50	0.57	0.64	0.72	0.75	0.79	0.82	0.85
20	1.04	1.01	0.31	0.37	0.44	0.52	0.60	0.66	0.71	0.76	0.79	0.82
21	1.07	1.02	—	0.30	0.35	0.43	0.50	0.57	0.64	0.69	0.74	0.77
22	1.10	1.02	—	—	0.28	0.33	0.42	0.47	0.54	0.60	0.66	0.71
23	1.13	1.03	—	—	0.27	0.33	0.38	0.45	0.52	0.57	0.63	

在表 9.10 中列出在制热工况下当进风干球温度 t_{c1} 变化时,制热量和输入功率的变化比例。在制热工况下,由于空气的含湿量不变,因此显热比恒定不变且等于 1。

表 9.10　制热工况下进风干球温度对制热量和输入功率的影响

$t_{c1}/℃$	制热量比	输入功率比	$t_{c1}/℃$	制热量比	输入功率比
2	1.14	0.64	18	1.00	0.99
4	1.12	0.89	21	0.97	1.01
7	1.09	0.86	24	0.95	1.03
10	1.07	0.87	27	0.92	1.05
13	1.04	0.88	29	0.90	1.12
16	1.02	0.91	32	0.88	1.14

在表 9.11 中列出风机风量变化时对某 006 型水源热泵空调机制冷量、制热量和输入功率的影响。

表9.11 风机风量对水源热泵空调机制冷量、制热量和输入功率的影响

额定风量的百分率/%	制冷量比	制冷输入功率比	制热量比	制热输入功率比
50	0.92	0.95	0.89	1.11
60	0.94	0.96	0.92	1.08
70	0.96	0.97	0.95	1.05
80	0.98	0.98	0.97	1.03
90	0.99	0.99	0.99	1.01
100	1.00	1.00	1.00	1.00
110	1.02	1.01	1.02	0.99
120	1.04	1.02	1.05	0.97
130	1.06	1.03	1.07	0.95

以上所述是空气侧参数变动时对水源热泵空调机性能的影响。而水侧参数如水流量 Q_{vw} 和进水温度 t_{w1} 对水源热泵空调机性能的影响(见图9.29和图9.30)。

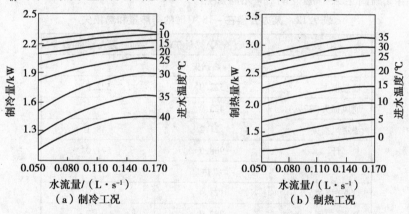

图9.29 水流量和进水温度对水源热泵空调机制冷和制热量的影响

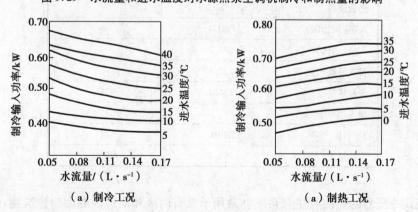

图9.30 水流量和进水温度对水源热泵空调机输入功率的影响

9.3.3 热泵用于建筑中热回收

1)用双管束冷凝器的热回收热泵系统

在现代大型建筑物中,建筑面积日趋增大,将建筑物分为周边区和内部区两大部分。周边区受环境温度变化的影响,冬季需采暖,夏季需制冷。而内部区域中的灯光、人员、各类设备的热量需经排风系统排出。甚至在冬季,内部区域也需制冷。如将原来应排到环境中去的热量加以有效的利用,则称为建筑物的热回收。

使用热泵作为建筑物的热回收,应正确地估算周边的散热与内区的排热量的比例。两者越接近,利用热泵回收的价值越高。初投资的回收周期就越短。同时,也应充分考虑排热与供热的建筑物结构情况,设备的布置情况,以决定采用何种方式热回收。

表9.12为某办公楼在气温为-18 ℃时,白天和夜间的得热量和散热量。由表可知,内区有315 kW的热量需排出(未计办公设备排热量)。这些热量占建筑物热损失的1/3。若将这部分热量由内区转至周边区,将大大减少建筑物的能耗。而在温度高于-18 ℃时,回收的热量将更多。当气温高至某一温度时,将无需加热。

表9.12 某办公楼在-18 ℃时的得热量和热损失

项　　目	白天(有人)热量/kW	夜间(无人)热量/kW
热损失		
墙热损失	522.9	522.9
通风损失(新风)	423.9	—
渗透风损失	21.2	48.1
总　　计	968.0	571.0
得热量		
灯光(周边)	171.9	—
灯光(内区)	282.0	—
办公设备	74.2	
人员(周边区)	30.9	
人员(内区)	33.1	
排气回收热量	122.1	—
泵和热泵设备	156.4	74
输入功率		
总　　计	870.6	74
需热量	97.4	497.0

双管束式冷凝器的热回收热泵系统亦常用于具有内区和周边区的大型建筑物。该系统原理如图9.31所示。

双管束冷凝器的热泵机组的冷凝器带有两路管束:一路管束中,水将冷凝器排出的热量吸收,送至需加热的房间末端装置;另一路管束中,水将热量吸收后,流至冷却塔冷却,将热量排至环境。也有将冷凝器做成一个风冷冷凝器,一个水冷冷凝器。后者用于供热,前者用于排热。风冷和水冷冷凝器全部按满负荷设计。这样,在夏季不需采暖时,只要开启风冷冷凝器,即可实现制冷。而在过渡季节,可利用水冷冷凝器的部分热量采暖,蒸发器的冷量制冷。

双管束冷凝器的热泵机组,冷却管路利用三通调节阀调节冷却塔的冷却水量。三通调节阀旁路全开时,冷却塔散热最小,而三通阀旁路全部关闭时,冷却塔散热量增大,以适应整幢建筑物的热负荷。

这类热泵机组一般为大中型机组,特别是离心式制冷机组。用于大型的、有周边区或内区的建筑物有特殊的意义。

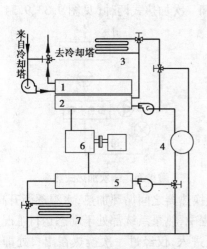

图9.31 双管束式冷凝器的热回收热泵系统
1—冷却塔管束冷凝器;
2—房间采暖用冷凝器;3—采暖排管;4—蓄热器;
5—蒸发器;6—压缩机;7—冷却排管

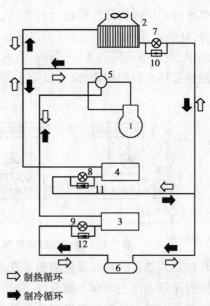

图9.32 空气热源热回收热泵原理图
1—压缩机;2—空气换热器;3—第一水换热器;
4—第二水换热器;5—四通阀;6—贮液器;
7,8,9—膨胀阀;10,11,12—止回阀

2)双热源热泵系统

双热源热泵系统,即空气热源/热回收系统,如图9.32所示。

该系统在冬季时,以第一水/制冷剂换热器为冷凝器,向室内末端装置供热水,而空气换热器及第二水/制冷剂换热器为蒸发器。空气换热器从周围环境提取低品位热量,第二水/制冷剂换热器则供冷冻水。向内区末端装置供冷,从而实现热回收。

3)从排风回收热量的热泵系统

在空调建筑内,由于卫生或工艺的要求需要通风换气,因而有大量的冷(热)量将随排风一起排到室外。回收排风中的冷(热)量将有明显的节能效应。目前,市场上也出现了一些从空调排风中回收热量的热泵产品。

9.3.4 热泵用于建筑卫生热水

1)热泵热水系统的分类

热泵应用除作为控制、调节室内环境的冷热源外,热泵也是建筑卫生热水的重要热源。国家标准《商业或工业用及类似用途的热泵热水机》(GB/T 21362—2008)从 2008 年 5 月 1 日开始实施。

近年来,利用热泵热水器以及热泵热水机在市场中的份额逐渐增大。到 2011 年,仅空气源热泵热水器在中国的销售额就达到 30 亿元。热泵作为热源提供卫生热水的类型中,除空气源热泵外,还有水源热泵等。空气源热泵是家用热泵热水器主要应用类型。而在大型的热水供应系统中,应根据不同的条件选择合适的热水热泵供应型式。

按照热泵热水机的构造分,可以分为循环加热式和一次加热式两种(见图 9.33、9.34)。

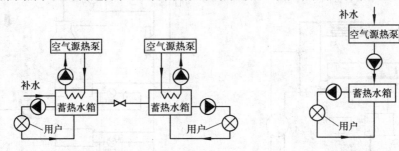

图 9.33　循环加热式热泵　　　图 9.34　一次加热式热泵

循环加热式热泵的特点是被加热水在水箱与冷凝换热器之间循环加热,水温逐渐升高,冷凝压力随着循环水温上升而不断升高,在整个加热过程中,热泵系统都处于动态运行工况。一次加热式热泵的特点是被加热水在冷凝换热器入口处进入,仅经过一次换热在出口处即达到预设温度,加热过程中,凝换热器的进出口水温保持不变,冷凝压力也保持不变,因此运行工况相对稳定。

一次加热式热泵又称为直热式热泵,对热泵的性能要求较高。而初期的热泵热水机,主要是以循环加热式为主,近年来,热泵热水机组逐渐向一次加热式热泵发展。

循环式热泵的优点在于系统的容量要求较低,初投资较少,一次性提供大量热水。从应用的角度看,一次加热式热泵的优点在于即开即用,不需要储热水箱,整个系统较循环模式相对稳定。

循环加热式热泵拥有较低的平均压缩机出口温度,有利于压缩机的运行。但是在循环模式的后半程加热阶段,随着水温上升,工质与高温出水发生热交换,排气温度迅速提高,最终会接近或高于一般压缩机的常用最高排气温度,使得压缩机润滑油黏度降低,润滑油性能恶化,对压缩机产生不利的影响。同时压缩机在持续的运行状态下,排气的状况将决定压缩机运行的稳定性。所以过高排气温度必然导致压缩机以及系统的不稳定。

在相同条件下,一次加热式热泵的运行效率高于循环加热式热泵。在条件合适的情况下,应优先选用一次加热式热泵,以提供系统的节能率。

按照热泵提供卫生热水的方式,可以分为独立式热泵热水系统、部分热回收热泵热水系统,全部热回收热泵热水系统。

独立式热泵热水系统即在热水供应系统中,热泵机组作为独立热源提供卫生热水,其卫生热水系统供应方式和锅炉近似。而热回收热水系统相对复杂,可以分为全热回收热水系统和部分热回收系统。

部分热回收热泵,在压缩机与冷凝器之间增加部分热回收换热器(见图9.35)。回收制冷剂从压缩机排出的过热蒸汽冷却到饱和冷凝温度时的冷却显热。一般为总的冷凝热的15%~20%,但如果热回收换热器换热能力比较强和加热的水温比较低时,可能会增加部分冷凝潜热,回收量相应的也会增大,反之亦然。这种方式的特点是:热回收换热器有冷凝器的预冷器作用,提高冷却效果;制冷系统控制简单,基本不用改变原有控制系统;当热需求量比较少时,热水的出水温度可

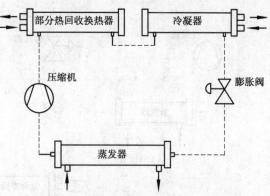

图9.35　部分热回收换热器装置示意图

以达到较高温度;由于换热温差可较大,热回收器可较小,增加的成本不高。但部分热回收仅为过热冷却显热热量,仅能在制冷或制热才能有热回收;在不制冷或不制热时,不能单独回收。

因此,利用部分热回收热泵系统供应卫生热水,热水的供应量受到热泵机组产热的限制。该系统一般用于热水量较小、要求不高的卫生热水系统,具体选型应根据热水用量与热泵的热回收量作动态分析。

全部热回收热泵,分为三种:一是在压缩机与冷凝器之间增加与冷凝器相同的热回收冷凝器并与冷凝器串联,如图9.36(a)所示;二是把热回收冷凝器与冷凝器并联,如图9.36(b)所示;三是复合式冷凝器,热回收与冷凝器复合为一体,如图9.36(c)所示。这三种方式能回收制冷时的全部冷凝排热。

采用并联或者串联式热回收器冷凝器,热回收与冷凝器的冷却加热回路独立,热回收量可达冷凝负荷的100%。理论上热回收量可根据需要设计控制,但实际上要实现两个并联或串联冷凝器之间的冷媒热交换量的分配和调节控制,是相当复杂的。

用复合式冷凝器时,把热回收冷凝器与冷凝器复合在一起,复合式冷凝器内,热回收水路和冷却水路独立但都与同一制冷剂回路进行热交换,单个水路均满足冷凝冷却要求(从水路上看是两个相当于并联的水盘管,从制冷剂回路来看就是一个冷凝器)。可实现100%的热回收。较之并联或串联式,其制冷回路没有改变,不用增加和改变制冷剂的控制;同时制造成本比两个独立的冷凝器要低一些;通过容易实现的水路控制能很方便地分配调节热回收量比例和控制机组的稳定运行,具有明显的优越性。

对于风冷机组的热回收,热回收只能与风冷翅片冷凝器并联或串联,其流程与水-水机组相似,但对制冷系统的转换控制要复杂得多。图9.37即为并联或串联式热回收器冷凝器装置。

热回收热泵机组的优势有:

①热回收系统充分利用制冷系统的废排热,将系统中产生的热量利用起来,在标准制冷工况、热回收加热热水到45℃时其冷热综合能效比在7.5以上,达到了综合利用能源和节约高效使用能源的目的。

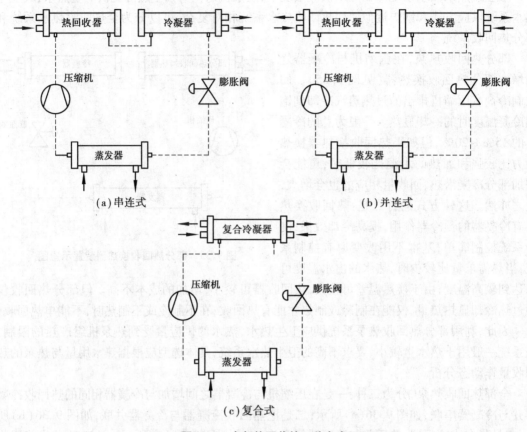

(a) 串连式　　　　　　　　　　　　(b) 并连式

(c) 复合式

图 9.36　全部热回收的三种方式

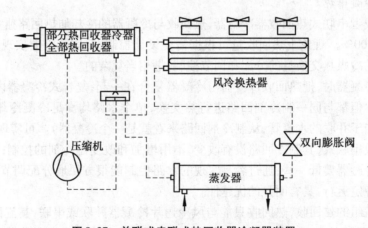

图 9.37　并联或串联式热回收器冷凝器装置

②热回收系统减少了排到环境的废热,节省相应的冷却系统能耗。

③使用热回收系统,不再需要另外设置热水器;热回收系统利用废热来加热生活热水或满足其他热需求,其热副产品在整个夏季是免费的,大大节省了相应费用。

④与常规中央空调相比,热回收热泵机组具有一机多用的功能,除能提供冷、热中央空调外,还能满足生活热水或其他热需求。

在热回收热水热泵系统中,需要注意或考虑的问题有:

①因为制冷机组有一个最小循环水量的限制对热水进行大温升加热时需要采用二次循环加热混水加热,不能像锅炉那样一次直接加热。

②一般情况下,热回收的需求与机组运行荷载是不完全同步的,通常要加一个调节平衡的蓄热热水箱或水罐。

③仅部分热回收的机组的热回收完全依赖于机组制冷或制热,不能单制热回收,而全部热回收机组不存在这个问题。

④因为一般都用热回收来一次加热卫生热水,水的温升比较大,容易在热回收器换热器内形成水垢,影响换热,建议在加热循环管上电子除垢仪。

⑤在冬季,热回收的热也是从总冷凝热中分出来的,当热回收分热多时,采暖部分就会相应减少。选型时需要考虑热回收在冬季分走热量对采暖的影响。

⑥在夏季全部热回收时,一般热回收加热的水比冷却塔的冷却水和水源热泵的井水温度高,选型需要考虑冷凝温度升高后对制冷量的修正。

空气源热泵热水系统以及水源热泵系统均收到热水供水温度的影响。热水供水温度越高,热泵的效率降低。图 9.38 为空气源卫生热水受热水供水温度的效率影响曲线。

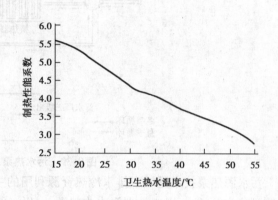

图9.38 不同热水温度下热泵的制热性能系数变化曲线

9.3.5 其他热源热泵的应用

1)以污水为热源的热泵

污水源热泵技术是城市排水冷热资源利用的主要技术。城市生活污水冬暖夏凉,而且排水量大、水温稳定,是一种可持续的能源,具有明显的节能性、经济性、环保性和广阔的应用前景,对我国建筑节能具有重要意义。

挪威、瑞典、日本、美国等相继建设了较多利用城市污水干管中的污水作为低温热源的热泵站,投入运行后效果良好,节能效果显著。据报道,采用热泵技术回收家庭生活污水余热可节能达50% ,对于 10 人以上的住宅可节能达60% 。而我国采用的污水源热泵系统,部分工程总结后认为,采用污水源热泵后运行费用减少40% ,一次能源用量减少20% ~40% ,二氧化碳减少20% ,相对于水源热泵系统投资节约20% 。污水源热泵技术是建筑节能领域推广应用的高效节能技术,国内外已有较多实际工程案例。

污水水源热泵系统是热泵的一种形式,它以污水作为提取和储存能量的冷热源。如图9.39所示,冬季循环中换热器 1 作为冷凝器,工作系统中的循环工质经压缩机压缩以后,变成高温高压的热蒸汽,流经换热器 1(冷凝器)与循环水进行热交换,放出热量为用户提供热水供热(一般热水温度为45 ℃左右),同时,热蒸汽冷凝成为液态工质,经膨胀阀的降压节流转变为低温低压的液态工质(其温度要低于污水的温度),经换热器 2(蒸发器)在出水井中与污水进行热交换,吸收污水中的热量后温度升高,蒸发为低温低压的气态工质后被吸入压缩机进行压缩,依此,工质进行下一个工作循环过程。通过这样的一个循环过程后,工作系统可以将污水中的低位热能转化为可以直接利用的高品位热能。夏季循环中,通过四通阀和单向阀的换向作用,循环工质在工作系统中的流向恰好与冬季相反,故换热器 2 作为冷凝器,换热器 1 作为蒸发器。工质经过类似冬季的循环过程后,吸收室内的热量,然后释放到污水中,从而达到制冷的目的。

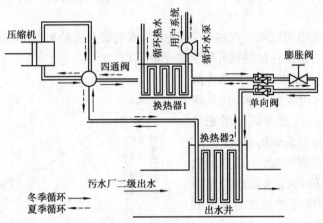

图 9.39　污水热泵工作原理图

污水源热泵技术是城市排水冷热资源利用的主要技术。根据采用的水质不同,污水热泵系统可分为两类:a.以未处理污水为热源,b.以二级出水或中水为热源。未经处理的污水称为原生污水,是污水源热泵系统应用的主体对象,在城市污水干管上广泛分布,资源丰富,取水方便;而二级出水或中水则局限于污水处理厂,应用地点受到限制。目前污水源热泵系统首推原生污水源热泵系统。

根据污水是否直接进入热泵机组,污水源热泵系统可分为直接式与间接式两类。若污水直接进入热泵机组的蒸发器或冷凝器换热则为直接式系统;若污水与中介水换热,中介水进入机组,则为间接式系统。图 9.40、图 9.41 分别是应用原生污水的直接式和间接式系统示意图,图中蓄冷/蓄热槽在实际工程中通常就是空调末端系统或者卫生热水供应的用水末端器具。

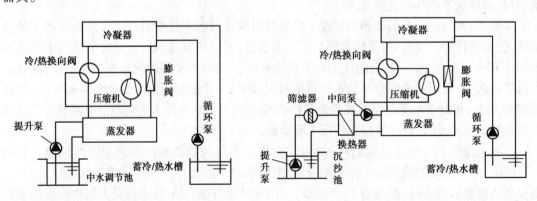

图 9.40　直接式污水热泵系统示意图　　　图 9.41　间接式污水热泵系统示意图

直接式系统对水源水的水质有较高的要求,或者说对蒸发器、冷凝器适应较差水质的能力有较高的要求。蒸发器或冷凝器须有可靠的防堵、防污染与防腐蚀能力。

间接式系统由于使用水源水换热器替代蒸发器与冷凝器取热(冷),因此对水源水水质的处理要求大大降低。工程实践已经证明,即使是水质极差、完全不加处理的城市原生污水,只要使用旋转反冲洗的防阻技术,整个系统便可长期连续安全取热、取冷运行。

由于直接式系统对污水源热泵机组蒸发器与冷凝器的抗堵塞、污染与腐蚀的能力有很高的要求,故蒸发器与冷凝器必须使用合金钢材质,如镍、铜合金、钛合金等,换热表面不可采用波纹、内肋等加强换热、节省换热面积的措施,蒸发器应为满液式。这些都将大大提高合金钢用量,从而提高蒸发器与冷凝器的制造成本。与此相比,虽然间接式系统需多设一级换热器,但该换热器可使用碳钢材质,而蒸发器与冷凝器中由于是水的闭式循环,其造价可大大降低。因此总的来看直接式系统的初投资要高于间接式系统。

另一方面,间接式系统比直接式多了一级中间换热,显然会增大整个系统的阻力损失,这就意味着系统能源利用效率的降低以及相应运行费用的提高。但由于间接式系统的可靠性和对机组防腐、防堵性能要求较低,目前实际工程中应用较多的是间接式污水源热泵系统。

2)以太阳能为热源的热泵

太阳能可以直接作为采暖的热源,通过集热器直接加热载热体,它也可作为热泵的热源。当太阳能用作热泵的热源时,实际上系指热泵与太阳能供热的联合装置。

采用单纯太阳能供热,由于使水温达到有效采暖温度的日照强度的时间很短,尤其是阴天,利用太阳能直接采暖更是困难。如果采用热泵与太阳能供热的联合装置时,不仅热泵能够在较高的性能系数下,用比其他热源高的温度供热,而且设有蓄热器时,还可延长采暖时间,使热泵运行工况趋于稳定。

图9.42为直接式太阳能热泵系统原理图,其中集热板本身就是热泵的蒸发器。图9.43为间接式太阳能热泵系统原理图,该系统的特点是将太阳能先吸收在蓄热槽内,再供热泵使用。

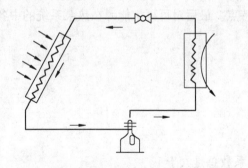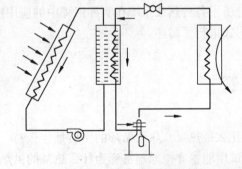

图9.42　直接式辅助太阳能热泵系统原理图　　图9.43　间接式辅助太阳能热泵系统原理图

图9.44是经过改进设计了两个热源蒸发器的双热源系统,其中一个利用蓄热器中的热水为热源,另一个用室外的空气作热源。这就允许热泵不是利用太阳热就是利用室外空气热。究竟取哪种方式,却是由哪个性能系数较高而定的。

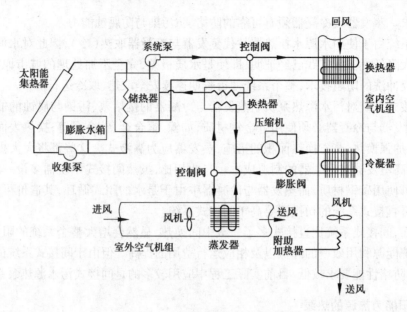

图 9.44　轴助太阳能热泵联合装置

本章小结

通过常用热泵低位冷热源的利用方式,对热泵的常用分类进行了讲解。通过常用低位冷热源热工性质的分析,对各种热泵性能的耦合影响进行了讲述与分析。不同能源的利用方式是决定冷热源的经济性的主要影响因素,对比分析了不同能源利用方式在冷热源设备中的能源利用系数。对不同热泵的系统形式、热泵热回收系统形式以及各种系统形式在实际工程中的利用特点进行了对比分析。对各种建筑空调供热中的各种系统应用方式进行了分类讲述,具体分析了各种热泵系统在实际工程中的应用特点。最后对可再生能源在热泵系统的中各种利用形式进行了简述。

思考题

9.1　什么是热泵? 热泵循环的实质是什么?

9.2　试用能量守衡原理解释为什么热泵的供热系数总是大于1。

9.3　可供热泵利用的低位热源有哪些? 使用时各有什么特点?

9.4　什么是能源利用系数? 如何使用能源利用系数进行评价?

9.5　热泵在暖通空调中有哪些应用?

9.6　热泵系统与一般制冷系统相比,有哪些值得注意的问题?

9.7　热泵的分类? 热泵与制冷机组相比有哪些特点?

9.8　土壤源热泵与空气源热泵相比有哪些优缺点?

10

其他热源

学习目标:

　　1.了解其他热源系统如电热式热源、太阳能热源,其他可再生能源如地热能、风能、生物质能、海洋能利用的基本原理、特点和应用方式。

　　2.能够在建筑环境与设备系统设计和管理中灵活运用以上热源系统。

10.1　电热式热源

　　锅炉是城市的主要污染源之一,大中型城市的工业与民用燃煤锅炉已被政府明令禁用。目前,电力资源日益丰富,随着水电、核电所占电能的比例的逐步增加,电价不断下调,利用夜间低谷电能,以蓄热方式运行,尤其在水利资源过剩的地区或某些特殊场合,电热式热源(电热锅炉)是一种实用的热源设备形式。但是,由于电能是一种高品位的能源,一般应慎用。

　　电热锅炉按生产的介质可分为热水锅炉和蒸汽锅炉;按生产热源介质压力可分为常压和承压锅炉。

10.1.1　电热式常压热水锅炉

　　电热式常压热水锅炉一般有如下结构特点:

　　①电热式热水锅炉为开式结构,被加热水与大气直接相通,并有足够的泄压能力,锅炉总是在常压状态下运行,不存在爆炸隐患,不受劳动部门监管。

　　②炉体采用优质锅炉钢材制造,主要焊接部位采用埋弧自动焊或气体保护焊焊接,并按ISO 9001和工业锅炉制造规范等国家标准的要求组织生产和检测,质量稳定可靠。

　　③炉体整机保温,外部采用喷塑或不锈钢板包装,造型美观大方。

　　④电热式锅炉为筒式结构,0.06~0.23 MW的为立式结构,电热管布置在顶端;0.35 MW以上的以卧式结构为主,电热管布置在筒体侧面。

10.1.2　电热式承压热水锅炉

常压式热水锅炉固然有众多优点,但其不足之处在于不能承压运行。在锅炉低位设置时,循环泵电力消耗增大,增加费用。承压热水锅炉弥补了这种不足,用途广泛。

电热式承压热水锅炉与电热式常压热水锅炉结构基本一致。但强度大为提高,其设计、生产、检验程序均有所不同。具体结构特点如下:

①炉体设计、生产严格按照工业锅炉制造规范和压力容器制造规范的要求进行。

②炉体采用优质锅炉钢材制造,主要焊接部位采用埋弧自动焊或气体保护焊焊接,炉体纵、环焊缝进行不小于 20% 的 X 射线无损探伤检测。总装后作水压试验。

③承压型电热式热水锅炉为承压锅炉,最大承压 1.2 MPa,每台锅炉出厂均需由有关锅炉压力容器监督检验机构检验鉴定。

④ 0.93 MW 以上锅炉设有 2 个安全阀。

表 10.1 给出了代表性电热式常压和承压热水锅炉性能参数。

表 10.1　常压、承压型电热式热水锅炉性能参数表

额定热功率			0.06 MW	0.12 MW	0.23 MW	0.35 MW	0.47 MW	0.58 MW	0.70 MW	0.93 MW	1.2 MW	1.4 MW	1.7 MW	2.1 MW
/(kcal·h^{-1})			5×10^4	1.0×10^5	2.0×10^5	3.0×10^5	4.0×10^5	5.0×10^5	6.0×10^5	8.0×10^5	1.0×10^6	1.2×10^6	1.5×10^6	1.8×10^6
热水产量 /(t·h^{-1})	Δt	10 ℃	5	10	20	30	40	50	60	80	100	120	150	180
		25 ℃	2	4	8	12	16	20	24	32	40	48	60	72
		50 ℃	1	2	4	6	8	10	12	16	20	24	30	36
电热管组数			1	2	3	6		6	10	8	10	12	12	14
热效率/%			97.	97	97	97	97	98	98	98	98	98	98	98
工作温度/℃			≤95											
工作压力表压/MPa	常压型		≤0.09											
	承压型				≤0.4			≤0.7					≤1.0	
电源			380 V/50 Hz											
水容量/m³			0.2	0.4	0.4	1.36	1.68	1.68	2.0	2.5	3.0	3.2	3.2	3.6
净重 /kg	常压型		382	462	487	742	823	846	1 024	1 370	1 510	1 563	1 580	1 724
	承压型		412	477	526	793	1 120	1 147	1 269	1 597	1 736	1 787	1 823	1 966

10.1.3　电热式蒸汽锅炉

电热式蒸汽锅炉与传统燃煤型蒸汽锅炉完全不同,能迅速稳定地生产高品质蒸汽,具有高效、安全、安静、无污染等优点。

电热式蒸汽锅炉结构特性,其性能参数见表 10.2。

①炉体严格按照锅炉制造规范及 ISO 9001 质量管理体系的要求组织生产。

②由于没有炉膛或水管等受热部件,结构较燃煤型蒸汽锅炉大大简化,质量控制点减少且易控制。

③筒式炉体,整体式结构,外形尺寸小。

表 10.2 电热型蒸汽锅炉性能参数表

额定蒸发量/(t·h⁻¹)		0.05	0.1	0.2	0.3	0.5	0.7	1	2	3	4
额定蒸汽压力/MPa		0.4				0.7		1.0			
额定蒸汽温度/℃		151				170		184			
给水温度/℃		20									
水质要求		GB 1576									
设计热效率/%		89 ~ 91									
装配功率/kW		35	70	140	210	350	490	700	1 400	2 100	2 800
电热管组数			2	4	6	6	8	8	16	18	24
电源		380 V/50 Hz									
给水泵	流量/(m³·h⁻¹)	0.5				1.0		2	2.4	4.0	4.8
	扬程/m	82				103		126	160	160	165
	电机功率/kW	0.75				1.5		2.2	3	3.5	4
满水容积/m³		0.4	0.4	0.9	0.9	1.4	1.8	2.1	3.2	3.6	4.4
净　重/t		0.48	0.57	0.89	0.97	1.64	1.77	2.26	3.89	5.49	8.82

④炉体纵、环焊缝 100% X 射线无损探伤。

⑤采用新型旋转式汽水分离装置,有效分离汽和水,蒸汽品质优良。

⑥总装后做水压试验和气密性试验。

10.1.4　电热式锅炉的特点

(1)自动化、高精度

电热锅炉采用模糊控制算法,自动跟踪水温变化以调节加热功率,可任意设定出水温度,控温精度较高;另外,启停速度快,不存在自身预热时间长和停机后放热升温等问题。采用低热流密度设计,并完全浸没于水中,电热元件使用寿命和可靠性大大提高。电热元件具有循环投切功能,使各接触器及电加热元件使用时间及动作频率相同,从而提高各电器元件使用寿命。

(2)高效环保

电热锅炉由于没有燃料燃烧后烟气带走的热量损失,电热式锅炉热效率高达 98%;同时,锅炉运行无任何废弃物排放,也不产生噪声。

(3)安全可靠

电热式锅炉本体结构简单、无运动部件,运行中无突变过程,不产生易燃易爆物质;多重自动保护(超温、超压、缺水、短路、缺相、过流),可确保锅炉安全运行。采用梯式加载模式,分时启动加热元件,避免对电器和电网造成冲击。

(4)运行费用低

电热式锅炉运行时,可充分利用峰谷电价差,实行蓄热运行。这样既可大幅降低运行成本,同时削峰填谷的工作方式也有利于整个电网的平衡稳定。

（5）使用便利

电热式锅炉体积小、重量轻、附件齐备、安装就位方便；操作简单易行；电热管采用模块式结构，便于维护。

尽管电热式热源有上述优点，但毕竟电能是优质高品位能源，从能量利用角度看，能量利用系数较低，只适合于在环境要求较高、水电资源丰富的地区使用。

10.2 常压中央热水机组

常压中央热水机组本质上就是热水锅炉，由于生产的热水是常压，给设计选型和安装运行管理等带来了许多便利，因此广泛应用于建筑物中。

10.2.1 直接式常压中央热水机组

燃油（气）直接式常压中央热水机组（锅炉）外形为方箱形，内部采用湿背式结构，对流换热器设计为独特的立管形式，加上采用了先进的热交换技术和完善的控制系统，故机组结构紧凑，热效率高。

直接式常压中央热水机组的结构如图10.1所示。其对流换热器采用立式水管形式，两端设置有吹灰口，以方便清除积尘，保持换热器的高效率；机组顶部设有通大气口、热水出口和传感器接口，靠近下部设有进水口，底部设有排水口及炉胆排污口，以利对机组进行维护。

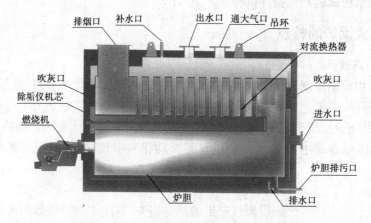

图10.1 直接式常压中央热水机组结构示意图

加热时，燃料经燃烧机送入燃烧室，燃烧产生的高温烟气，经过炉膛后依次冲刷竖向密布的对流换热器，放出热量后，以低温烟气形式经排烟口排出。在水泵或自来水压力的作用下，水从下部进水口进入机组，吸收热量后温度升高，从机组上部出水口引出，作为采暖热媒或生活热水使用。

同时，安装在机组上部的温度传感器感受水温的变化，并反馈至控制系统。控制系统自动调整燃烧机的燃烧功率以适应水温的变化，从而保持稳定的出水温度。

热水机组在使用过程中，不可避免地会产生水垢，影响机组传热效率，可配离子交换设备进行水处理，也有人尝试使用电子水处理方法来实现除垢防垢。

表10.3 常压中央热水机组性能参数表

项目														
额定热功率/MW	0.12	0.23	0.35	0.47	0.58	0.70	0.93	1.2	1.4	1.7	2.1	2.8	3.5	4.2
95/70 ℃热水产量/(t·h⁻¹)	4	8	12	16	20	24	32	40	48	60	72	96	120	144
热效率	92%~94%													
燃烧方式	微正压、室燃													
排烟温度/℃	180						150						170	
工作压力/MPa	≤0.09													
电源	220 V/50 Hz							380 V/50 Hz						
燃烧机电功率/kW	0.11	0.20	0.25	1.10	1.10	1.10	2.20	2.20	3.00	3.50	3.50	7.50	7.50	7.50
最大燃料耗量 轻 油/(kg·h⁻¹)	10.6	21.2	31.8	42.5	53.0	63.7	85	106	127	159	191	255	318	382
最大燃料耗量 天然气/(m³·h⁻¹)	12.9	25.9	38.8	52.0	64.7	77.6	104	129	155	194	233	311	388	466
最大燃料耗量 人工煤气/(m³·h⁻¹)	27.2	54.3	81.5	109	136	163	217	272	326	408	489	652	815	978
最大燃料耗量 重 油/(kg·h⁻¹)	11.3	22.6	34.5	45.3	56.6	67.9	90.6	113	136	170	204	272	340	408

直接式常压中央热水机组设有通大气口,加热或蒸发作用所产生的蒸汽不会在机组内积聚形成高压,而是直接排向大气。所以,在锅炉水位线上的表压总是为 0 MPa,不存在安全隐患。采用进口优质燃烧机,加上炉膛、火管与烟筒的精确布置设计,使燃料充分燃烧,烟尘排放完全符合人口稠密地区的排放标准。采用波纹炉胆及高效传热管,热效率在 90% 以上。良好的保温措施使锅炉本身散热损失小于 2% 。表 10.3 为某公司生产的常压热水机组性能参数表。

直接式常压中央热水机组在供热系统中的实际应用有两种方式:一是用于采暖系统,该系统中机组设置于高位,循环水泵把高温水送至热用户,放出热量后回至机组重新加热,机组补水方式可采用自动控制或人工控制,如图 10.2 所示;二是用于热水供应系统,见图 10.3,该系统中机组设置于低位,冷水经机组直接加热后用水泵送至热水箱,热水流经用户主干管后至泄压水箱,泄压后的回水与补充的冷水汇合进入机组炉重新加热。冷水补水由水位显控仪根据水箱水位控制。

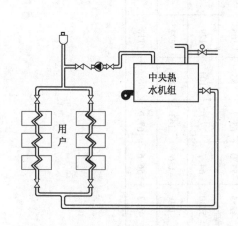

图 10.2　高位布置直接式常压中央热水机组

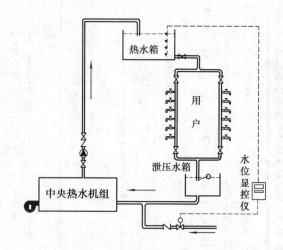

图 10.3　直接式常压中央热水机组的应用

10.2.2　间接式常压中央热水机组

间接式常压中央热水机组以间接加热方式产生热水,循环水与热媒水各自独立,热媒水不参与系统循环,保证了循环水的水质,同时减少了本体内的结垢。热媒水在本体内通过水泵强制对流循环,提高了换热效率。

机组本体为开式结构,在常压下工作,消除了压力锅炉爆炸的危险因素,运行安全可靠。采用偏置式大炉堂中心回焰三回程火管结构,辐射传热面积大,烟风系统背压低,无积炭现象。热媒水强制对流循环,提高换热效率。以轻柴油、天然气、液化气、城市煤气为燃料,一般采用原装进口燃烧器。排放的烟尘、废气浓度低于国家标准限定值,烟尘林格曼黑度为 0 级,环保效益好。此外,该机组实现了远程或近程全自动控制系统,操作方便,便于集中或单独管理。

根据换热器的形式不同,又分为 P 形机和 B 形机,产品外形如图 10.4 和图 10.5 所示。P 形机采用纯紫铜盘管式水-水热交换器,可承受 1.8 MPa 的压力,使供热循环系统可承受高层建筑高水位的压力。根据客户要求可设两组盘管,实现一机两用,其结构原理如图 10.6 所示。B 形机采用高效不锈钢板式换热器,可拆御、清洗、维修、增减、更换。根据安装场地条件,可内置或外置安放,机组采用锅筒式本体结构,方箱式外形。

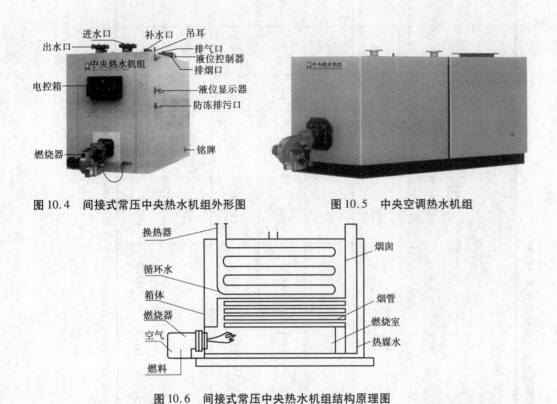

图 10.4 间接式常压中央热水机组外形图   图 10.5 中央空调热水机组

图 10.6 间接式常压中央热水机组结构原理图

间接式常压中央热水机组由于可承受高层建筑的水位压力,因而适合于安装在楼宇首层或地下室,通过水泵自下而上向高层建筑供应热水。它可以作为暖气片采暖系统的理想热源;若作为中央空调采暖主机,与中央冷水机并联,共用水泵、管网及末端设备,实现冬暖夏凉;为各类楼堂馆所昼夜不间断提供洗浴、桑拿、泳池热水;此外,它还可以为各类工矿企业提供生产工艺用热水。间接式常压中央热水机组的技术参数见表10.4。

在间接式常压中央热水机组供热系统中,机组一般设于低位,可同时提供生活热水和采暖用水。采暖系统使用直接水(媒水),高温水通过水泵送至每个热用户,放出热量后流至泄压水箱,泄压水箱水位线与机组水位持平,泄压后的回水至机组重新加热,自动膨胀水箱作为定压装置,补水根据自动膨胀水箱水位从该处或机组上的补水口补水。

生活热水供应系统使用间接水:冷水通过水—水换热器吸收一部分直接水(媒水)的热量后成高温水,经水泵送至热水箱,循环经过用户后与冷水补水汇合重新加热,冷水补水可由水位控制仪根据水箱水位自动控制,也可以人工控制,对于只需定时供应热水的系统,可把水箱中水直接回至机组,用户用水无须循环。

间接式常压中央热水机组双功能系统图,如图 10.7 所示。两种功能可同时使用,亦可分别单独使用。

表 10.4　DBJ 系列中央热水机组技术参数表

| 项目
型号 | 额定热功率
/kW | 燃烧机电机功率
/kW | 电源
/V | 净重
/kg | 燃油机组 | | | 燃气机组 | | | | | | 进出水压降
/Pa | 10℃温差热水产量
/(t·h⁻¹) |
| | | | | | 耗油量
/(kg·h⁻¹) | 燃烧空气量
/(m³·h⁻¹) | 排烟压力
/Pa | 耗油量 | | | 燃烧空气量
/(m³·h⁻¹) | 排烟压力
/Pa | | |
								液化石油气 /(m³·h⁻¹)	天然气 /(m³·h⁻¹)	城市煤气 /(m³·h⁻¹)				
DBJ10P	116	0.40	220	1 180	10.8	139	35	4.6	13.9	29.1	133	50	49	10
DBJ20P	233	0.50	220	1 680	21.7	276	40	9.3	27.8	58.1	266	230	69	20
DBJ40P	465	1.35	380 220	2 100	43.4	550	470	18.5	55.6	116.3	532	380	118	40
DBJ50P	582	1.35	380 220	2 210	54.3	681	360	23.1	69.4	145.3	665	300	18	50
DBJ100P	1 163	2.25	380 220	4 080	108.5	1 550	160	46.3	138.9	290.6	1 331	190	137	100
DBJ240P	2 791	5.25	380 220	8 400	260.4	3 460	140	111.1	333.3	697.5	3 193	120	157	240

设计参数:环境温度 25 ℃,系统最大承压 1.8 MPa,机体耐压强度 0.2 MPa;热媒水温度 95 ℃,循环水进水温度 55 ℃,循环水出水温度 65 ℃。

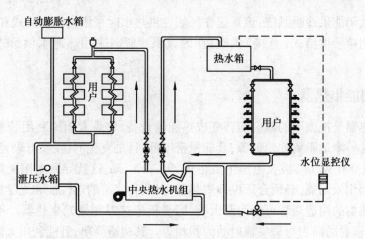

图 10.7 间接式常压中央热水机组的应用

10.3 太阳能热源

太阳能是无穷无尽的、干净的能源,是 21 世纪人类可期待的最有希望的能源。不过,它是稀薄的能源,比起至今常用的矿物燃料需要较大的投资;而且当太阳能成为将来能源的主要部分时,是否能扩大再生产还是个有待研究的问题。

太阳能作为热源,可构成以下几种情况:

①太阳能直接供冷暖系统:该系统是用平板型太阳能集热器利用热水(或热空气)集热,经过蓄热槽就可供辐射采暖、热风采暖等低温采暖系统进行供暖。必要时可采用辅助热源。其集热温度,冬季为 30 ~ 50 ℃,夏季为 40 ~ 70 ℃。

②太阳能热泵供(冷)暖系统:该系统是用平板型太阳能集热器(多为无玻璃盖的)通过热水集热,再用热泵升温至 30 ~ 50 ℃进行供暖。夏季通过外供电驱动制冷机供冷。并根据需要可采用辅助热源。其集热温度,冬季为 10 ~ 20 ℃(最高至 40 ℃),夏季为 30 ~ 50 ℃(供热水用)。

③太阳能供冷暖系统:该系统在夏季用平板型太阳能集热器(具有选择性吸收涂层)或聚光型太阳能集热器使热水(热媒体)集热,以作为吸收式或压缩式制冷机驱动机构的热源,进行制冷。冬季用相同集热器直接供暖,必要时可用辅助热源;备用制冷机、蓄热槽(冷热水)。其集热温度,冬季为 40 ~ 50 ℃,夏季为 80 ~ 100 ℃(最高至 130 ℃)。

④太阳能自然供暖系统(即被动式太阳房):该系统将射入玻璃窗和墙体内的太阳能有效地吸收储存起来,利用隔热保温材料和建筑结构防止夜间的热损失,以节约热量。室内的入射热还可以通过热泵回收。其冬季的集热温度为 20 ℃,夏季可通过气流方向的改变来达到降温的目的。

⑤太阳能热电联合供给系统:该系统是把冷却光电池的空气(或水)用于供暖,或者是利用热力发电的低温排热来供暖。其集热温度,冬季为 25 ~ 45 ℃,夏季放热(供热水)。

⑥太阳能供热水系统:该系统用太阳能热水器来供热水,有自然循环、强制循环、热虹吸式等方式。加热法则可分为直接加热和热泵加热两种。其集热温度,冬季为 5 ~ 60 ℃,夏季为 25 ~ 60 ℃。

⑦区域性太阳能供冷暖系统:该系统在区域性供热水时采用直接加热式和热泵加热式;在区域供暖时采用单管供给式(直接)供暖;在区域供冷暖时采用热源水供给式和热电联合供给式。

10.3.1　太阳能集热器

太阳能集热器是把太阳的辐射能转变成热能的设备,它是太阳能利用装置的核心组成部分。由于太阳是一个远距离的辐射源,其能量密度低,且是变化的,在没有聚光的情况下,最大辐射通量接近 1 000 W/m²,波长范围主要在 0.29 ~ 2.5 μm,这就导致太阳能集热器有许多特点。为了有效利用太阳能,必须合理设计集热器,以获得完善的热性能和光学性能。

太阳能集热器的构造通常可分为两大类,即平板集热器和聚光集热器。平板集热器不聚光,其吸收太阳辐射的面积与采集辐射的面积相等。其构造简单,且能利用太阳的直射和漫射成分,目前已大规模生产和应用。聚光集热器通常有特殊的镜发射器或折射器把太阳光聚集向特定位置的吸收器表面上,以提高吸收器上的能流密度,从而获得高温,并减少热损失。聚光集热器的构造形式很多,大体上可分为非成象式和成象式两类,这里不进行介绍。

平板集热器的典型构造原理如图 10.8 所示。它由吸收表面、流体通道、透明盖层和绝热框体组成。入射的太阳辐射透过盖层到达吸收器,经"黑色"表面吸热并传递给通道中的流体。透明盖层对太阳光有很高的透过率,但又能抑制吸热面的对流损失和红外辐射损失。绝热框体既固定吸热面和盖层,同时又是吸热面的保温壳体。这里的"黑色"吸收表面是对太阳光谱吸收率很高的涂层表面。有时为了减少表面的红外发射率,还可采用特殊选择性涂层表面,这种表面的特点是对太阳光谱的吸收率很高,而红外发射率却很低。当集热温度高时,采用这种表面尤为必要。

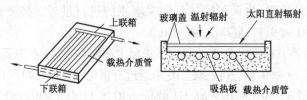

图 10.8　平板集热器的构造原理图

平板集热器的热性能可用能量平衡来计算。对于面积为 A_c 的平板集热器,其能量平衡为

$$I_c A_c \overline{\tau}_s \alpha_s = Q_u + Q_l + \frac{de_c}{d\tau} \tag{10.1}$$

式中　I_c——集热器单位表面上的太阳入射能量,W/m²;

　　　$\overline{\tau}_s$——集热器盖层的有效透过率;

　　　α_s——吸收器板的吸收率;

　　　Q_u——吸收器板传给流体的热量,W;

　　　Q_l——由吸收器板对环境的热损失量,W;

　　　$\dfrac{de_c}{d\tau}$——集热器内部的储能率,在稳定工况下,$\dfrac{de_c}{d\tau}=0$。

集热器的瞬时效率是传递的有效能量与总入射太阳能量的比值,即

$$\eta_c = \frac{Q_u}{A_c I_c}$$

实际上,集热器的瞬时效率应该在有限的时间范围内测定。在标准性能试验中,有限的时间范围是 15 min 或 20 min。就设计而言,集热器的性能主要是指一天或更长的时期 τ 的性能。这就要计算集热器的平均效率:

$$\eta_c = \frac{\int_0^\tau Q_u d\tau}{\int_0^\tau A_c I_c d\tau} \tag{10.2}$$

太阳能平板集热器具体的热性能计算方法,请参见有关的书籍。

10.3.2 太阳能驱动制冷机

利用太阳能驱动制冷机时,作为热源的热水或蒸汽的温度,不能像常规系统那样可随意选择,因为要照顾到太阳能集热器的效率等,就不得不采取比较低的温度,所以利用太阳能驱动的制冷机,存在着效率非常低的问题。随之而来的从集热器、制冷机、空调机等相应的成本分配来看,集热温度,冷水温度以及冷却水温度应为多少,才能建立起一个最为经济合理的太阳能供冷暖系统,也是尚待解决的问题。太阳能制冷主要有被动式、机械压缩式、蒸汽喷射式、吸收式和干燥去湿制冷系统。下面仅介绍被动式和吸收式太阳能制冷系统。

1)被动式太阳能制冷

房间的空调可用显热和潜热冷却两种方式来实现,有时候这两种方式也常常结合在一起。图 10.9 为利用显热的辐射冷却的被动式太阳能制冷的原理图。其热平衡方程为

$$Q_s = Q_r + Q_c = \varepsilon_p \sigma A (T^4 - T_s^4) + hA(T - T_a) \tag{10.3}$$

式中　A——散热器即太阳能集热器面积,m^2;

　　　Q_s——由储水箱流入的热能,W;

　　　Q_r——散热面的辐射换热量,W;

　　　Q_c——散热面的对流换热量,W;

　　　T,T_s,T_a——散热面、天空及大气温度,K。

如果气温为 27 ℃,夜晚天空温度有时可低至 0~5 ℃,散热面可以降低储水箱中的水温,放热量 Q_r 值约为 200 W/m^2。散热面足够大的话,可使水温降到比白天气温更低的温度。沙特阿拉伯有使用这种系统的实例。澳大利亚有原理类同的装置,晚上将空气在散热器中冷却,通到卵石床中去冷却卵石,白天将空气通入卵石床,冷却后再通入室内。卵石床储存系统可以冷暖两用,夏季可存冷气,冬季可存暖气。这种辐射式冷却系统,在昼夜温差较大的地区使用较合适。

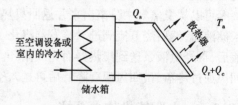

图 10.9　辐射冷却原理图

2)太阳能吸收式制冷

用平板集热器收集的太阳能驱动吸收式制冷机是太阳能制冷中普遍采用的方法。但它需要满足以下几点不同于以前利用蒸汽的常规系统的条件:

①热源温度要低,并且热源温度即使有某种程度上的波动,也可以适应;

②制冷系数要大;

③包括冷水、冷却水侧所需要的辅助设备动力要少。

①和②是相互矛盾的,不过集热效率 η_c 随着热源温度,即集热温度的不同而变化。因此,热源温度需要按制冷机的总制冷系数 COP_R 与 η_c 的乘积为最大值的那一点来选定,即

$$COP = \eta_c COP_R \qquad (10.4)$$

图 10.10 给出了太阳能吸收式制冷机的原理图。尽管具体结构如储热方案、辅助能源加入方式,或采用多级制冷等可能作某些变化,但制冷原理基本相同。从该系统的使用中已取得许多经验和数据,可用于指导太阳能空调机的设计。常用的工质对有氨-水溶液和溴化锂-水溶液($H_2O + LiBr$),系统中吸收器和冷凝器的冷却由冷却水塔提供。冷凝器和发生器中的压力由冷凝器中冷却水温决定,而蒸发器和吸收器的压力则由吸收器的冷却水温决定。冷却以串联方式进行,先冷却吸收器再冷却冷凝器,这是由于吸收器温度对整个系统的影响比冷凝器的来得大。这种冷却方式意味着高低压两边必然有内在的联系。

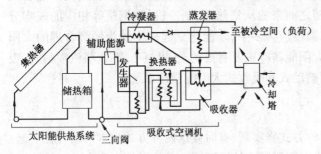

图 10.10 太阳能吸收式制冷机原理

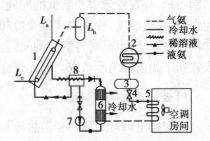

图 10.11 直接式太阳能氨水吸收式
制冷机系统图

1—集热器; L_a , L_c —反射板; L_b —分离器;

2—冷凝器;3—贮液罐;4—膨胀阀;

5—蒸发器;6—吸收器;7—溶液泵;

8—热交换器

图 10.11 为直接式太阳能氨水吸收式制冷机系统图。工质对直接在集热器内被加热,而后进行冷却,该种系统只能供制冷用。为提高集热温度,在加热器南北两侧加装粘贴镀铝薄膜的反射板。集热器内的浓氨水溶液经太阳加热后,氨蒸气由上部进入汽-液分离器,气氨和液滴等可以从氨蒸气中分离出来并返回集热器。纯度较高的氨蒸气通入冷凝器冷凝成液态后进入储液筒,然后经节流阀进入蒸发器汽化。生成的氨蒸气进入吸收器被稀溶液吸收变成浓溶液后,再经氨液泵送到集热器而完成循环。蒸发器也就是一个风机盘管。风机使空调房间的回风通过冷盘管,回风温度降低后再送入空调房间以达到降温的目的。

10.3.3 太阳能供热水系统

太阳能供热水是目前太阳能利用方面唯一达到了实用化的领域。其理由在于:

①因供热水在一年里都使用,所以设备利用率比以供冷暖为对象的高,有利于投资回收。

②因供热水经常是从温度较低的给水开始加热,平均集热温度较低,所以集热效率高。而且与供冷暖不同,即使是阴雨天温升不太高,但仅就升高的部分来说,也能节约燃料。

③因热水器比供冷暖的设备便宜,所以容易普及。

④不论新建还是已建的建筑物都可以安装,影响不大。

各种太阳能供热水装置如图10.12所示。图10.12(a)所示的半敞开汲置式热水器是最早的一种形式,它是把水放入隔热槽中,上边罩上玻璃或塑料薄膜。其特点是价廉,结构简单,但须水平安装,而且如不设置反射板,在冬天水温就会较低。当水深为10 cm时,在冬季晴天可加热到20~25 ℃,夏季能加热到40~45 ℃。水若浅些,温度就会变得高一些,但由于物质传递的热损失增加,温度很难再往上升。这种结构适用于低纬度地区。

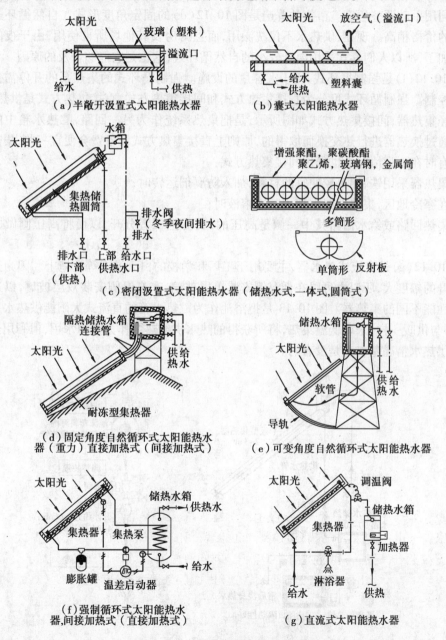

图10.12　各种太阳能供热水装置

图 10.12(b)为囊式(即薄膜型)热水器,具有代表性的是 1 m×2 m×0.1 m(深)的聚氯乙烯或聚乙烯薄膜制的。这种形式耐用时间仅有 2~3 年,但造价便宜,如果利用得好,在此期间就能将投资全部收回。

图 10.12(c)是现在用得最多的密闭汲置式热水器,其集热器与贮水部分构成一体,因此比较便宜。但与自然循环式比较有一缺点,即当傍晚不使用时,温度就会急速下降。图10.12(d)和图 10.12(e)是自然循环热水器,但有日射时,由于热虹吸管作用热水就开始循环,当无日射时则停止。即使在夜间,隔热贮热水箱的热水温度也不会降低。图 10.12(e)为实验用,可根据季节不同用手动调整角度。市售的普遍是图 10.12(d)的固定角度形式。自然循环式比密闭汲置式的价格稍高。现在,供热水不仅洗澡用,而且厨房及其他场所也使用,由于夜间使用的比率增加了,所以人们喜欢采用温降较小的自然循环式,这也是它能够普及的原因。

图 10.12(f)是强制循环式,用于大容量的设施。强制循环式的集热泵的开停需要用温差启动器控制。强制循环式可分为直接集热方式和间接集热方式,直接集热方式是供热水用,水直接流经集热器;间接集热方式如图所示,是把集热系统作为另一回路,贮热水箱中的供热水用水是通过换热器进行热交换而取得的,原则上直接集热方式设备费会便宜一些,集热效率也高。但有时在下列情况下也采用间接集热方式:

①集热器采用铁、铝等较便宜的材料,加入防腐剂运转时;

②在寒冷地区,集热回路中加入防冻溶液时;

③集热回路或给水回路其中一侧是高压的,又需把二者分开,以便将高压侧做成耐压的时候。

图 10.12(g)是直流式热水器,主要用于工厂和学校的白天淋浴等设施上。因为这种场合温度上升的幅度大,所以也可以在低温侧安装单层玻璃,在高温侧安装双层玻璃,以适当的比率组成性能不同的集热器。图 10.13 是把浴池作为贮热水箱的直流式太阳能供热水系统。此外,也可与供暖一样,采取低温集热,将所获得的热水供给热泵作为热源水用,但利用热泵单独地用于供热水情况基本上是没有的。

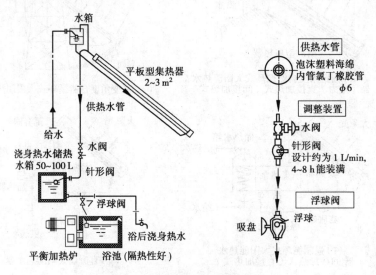

图 10.13　直流式太阳能供热水系统

10.3.4　太阳能供暖系统

太阳能供暖系统是由集热器、蓄热槽、辅助加热器、散热器和连接这些设备的配管,以及自动控制装置等构成的。以水或空气作热媒,在集热器中以 30～50 ℃的温度进行集热,然后将此热直接用于加热室内空气。虽然供热水系统也可单独设置,但因供暖系统只在冬季用,为加快投资回收,原则上最好使供热水系统与供暖系统有机地结合起来,以便共用集热器。

对于太阳能供暖来说,首先要考虑采取一种方式能以尽可能低的热媒温度进行室内采暖,例如采用地板辐射采暖方式,可降低集热温度,以取得最大的集热量。为此,中途的热交换次数越少越好。这也意味着空气式比水式更为理想。再者,建筑物的隔热对太阳能供暖也是重要的。但是,通过窗户射入的日射,正是太阳能供暖的热源之一,所以至少在晴天的白天以此维持室内足够的温度,而将所收集到的热量用于夜间和阴雨天,这种考虑是很重要的。

太阳能暖房,特别是利用储热墙建造的被动式太阳房,由于成本较低,冬暖夏凉,在农村和常规能源缺乏的地区很受欢迎,其原理如图 10.14 所示。主动式太阳房有热水系统,也有空气系统。常用的暖房系统是将太阳能热水器产生的热水存入储热装置(固体、液体或相变系统),然后利用风扇将室内或室外空气驱动到储热装置去吸热,再用风扇将热流体的热量吹送到室内,达到暖房效果(见图 10.15)。

图 10.14　储热墙原理图　　　　　　图 10.15　太阳能暖房系统

用太阳能空气集热器加热房间的系统如图 10.16 所示。这种方案是既能得到所需的热水,又能加热房间。如太阳能不能满足要求,还有辅助热源。系统中的储热箱内部充填有鹅卵石。图 10.16(a)表示用集热器得到的热空气直接加热房间时的工作流程;图 10.16(b)给出储热工作流程;图 10.16(c)表示用储热箱中的热空气加热房间时的工作流程;图 10.16(d)给出夏天不必取暖只用热水的流程图。

热泵和太阳能集热器联合使用,是房屋取暖的一种可行方案。加热器最好在低温下工作,而热泵最好在较高蒸发温度下运行。由太阳能加热器为热泵提供蒸发热是兼顾二者特点的做法。图 10.17 给出这样的串联系统,当储热箱温度高于室温时,热泵就可将储箱中的太阳能直接送到房屋中去。图中给出的是太阳能热水-空气热泵的组合系统。

无论是太阳能供热水系统,还是太阳能供冷暖系统等,多数情况是在常规的系统上增添集热器等这样一些额外的设备,并靠利用太阳能所节省的燃料费来回收这些设备的投资。因此,需要估算年供暖、供热水、供冷负荷以及计算太阳能利用量,而不能像原来常规系统那样简单

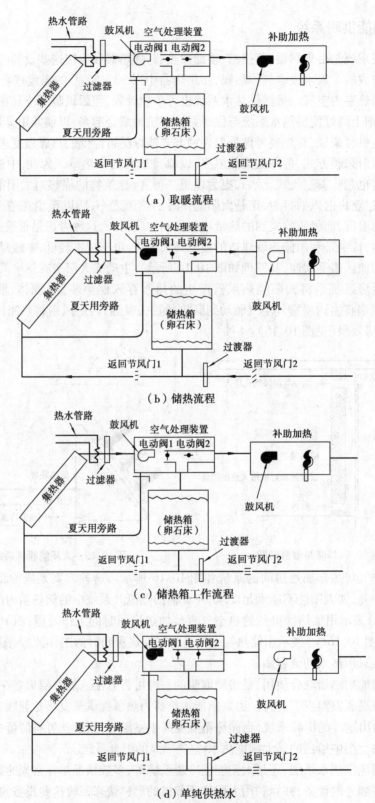

图 10.16　空气集热器的暖房系统

地进行设计。因而,太阳能利用系统的设计,应同时应用计算机对系统常年运行情况的模拟结果。具体的设计计算方法参见有关的参考书和相关的手册。

10.3.5　太阳能的热储存

虽然太阳能给人类和自然界提供了丰富、清洁、安全的能力,但是太阳能量随时间、季节间歇变化,而造成供和需难以同步的矛盾。因此,应收集阳光充足时的太阳能并储存起来供无阳光时使用。

太阳能利用系统主要有太阳能转换装置、储存装置、辅助能量供给装置、负载及控制系统组成。储存装置是整个系统中的一个组成部分,其性能与整个系统的性能及使用有极其密切的关系。太阳能可以以热能、化学能、电能、动能及位能等形式储存,而且储存系统的设计也有多种选择。这里仅介绍太阳能的热储存。

由太阳能集热器收集到的有用能为 Q_u,负荷为 L,当 $Q_u > L$ 时,储存系统可将多余的能量储存起来,以便在 $L > Q_u$ 时使用,或者也可由辅助能源来补充需大于供时的不足。

低中温(低于 150 ℃)太阳能系统大多应用于加热及空调,而高温太阳能系统(500 ℃左右)则多用于太阳能发电。其热储存方式有 3 种:一是采用无相变的显热储存,通常用水、防冻溶液、热载体等液体,以及石子、土、混凝土等固体作为热储存介质;二是利用相变(潜热)储存热量;三是用化学反应方式进行热储存。低中温太阳能系统大多采用显热储存,而高温太阳能系统则采用相变储热及化学储热。

好的显热储能材料应具有比热容大、密度大、无毒、不易燃、化学性能稳定和价廉等性质。相变储能材料还应具有相变化或化学反应的能量大、不腐蚀、体积不膨胀和凝固与溶解温度重复性好等性能。所有的储能材料都应能经受周期性的吸热放热过程而不发生化学或物理变化。

固体显热常用于空气集热器系统储能。均匀的颗粒材料起着储热介质和换热器双重作用。岩石一类颗粒之间导热不良引起温度分层,此特性通常适用于空气采暖系统中。大多数固体储能材料不易熔化,可供高温的聚焦型集热器系统使用。材料要能经受冷热的反复作用而不碎裂。

热储存系统的主要技术指标:a. 单位体积或单位质量的储热容量;b. 工作温度范围,即热量加进系统(充热)的温度和热温从系统取出(取热)的温度;c. 充热或取热的方法和与此有关温差;d. 储热装置中的温度层次;e. 充热和取热的动力消耗;f. 与此储热系统相关的容器、储箱或其他结构部件;g. 控制储热系统热损失的方法;h. 系统成本。

在任何储热系统中,应特别注意那些影响到太阳能集热器性能的因素。集热器的有用收益随其平均板温升高而减少。集热器的温度与系统输出热量的温度之间的关系式为

$$T_{集热器} - T_{供给} = \Delta T_{从集热器输送到储热器} + \Delta T_{入储热器} + \Delta T_{储热器热损失} + \Delta T_{出储热器} + \Delta T_{从储热器到用户} + \Delta T_{用户入口}$$

因此,集热器温度由于一系列温差累加而高于热量使用时的温度。整个系统的设计目的,特别是储热器设计,就是使这些温差减至最小或消除这些温差。

1)显热储存

显热储存时应选用热容量大的储热介质来进行,介质有液体和固体两种。水是中低温太阳能系统最常用的显热储能介质,价廉而丰富,具有良好的储热性能。温度在沸点以下时不需要加

压。有些液体可以用于 100 ℃ 以上作为储热介质而不需要加压。例如,异丙醇等有机化合物,其密度和比热通常比水小并且易燃,由于温度可以比较高,单位体积也可以储存相当大的能量。

(1)水储热系统

如图 10.17 所示,储水容器要求外表面热传导、对流及辐射的热损失小,一定体积下要求容器的表面积最小,常做成球形或正圆柱形。储水容器的材料可选用不锈钢、铝合金、钢筋水泥、铁、木材或塑料,要采取防腐和隔热保温措施。如用木材、水泥时,要考虑热膨胀性,以免用久后产生裂缝漏水。

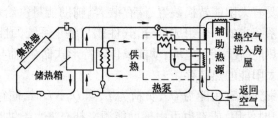

图 10.17　集热器-热泵串联系统

热水储存系统可同时加热和取热。热水在储存系统的储热量,即一次循环作用下,t_1 与 t_2 之间的总热量为

$$Q_s = (mc_p)_s (t_1 - t_2) \tag{10.5}$$

式中　m——总水量,kg。

对于充分混合的储水容器,能量平衡方程为

$$Q_u = L + (mc_p)_s \frac{dt_s}{dt} + (UA)_s (t_s - t_a) \tag{10.6}$$

式中　L——储热系统供给负荷的能量,kJ;

　　　t_s, t_a——储存系统的温度和环境温度,℃;

　　　U——储存系统的热损失系数,kJ/(m² · ℃)。

(2)固体储热系统

如图 10.18 所示的固体储热装置是利用松散的堆积材料的热容量进行储能的,通常用空气作介质,在流动过程中对储热体加热或从中提取能量。岩石是用得最多的材料,所以又称它为卵石床储热装置,也可使用各种固体如废金属罐、钢珠、玻璃球,甚至用装水的玻璃瓶等。容器内有承放岩石的多孔支架,其进、出口两端装有导向器,以使空气进出时不发生偏流,提高传热效果。储热式气流向下流动,取热时方向相反,且系统不能同时加热和取热。储热材料直径为 1~5 cm,孔隙率以 30% 为佳,传热表面积为 80~200 m²,通道长度为 1~1.5 m。

设计良好的卵石床很适合利用太阳能,这是因为空气和固体间的换热系数大,使得容器内的温度分层变得很明显,且储热材料和容器的价格低廉。当空气不流动时,装置的导热损失小;当空气流动时,压力损失小;白天储热,晚上放热,这与太阳能供暖的要求一致。

由集热器流体传来的热量,若不计与外界的热损失,则换热时应等于传给固体的热量,即

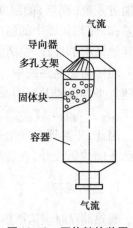

图 10.18　固体储热装置

$$(\dot{m}c_p)_e(t_{f,o} - t_{f,i}) = h_v AL(l_{f,o} - t_b) \tag{10.7}$$

式中　$(\dot{m}c_p)_e$——储存系统流体的热容量，W/℃；

　　　$t_{f,i}, t_{f,o}$——储存系统流体的进、出口温度，℃；

　　　t_b——固体储存层的温度，℃；

　　　L——流动长度，通常取容积高度，m；

　　　A——储热材料的表面积，m^2。

流体与固体储存层的体积传热系数为

$$h_v = 650\left(\frac{G}{d}\right)^{0.7} \tag{10.8}$$

表面质量流速为　　　　　　　　　$G = \rho u$

式中　u——储存系统流体在空隙中的平均流速，m/s。

固体颗粒平均有效直径

$$d = \left(\frac{6}{\pi} \times \frac{\text{颗粒总体积}}{\text{颗粒数}}\right)^{\frac{1}{3}} \tag{10.9}$$

2) 相变储热

潜热值与不发生相变的热容量相比要大得多。利用相变时潜热大的特点，可以设计出温度范围变化小、热容量大、设备体积和重量较小的相变储热系统。图 10.19 所示为相变热储存装置图。在设计相变储热系统时，应注意以下几点：

①发生相变的温度范围要符合使用要求；

②选用潜热大的相变材料；

③溶化过程(储热)、凝固过程(放热)的可逆性要好，即循环次数十分高时仍能维持性能稳定；

④相变不出现明显的过冷、过热现象；

⑤选用合适的封装材料(防腐蚀等)；

⑥加进和取出热量的方法要合适(一般用空气)；

⑦相变材料和容器的成本要低廉。

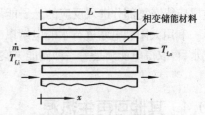

图 10.19　相变储热装置

将相变材料由 t_1 加热到 t_2，中间经过相变温度 t^*(即溶点)。材料的总热量 Q_s 是三部分热量之和，即低温相固体由 t_1 到 t^* 的显热变化，t^* 时的潜热以及高温相溶液由 t^* 到 t_2 的显热：

$$Q_s = m[(t^* - t_1)c_s + r + (t_2 - t^*)c_1] \tag{10.10}$$

式中　m——储存系统材料的质量，kg；

　　　c_s, c_1——固体和液体的比热容，kJ/(kg·℃)；

　　　r——材料的相变潜热。

3) 化学储热

用于储能的理想热化学反应，必须是很容易将化合物分离，不再进一步反应的吸热反应，如分解反应：

$$AB + 热 \Longleftrightarrow A + B$$

若逆反应允许放出储存的能量，该反应就可用来储能。生成物可以分开储存，而储存装置只有显热损失,和反应热相比通常是不大的。困难在于找到适合低温太阳能应用的化学反应。若这类反应中产生水蒸气,其凝结热通常不能再利用;若产生氯离子,也会由于变成氯气而损失能量。

金属氧化物的热分解能用来储能。其优点是生成物另有用处,而逆反应所需的氧则可由大气提供,如

$$4KO_2 + 热 \Longleftrightarrow 2K_2O + 3O_2$$

该反应的温度范围为 $300 \sim 800$ ℃,分解热为 2.1 MJ/kg。

另一类可利用的氧化物是 MgO 和 CaO,将水加入其中会形成 $Mg(OH)_2$ 和 $Ca(OH)_2$,并放出热量(大约为 1.3 MJ/kg),氢氧化物的能量密度约为 $3\ 350$ MJ/m^3。其反应过程为

$$Mg(OH)_2 + 热 \Longleftrightarrow MgO + H_2O$$

温度为 375 ℃左右;

$$Ca(OH)_2 + 热 \Longleftrightarrow CaO + H_2O$$

温度为 550 ℃左右。

上述反应的突出特点是氧化物可在室温下保存,也不需要绝热,只要加水就可取出储存的能量。

对光化学反应,如

$$NOCl + 光子 \longrightarrow NO + Cl$$

氯原子形成氯气会释放出大部分分解 NOCl 时加入的能量。因此,其总的反应式为

$$2NOCl + 光子 \longrightarrow 2NO + Cl_2$$

逆反应能恢复部分进入反应的光子能量。

利用太阳能电站进行水的电解以获取氢气和氧气,用燃烧室中燃烧的形式重新将它们结合成水,再取得电能则是另一种储能方案。

10.4 其他可再生热源

10.4.1 地热能源

地球内部蕴藏着巨大的热能。从地表向地球内部深入,温度逐渐上升,地壳的平均温升为 $20 \sim 30$ ℃/km。大陆地壳底部的温度为 $500 \sim 1\ 000$ ℃。地球中心的温度约为 $6\ 000$ ℃。据一些学者估算,在距地表 1km 的地壳外层内的储热量约为 1.26×10^{27} J,相当于世界上煤的可采储量所含热量的 7 万多倍。

1)地热能源的类型

地热能的储存形式依地质构造和深度而不同。地质学上把地热能分为蒸汽型、热水型、干热岩型、地压型和岩浆型 5 大类。

①蒸汽型:这类地热能是指温度较高的干蒸汽或过热蒸汽的地下热储,以及含有少量的不凝性气体和少量的水(或者不含水)。蒸汽型地热能无疑是很理想的资源,容易开发利用,可直接通进汽轮机发电,然而蒸汽型地热田很少,仅占已探明地热资源总量的0.5%。形成这种地热田要

有特殊的地质构造,即热储流体上部要被大片蒸汽覆盖,而且蒸汽又被不透水的岩层封闭,致使构造里的流体压力低于流体的静压力。

②热水型:这类地热能是指地下热储中以水为主的对流水热系统,包括地面呈现的温度低于当地气压下饱和温度的热水和温度高于沸点的压力热水或湿蒸汽。90 ℃以下称低温,90～150 ℃称中温,150 ℃以上称高温。中、低温地热水分布甚广,储量也很大,我国已发现的地热田大多数属于这类资源。

③地压型:这类地热能是指埋藏在 2～3 km 深部沉积岩中的高盐分热水。由于被不透水的页岩所封闭,沉积物的不断形成和下沉,地层受到的压力越来越大,可达几十兆帕,温度为 150～260 ℃。地压系统与石油资源密切相关,地压水中溶有大量甲烷等碳氢化合物,构成有价值的副产物。

④干热岩型:这类地热能是指比蒸汽、热水和地压资源更为巨大的资源。广义地说,干热岩是泛指地下深部普遍存在的没有水或蒸汽的热岩石,温度范围很广,为 150～650 ℃。干热岩资源的储量十分丰富,美国、日本等国已把这种资源作为地热开发利用的战略目标列入规划进行研究。

⑤岩浆型:这类地热能蕴藏在地壳深部,温度为 650～1 500 ℃,是处于黏弹性状态或完全熔化状态的高温熔岩。这类资源估计约占已探明地热资源总量的 40%。

我国地跨环太平洋和地中海喜马拉雅两大地热带,地热资源比较丰富,无论是低温热水型、地压型和岩浆型等各种地热储存形式的资源都有。已天然出露和钻探发现的地热点 3 000 多处,仅据已勘探的 40 多个地热田来看,查明地热储量相当于 31.6 亿吨标准煤,远景储量相当于 1 353.5 亿吨标准煤。

地热能的利用可分为地热发电和直接利用两大类,而对于不同温度的地热流体可利用的范围如下:

①200～400 ℃,直接发电及综合利用;

②150～200 ℃,双工质循环发电、制冷、干燥、工业热加工;

③100～150 ℃,双工质循环发电、供暖、制冷、干燥、脱水加工、回收盐类;

④50～100 ℃,供暖、温室、家庭用热水、干燥。

2) 地热采暖和空调

有地热资源的寒冷地区,采用地热水供暖最为合适。因为地热水的温度比较稳定,建筑物供暖的温度容易控制,比燃煤供暖简便,且无烟尘污染。在不需要采暖的热带地区,利用地热水作为热源进行制冷空调,热源稳定,连续性好,也容易实现。

冰岛、法国、日本等国早已采用地热采暖,经验比较丰富。近年来,我国华北地区也开始了地热采暖,尤其是北京、天津的地热供暖面积逐年在扩大。

地热采暖的关键问题是计算好热田热水可能供暖的面积,以及采暖建筑物的高峰热负荷和年耗热量的估算。由于高峰热负荷在一年中所占时间不多,为了提高地热采暖的面积,可与常规锅炉供暖结合,即利用锅炉作调峰,地热水担负基本供暖,这样可减少管道设施和缩小水泵的规格。另外,考虑到采暖的季节性,而地热水则是常年都有,因此可在设计地热采暖的同时也把供生活热水列并考虑。一般来说,设计兼有地热水洗浴的采暖房,地热的年利用率可提高 10%～15%。

地热水采暖的方法主要有两种：如果地热水温度在60℃左右，且水质较好，含硫化氢等较少和腐蚀性均不严重时，可以直接与普通水暖系统接通，采暖之后的余温水还可排放作其他利用；若地热水的腐蚀性大，为避免管道和散热片锈蚀，必须在地热井口或井下设置换热器，使采暖系统流过的是普通热水。井下换热装置热损失小，且不容易结垢，但技术要求高，是地热利用中的高技术。井口换热装置多采用大面积板式换热器，材质问题十分关键，常用钛合金材料，换热器的板片结构也较特殊。目前我国已建有地热水换热器的专业生产厂，为今后推广地热采暖创造了有利条件。

从经济上分析，因地热钻井费用高，地热采暖初始投资偏高，但长期运行费用显然比燃煤采暖便宜，特别是大规模区域供暖，共用一个地热供暖系统则经济优势和环境效益毋庸置疑。例如天津市1994年建立的紫金新里地热供暖系统，一口地热井可供20多万 m² 建筑面积的采暖。

3) 地热发电

现代地热的突出作用是发电。地热发电的形式主要有3种，它取决于地热的温度和形态。

(1)地热蒸汽直接发电

由地热井中取出的地热蒸汽，首先要经过净化器，把井下带出的杂质清除(如各种矿物盐、不凝结气体和钻井的机械颗粒等)。将蒸汽送入汽轮机，汽轮机旋转时带动发电机发电，工作完的余汽与冷却水混合，在冷凝器中冷凝，经冷却塔后排放或回灌。若地热井出来的不是干蒸汽，而是热水和蒸汽混合的湿蒸汽，则要先进行水汽分离器，然后送入汽轮机。这种发电方式与常规的火力发电基本相同，只是没有生产蒸汽的锅炉，蒸汽由地热井提供。图10.20为地热蒸汽直接发电的示意图。

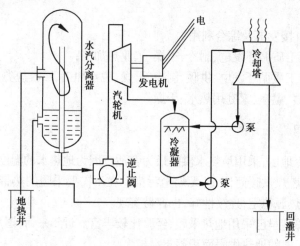

图10.20 地热蒸汽直接发电示意图

(2)扩容法地热发电

由于地热水的温度不够高，产生的蒸汽量不大，难以推动汽轮机旋转，因此要设法提高蒸汽的能力。在物理学上，水的沸点温度与压力成正比关系，如正常大气压力下水的沸点为100℃的水蒸气。若将压力变小，水的沸点温度和产生水蒸气的温度也会下降。据此，当地下热水引出时，让它快速进入一个扩大容积的装置，使压力降低，加速汽化，这时就能获得上千倍的扩容蒸汽,于是就可推动汽轮机旋转,而带动发电机发电。通常这种方法叫做减压扩容,其关键设备是扩容器(见图10.21)。

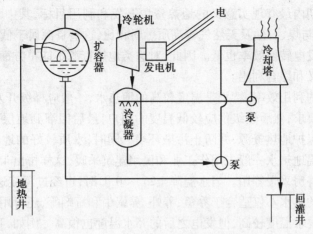

图10.21 扩容法地热发电示意图

目前,国际上扩容法地热发电站较多,我国建设的地热电站则主要是采用减压扩容法。西藏羊八井地热电站已装机2.5万kW,担负着拉萨电网50%的负荷,是西藏地区的主要电站。由于羊八井地热田已钻探出329.8 ℃的高温地热井,比原先150 ℃左右的湿蒸汽地热更具有开发前景。

(3)中间介质法地热发电

有的地热水温度较低,或所含矿物质太浓,易于结垢,采用上述两种方法发电困难,只有依靠中间介质法来发电。这种发电方式多用于余热发电、海洋温差发电和太阳能发电,其热源温度低于100 ℃。所谓中间介质就是选用一种低沸点的物质,如氯乙烷、正丁烷和异丁烷等。把地热水作为热源去加热中间介质,使其汽化,并用这种气体去推动涡轮机旋转而发电;然后用水冷却发电后的气体,使它恢复到原来液体状态的介质;再用泵打到热交换器去,即完成一个循环。图10.22为中间介质法地热发电的示意图。

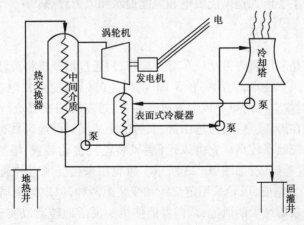

图10.22 中间介质法地热发电示意图

4)地热能的综合利用

热水资源是近期内最有现实意义的地热资源开发和利用目标,其中大部分是中低温(<150 ℃)热水资源。与煤、石油及天然气等高质燃料相比,这些资源属于低含热能,其特点是数量大,做功能力小,发电转换效率也低。因此,对这类地热资源不能单方面注意能量转换利用,还要考虑其经济意义和综合利用。

为了提高地热的利用效率,特别是温度较高的地热水,一般应梯级开发,做到一水多用,先满足高温度用户的要求,然后逐级供应较低温度的用户,最后回灌到地层中去,尽可能做到只用其热、不用其水,保护地热资源,并防止污染环境。同时,水质较好的地热水,才可适量直接向地面排放。中低温地热水一般先用作工业和民用建筑采暖,这样排出45~50 ℃的热水可以供浴室、游泳池、禽兽房采暖等用。当水温降至25~30 ℃时,可经过沉淀送往养殖池或田地冬灌。这种较低温度的热水不仅适合于养鱼、养虾、养蜗牛和蚯蚓等,还可用作禽类的孵化。

地热发电一般要求温度较高,但发电之后的弃水温度也很高。例如,我国西藏羊八井地热电站,地热井水温150 ℃,发电之后水温仍有80 ℃左右。因此,利用电站的弃水发展温室,种植蔬菜瓜果,开展一水多用。

总之,必须从全局出发,综合考虑地热资源和用能系统的特点,以取得最大经济效益为标准,规划和制订地热资源的开发和利用方案。

10.4.2 风能

风能是太阳能的一种转换形式,地球接受到的太阳辐射约有20%被转换成风能。全球的风能总量估计有1.3×10^{14} W,这是一个巨大的潜在能源宝库。如果有1%的风能被利用,即可满足人类对能量的全部要求。

风能具有清洁、环境效益好、蕴量巨大、可再生、分布广等优点。风能利用发展潜力大、基建周期短、投资少、装机规模灵活、技术相对成熟。但风能能量密度小、获取不稳定、使用不方便,风力发电机的效率低、有噪声、占地量大,等等,这些缺陷使风能利用的发展受到限制。

目前风能利用的主要形式是风能发电和风能提水和风力致热。

1)风力发电

风力发电的原理是利用风力带动风车叶片旋转,再通过增速机将旋转的速度提升,来促使发电机发电。目前的风车技术,大约每秒3 km的风速(微风)便可发电。风力发电没有燃料问题,也不会产生辐射或空气污染。风力发电在芬兰、丹麦等国家很流行,我国也在西部地区大力提倡。风力发电在海岛、草原、边远山区、农村的小范围局部地区具有明显的优越性。

小型风力发电系统效率较高。它由风轮(集风装置)、传动装置、塔架、调向器(尾翼)、限速调速装置、做功装置等组成,如图10.23所示。风轮用来接受风力并通过传动装置、做功装置(即发电机)将其转为电能,风轮采用定桨距和变桨距两种,以定桨距居多;尾翼使叶片始终对着来风的方向从而获得最大的风能;调向器能使机头灵活地转动以实现尾翼调整方向的功能;限速调速装置采用风轮偏置和尾翼铰接轴倾斜式调速、变桨距调速机构或风轮上仰式调速;功率较大的机组还装有手动刹车机构,以确保风力发电机在大风情况下的安全。

中小型风力发电系统由风力发电机组、控制器、逆变器、泄荷器、蓄电池及其用电设备组成。

控制器的功能：a.整流充电，将风力发电机输出的低压交流电整流，并向蓄电池充电；b.电池过充时泄放发电机输出的电能（分流泄荷）；使蓄电池过充保护，保证蓄电池不酸化、不中毒，有效的延长使用寿命；c.电池亏电时切断用电，保证蓄电池极板不损坏、氧化物不脱落，有效的延长使用寿命；d.有仪表指示或灯光显示系统工作状态。

逆变器的功能：蓄电池电压在正常范围内时，逆变器将储存在蓄电池内的直流电逆变成常规的交流电，即 220 V/50 Hz。逆变器需具有较完善的超压、过荷、短路、过热等保护，有相应的仪表显示系统与设备的工作状态，能够故障报警。

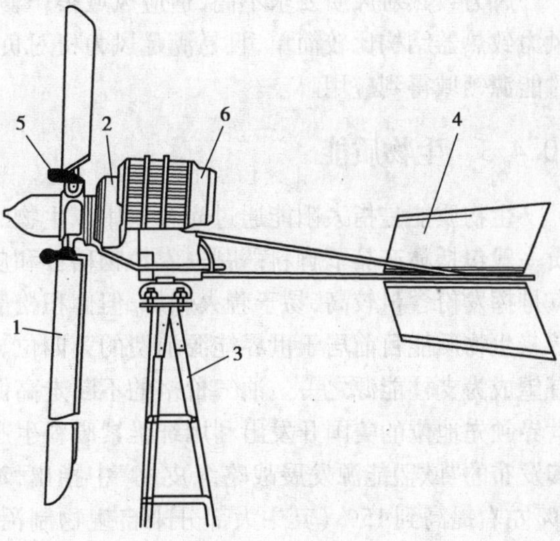

泄荷器功能：当蓄电池充满后，为防止蓄电池过充电和保护发电系统其他设备的安全，控制器自动将发电机的输出切换到泄荷器上。

图 10.23　小型风力发动机的基本组成
1—风轮（集风装置）；2—传动装置；3—传动装置；
4—调向器（尾翼）；5—限速调速装置；6—做功装置

蓄电池是一种化学电源，它的功能是将直流电能转化为化学能储存起来，需要时再将化学能转换为电能。它解决了电能储存问题，起着功率和能量调节的作用，向负载提供瞬时大电流。常用蓄电池有铅酸蓄电池、碱性蓄电池两种。目前，小型风力发电机通常用储能型铅酸蓄电池。

中小型风力发电系统普遍适用于有风、电网达不到或虽有电网但供电不正常的地区，供给照明和电视机等家用电器、通信设备和电动工具等用电。大型发电风电场址的确定，一般需要达到两个要求：一是场址的风能资源比较丰富，年平均风速在 6 m/s 以上，年平均有效风功率密度大于 200 W/m^2，年有效风速小时数（3~25 m/s）不小于 5 000 h；二是场地面积需达到一定的规模，以便有足够的场地布置风机。

因为风量的不稳定，风力发电机输出的是 13~25 V 变化的交流电，须经充电器整流，再对蓄电池充电，使电能转换成化学能，然后用有保护电路的控制逆变器，把电瓶里的化学能转变成交流 220 V/50 Hz 交流市电，才能保证稳定使用。

2) 风能致热

把风能直接转换成热能的装置称为风力致热器。风力致热器分为两大类：一类是风能直接转换为热能的直接致热式；另一类是风能转换为电能（或其他能量），再转换为热能的间接致热式。属于直接致热方式的有固体摩擦式、搅拌液体式、油压阻尼式、压缩空气式等；属于间接致热方式的有热电阻式、涡电流式、电解水式以及烧氢取热等。

油压阻尼式风力致热系统的基本原理是：风车吸收风能转变成风轮旋转的机械能，带动液压泵工作，泵出口处装有一阻尼元件，高压油被加速后通过阻尼元件，与阻尼元件出口处的油相碰撞，通过油分子之间的碰撞和摩擦产生热量经热交换器输出热能。

风力致热对风质要求不高,适应风域很广,尤其是风能综合利用效率高,可达 40%。另外风力致热器结构比较简单,且易满足风力机对负荷的最佳匹配要求。因此,风力致热将会在农村能源领域得到应用。

10.4.3　生物质能

生物质能是指太阳能通过光合作用以生物的形态储存的能量。作为能源资源利用的生物质一般包括林产品下脚料、薪柴、农作物秸秆和皮壳、水生作物、人畜粪便等。生物质的基本特点是挥发份含量较高,易于着火燃烧,但体积松散,能量密度低,不能直接作为商品能源。

生物质能目前居于世界能源消费的第四位。生物质能还是一种可再生的清洁能源,将来有望成为支柱能源之一。油气价格的不断走高促进了全球各国对生物燃料的研究开发。处于世界领先地位的美国开发出利用纤维素废料生产乙醇技术,年产乙醇 2 500 t。欧盟委员会在其发布的“欧盟能源发展战略绿皮书”中指出,2015 年生物质能将由目前占总能源消费量的 2%左右提高到 15%(其中大部分来自生物制沼气、农林废气物及能源作物的利用),到 2020年生物质燃料将替代 20% 的化石燃料。

我国生物质能资源丰富,发展潜力巨大。据初步估算,仅农作物秸秆技术可开发量就有 6亿 t,每年废弃的农作物秸秆就有 1 亿 t,折合标准煤 5 000 万 t。预计到 2020 年,全国每年秸秆废弃量将达到 2 亿 t 以上,折合标准煤 1 亿 t,相当于煤炭大省河南一年的产煤量。

但生物质能的利用还存在许多问题:秸秆大量被废弃,造成资源的浪费,生物质直接燃烧给大气带来严重的污染。生物质能分布离散,经济半径有限,难以实现大规模产业化开发;已研发的各种综合利用生物质能的方法操作复杂,难以被农民接受;大部分农村的经营者缺乏市场化运作的能力。

1)生物质的转换方式

生物质的转换方式一般分为物理转变、化学转变和生物转变。目前世界各国主要集中于其化学转变方面的研究。生物质的利用途径如图 10.24 所示。

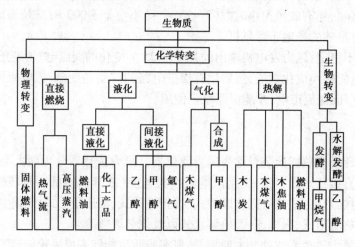

图 10.24　生物质的利用途径

（1）生物质的物理转变

物理转变主要指生物质固化，是生物质能利用技术的一个重要方面。生物质固化就是将生物质粉碎至一定的粒度，不添加黏结剂，在高压条件下挤压成一定形状（挤压过程所产生的热量使得生物质中木质素产生塑化黏结）。成型物进一步碳化制成木碳。生物质固化解决了生物质能形状各异、堆积密度小且较松散、运输和储存使用不方便的问题，提高了生物质的使用效率。

但固体在运输方面不如气体、液体，所以大多数研究者都集中在生物质的化学转变和生物转变方面。

（2）生物质的化学转变

生物质化学转变主要包括直接燃烧、液化、气化、热解4个方面。目前的研究主要集中于生物质的液化、气化和热解。

①生物质液化：是指通过化学方式将生物质转变成液体产品的过程。液化技术主要有直接液化和间接液化。直接液化就是在较高的压力下液化，故又称高压液化。把生物质放在高压设备中，添加适宜的催化剂，在一定的工艺条件下反应，反应物的停留时间长达几十分钟，然后制成液化油，作为汽车用燃料或进一步分离加工成化工产品。间接液化就是把生物质气化后，再进一步合成为液体产品，或采用水解法把生物质中的纤维素、半纤维素转化为多糖，然后再用生物技术发酵成酒精（甲醇、乙醇）。

②生物质气化：是生物质在高温下部分氧化的转化过程。该过程是直接向生物质通气化剂（空气、氧气或水蒸气），生物质在缺氧的条件下转变为小分子可燃气体。所用气化剂不同，得到的气体燃料也不同。目前应用最广的是用空气作为气化剂，产生的可燃气体主要给用户直接燃烧，部分用于锅炉燃料。通过生物质气化可以得到合成气，可进一步转变为甲醇或提炼得到氢气。

③生物质热解：主要是通过发酵或水解发酵工艺来制取甲烷气和乙醇等化工产品。生物质产生沼气是一个典型的例子。沼气是有机物质在厌氧条件下经过多种细菌的发酵作用而生成的产物。沼气发酵过程经历水解、液化、酸化和气化四个阶段。各种有机的生物质，如秸秆、杂草、人畜粪便、垃圾、生活污水、工业有机废物等，都可以作为生产沼气的原料。

沼气是一种无色、有臭味、有毒的混合气体。沼气的主要成分为甲烷（占总体积的60%～70%）、二氧化碳（占总体积的25%～40%），其余的硫化氢、氮、氢和一氧化碳等气体约占总体积的5%。由于沼气中甲烷含量的不同，沼气的低热值为 $20.930～25.120$ MJ/Nm^3，其着火温度为88℃。沼气的用途很广，1 Nm^3 的沼气可用于：供60 W电灯照明7 h；煮四个人的饭三顿；发电1.25 kW·h；开动容积为300 L的冰箱3 h。

沼气池是产生沼气的关键设备。沼气池的种类很多，有池-气并容式沼气池、池-气分离式沼气池，有固定式沼气池及浮动储气罐式沼气池。最常用的为池-气并容固定式的沼气池。用来建造沼气池的材料也多种多样，有砖、混凝土、钢、塑料等。

2）太阳能和生物质能联合热发电技术

联合发电技术将太阳能与生物质能发电系统优化集成为综合互补的热发电系统。整个系统大体可分为生物质循环流化床锅炉系统、太阳能集热转化系统和汽轮机发电系统三个子系统组成。在有太阳辐射情况下，生物质循环流化床燃烧锅炉和太阳能集热转化系统联合运行；

在没有太阳辐射情况下,切断太阳能热吸收转化系统的供水管路,生物质循环流化床燃烧锅炉可以单独与汽轮机发电系统联合运行。

(1)槽式太阳能热发电与生物质能联合

槽式太阳能热发电与生物质能联合如图10.25所示。利用槽式抛物面反射镜聚光,用导热油做导热介质。当太阳光照射到聚光装置上时,被聚焦反射到集热装置上,加热流过集热装置中的导热油,导热油被连续加热到较高的温度,然后每个单元组的导热油汇合到主管路,通过换热装置换热,把热量传给锅炉的给水,冷却后的导热油又重新通过主管路分配至热吸收单元,吸收太阳辐射热量。锅炉给水通过给水管路送入换热器,吸收导热油的热量后成为饱和蒸汽,然后流入生物质循环流化床燃烧锅炉的蒸汽混合器,混合均匀后进入过热器,过热蒸汽进汽轮发电机组做功发电。当夜间太阳能热吸收转化系统需停止运行或其发生故障需要检修时,可以切断给水管路将太阳能热吸收转化系统解列,生物质循环流化床锅炉系统和汽轮机发电系统单独运行。

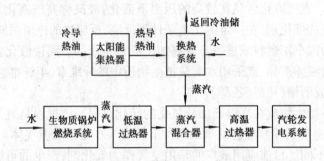

图10.25 槽式太阳能热发电与生物质能联合示意图

与独立的太阳能热发电相比,该联合装置提高了槽式太阳能集热换热系统进入汽轮机的蒸汽参数,提高了发电效率。

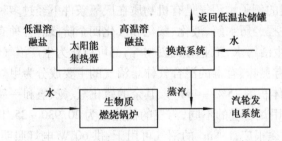

图10.26 塔式太阳能热发电与生物质能联合示意图

(2)塔式太阳能热发电与生物质能联合

塔式太阳能热发电与生物质能联合如图10.26所示。利用定日镜将太阳光聚焦在中心吸热塔的吸热器上,将聚焦的太阳辐射能转变成热能,然后将热能传递给热力循环的工质,再驱动热机做功发电。其导热介质大多为熔融盐。

在太阳升起的时候,启动塔式太阳能集热转换系统,待塔式太阳能集热转换系统得到与生物质锅炉出口蒸汽参数相匹配的蒸汽后,与生物质锅炉并汽,实现太阳能集热转换系统与生物质能锅炉并列运行,太阳能热发电系统与生物质锅炉系统使用同一套汽机发电系统。塔式太阳能集热转换系统能得到较高参数的过热蒸汽。整个系统中,可发挥塔式太阳能集热转换系统的最大工作能力。

(3)槽式-塔式太阳能热发电与生物质能联合

槽式-塔式太阳能热发电与生物质能联合如图 10.27 所示,包括槽式太阳能集热转化系统、塔式太阳能集热转化系统、生物质锅炉系统以及汽轮发电系统。给水经槽式太阳能系统换热器,然后经塔式太阳能系统的换热器,待生成与生物质锅炉出口相匹配的蒸汽后,与生物质锅炉并汽,实现太阳能集热转换系统与生物质能锅炉并列运行,太阳能热发电系统与生物质锅炉系统使用同一套汽机发电系统。整个系统中,可发挥槽式-塔式太阳能集热转换系统的最大工作能力。

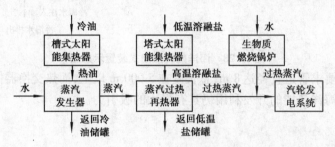

图 10.27　槽式-塔式太阳能热发电与生物质能联合示意图

10.4.4　海洋热能转换

海洋能是一个较为宽泛的概念,它包括潮汐、潮流、海流、波浪、温差、盐浓度差等潜在的能源。据估计这种可再生性能源的蕴藏量达 109 kW 数量级,具有极大的潜力。对海洋能的开发和利用的许多研究工作正在进行,有的已附诸实现,有的已提出方案,有的还是些设想。目前受到普遍重视的首先是利用潮汐的动力发电,其次是利用海水温差、波浪发电。

1881 年,德国物理学家阿生伐尔曾经预言,总有一天人类将开发海洋的热能。他特别提出可利用海洋表面的热水和海洋深处的冷水的温差运转热机来发电。在原理上,海洋热能发电用的热机同普通热机类似。最简单的就是在郎肯(Rankine)循环中带动一台简单的电机产生电能。

有两种海洋热能转换系统:开式循环系统和闭式循环系统。在开式循环系统中,热海水被引入真空器中汽化,形成海水蒸气。这些蒸汽推动和电机相联的透平产生电能。海水蒸气做功完毕从透平中排出后,即进入深处的冷海洋中,和冷海水混合。在闭式循环系统中,引入的热海水不用来做功,而作为传热的热源,用来汽化工作介质。工作介质是被限制在一封闭的回路中,而深处的冷海水用来冷凝工作介质成液体。在工作介质呈气态时,推动透平做功。

海洋热能转换闭式循环发电系统与一座火电站类似,以氨作为锅护、透平、压缩机的工作介质。整个海洋热能转换装置,浸入在约 20 ft(约 61 m)的海水中。工作介质的大部分蒸气压由海水的静压所产生,图 10.28 为这种转换装置的示意图,它在 25 ℃和 5 ℃的海水之间运行发电。

从理论上讲,海洋热能转换技术是相当简单的,但要很好地应用它却存在许多工程实际问题。主要问题之一就是这种能源是扩散性的(这个问题也存在于太阳能开发应用中)。为将这种能源集聚起来以产生可用数量的电能,装置内的水流速必须达每分钟几千升以上。这样的流速所要求的设备尺寸是巨大的:如泵的功率达 7 356 kW 以上,汽轮机的直径达 5 m 亦不

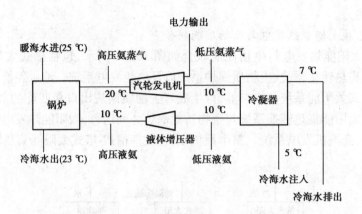

图10.28 海洋能转换闭式装置示意图

足为奇;一些设计要求管道直径达8 m,总长度在5 000 m以上,而热交换器体积的边长至少要20 m。尽管如此,海洋热能的开发利用仍具有强大的吸引力。

本章小结

本章的中心内容是其他热源系统的基本原理、特点和应用方式。

要点是电热式常压锅炉、电热式承压锅炉、电热式蒸汽锅炉的结构特点,以及电热式锅炉的共同特点;常压中央热水机组直接式和间接式的结构、在供热系统中的应用方式;太阳能热源供冷暖、供热水系统的组成和特点,太阳能集热器的基本构成和热性能参数,太阳能储存的方式和特点;地热能源的类型、地热流体可能利用的范围、地热利用的方式及综合利用;风能的特点,风能利用的两种方式风能发电、风能致热的原理;生物质能的特点、生物质的转换方式、太阳能和生物质能联合热发电技术;海洋能转换的基本原理和特点。

思考题

10.1 电热式热源有何优缺点? 它适用于哪些场合?

10.2 电热式热源的分类与锅炉有何相似之处?

10.3 什么是中央热水机组? 它作为建筑热源有哪些独特的优点?

10.4 中央热水机组有哪两种形式? 它们在建筑中有哪两种典型的应用方式?

10.5 太阳能热源在建筑中的应用有哪几种主要方式?

10.6 怎样做到合理利用地热能源?

11

冷热源系统设计

学习目标：
1.了解燃气、燃油锅炉的气、油供应系统。
2.掌握供气、供油管道系统设计的基本要求。
3.了解锅炉通风的作用,掌握烟囱高度的确定原则。
4.了解冷热源水质管理的重要性,熟悉锅炉给水的除气原理及设备;掌握锅炉的排污量的计算方法。

11.1 燃气供应系统设计

燃气锅炉房供气管道系统的设计是否合理,不仅对保证锅炉安全可靠运行关系极大,而且对供气系统的投资和运行的经济性也有很大影响。因此,在设计时,必须给予足够的重视。

锅炉房供气系统,一般由调压系统、供气管道进口装置、锅炉房内配管系统以及吹扫放散管道等组成。

11.1.1 供气管道系统设计的基本要求

1)燃气管道供气压力确定

在燃气锅炉房供气系统中,从安全角度考虑,宜采用次中压($0.005\ \text{MPa} < p \leqslant 0.2\ \text{MPa}$)、低压($p \leqslant 0.005\ \text{MPa}$)供气系统;燃气锅炉房供气压力主要是根据锅炉类型及其燃烧器对燃气压力的要求来确定。当锅炉类型及燃烧趋的型式已确定时,供气压力为

$$p = p_r + \Delta p \tag{11.1}$$

式中　p——锅炉房燃气进口压力;

　　　p_r——燃烧器前所需要的燃气压力(各种锅炉所需要的燃气压力,见制造厂家资料);

Δp——管道阻力损失。

2）供气管道进口装置设计要求

由调压站至锅炉房的燃气管道，除有特殊要求外一般均采用单管供气。锅炉房引入管进口处应装设总关闭阀，按燃气流动方向，阀前应装放散管，并在放散管上装设取样口，阀后应装吹扫管接头。

3）锅炉房内燃气配管系统设计要求

①为保证锅炉安全可靠的运行，要求供气管路和附件的连接要严密可靠能承受最高使用压力。在设计配管系统时，应考虑便于管路的检修维护。

②管道及附件不得装设在高温或有危险的地方。

③配管系统使用的阀门应选用明杆阀或阀杆带有刻度的阀门，以便使操作人员能识别阀门的开关状态。

④当锅炉房安装的锅炉台数较多时，供气干管可按需要用阀门分隔成数段、每段供应2～3台锅炉。

⑤在通向每台锅炉的支管上，应装有关闭阀和快速切断阀（可根据情况采用电磁阀或手动阀）、流量调节阀和压力表。

⑥在支管至燃烧器前的配管上应装关闭阀，阀后串联2只切断阀（手动阀或电磁阀），并应在两阀之间设置放散管（放散阀可采用手动阀或电磁阀）。靠近燃烧器的1只安全切断电磁阀的安装位置，至燃烧器的间距尽量缩短，以减少管段内燃气渗入炉膛的数量。

4）吹扫放散管道系统设计

燃气管道在停止运行进行检修时，为检修工作安全，需要把管道内的燃气吹扫干净；系统在较长时间停止工作后再投入运行前，为防止燃气空气混合物进入炉膛引起爆炸，亦需进行吹扫，将可燃混合气体排入大气。因此，在锅炉房供气系统设计中，应设置吹扫和放散管道。

①燃气系统在下列部位应设置吹扫点：

a. 锅炉房进气管总关闭阀后面（顺气流方向）。

b. 在燃气管道系统以阀门隔开的管段上需要考虑分段吹扫的适当地点。

②吹扫方案应根据用户的实际情况确定 可以考虑设置专用的惰性气体吹扫管道，用氮气、二氧化碳或蒸汽进行吹扫；也可不设专用吹扫管道而在燃气管道上设置，在系统投入运行前用燃气进行吹扫，停运检修时用压缩空气进行吹扫。

③燃气系统在下列部位应设置放散管道

a. 锅炉房进气管总切断阀的前面（顺气流方向）。

b. 燃气干管的末端，管道、设备的最高点。

c. 燃烧器前两切断阀之间的管段。

d. 系统中其他需要考虑放散的适当点。

④放散管可根据具体布置情况分别引至室外或集中引至室外 放散管出口应安装在适当的位置，使放散出去的气体不致被吸入室内或通风装置内。放散管出口应高出屋脊2 m以上。

⑤放散管的管径根据吹扫管段的容积和吹扫时间确定 一般按吹扫时间为15～30 min，

排气量为吹扫段容积的 10 ~ 20 倍作为放散管管径的计算依据。表 11.1 列举了锅炉房内燃气管道系统的放散管管径参考数据。

表 11.1　锅炉房燃气系统放散管直径选用表

燃气管道直径/mm	25 ~ 50	65 ~ 80	100	125 ~ 150	200 ~ 250	300 ~ 350
放散管直径/mm	25	32	40	50	65	80

11.1.2　锅炉常用燃气供应系统

1）一般手动控制燃气系统

以前使用的一些小型燃气锅炉房,锅炉都由人工控制,燃烧系统比较简单。一般情况下,燃气管道由外网或调压站进入锅炉房后,在管道入口处装一个总切断阀,顺气流方向在总切断阀前设放散管,阀后设吹扫点。由干管至每台锅炉引出支管上,安装一个关闭阀,阀后串联安装切断阀和调节阀,切断阀和调节阀之间设有放散管。在切断阀前引出一点火管路供点火使用。调节阀后安装压力表。阀门选用截止阀或球阀,手动控制系统一般都不设吹扫管路。放散管根据布置情况单独引出或集中引出屋面。供气系统流程如图 11.1 所示。

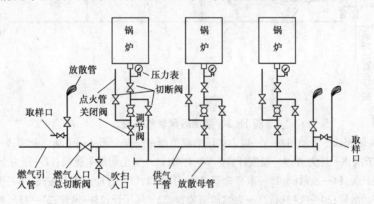

图 11.1　一般手动控制燃气供应系统

2）强制鼓风供气系统

随着燃气锅炉技术的发展,供气系统的设计也在不断改进,近几年出现的一些燃气锅炉,自动控制和自动保护程度较高,实行程序控制,要求供气系统配备相应的自控装置和报警设施。因此,供气系统的设计也在向自控方向发展,在我国新设计的一些燃气锅炉房中,供气系统已在不同程度上采用了一些自动切断、自动调节和自动报警装置。

图 11.2 所示为强制鼓风供气系统。该系统装有自力式压力调节阀和流量调节阀,能保持进气压力和燃气流量的稳定。在燃烧器前的配管系统上装有安全切断电磁阀,电磁阀与风机、锅炉熄火保护装置、燃气和空气压力监测装置等联锁动作,当鼓风机、引风机发生故障(停电或机械故障),以及燃气压力或空气压力出现了异常、炉膛熄火等情况发生时,系统将迅速切断气源。

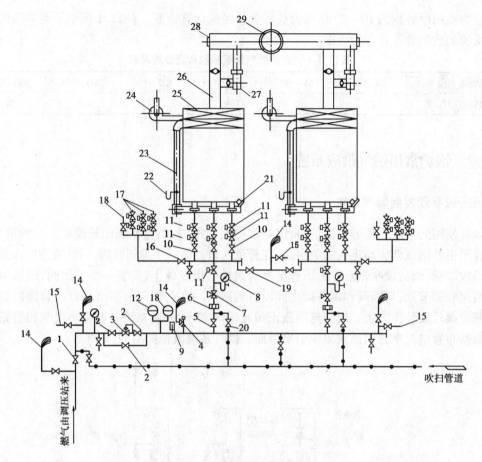

图 11.2 强制鼓风供气系统

1—锅炉房总关闭阀;2—手动闸阀;3—自力式压力调节阀;4—安全阀;5—手动切断阀;6—流量孔板;
7—流量调节阀;8—压力表;9—温度计;10—手动阀;11—安全切断电磁阀;12—压力上限开关;
13—压力下限开关;14—放散阀;15—取样短管;16—手动阀;17—自动点火电磁阀;18—手动点火阀;
19—放散管;20—吹扫阀;21—火焰监测装置;22—风压计;23—风管;24—鼓风机;
25—空气预热器;26—烟道;27—引风机;28—防爆门;29—烟囱

强制鼓风供气系统能在较低压力下工作,由于装有机械鼓风设备,调节方便,可在较大范围内改变负荷而燃烧相当稳定。因此,这种系统在大中型采暖和生产的燃气锅炉房中经常被采用。

3) WNQ4-0.7 型燃气锅炉供气系统

图 11.3 所示为 WNQ4-0.7 型燃气锅炉供气系统。该锅炉采用涡流式燃烧器,要求燃气进气压力为 10～15 kPa,炉前燃气管道及其附属设备,由锅炉厂配套供应。每台锅炉配有一台自力式调压器,由外网或锅炉房供气干管来的燃气,先经过调压器调压,再通过 2 只串联的电磁阀(又称主气阀)和 1 只流量调节阀,然后进入燃烧器。在 2 只串联的电磁阀之间设有放散管和放散电磁阀,当主电磁阀关闭时,放散电磁阀自动开启,避免漏气进入炉膛。主电磁阀和锅炉高低水位保护装置、蒸汽超压装置、火焰监测装置及鼓风机等联锁,当锅炉在运行中发生事

故时,主电磁阀自动关闭切断供气。运行时燃气流量可根据锅炉负荷变化情况由调节阀进行调节,燃气调节阀和空气调节阀通过压力比例调节器的作用实现燃气-空气比例调节。

此外,在二电磁阀之前的燃气管上引出点火管道,点火管道上有关闭阀和2只串联安装的电磁阀。点火电磁阀由点火或熄火讯号控制,燃气系统的启停为自动控制和程序控制。当开始点火时,首先打开风机预吹扫一段时间(一般几十秒),然后打开点火电磁阀,点火后再打开主电磁阀,同时火焰监测装置投入,锅炉投入正常运行;当停炉或事故停炉时,先关闭主气阀,然后吹扫一段时间。

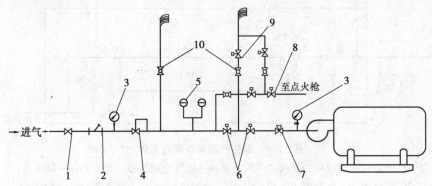

图 11.3 WNQ4-0.7 型燃气锅炉供气系统
1—总关闭阀;2—气体过滤器;3—压力表;4—自力式压力调节阀;5—压力上下限开关;
6—安全切断电磁阀;7—流量调节阀;8—点火电磁阀;9—放空电磁阀;10—放空旋塞阀

在供气系统中,为了保证燃烧器所需的压力,应设置燃气高低压报警及必要的联锁。

11.1.3 燃气调压系统

为了保证燃气锅炉能安全稳定地燃烧,对于供给燃烧器的气体燃料,应根据燃烧设备的设计要求保持一定的压力。一般情况下,从气源经城市煤气管网供给用户的燃气,如果直接供锅炉使用,往往压力偏高或压力波动太大,不能保证稳定燃烧。当压力偏高时,会引起脱火和发出很大的噪声;当压力波动太大时,可能引起回火或脱火,甚至引起锅炉爆炸事故。因此,对于供给锅炉使用的燃气,必须经过调压。

调压站是燃气供应系统进行降压和稳压的设施。站内除布置主体设备调压器之外,往往还有燃气净化设备和其他辅助设施。为了使调压后的气压不再受外部因素的干扰,锅炉房宜设置专用的调压站,如果用户除锅炉房之外还有其他燃气设备,需要考虑统一建设调压站时,宜将供锅炉房用的调压系统和供其他用气设备的调压系统分开,以确保锅炉用气压力稳定。

调压站设计应根据气源(或城市煤气管网)供气和用气设备的具体情况,确定站房的位置和形式;选择系统的工艺流程和设备,并进行合理布置。

1)几种常用的调压系统

采用何种方式的调压系统要根据调压器的容量和锅炉房运行负荷的变化情况来考虑。确定方案的基本原则是:一方面要使通过每台调压器的流量在其铭牌出力的10%~90%,超出了这个范围则难以保持调压器后燃气压力的稳定;另一方面,调压系统应能适应锅炉房负荷的变化,始终保证供气压力的稳定性。因此,当锅炉台数较多或锅炉房运行的最高负荷和最低负荷相差很大时,应考虑采用多路调压系统,以满足上述两方面的要求。此外,常年运行的锅炉房,应设置备用调压器。备用调压器和运行调压器并联安装,组成多路调压系统。

调压系统按调压器的多少和布置形式不同,可分为单路调压系统和多路调压系统。按燃气在系统内的降压过程(次数)不同,可分为一级调压系统和二级调压系统。

①单路调压系统:只安装一台调压器或串联安装两台调压器的单管路系统(见图11.4)。

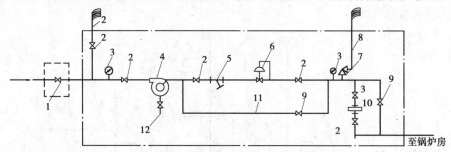

图 11.4　单路一级典型调压系统

1—气源总切断阀;2—切断阀;3—压力表;4—油气分离器;5—过滤器;6—调压器;
7—安全阀;8—放散管;9—截止阀;10—罗茨流量计;11—旁通管;12—放水管

②多路调压系统:并联安装几台调压器,燃气在经过各台并联的调压器之后汇合,再一起向外输送的多管路系统(见图11.5)。

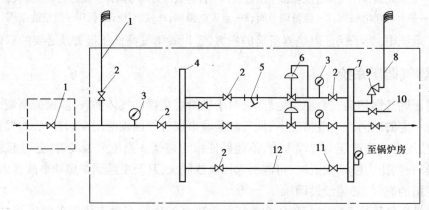

图 11.5　多路一级调压系统

1—氯源总切断阀;2—切断阀;3—压力表;4—分汽缸;5—过滤器;6—调压器;
7—集汽缸;8—放散管;9—安全阀;10—排污管;11—调节阀;12—旁通管

③二级调压系统:每种调压器都只能适用一定的压力范围,只有当调压器前的进气压力和其后的供气压力之差在该范围以内时,才能保证调压器工作的灵敏度和稳定性。压差过大过小都将使灵敏度和稳定性降低,压差过大还易使阀芯损坏。因此,当调压站进气压力和所要求的调压后的供气压力相差很大时,可考虑采用两级调压系统。两级调压就是在系统中串联安装两台适当的调压器,经过 2 次降压达到调压要求。一般当调压系统进出口压差不超过1.0 MPa,调压比不超过20,采用一级调压系统(见图11.4 和图11.5)。当调压系统要供给两种气压不同的燃烧器时,也可采用部分两级调压系统,将经过一级调压器后的一部分燃气直接

送到要求较高气压的燃烧器使用,另一部分燃气再经过第二级调压器降压后送至要求气压较低的燃烧器使用(见图11.6)。

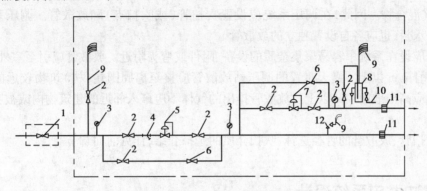

图 11.6　部分二级调压系统

1—气源总切断阀;2—切断阀;3—压力表;4—过滤器;5———级调压器;6—截止阀;7—二级高压器;
8—安全水封;9—放散管;10—自来水管;11—流量孔板;12—安全阀

　　为了保证调压系统安全可靠的运行,还需要设置下列辅助配件:在系统的入口段(调压器前)设置放散管、压力表;在每个调压支路的前后安装切断阀;每台调压器的后面应安装压力表;在调压器后的输气管上或多路并联调压支路的集气联箱上应安装安全阀,或设置安全水封;在管道和设备的最低点应设置排污放水点。此外,有的调压系统还设置有吹扫管路和供高低极限压力报警的压力控制器(即控制开关)。

　　当调压站安装有以压缩空气驱动的气动设备或气动仪表时,应设置供应压缩空气的设备和管道。寒冷地区的调压站采用露天布置时,燃气系统应该有防止结萘和防止产生水化物的措施。

2)调压站设备布置及安装一般要求

(1)旁通管的设置

　　调压系统均应设置旁通管,在旁通管路上应安装切断阀和调节阀。当系统为中、低压时,有时只安装一个截止阀,起关闭和调节双重作用。

　　旁通管只是在下列情况下才开启使用:

　　①当调压器、过滤器发生故障,或进行清洗检修时,开启旁通管路,保证系统连续供气。

　　②当调压系统进气压力偏低时,为了减少气流通过过滤器和调压器的阻力、保持一定的供气压力和输气量,开启旁通管路。

　　③当调压器投入运行时,为了保护调压器安全启动,应先微微开启旁通管路,使调压器后有一定的气压,然后开启调压器。

　　④当调压系统为自动控制时,设置旁通管路可以在必要时将自控切换成手动控制(此时旁通管路上应装手动阀)。

　　旁通管上的切断阀一般安装在气流的进口侧,而调节阀则应安装在靠近低压侧的压力表处,以便操作时便于观察和调节压力。

(2)吹扫管和放散管

　　调压系统在安装好后(或检修后)需要进行吹扫,以清除管道或设备内的泥渣、铁锈和其他杂质;在检修之前(切断气源后),需要进行吹扫,以排净管内的燃气,保证检修工作安全。另外,当系统长期停用重新投入运行时,先要吹扫置换管道内的空气,防止运行时形成爆炸性的燃气-空气混合物。因此,在调压系统应设置吹扫管(或吹扫点)和放散管。调压系统的安全阀和安全水封,也应各自设置独立的放散管。

吹扫点应设在系统中容易聚集杂质的设备、附件或弯头附近。放散管应引至室外,其排出口应高出屋脊 2 m 以上。露天布置的调压站放散管应接至离周围建(构)筑物较远的安全地点。一般均应高出地面 4 m 以上。放散管排出的气体不应窜入邻近的建筑物内或被吸入通风装置内。

有关吹扫管、放散管的管径选择、吹扫介质的选择介绍,详见前面章节。

11.2 燃油供应系统设计

燃油供应系统是燃油锅炉房的组成部分。燃油经铁路或公路运来后,自流或用泵卸入油库的贮油罐。如果是重油,应先用蒸汽将铁路油罐车或汽车油罐中的燃油加热,以降低其黏度。重油在油罐储存期间加热保持一定温度、沉淀水分并分离机械杂质,沉淀后的水排出罐外,油经过泵前过滤器进入输油泵送至锅炉房日用油箱。

燃油供应系统主要由运输设施、卸油设施、贮油罐、油泵及管路等组成,在油灌区还有污油处理设施。

11.2.1 燃油输送系统

燃油的运输有铁路油罐车运输、汽车油罐车运输、油船运输和管道输送 4 种方式。采取哪种运输方式应根据耗油量的大小、运输距离的远近及用户所在地的具体情况确定。

卸油方式根据卸油口的位置可划分为上卸系统和下卸系统。上卸系统适用于下部的卸油口失灵或没有下部卸油口的罐车。上卸系统可采用泵卸或虹吸自流卸。

图 11.7 为虹吸自流卸油系统图。首先打开蒸汽阀 5,往上卸油鹤管 2 内充蒸汽,然后将蒸汽阀 5 关闭,上卸油鹤管 2 内的蒸汽冷凝,造成管内负压,罐车内的燃油被大气压力压入鹤管,直到上卸油阀 6 为止。由于罐车外的油门(阀门 6 处)比罐车内的油位低,打开上卸油阀 6 后,即产生虹吸,开始自流卸油。下卸油管接头 11 用于与罐车下卸口相连通,进行下卸。蒸汽阀门 7 作为下卸时反吹扫之用,即当块状油品将罐车下卸口堵塞时,打开蒸气阀 7 进行反吹扫。

图 11.8 为泵上卸系统图。在上卸油鹤管上安装上卸油阀 6 和上卸油管接头 14。将移动卸油泵与上卸油管接头 14 和下卸油管接头 12 相连通,如同上述程序,使鹤管内造成负压,当鹤管内充油后,打开下卸油阀 9 和上卸油阀 6,启动油泵卸油。

下卸系统根据卸油动力的不同可分为泵卸油系统和自流卸油系统。

当油罐车的最低油面高于贮油罐的最高油面时可采用自流卸油系统:卸油口流出的油可流卸油槽,通过卸油槽、集油沟、导油沟流入油罐,这种系统称之为敞开式下卸系统;油罐车的出油口也可以通过活动接头与油管连接,通过管道流入油罐,这种系统称之为封闭式下卸系统。

当不能利用位差时,可采用泵卸油系统:油罐车的出油口通过活动接头与油泵的进油口连接,通过泵将油罐中的油送入贮油罐。

对于运输重油的油罐车,为便于卸车,需要对重油进行加热,加热方式有直接加热和间接加热两种。当油罐车带有下部蒸汽加温套时,可采用间接加热,将汽源管与罐车进汽管用橡胶软管或金属软管连接起来即可,连接接头可见动力设施燃油系统重复使用图集CR310《卸油装置》。直接加热是通过由上部入孔进入油中的蒸汽管向油中喷射蒸汽,直接加热油品。

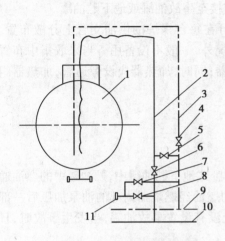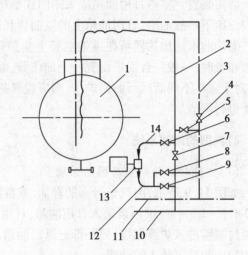

图 11.7　虹吸卸油系统图

1—油罐车;2—上卸油鹤管;3—加热鹤管;
4—蒸汽阀;5—蒸汽阀;6—上卸油阀;
7—蒸汽阀;8—下卸油阀;9—蒸汽干管;
10—集油管;11—下卸油管接头

图 11.8　泵上卸系统图

1—油罐车;2—上卸油鹤管;3—加热鹤管;
4—蒸汽阀;5—蒸汽阀;6—上卸油阀;7—上卸油阀;
8—蒸汽阀;9—下卸油阀;10—集油管;11—蒸汽干管;
12—下卸油管接头;13—油泵;14—上卸油管接头

11.2.2　锅炉房油管路系统

锅炉房油管路系统的主要任务是将满足锅炉要求的燃油送至锅炉燃烧器,保证燃油经济安全的燃烧。其主要流程是:先将油通过输油泵从油罐送至日用油箱,当日用油箱加热(如果是重油)到一定温度后通过供油泵送至炉前加热器或锅炉燃烧器,燃油通过燃烧器一部分进入炉腔燃烧,另一部分返回油箱。

1)油管路系统设计的基本原则

①供油管道和回油管道一般采用单母管。

②重油供油系统宜采用经过燃烧器的单管循环系统。

③通过油加热器及其后管道的流速,不应小于 0.7 m/s。

④燃用重油的锅炉房,当冷炉启动点火缺少蒸汽加热重油时,应采用重油电加热器或设置轻油、燃气的辅助燃料系统;当采用重油电加热器时,应仅限于启动时使用,不应作为经常加热燃油的设备。

⑤采用单机组配套的全自动燃油锅炉,应保持其燃烧自控的独立性,并按其要求配置燃油

管道系统。

⑥每台锅炉的供油干管上,应装设关闭阀和快速切断阀,每个燃烧器前的燃油支管上,应装设关闭阀。当设置2台或2台以上锅炉时,尚应在每台锅炉的回油干管上装设止回阀。

⑦在供油泵进口母管上,应设置油过滤器2台,其中1台备用。

⑧采用机械雾化燃烧器(不包括转杯式)时,在油加热器和燃烧器之间的管路上应设置细过滤器。

⑨当日用油箱设置在锅炉房内时,油箱上应有直接通向室外的通气管,通气管上设置阻火器及防雨装置。室内日用油箱应采用闭式油箱,油箱上不应采用玻璃管液位计。在锅炉房外还应设地下事故油罐,日用油箱上的溢油管和放油管应接至事故油罐或地下贮油罐。

⑩炉前重油加热器可在供油总管上集中布置,亦可在每台锅炉的供油支管上分散布置。分散布置时,一般每台锅炉设置一个加热器,除特殊情况外,一般不设备用。当采取集中布置时,对于常年不间断运行的锅炉房,则应设置备用加热器;同时,加热器应设旁通管,加热器组宜能进行调节。

2)典型的燃油系统

(1)燃烧轻油的锅炉房燃油系统

如图11.9所示,由汽车运来的轻油,靠自流下卸到卧式地下贮油罐中,贮油罐中的燃油通过2台(一用一备)供油泵送入日用油箱,日用油箱中的燃油经燃烧器内部的油泵加压后一部分通过喷嘴进入炉膛燃烧,另一部分返回油箱。该系统没有设置事故油罐,当发生事故时,日用油箱中的油可放入贮油罐。

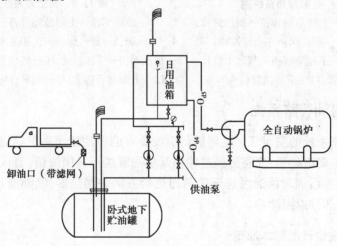

图11.9 燃烧轻油的锅炉房燃烧系统

(2)燃烧重油的锅炉房燃油系统

如图11.10所示,由汽车运来的重油靠卸油泵卸到地上贮油罐中,贮油罐中的燃油由输油泵送入日用油箱,在日用油箱中的燃油经加热后经燃烧器内部的油泵加压,通过喷嘴一部分进入炉膛燃烧,另一部分返回日用油箱。该系统在日用油箱中设置了蒸汽加热装置和电加热装置,在锅炉冷炉点火启动时,由于缺乏汽源,此时可依靠电加热装置加热日用油箱中的燃油,等锅炉点火成功并产生蒸汽后再改为蒸汽加热。为了保证油箱中的油温恒定,在蒸汽进口管上

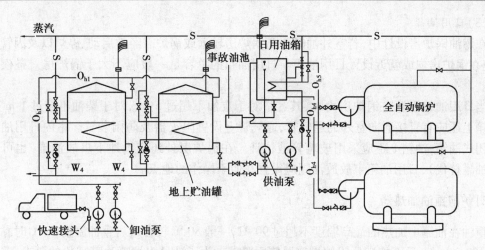

图 11.10　燃烧重油的锅炉房燃油系统

安装了自动调节阀,可根据油温调节蒸汽量。在日用油箱上安装了直接通向室外的通气管,通气管上装有阻火器。该系统没有设置炉前重油二次加热装置,适用于黏度不太高的重油。

11.2.3　燃油系统辅助设施选择

1)油罐与油箱

(1)贮油罐

锅炉房贮油罐的总容量应根据油的运输方式和供油周期等因素确定,对于火车和船舶运输一般不小于 20~30 d 的锅炉房最大消耗量,对于汽车运输一般不小于 5~10 d 的锅炉房最大消耗量,对于油管输送不小于 3~5 d 的锅炉房最大消耗量。

如工厂设有总油库时,锅炉房燃用的重油或柴油应由总油库统一安排。

一般情况下,重油贮油罐不应少于 2 个。为了便于输送,对于黏度较大的重油可在重油罐内加热,加热温度不应超过 90 ℃。

储存燃料油的油罐,可按以下方法分类:按油罐所使用的材料分为金属和非金属油罐(混凝土和砖砌油罐);按油罐的形状可分为立式油罐和卧式油罐;按油罐的结构形式可分为拱顶油罐、无力矩油罐、特殊结构油罐等;按布置方式可分为地下油罐、半地下油罐、地上油罐。

室内油箱应采用闭式油箱。油箱上应有将油排至室外事故油箱的紧急排放管;应设置直通室外的通气管,通气管上装设阻火器和防雨设施;油箱上不应采用玻璃管式油位计。油箱应设置在专用房间内,严禁将油箱设置在锅炉或省煤器的上方。油罐和油箱一般根据工程情况选用生产厂定型产品,也可采用标准图加工制作。

(2)卸油罐

卸油罐也称零位油罐,其容积与输油泵的排量有关,即

$$V_0 = V_z - Q\tau \tag{11.2}$$

式中　V_0——卸油罐的容积,m^3;

　　　V_z——全部卸车车位上的油罐车的总容积,m^3;

　　　Q——用于自卸油罐中输出油品的油泵的总排油量,m^3/h;

　　　τ——全部卸车车位上的油罐车卸空时间,h。

(3) 日用油箱

在燃油锅炉房设计中,若室外油罐距离锅炉房较远或锅炉需经常启动、停炉以及因管理不便,应在锅炉房内或就近设置日用油箱。日用油箱的总容量一般应不大于锅炉房一昼夜的需用量。

当日用油箱设置在锅炉房内时,其容量对于重油不超过 5 m^3,对于柴油不超过 1 m^3。同时油箱上还应有直接通向室外的通气管,通气管上设置阻火器及防雨装置。室内日用油箱应采用闭式油箱,油箱上不应采用玻璃管液位计。在锅炉房外还应设地下事故油罐(也可用地下贮油罐替代),日用油箱事故放油阀应设置在便于操作的地点。

2) 炉前重油加热器

重油在油罐中加热的最高温度不超过 90 ℃,一般 80 ℃ 较合适。重油温度 80 ℃ 时黏度尚大于 109 mm^2/s,远不能满足锅炉燃烧器使用要求。为了满足锅炉喷油嘴雾化的要求,重油在进入喷油嘴之前需进一步降低黏度,为此必须经过二次加热。

炉前重油加热器的选择步骤是:首先根据通过燃油加热器的流量和温升计算所需传热量,然后根据传热量、传热温差计算出所需加热器的面积,最后根据计算出的传热面积选择合适的加热器。

燃油加热器的台数与其布置方式有关。当采用分散布置时,一般在每台锅炉的油喷嘴前设置 1 台加热器;当采用集中布置时,可设置 1 台或 2 台加热器。

分散布置或集中布置的加热器,加热面均应根据加热的油量和油温确定,并有适当的富裕量。

加热器宜选用 2 台,不设备用,可利用停运和假期清理和检修加热器。对于常年不间断供热的锅炉房,且加热器不能在低负荷时期轮换检修时,应设备用油加热器。

3) 燃油过滤器

燃油在运输及装卸过程中,不可避免地要混入一些杂质。另外,燃油在加热过程中会析出沥青胶质和碳化物。这些杂质必须及时清除,以免对管道、泵及燃油喷嘴产生堵塞和磨损,一般在供输油泵前母管上和燃烧器进口管路上安装油过滤器。由于油过滤器选用是否合理直接关系到锅炉的正常运行,因此过滤器的选择原则如下:

①过滤精度应满足所选油泵、油喷嘴的要求。

②过滤能力应比实际容量大,泵前过滤器的过滤能力应为泵容量的 2 倍以上。

③滤芯应有足够的强度,不会因油的压力而破坏。

④在一定的工作温度下,有足够的耐久性。

⑤结构简单,易清洗和更换滤芯。

⑥在供油泵进口母管上的油过滤器应设置 2 台,其中 1 台备用。

⑦采用机械雾化燃烧器(不包括转杯式)时,在油加热器和燃烧器之间的管路上应设置细过滤器。

过滤器按其结构形式,分为网状过滤器和片状过滤器。网状过滤器小组网是用铜丝或合金丝编成,结构简单,通油能力大,常用作泵前过滤器。片状过滤器,可以在运行过程中清除杂质,强度大,不易损坏。这种过滤器一般装在喷油嘴前,作细过滤设备使用。

一般情况下,泵前常采用网状过滤器,燃烧器前宜采用片状过滤器,视油中杂质和燃烧器的使用效果也可选用细燃油过滤器。

4) 油泵

油泵的种类很多,根据用途可分为卸油泵(转油泵)、输油泵和供油泵。卸油泵一般要求大流量、低扬程,可选用蒸汽往复泵、离心泵、齿轮泵或螺杆泵作卸油泵;输油泵用于沿输油管线输送油品,可选用蒸汽往复泵、离心泵、齿轮泵或螺杆泵等;供油泵一般要求压力高、流量小,并油压稳定。供油泵一般长时间连续运行,不宜选用低效率的离心泵作供油泵。在中小型燃油锅炉房中,一般选用齿轮泵和螺杆泵作供油泵。

(1)卸油泵

当不能利用位差卸油时,需要设置卸油泵,将油罐车的燃油送入贮油罐。

卸油泵的总排油量为

$$Q = \frac{nV}{\tau} \tag{11.3}$$

式中　Q——卸油泵的总排油量,m^3/h;

V——单个油罐车的容积,m^3;

n——卸车车位数,个;

τ——纯泵卸时间,h。

纯泵卸时间 τ 与罐车进厂停留时间有关,一般停留时间为 4~8 h,即在 4~8 h 内应卸完全部卸车车位上的油罐车。在整个卸车时间内,辅助作业时间一般为 0.5~1 h,加热时间一般为 1.5~3 h,纯泵卸时间 2~4 h。

(2)输油泵

为了将燃油从卸油罐输送到贮油罐或从贮油罐输送到日用油箱,需要设置输油泵(输油泵通常采用螺杆泵和齿轮泵,也可以选用蒸汽往复泵、离心泵),且不宜少于 2 台,其中 1 台备用。油泵的布置应考虑到泵的吸程。

用于从贮油罐往日用油箱输送燃油的输油泵,容量不应小于锅炉房小时最大计算耗油量的 110%。

用于从卸油罐向贮油罐输送燃油的输油泵,其容量根据式(11.2)确定。

在输油泵进口母管上应设置油过滤器 2 台,其中 1 台备用,油过滤器的滤网网孔宜为 8~12 目/cm,滤网流通面积宜为其进口截面的 8~10 倍。

(3)供油泵

供油泵用于往锅炉中直接供应一定压力的燃料油。一般要求流量小、压力高,并且油压稳定。供油泵的特点是工作时间长,中小型锅炉房通常选用齿轮泵或螺杆泵作为供油泵。

供油泵的流量与锅炉房的额定出力、锅炉台数、锅炉房热负荷的变化幅度及喷油嘴的形式有关。

供油泵的流量应不小于锅炉房最大计算耗油量与回油量之和。锅炉房最大计算耗油量为已知数,故求供油泵的流量就在于合理确定回油量。回油量不宜过大或过小:回油量大固然对油量、油压的调节有利,但这样不仅会加速罐内重油的温升,而且还会增加动力消耗,造成油泵经常性的不经济运行;回油量过小又会影响调节阀的灵敏度和重油在回油管中的流速,即流速过低会使重油中的沥青胶质和碳化物容易析出并沉积于管壁,使管道的流通截面积逐渐缩小,甚至堵塞管道。

对于带回油管的喷油嘴的回油,可根据喷油嘴的额定回油量确定,并合理地选用调节阀和回油管直径。喷油嘴的额定回油量由锅炉制造厂提出,一般为喷油嘴额定出力的15%~50%。

供油泵可在每台锅炉的侧面单机组配套布置或在锅炉房的辅助间供油泵房内集中布置,锅炉台数在2台以上时宜采取集中布置。供油泵房也可设置在锅炉房外与室外日用油箱一起单独布置。现在生产的某些全自动燃油锅炉燃烧器本身带有加压油泵,因而一般不再单独设置供油泵,只要日用油箱安装高度满足燃烧器的要求即可。

5) 呼吸阀

呼吸阀是轻油罐上的必要装置,当油罐内负压超过允许值时,吸入空气;油罐内正压超过允许值时,释放出罐内多余的气体。正常情况下,使油罐内部空间与空气隔绝,以减少油品挥发损失,并能防止油罐变形。

11.2.4 燃油管道设计和敷设要点

在燃油供应系统中,主要有燃油和蒸汽两种介质的管道。本节主要介绍燃油管道的设计和敷设要点,有关蒸汽管道的敷设要求和设计计算,详见《动力管道手册》。

1) 管道的敷设与布置

室外燃油管道可以采取架空(高支架)、管墩(低支架)或管沟方式敷设,应根据地形、地下水位、地质条件、管线长度,以及燃油系统的流程要求等因素来确定技术经济合理的设计方案。室内燃油管道可采取架空敷设或地沟敷设。为便于检修燃油管道,应尽量采用架空敷设。

燃油管道一般采用无缝钢管,其连接方法有焊接和法兰连接两种。除与设备、附件等连接处或由于安装和拆卸检修的需要采用法兰连接外,应尽量采用焊接连接。

管道、管件和阀门等的布置应便于设备及其本身的安装、操作和维护检修。管道的布置应避免死油段,应能在吹扫时将所有油管道吹扫到,同时应避免U形,防止蒸汽吹扫后聚积的凝结水不能排出。

2) 管道的吹扫和放空措施

(1) 燃油管道的吹扫

燃油管道的吹扫是指燃油从管道中扫出。对于间歇运行的管道或重油管道,为防止燃油凝固仍需通以蒸汽伴热加温。由于油温有可能逐渐升高,将加速油沥青胶质和碳化物的析出,这些析出物沉积于管壁使管道的流通截面逐渐缩小,甚至将管道完全堵塞;因此,对较长时间停止运行的燃油管道(如卸油管道)应将燃油扫出,对其他燃油管道在检修时也须将燃油扫出。综上所述,燃油系统中所有油管道都须设有吹扫措施,并防止"死油段"的存在。

由于蒸汽容易取得,所以一般都采用蒸汽吹扫,但也可用压缩空气吹扫。

燃油管道与蒸汽管道的连接位置,即吹扫引汽管的布置,应按照不留"死油段"的原则,在整个燃油系统的设计过程中统一规划,最好顺坡吹扫。

吹扫时管中的油品可扫入污油池、贮油罐或临时接油的油桶中。在有轻油启动系统的情况下,当燃重油管道停用又暂没有汽源可供伴热保温时,可在锅炉熄火以前用轻油运行一段时间(一般约 5 min),利用轻油的运行将管中的重油压入炉膛烧掉,这种吹扫方法叫做轻油吹扫。吹扫引汽管直径为 DN25 ~ DN40。

(2)燃油管道的坡度和放空措施

为了排出燃油管道中的油品和蒸汽吹扫后出现的凝结水以及蒸汽管道中的凝结水,室内外燃油管道和蒸汽管道必须具有一定的坡度,坡向低排放点。低排放点的位置应根据油罐、油泵房、污油池等建、构筑物的平面布置和竖向布置以及管道长度、地形等因素确定。重油管道的坡度一般应不小于 0.004,在特殊情况时应不小于 0.002,蒸汽管道一般应不小于 0.002。当管道在地沟内敷设时,沟底应有不小于 0.002 的坡度,以便于排除沟内积水。

管道的低排放点必须设有放空短管或放空阀。燃油管道的低排放点,一般可设置放空短管,管端用法兰盖螺栓封堵。当排放比较频繁时,宜设置放空阀,并宜通过放空管道引向污油池。对于蒸汽管道,一般应设置疏水装置或低点放空阀。

(3)污油处理池

污油处理池是燃油系统中不可缺少的构筑物,用以接收燃油管道吹扫时排出的污油、管道放空时排出的燃油以及用蒸汽吹扫过滤器时排出的污油和贮油罐沉淀脱水时放出的污水(可能带有油分)。在污油处理池中沉淀脱水,然后将燃油回收放入油罐。

3)重油管道的伴热与保温

重油的黏度大,凝固点高,在工业锅炉房的重油供应系统中,除将重油管道包保温层以外,还采取伴热保温。按热源的不同,重油管道的伴热有蒸汽管伴热和电热带伴热两种。国内普遍采用蒸汽管伴热。

(1)内套管伴热

在重油管道内装 DN10 ~ DN15 的无缝钢管或铜管作为蒸汽伴随管。蒸汽伴随管必须设有热补偿器,防止蒸汽伴随管由于热膨胀而破裂。

内套管伴热的热效率较高,但施工安装比较麻烦,蒸汽伴随管漏汽不易发现,检修比较困难,一旦漏汽则会造成油、汽窜通事故。因此,内套管伴热应用不多。

(2)外套管伴热

在重油管道外安装蒸汽套管伴随。外套管伴热的热效率较高,不仅能起重油的保温作用,还可使重油升温,但消耗钢材较多。因此,不适用于较大直径的重油管道。在工业锅炉房重油供应系统中,外套管伴热并未得到普遍应用,只是在炉前小直径的供油支管上有用的,生产实践证明效果很好。

(3)平行蒸汽伴随管伴热

在重油管道下方平行敷设直径为 DN20 ~ DN25 的蒸汽伴随管,并包在同保温层内,如图 11.11 所示。此种伴热方式的热效率虽然不如内套管伴热和外套管伴热,但施工检修方便,不会发生油、汽窜通事

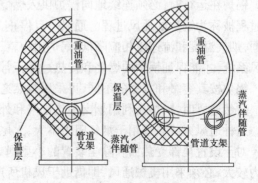

图 11.11　蒸汽伴随管安装位置图

故。因此,这种伴热方式在国内得到了比较广泛的应用。

4)油泵的热备用

重油的凝固点高,在常温下就会凝固。因此,当有用齿轮泵、螺杆泵和离心泵等由电动机带动的泵作备用泵时,必须是热备用,否则泵壳内的重油黏度过高甚至凝固,油泵启动时会造成电动机过载或油泵损坏。

图 11.12 为油泵的热备用系统图。在泵的排出管上安装止回阀 5 及其旁通小口径回流阀 4,假设泵 1 工作,泵 2 备用。打开备用泵 2 的进出管阀门 3 和 6,微开回流阀 4,压力油管内的热油经回流阀流入泵壳内,随后进入工作泵 1 的进油管,造成备用泵壳内热油循环,在泵 2 处于备用的过程中,始终使少量热油流经泵内通道,处于热备用状态(此时备用泵缓慢逆转)。一旦工作泵发生故障,备用泵很快就可投入运转,在备用泵投入工作之前,应先关闭回流阀 4。从图 11.12 可见,凡 2 台以上油泵并联时,在每个泵的排出管上必须安装止回阀,以防止大量压力油倒流,便于油泵的转换。

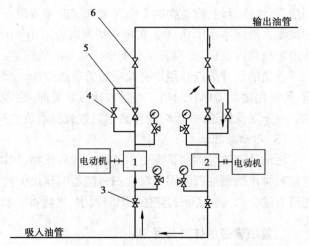

图 11.12　油泵热备用安装系统图
1,2—油泵;3—进油管阀门;4—旁通回流阀;
5—止回阀;6—排油管阀门

11.3　锅炉通风系统设计

11.3.1　通风的作用和方式

锅炉在运行时,必须连续地向锅炉供入燃烧所需要的空气,并将生成的烟气不断引出,这一过程被称为锅炉的通风过程。通风一旦停止,锅炉就将停止生产;通风力不足会使燃烧强度减弱,烟气温度和流速也相应降低,锅炉出力就下降。因此,只有合理地选用通风设备和设计通风系统,才能保证锅炉的燃烧和传热过程正常进行。

锅炉按其容量和类型的不同,可采用自然通风或机械通风。

自然通风时,锅炉仅利用烟囱中热烟气和外界冷空气的密度差来克服锅炉通风的流动阻力。这种通风方式只适用于烟气阻力不大,无尾部受热面的小型锅炉,如立式水火管锅炉等。

对于设置尾部受热面和除尘装置的小型锅炉,或较大容量的供热锅炉,因烟、风道的流动阻力较大,必须采用机械通风,即借助于风机所产生的压头去克服烟、风道的流动阻力。目前,采用的机械通风方式有以下 3 种:

1) 负压通风

除利用烟囱外,还在烟囱前装设引风机用于克服烟、风道的全部阻力。这种通风方式对小容量的、烟风系统的阻力不太大的锅炉较为适用。如烟、风道阻力很大,采用这种通风方式必然在炉膛或烟、风道中造成较高的负压,从而使漏风量增加,降低锅炉热效率。

2) 正压通风

在锅炉烟、风系统中只装设送风机,利用其压头克服全部烟风道的阻力。这时,锅炉的炉膛和全部烟道都在正压下工作,因而炉墙和门孔皆需严格密封,以防火焰和高温烟气外泄伤人。这种通风方式提高了炉膛燃烧热强度,使同等容量的锅炉体积较小。由于消除了锅炉炉膛、烟道的漏风,因此提高了锅炉的热效率。目前,国内在燃气和燃油锅炉上应用较为普遍。

3) 平衡通风

在锅炉烟、风系统中同时装设透风机和引风机。从风道吸入口到进入炉膛(包括通过空气预热器、燃烧设备和燃料层)的全部风道阻力由送风机克服;而炉膛出口到烟囱出口(包括炉膛出口负压、锅炉防渣管以后的各部分受热面和除尘设备)的全部烟道阻力则由引风机来克服。这种通风方式既能有效地送入空气,又使锅炉的炉膛及全部烟道都在负压下运行,使锅炉房的安全及卫生条件较好。若与负压通风相比,锅炉的漏风量也较小。在供热锅炉中,目前大都采用平衡通风。

11.3.2　风机的选择和烟、风道布置

1) 风机的选择计算

当锅炉在额定负荷下烟、风道的流量和阻力确定之后,即可选择所需要的风机型号。

风机的主要参数是流量和压头。运行和计算条件之间会有所差别,为了安全起见,在选择风机时应考虑一定的储备。因此,送风机和引风机的计算流量为

$$Q_j = \beta_1 V \frac{101\ 325}{b} \tag{11.4}$$

式中　V——额定负荷时的空气或烟气流量,m^3/h;

　　β_1——流量储备系数,$\beta_1 = 1.10$。

送风机的计算压头为

$$H_j = \beta_2 \Delta H \tag{11.5}$$

引风机的计算压头为

$$H_j = \beta_2 (\Delta H - S_r) \tag{11.6}$$

式中　ΔH——锅炉风道或烟道的全压降,Pa;

　　β_2——压头储备系数,$\beta_2 = 1.20$;

　　S_r——烟囱阻力,Pa。

由于风机厂产品是以标准大气压(101 325 Pa)下的空气为介质,并选定温度(对送风机为20 ℃;对引风机为200 ℃)作为设计参数。因此,需将风机压头折算到风机厂设计条件下的压头为

$$H = K_p H_j \qquad\qquad (11.7)$$

$$K_p = \frac{T}{T_k}\frac{101\ 325}{b} \qquad （对送风机）\qquad (11.8)$$

$$K_p = \frac{1.293}{\rho^0}\frac{T}{T_k}\frac{101\ 325}{b} \qquad （对引风机）\qquad (11.9)$$

式中　ρ^0——烟气在标准状态下的密度，$\rho^0 = 1.3\ \mathrm{kg/m^3}$；

　　　T——空气或烟气的绝对温度，K；

　　　T_k——风机厂设计条件下取用空气的绝对温度，K。

2）烟、风道布置的一般要求

①锅炉的送风机、引风机宜单炉配置。当需要集中配置时，每台锅炉的风、烟道与总风、烟道连接处，应设置密封性好的风、烟道闸门。

②集中配置风机时，送风机和引风机均不应少于 2 台，其中各有 1 台备用，并应使风机能并联运行，并联运行后风机的风量和风压富裕量和单炉配置时相同。

③应选用高效、节能和低噪声风机。

④应使风机常年运行中处于较高的效率范围。

⑤锅炉烟、风道设计应符合下列要求：

a. 应使烟、风道平直且气密性好，附件少和阻力小；

b. 几台锅炉共用一个烟囱或烟道时，宜使每台锅炉的通风力均衡；

c. 宜采用地上烟道，并应在适当的位置，设置清扫烟道的入孔；水平烟道在敷设时应保持 1% 以上的抬头布置，尽量避免顺坡布置；

d. 应考虑烟道和热风道热膨胀的影响；

e. 应设置必要的测点，并满足测试仪表及测点的技术要求。

⑥燃气、燃油锅炉房的烟道和烟囱应采用钢制或钢筋混凝土构筑。

⑦燃气、燃油锅炉上的烟道上均应装设防爆门，防爆门的位置应有利于泄压，应设在不危及人员安全及转弯前的适当位置。

11.3.3　通风系统的烟囱设计

1）机械通风时烟囱高度的确定

在自然通风和机械通风时，烟囱的高度都应根据排出烟气中所含的有害物质——SO_2，NO_2 等的扩散条件来确定，使附近的环境处于允许的污染程度之下，因此，烟囱高度的确定，应符合现行国家标准《工业"三废"排放试行标准》《工业企业设计卫生标准》《锅炉大气污染物排放标准》和《大气环境质量标准》的规定。

机械通风时，烟风道阻力由送、引风机克服。因此，烟囱的作用主要不是用来产生引力，而是使排出的烟气符合环境保护的要求。

每个新建锅炉房只能设一个烟囱。烟囱高度应根据锅炉房总容量，按表 11.2 规定执行。

新建锅炉烟囱周围半径200 m距离内有建筑物时,烟囱应高出最高建筑物3 m以上*。

表11.2　供热锅炉房烟囱高度推荐值

蒸发量/(t·h⁻¹)	<4	5~8	9~15	>16
烟囱高度/m	20	25	30	45

锅炉房总容量大于28 MW(40 t/h)时,其烟囱高度应按环境影响评价要求确定,但不得低于45 m。

2)烟囱直径的计算

烟囱直径的计算(出口内径d_2)可按式(11.10)计算,即

$$d_2 = 0.018\ 8\sqrt{\frac{V_{yz}}{w_2}} \tag{11.10}$$

式中　V_{yz}——通过烟囱的总烟气量,m³/h;

　　　w_2——烟囱出口烟气流速,m/s。额定负荷为10~20 m/s,最小负荷为4~5 m/s。

设计时应根据冬、夏季负荷分别计算。如负荷相差悬殊,则应首先满足冬季负荷要求。

对于砖烟囱底部(进口)直径d_1为

$$d_1 = d_2 + 2iH_{yz} \tag{11.11}$$

式中　i——烟囱锥度,通常取0.02~0.03;

　　　H_{yz}——烟囱高度,m。

3)高层建筑烟囱布置

(1)烟囱布置要求

①高层建筑锅炉房的烟囱布置一般是将烟囱沿内外墙角布置(亦称附壁烟囱),其位置应使燃烧装置的燃烧不受干扰,排烟通畅。设计中,应尽可能在建筑的拐角或有遮挡的部位布置烟囱,并与建筑立面相协调。

②烟囱顶部应高出屋顶表面,其垂直距离为1 m以上;当建筑物顶上有开口部位时,烟囱与之水平距离应在3 m以上,烟囱出口处应有防风避雨的遮挡装置。

③烟囱的保温或支撑物不得使用可燃材料。

④烟囱的常用材料为钢筋混凝土、钢板等,有些高层建筑锅炉房的烟囱采用不锈钢材质,美观耐用,但其价格较贵。设计中应根据实际情况进行综合分析比较后确定烟囱形式。

(2)烟囱布置形式

高层建筑群内独立锅炉房烟囱布置,通常有两种形式:一是沿附近高层建筑的外墙或内墙布置;二是独立布置。

独立布置的烟囱其高度应满足《锅炉大气污染物排放标准》的规定,并应避免附近高层建筑的风压带对烟囱排烟的不良影响,烟囱高度应超出风压带。高层建筑风压带的范围如图11.13所示。

---

*　①选用流速时应根据锅炉房扩建的可能性取适当数值,一般不宜取用上限;

　　②应注意烟囱出口烟气流速在最小负荷时不宜小于2.5~3 m/s,以免冷空气倒灌。

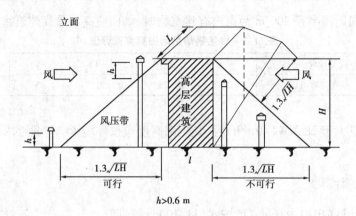

注:图中 L,l,H 分别为高层建筑长、宽、高尺寸

图 11.13　高层建筑风压带范围图

（3）高层建筑锅炉房排烟系统阻力平衡措施

在高层建筑锅炉房排烟系统设计中,由于锅炉房位置和烟囱受到建筑总平面布置的约束,出现两种情况:一是锅炉位于底层,烟囱位置靠近锅炉,烟囱抽力大于烟道阻力,造成锅炉负压太大;二是锅炉远离烟囱,有较长的水平烟道,阻力大,造成烟气阻滞或排烟不畅。这类情况在工程上均曾发生过,应引起重视,设计时必须进行烟囱自生风计算,根据计算结果采取相应的措施。

①平衡锅炉负压太大措施:减少烟囱及烟道尺寸,增加排烟阻力;在烟道或烟囱上加抽风控制器,吸入一部分空气混进烟气,增加排烟阻力,如美国克雷登锅炉配套供应抽风控制器。

②克服排烟阻力过大的措施:提高锅炉微正压;加装烟气引射器:在锅炉房烟道中插入一段特殊形状的烟管(文丘里管引射装置),采用压缩空气喷射引流烟气;增加引风机:这是简单直接的办法,但是由于目前小型燃气、燃油锅炉排烟温度高(一般为 230 ℃左右),选用耐温低压头的引风机产品有困难,需要解决引风机产品。

11.4　冷热源水质管理

能源设备结垢与腐蚀长期困扰着人类。目前,我国拥有近 50 多万台锅炉及数目相当庞大的热交换器、冷水机组及其他用水设备。水中的杂质在设备运行一段时间后会产生结垢的现象,水垢的导热性能差(是钢的 1/50 ~ 1/30 倍),严重影响传热效率。水中溶有的氧气和二氧化碳会对设备的接触表现形成腐蚀。据统计,因结垢引起的能源浪费占能源总耗量的比例相当大,而且有很多设备直接因结垢或腐蚀而报废。水处理效果密切关系到冷热源设备运行的安全性和经济性,因此冷热源设备的水质管理是非常重要的。

供热锅炉生产蒸汽或热水以供应生产用汽和生活用热。由于用户用热方式不同和供热系统的复杂性等原因,往往使送出的蒸汽大部分不能回收,热水亦有损失,需要补充一定的给水。锅炉房采用的各种水源,如天然水(湖水、江水和地下水)以及由水厂供应的生活用水(自来水),由于其中含有杂质,都必须经过处理后才能作为锅炉给水,否则会严重影响锅炉的安全、经济运行。因此,锅炉房必须设置合适的水处理设备以保证锅炉给水水质量。

锅炉给水处理按照处理工艺和方法分进入锅炉前的预处理和进入锅炉后直接在锅内处理两大类。通常，前者称为锅外水处理，如离子交换、石灰和隔膜分离处理等；锅炉给水还要经过除气（氧气和二氧化碳）处理才能进入锅筒。后者称为锅内水处理，如锅内加药——钠盐处理等。限于篇幅，本书只对水的除气及排污进行阐述，对杂质的处理参阅相关资料。

冷源水系统与热源水系统相比，冷源水系统多采用循环水，补充水量少，运行时水温较低，不易结垢，水质易控制。本书只介绍简单的物理处理方法。

11.4.1 水的除气

水中溶解的氧气、二氧化碳气体对锅炉金属壁面会产生化学和电化学腐蚀，必须采取除气（特别是除氧）措施。

从气体溶解定律（亨利定律）可知，任何气体在水中的溶解度是与此气体在水界面上的分压力成正比的。在敞开的设备中将水加热，水温升高，会使汽水界面上的水蒸气分压力增大，其他气体的分压力降低，致使其他气体在水中的溶解度减小。当水温达到沸点时，此时水界面上的水蒸气压力和外界压力相等，其他气体的分压力都趋于零，水就不再具有溶解气体的能力。

要使水温达到沸点，通常可采用加热法（热力除气）或抽真空的方法（即真空除气）。如要使水界面上的氧气分压力降低，也可将界面上的空间充满不含氧的气体来达到（即解吸除氧）。

除此以外，也有采用水中加药来消除溶解氧的方法（化学除氧）。

1）热力除气（俗称热力除氧）

热力除气不仅除去水中溶解氧，而且同时除去其他溶解气体（如 CO_2 等）。软水中残剩的碳酸盐碱度，也会在热力除氧器加热时逸出 CO_2，使碱度有所降低。

供热锅炉给水热力除氧都采用大气式热力除氧器，即除氧器内保持的压力较低，一般为0.02 MPa（表压）。在此压力下，汽水的饱和温度为 102～104 ℃。压力略高于大气压的目的是便于使除氧后的气体排出器外，也不会使外界空气倒吸入除氧器内。压力过高就有容器受压的安全强度问题。为防止超压，应设置了水封式安全阀。

热力除氧器结构从整体上可分为两部分。上面为脱气塔（俗称除氧头），下部是贮水箱（见图11.14）。

脱气塔内要完成软水的加热和除气两个过程。如果将水分散成细微水流或微细水滴，增大汽水界面面积，以利于水的加热和气体的解析。此外，要设法维持足够的沸腾时间并及时排出从水中分离出来的气体。

目前，推荐使用的是大气式喷雾热力除氧器（见图11.15）。软水经喷嘴雾化，呈微粒向上喷洒，与塔顶上进汽管进入的蒸汽相遇，达到一次加热和除气；当水往下下落，又和填料层相接触，填料采用 Ω 形不锈钢。水在填料表面呈水膜状态。填料层下面的蒸汽向上流动，在填料层中与水膜接触，达到二次除气，从而使软水中含氧量降至 7 μg/L 以下。

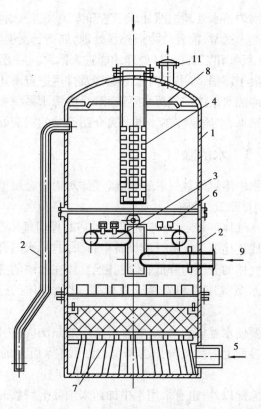

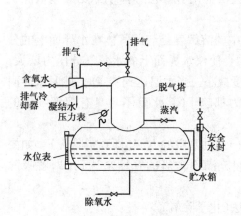

图 11.14　热力除氧器系统图

图 11.15　喷雾填料式脱气塔

1—壳体；2—接安全阀；3—配水管；4—上进汽管；

5—下进气管；6—喷嘴；7—淋水盘；8—挡水板；

9—进水管；10—Ω形填料；11—排气管

贮水箱储存一定量的给水,其体积通常为 30 ~ 90 min 的锅炉给水量。为了提高除氧效果,贮水箱底部装有再沸腾用的蒸汽管,蒸汽从细孔喷出,保持贮水箱中水处于饱和温度,残剩气体能继续逸出,为此水箱水位不宜过高,以留有一定的散气空间。

另外,为回收从除气器脱气塔气顶部随气体一起排出的蒸汽热量,还设置了排气冷却器。

在除氧器运行中应控制气量与水量的比例调节,以保证水的加热沸腾,实践证明,用人工调节是很难达到要求的,必须采用自动调节装置。

2)真空除氧

真空除氧的原理与设备结构与热力除氧相似,它是利用低温水在真空状态下达到沸腾,从而达到除氧的目的。在不同真空压力下,水中溶解氧与水温有关。

除氧器的真空可借蒸汽喷射泵或水喷射泵来达到。当除氧器内真空度保持在 80 kPa,而相应的水温为 60 ℃时,水的溶解氧含量可达 0.05 mg/L,达到供热锅炉给水标准。为了保证真空除氧效果,整个系统要求有良好的密封性能。在运行时,除氧水箱内的水位波动会影响到真空度的变化。为此,控制除氧水箱的液位并保持稳定是很有必要的。

真空除氧比大气式热力除氧有以下优点:可以不用蒸汽,锅炉给水温度低,便于充分利用省煤器,降低锅炉排烟温度。它与热力除氧一样,要考虑给水泵的汽蚀问题。因此,除氧水箱都必须放在一定的标高位置上,这就给小型锅炉房的布置带来一定的麻烦。

3)解吸除氧

解吸除氧就是将不含氧的气体与要除氧的软水强烈混合,由于不含氧气体中的氧分压力为零,软水中的氧就大量地扩散到无氧气体中去,从而使软水的含氧量降低,以达到其除氧的目的。

4)化学除氧

常用的化学除氧有钢屑除氧和药剂除氧。

(1)钢屑除氧

使含有溶解氧的水流经钢屑过滤器,钢屑与氧反应,生成氧化铁,达到水被除氧的目的。其反应式为

$$3Fe + 2O_2 \rightleftharpoons Fe_3O_4 \qquad (11.12)$$

水温愈高,反应速度愈快,除氧效果愈好。水与钢屑接触时间愈长,反应效果也佳。

根据运行经验,除氧水温在 70~80 ℃时,所需反应接触时间 3~5 min。一般钢屑除氧器中水流速度在进水含氧量为 3~5 mg/L 时,采用 15~25 m/h。

钢屑压紧程度也影响着除氧效果,压得愈紧,与氧接触愈好,但水流阻力增加,一般钢屑装填密度为 1 000~1 200 kg/m³,在上述水速范围内,水流阻力为 2~20 kPa。

钢屑除氧器设备简单,运行费用小。但水温过低或氢氧根碱度过大,钢屑表面有钾、钠盐存在而钝化,都会使除氧效果降低。同时更换钢屑的劳动强度也较大。一般情况下,钢屑除氧可使水中含氧量降为 0.1~0.2 mg/L。适用于小型锅炉。

(2)药剂除氧

即向给水中加药,使其与水中溶解氧化合成无腐蚀性物质,以达到给水除氧的目的。常用的药剂为亚硫酸钠(Na_2SO_3)。其反应式为

$$2Na_2SO_3 + O_2 \rightleftharpoons 2Na_2SO_4 \qquad (11.13)$$

加药量可从反应式计算,每除氧 1 g 需耗无水亚硫酸钠 8 g;如用含结晶水的亚硫酸钠($Na_2SO_3 \cdot 7H_2O$),则需 16 g。实用上,加药量要比理论耗量多 3~4 g/t 水。在使用时,将 Na_2SO_3 配制浓度为 2%~10% 的溶液,用活塞泵打入给水管道的吸入侧或直接滴加入给水箱中。

反应时间的长短取决于水温,在水温为 40 ℃时,反应时间约 3 min;60 ℃时为 2 min。

药剂除氧法装置简单,操作方便,适用于小型锅炉,尤其对闭式循环系统的热水锅炉,补充水量不大时,用亚硫酸钠除氧比较合适。

5)微电脑自控常温过滤除氧器

该常温过滤除氧器采用特殊的除氧滤料和催化剂,滤料主要成分是 Fe,呈疏松多孔状,其工作原理:软化水或除盐水进入过滤除氧器,水中的 O_2 与滤料中的 Fe 反应,生成 $Fe(OH)_3$ 絮状物(采用反冲水将 $Fe(OH)_3$ 絮状物冲洗干净)达到除氧目的。

该除氧器交换系统由铁粉罐和树脂交换罐组成,2 只罐串联使用,被除氧水先进铁粉罐除氧,再经树脂罐交换除去水中的少量铁离子。TDZY 系列除氧器外形尺寸,见图 11.16,规格性能及外形尺寸,见表 11.3。

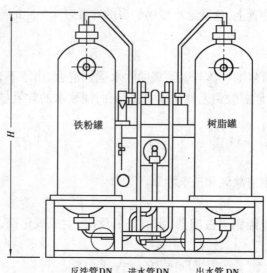

铁粉罐　　　　树脂罐

反洗管DN$_3$　　进水管DN$_1$　　出水管DN$_2$

图 11.16　常温过滤除氧器

表 11.3　TDZY 系列常温过滤除氧器参数表

项　　目		型号规格						
		TDZY-4	TDZY-8	TDZY-12	TDZY-20	TDZY-30	TDZY-40	TDZY-50
设备产水量 /(m³·h^{-1})		4	8	12	20	30	40	50
工作压力/MPa		0.08~0.2	0.1~0.25	0.15~0.3	0.15~0.3	0.15~0.3	0.2~0.3	0.2~0.3
工作温度/℃		5~40						
进水硬度 /(mmol·L^{-1})		<0.03						
出水水质		含氧量<0.1 mg/L　　硬度<0.03 mmol/L　　ω(Fe)<0.3 g/L						
反洗流量 /(m³·h^{-1})		18	33	42	86	130	165	205
反洗耗水量 /(m³·h^{-1})		1.5	2.75	3.5	8	11	14	17
外形尺寸	L/mm	1 850	2 300	2 500	3 200	3 400	4 000	4 800
	W/mm	700	950	1 100	1 500	1 800	2 000	2 200
	H/mm	2 000	2 200	2 300	2 500	2 800	3 000	3 500
进出水管径 DN_1,DN_2/mm		50	50	50	80	80	80	100
反洗管径 DN_3/mm		80	80	100	125	150	200	200

11.4.2 冷水物理水处理

物理水处理就是不用加药产生化学反应的方法,而是采用物理方法来达到消除水中硬度或改变水中硬度盐类的结垢性质。常用的物理水处理有磁化法和高频水性改变法两种,适用于处理原水总硬度≤600 mg/L的场所。

磁化法是将原水流经磁场后,使水中钙、镁盐类在锅内不会生成坚硬水垢,而成松散泥渣,能随排污排出,此方法需经验证效果后采用。

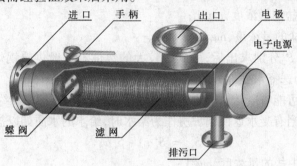

图 11.17 电子水处理仪

图11.17所示电子水处理仪由除垢器和电子电源两部分组成。除垢器其壳体为阴极,由钢管制成,壳体中心装有一根金属阳极,被处理介质通过金属电极与壳体之间的环状空间流入用水设备;电子电源是供水处理仪产生高频电磁场的电源。

其工作原理是:流经电子水处理仪的水在高频电磁场作用下,水分子的电子被激动,使之处于高能位状态。由于电子能位上升,水分子电位下降,使水中溶解盐类的离子或带电粒子因极性减弱不能相互集聚或产生化学结合,而大体均匀地分散于水中不致黏附或集聚于器壁,从而防止器壁结垢。

另外,水处理仪工作过程中,能产生一定量活性氧自由基,如O^{2-},OH^-,H_2O_2等,这些活性氧能破坏生物细胞的离子通道,改变菌类、藻类生存的生物场,因而具有杀菌灭藻作用。

11.4.3 锅炉的排污系统及排污量计算

为了控制锅炉锅水的水质符合规定的标准,采用锅炉排污的方法。

1)排污量计算

锅炉排污量的大小,和给水的品质直接有关。给水的碱度及含盐量越大,锅炉所需要的排污量愈多。排污量的计算,可按含碱量的平衡关系式进行,即

$$(D + D_{ps})A_{gs} = D_{ps}A_g + DA_q \tag{11.14}$$

式中　D——锅炉的蒸发量,t/h;

　　　D_{ps}——锅炉的排污水量,t/h;

　　　A_g——锅水允许的碱度,mmol/L;

　　　A_q——蒸汽的碱度,mmol/L;

　　　A_{gs}——给水的碱度,mmol/L。

因蒸汽中的含碱量极小,通常可以忽略(即认为$A_q \approx 0$)用排污量对蒸发量的百分比,则

$$P_1 = \frac{D_{ps}}{D}100 = \frac{A_{gs}}{A_g - A_{gs}} \times 100\% \qquad (11.15)$$

式中 P_1——按碱度计算的排污率。

同样,排污率也可按盐的质量浓度的平衡关系式来计算,即

$$P_2 = \frac{S_{ps}}{S_g - S_{gs}} \times 100\% \qquad (11.16)$$

式中 P_2——按盐的量浓度计算的排污率;

S_{gs}——给水中盐的量浓度,mg/L;

S_g——锅水中盐的量浓度,mg/L。

排污率可将 P_1 和 P_2 分别求出后,取其中较大的数值。一般供热锅炉的排污率应控制在 10% 以下,并以此作为选择水处理方式的一个主要依据。

在供热系统中尽可能将凝结水回收送回锅炉房,既减少热损失,节约了能源,又减轻锅炉房给水处理的费用。当有凝水返回锅炉房作为给水时,给水的水质如以盐的质量浓度表示,则

$$S_{gs} = S_b a_b + S_n a_n \qquad (11.17)$$

式中 S_b——补给水中盐的量浓度,mg/L;

S_n——凝结水中盐的量浓度,mg/L;

a_b,a_n——补给水及凝结水所占总给水量的比例,即 $a_b + a_n = 1$。

如凝结水含盐量很少而被忽略时,则给水中盐的量浓度 $S_{gs} = S_b a_b$,则

$$P'_a = \frac{S_b a_b}{S_g - S_b a_b} \times 100\% \qquad (11.18)$$

2)排污系统

锅炉排污方式分连续排污和定期排污两种。连续排污是排除锅水中的盐分杂质;由于上锅筒蒸发面附近的盐分浓度较高,所以连续排污管就设在低水位下面,因此习惯上也称表面排污。定期排污主要是排除锅水中的水渣——松散状的沉淀物,同时也可以排除盐分,所以定期排污管是开设在下集箱或锅筒的底部。在小型锅炉上,通常只装设定期排污管。定期排污由于是周期性的,排污时间又短,故利用余热价值较小,一般是将它引入排污降温池中与冷水混合后再排入下水道,以免下水道受热后发生胀裂。

连续排污水的热量,应尽量予以利用。一般是将各台锅炉的连续排污管道分别引入排污扩容器中降至 0.12 ~ 0.2 MPa(表压),形成的二次蒸汽可引入热力除氧器或给水箱中对给水进行加热,或者用以加热生活用水。排污扩容器中的饱和水可引入水-水热交换器中,或通过软水箱中的蛇形盘管,以加热软化水。

在排污扩容器中,由于压力降低而汽化所形成的蒸汽量为

$$D_q = \frac{D_{ps}(h'\eta - h'_1)}{(h_1'' - h_1')X} \qquad (11.19)$$

式中 D_q——二次蒸汽量,kg/h;

D_{ps}——连续排污水量,kg/h;

h'——锅炉饱和水的焓,kg/h;

η——排污管热损失系数,一般取 0.98;

h'_1，h''_1——扩容器压力下饱和水和饱和蒸汽的焓，kJ/kg；

本章小结

本章主要介绍了燃料(燃气和燃油)供应系统、锅炉通风系统及冷热源水质管理。燃气锅炉房供气系统由调压系统、供气管道进口装置、锅炉房内配管系统及吹扫放散管道等组成；燃油锅炉房供油系统由输送系统、储油罐、油泵及管路等组成，油泵根据用途可以分为卸油泵、输油泵和供油泵。锅炉房通风可采用自然通风和机械通风，机械通风适用于系统阻力大的通风系统，有负压、正压和平衡通风三种方式。根据送引风的流量和压头选择合适的风机，烟囱高度的确定满足相关设计标准。冷热源水质管理包括杂质的处理(通常采用化学和物理的方法)、锅炉供水的除气处理及锅炉排污。

思考题

11.1　燃气供应管道的压力应该如何确定？

11.2　为什么在燃气锅炉房的燃气供应管上必须设置吹扫放散管？

11.3　燃油供应系统设计在安全性和可靠性方面应考虑哪些问题？

11.4　热源设备的通风方式有哪些？通风有何重要作用？

11.5　送、引风机的选择原则是什么？

11.6　一般烟囱的高度应如何决定？建筑中烟囱布置应注意哪些问题？

11.7　大型热源设备的给水为什么必须除氧？常见的除氧方式有哪些？

11.8　锅炉为什么必须排污？如何决定排污量的大小？

12

冷热源机房设计

学习目标:

1. 了解冷热源机组选择的一般规定。

2. 了解制冷设备容量、台数的确定原则。

3. 了解各类制冷(热泵)机组的名义工况及性能参数、溴化锂吸收式机组的名义工况及性能参数,掌握各类机组的选择方法。

4. 掌握设计工况和污垢系数的确定方法。

5. 掌握设计工况下机组制冷量和耗功量的校核方法。

6. 掌握热源设备容量、台数的确定原则。

7. 了解冷冻水、冷却水系统的形式,掌握冷冻水泵、冷却水泵的选择方法,掌握冷却水温度和水质确定方法、冷却水塔的选择方法。

8. 了解冷热源机房设计原则,掌握设备保温设计方法。

9. 了解直燃机房的布置原则、燃气供应及配管原则,掌握机房的通风、排烟及消防安全措施。

10. 掌握冷热源机房的设计计算步骤及方法。

在进行冷热源机房工艺设计前,必须对用户的要求,建筑物规模、用途,建设地点的能源条件、结构、价格以及国家节能减排和环保政策相关规定等方面进行调查研究,了解和收集相关原始资料,以作为设计工作的重要依据。

①用户要求:用户需要的冷量、热量及其变化情况,供冷供热方式,冷热媒水的供水温度和回水温度,以及用户使用场所和使用安装方面的要求。

②可再生能源资料:冷热源机房附近地面水和地下水的水量、水温、水质等情况,以及太阳能、风能等情况。

③气象资料:当地的最高和最低气温、大气相对湿度,以及土壤冻结深度、全年主导风向和当地大气压力等。

④能源条件:当地的天然气、油料、煤质、电力等资源性资料及能源使用价格。

⑤地质资料:冷热源机房所在地区土壤等级、承压能力、地下水位和地震烈度等资料。

⑥发展规划:设计冷热源机房时,应该了解冷热源机房的近期和远期发展规划,以便在设计中考虑冷冻站的扩建余地。

12.1　冷热源机组的选择

12.1.1　冷热源选择的一般规定

供暖空调冷源与热源包括冷热水机组、建筑物内的锅炉和换热设备、直接蒸发冷却机组、多联机、蓄能设备等。当前各种机组、设备类型繁多,电制冷机组、溴化锂吸收式机组及蓄冷蓄热设备等各具特色,地源热泵、蒸发冷却等利用可再生能源或天然冷源的技术应用广泛。由于使用这些机组和设备时会受到能源、环境、工程状况使用时间及要求等多种因素的影响和制约,因此《民用建筑供暖通风与空气调节设计规范》(GB 50736—2012)有以下规定,

(1)供暖空调冷源与热源应根据建筑物规模、用途、建设地点的能源条件、结构、价格以及国家节能减排和环保政策的相关规定等,应通过客观全面地对冷热源方案进行技术经济比较分析和综合论证,以可持续发展的思路确定出合理的冷热源方案,并应符合下列规定

①有可供利用的废热或工业余热的区域,热源宜采用废热或工业余热。当废热或工业余热的温度较高、经技术经济论证合理时,冷源宜采用吸收式冷水机组;

②在技术经济合理的情况下,冷、热源宜利用浅层地能、太阳能、风能等可再生能源。当采用可再生能源受到气候等原因的限制无法保证时,应设置辅助冷、热源;

③不具备上述第①、②款的条件,但有城市或区域热网的地区,集中式空调系统的供热热源宜优先采用城市或区域热网;

④不具备上述第①、②款的条件,但城市电网夏季供电充足的地区,空调系统的冷源宜采用电动压缩式机组;

⑤不具备上述第①款~④款的条件,但城市燃气供应充足的地区,宜采用燃气锅炉、燃气热水机供热或燃气吸收式冷(温)水机组供冷、供热;

⑥不具备上述第①款~⑤款条件的地区,可采用燃煤锅炉、燃油锅炉供热,蒸汽吸收式冷水机组或燃油吸收式冷(温)水机组供冷、供热;

⑦夏季室外空气设计露点温度较低的地区,宜采用间接蒸发冷却冷水机组作为空调系统的冷源;

⑧天然气供应充足的地区,当建筑的电力负荷、热负荷和冷负荷能较好匹配、能充分发挥冷、热、电联产系统的能源综合利用效率并经济技术比较合理时,宜采用分布式燃气冷热电三联供系统;

⑨全年进行空气调节,且各房间或区域负荷特性相差较大,需要长时间地向建筑物同时供热和供冷,经技术经济比较合理时,宜采用水环热泵空调系统供冷、供热;

⑩在执行分时电价、峰谷电价差较大的地区,经技术经济比较,采用低谷电价能够明显起到对电网"削峰填谷"和节省运行费用时,宜采用蓄能系统供冷供热;

⑪夏热冬冷地区以及干旱缺水地区的中、小型建筑宜采用空气源热泵或土壤源地源热泵

系统供冷、供热；

⑫有天然地表水等资源可供利用、或者有可利用的浅层地下水且能保证100%回灌时,可采用地表水或地下水地源热泵系统供冷、供热；

⑬具有多种能源的地区,可采用复合式能源供冷、供热。

(2) 除符合下列条件之一外,不得采用电直接加热设备作为空调系统的供暖热源和空气加湿热源

① 以供冷为主、供暖负荷非常小,且无法利用热泵或其他方式提供供暖热源的建筑,当冬季电力供应充足、夜间可利用低谷电进行蓄热、且电锅炉不在用电高峰和平段时间启用时；

②无城市或区域集中供热,且采用燃气、用煤、油等燃料受到环保或消防严格限制的建筑；

③利用可再生能源发电,且其发电量能够满足直接电热用量需求的建筑；

④冬季无加湿用蒸汽源,且冬季室内相对湿度要求较高的建筑。

(3)公共建筑群同时具备下列条件并经技术经济比较合理时,可采用区域供冷系统

①需要设置集中空调系统的建筑的容积率较高,且整个区域建筑的设计综合冷负荷密度较大；

②用户负荷及其特性明确；

③建筑全年供冷时间长,且需求一致；

④具备规划建设区域供冷站及管网的条件。

(4) 符合下列情况之一时,宜采用分散设置的空调装置或系统

①全年需要供冷、供暖运行时间较少,采用集中供冷、供暖系统不经济的建筑；

②需设空气调节的房间布置过于分散的建筑；

③ 设有集中供冷、供暖系统的建筑中,使用时间和要求不同的少数房间；

④需增设空调系统,而机房和管道难以设置的既有建筑；

⑤居住建筑。

12.1.2 制冷设备容量、台数的确定

根据《民用建筑供暖通风与空气调节设计规范》(GB 50736—2012)规定,空调区的夏季冷负荷,应按空调区各项逐时冷负荷的综合最大值确定。并应计入新风冷负荷、再热负荷以及各项有关的附加冷负荷和各空调区的同时使用系数。

空调系统的冬季热负荷,应按所服务各空调区热负荷的累计值确定。按该设计规范第5.2节的规定,应采用冬季空调室外计算温度进行计算,并扣除室内设备等形成的稳定散热量。除空调风管局部布置在室外环境的情况外,可不计入各项附加热负荷。

按上述方法确定的冷、热负荷,即可作为确定冷热源机组总装机容量的依据。

集中空调系统的冷水(热泵)机组台数及单机制冷量(制热量)选择,应能适应空调负荷全年变化规律,满足季节及部分负荷要求。机组不宜少于两台；当小型工程仅设一台时,应选调节性能优良的机型,并能满足建筑最低负荷的要求。

对于全年供冷负荷需求变化幅度较大的建筑,冷水(热泵)机组的台数和容量的选择,应根据冷(热)负荷大小及变化规律而定,机组制冷量的大小应合理搭配,当单机容量调节下限的制冷量大于建筑物的最小负荷时,可选 1 台适合最小负荷的冷水机组,在最小负荷时开启小型制冷系统满足使用要求,这已在许多工程中取得很好的节能效果。如果每台机组的装机容

量相同,此时也可以采用一台变频调速机组的方式。

当然,机组台数也不应该无限制的增加。一方面,台数的增加可能导致机房面积、设备投资等方面的增加。另一方面,台数增加后,单台机组容量减少可能使得制冷效率有所下降;同时,系统控制的复杂性增加,水系统的稳定性可能会略有降低。

当设置单台机组时,可靠性高是必然的要求。同时,从节能上要求其部分负荷的效率较好。相对于多台组合设置的系统方式,单台系统对机组的 IPLV 应该给予更多的关注。

选择电动压缩式制冷机组时,其制冷剂应符合国家现行有关环保的规定。

选择冷水机组时,应考虑机组水侧污垢等因素对机组性能的影响,采用合理的污垢系数对供冷(热)量进行修正。

对于高层及超高层建筑,空调冷(热)水和冷却水系统中的冷水机组、水泵、末端装置等设备和管路及部件的工作压力不应大于其额定工作压力。此时空调系统应竖向分区,也可采用分别设置高、低区冷热源,高压采用换热器间接连接的闭式循环水系统,超压部分另设置自带冷热源的风冷设备等技术措施。

12.1.3 各类制冷(热泵)机组的主要性能参数和选择方法

1)电动压缩式冷水(热泵)机组的主要性能参数和机型选择

(1)电动压缩式冷水(热泵)机组的主要性能参数

①名义制冷(制热)量:即冷水(热泵)机组在制冷和热泵制热名义工况下进行试验时测得的制冷和制热量,单位为 kW。

按国家标准《蒸气压缩循环冷水(热泵)机组工商业用和类似用途的冷水(热泵)机组》(GB/T 18430.1—2001)和《蒸气压缩循环冷水(热泵)机组户用和类似用途的冷水(热泵)机组》(GB/T 18430.2—2001)规定,名义工况为:

a. 机组名义工况温度条件,见表 12.1。

表 12.1　名义工况时的温度条件　　　　　　　　　　　单位:℃

项　目	使用侧		热源侧(或放热侧)					
	冷热水		水冷式		风冷式		蒸发冷却方式	
	进口水温	出口水温	进口水温	出口水温	干球温度	湿球温度	干球温度	湿球温度
制　冷	12	7	30	35	35	—	—	24
热泵制热	40	45	15	7	7	6	—	

b. 机组名义工况时的使用侧和水冷式热源污垢系数为 0.086 m^2 · ℃/kW。

c. 机组名义工况时的额定电压,单相交流为 220 V,三相交流为 380,3 000,6 000,10 000 V,额定频率为 50 Hz。

d. 大气压力为 101 kPa。

②名义消耗电功率:机组在制冷和热泵制热名义工况下进行试验时测得的机组消耗总电功率,单位为 kW。热泵制热消耗总电功率不包括辅助电加热消耗功率。

③名义工况性能系数:在国家现行标准规定的名义工况下,机组以同一单位表示的制冷量(制热量)除以总输入电功率得出的比值,单位为 kW/kW。

　　按《公共建筑节能设计标准》(GB 50189—2005)规定,电机驱动压缩机的蒸气压缩循环冷水(热泵)机组,在额定制冷工况和规定条件下,性能系数(COP)不应低于表 12.2 的规定;综合部分负荷性能系数(IPLV)不宜低于表 12.3 的规定。

表 12.2　冷水(热泵)机组制冷性能系数

类　型		额定制冷量/kW	性能系数/(W·W)
水　冷	活塞式/涡旋式	<528	3.8
		528~1 163	4.0
		>1 163	4.2
	螺杆式	<528	4.10
		528~1 163	4.30
		>1 163	4.60
	离心式	<528	4.40
		528~1 163	4.70
		>1 163	5.10
风冷或蒸发冷却	活塞式/涡旋式	≤50	2.40
		>50	2.60
	螺杆式	≤50	2.60
		>50	2.80

　　国家标准《冷水机组能效限定值及能源效率等级》(GB 19577—2004)、《单元式空气调节机能效限定值及能源效率等级》(GB 19576—2004)是强制性国家能效标准,为确定能效最低值提供了依据。能源效率等级判定方法,目的是配合我国能效标志制度的实施。能源效率等级划分的依据:一是拉开档次,鼓励先进;二是兼顾国情,以及对市场产生的影响;三是逐步与国际接轨。根据我国能效标志管理办法(征求意见稿)和消费者调查结果,建议依据能效等级的大小,将产品分成 1、2、3、4、5 五个等级。能效等级的含义:1 等级是企业努力的目标;2 等级代表节能型产品的门槛(最小寿命周期成本);3、4 等级代表我国的平均水平;5 等级产品是未来淘汰的产品。

表 12.3　冷水(热泵)机组综合部分负荷性能系数

类　型		额定制冷量/kW	综合部分负荷性能系数/(W·W)
水　冷	螺杆式	<528	4.47
		528~1 163	4.81
		>1 163	5.13
	离心式	<528	4.49
		528~1 163	4.88
		>1 163	5.42
注:IPLV 值是基于单台主机运行工况。			

　　有条件时,鼓励使用《冷水机组能效限定值及能源效率等级》(GB 19577)规定的 1、2 级能效的机组。推荐使用比最低性能系数 COP 提高 1 个能效等级的冷水机组(见表 12.4)。

表 12.4 冷水机组能源效率等级指标

类 型	额定制冷量/kW	能效等级(COP)/(W·W)				
		1	2	3	4	5
风冷式或蒸发冷却式	≤50	3.20	3.00	2.80	2.60	2.40
	>50	3.40	3.20	3.00	2.80	2.60
水冷式	<528	5.00	4.70	4.40	4.10	3.80
	528~1 163	5.50	5.10	4.70	4.30	4.00
	>1 163	6.10	5.60	5.10	4.60	4.20

④水冷式电动蒸气压缩循环冷水(热泵)机组的综合部分负荷性能系数(IPLV)宜按下式计算和检测条件检测：

$$IPLV = 2.3\% \times A + 41.5\% \times B + 46.1\% \times C + 10.1\% \times D \tag{12.1}$$

式中 A——100%负荷时的性能系数,W/W,冷却水进水温度 30 ℃;

B——75%负荷时的性能系数,W/W,冷却水进水温度 26 ℃;

C——50%负荷时的性能系数,W/W,冷却水进水温度 23 ℃;

D——25%负荷时的性能系数,W/W,冷却水进水温度 19 ℃。

⑤名义制冷量大于 7 100 W、采用电机驱动压缩机的单元式空气调节机、风管送风式和屋顶式空气调节机组时,在名义制冷工况和规定条件下,其能效比(EER)不应低于表 12.5 的规定。

表 12.5 中名义制冷量时能效比(EER)值,相当于国家标准《单元式空气调节能效限定值及能源效率等级》(GB 19576—2004)中"单元式空气调节机能源效率等级指标"的第 4 级(见表 12.6)。按照国家标准《单元式空气调节机能效限定值及能源效率等级》(GB 19576—2004)所定义的机组范围,此表暂不适用多联式空调(热泵)机组和变频空调机。

表 12.5 单元式机空气调节机组能效比

类 型		能效比/(W·W)
风冷式	不接风管	2.60
	接风管	2.30
水冷式	不接风管	3.00
	接风管	2.70

表 12.6 单元式空气调节机能源效率等级指标

类 型		能效等级(EER)/(W·W)				
		1	2	3	4	5
风冷式	不接风管	3.20	3.00	2.80	2.60	2.40
	接风管	2.90	2.70	2.50	2.30	2.10
水冷式	不接风管	3.60	3.40	3.20	3.00	2.80
	接风管	3.30	3.10	2.90	2.70	2.50

⑥冷(热)水、冷却水压力损失:机组在名义工况运行时,按照《蒸汽压缩循环冷水(热泵)机

组工商业用和类似用途的冷水(热泵)机组》(GB/T18430.1—2001)附录 B 的方法在冷(热)水和冷却水进出接管上测得的水侧压力损失,即机组换热器水侧阻力,单位为 kPa。

⑦变工况性能:机组某工况条件改变,而按名义工况时的流量条件运行时,其制冷(热)量和消耗总电功率,可查机组变工况性能表或变工况性能曲线图。

(2)电动压缩式冷水机组的机型选择

①选择水冷电动压缩式冷水机组类型时,宜按表 12.7 中的制冷量范围,经性能价格综合比较后确定。

表 12.7　水冷式冷水机组选型范围

单机名义工况制冷量/kW	冷水机组类型
≤116	涡旋式
116 ~ 1 054	螺杆式
1 054 ~ 1 758	螺杆式
	离心式
≥1 758	离心式

②电动压缩式冷水机组的总装机容量,应根据计算的空调系统冷负荷值直接选定,不另作附加;在设计条件下,当机组的规格不能符合计算冷负荷的要求时,所选择机组的总装机容量与计算冷负荷的比值不得超过 1.1。

③冷水机组的选型应采用名义工况制冷性能系数(COP)较高的产品,并同时考虑满负荷和部分负荷因素,其性能系数应符合现行国家标准《公共建筑节能设计标准》(GB 50189)的有关规定(见表 12.2)。

④电动压缩式冷水机组电动机的供电方式应符合下列规定:

a. 当单台电动机的额定输入功率大于 1 200 kW 时,应采用高压供电方式;

b. 当单台电动机的额定输入功率大于 900 kW 而小于或等于 1 200 kW 时,宜采用高压供电方式;

c. 当单台电动机的额定输入功率大于 650 kW 而小于或等于 900 kW 时,可采用高压供电方式。

⑤采用氨作制冷剂时,应采用安全性、密封性能良好的整体式氨冷水机组。

(3)热泵机组的机型选择

①空气源热泵机组的性能应符合国家现行相关标准的规定,并应符合下列规定:

a. 空气源热泵冷、热水机组的选择应根据不同气候区,按下列原则确定:较适用于夏热冬冷地区的中、小型公共建筑;夏热冬暖地区采用时,应以热负荷选型,不足冷量可由水冷机组提供;冬季设计工况时机组性能系数(COP)[①],冷热风机组不应小于 1.80,冷热水机组不应小于 2.00;

b. 具有先进可靠的融霜控制,融霜时间总和不应超过运行周期时间的 20% ;

c. 冬季寒冷、潮湿的地区,当室外设计温度低于当地平衡点温度,或对于室内温度稳定性有较高要求的空调系统,应设置辅助热源;

---

① 注:冬季设计工况下的机组性能系数是指冬季室外空调计算温度条件下,达到设计需求参数时的机组供热量(W)与机组输入功率(W)的比值。

d. 对于同时供冷、供暖的建筑,宜选用热回收式热泵机组。

②空气源热泵机组的有效制热量应根据室外空调计算温度,分别采用温度修正系数和融霜修正系数进行修正。

空气源热泵机组的冬季制热量会受到室外空气温度、湿度和机组本身的融霜性能的影响,在设计工况下的制热量通常采用下式计算:

$$Q = qK_1K_2 \tag{12.2}$$

式中　Q——机组设计工况下的制热量,kW;

q——产品标准工况下的制热量(标准工况:室外空气干球温度 7 ℃、湿球温度 6 ℃),kW;

K_1——使用地区室外空调计算干球温度修正系数,按产品样本选取;

K_2——机组融霜修正系数,应根据生产厂家提供的数据修正;当无数据时,可按每小时融霜一次取 0.9,两次取 0.8①。

③空气源热泵或风冷制冷机组室外机的设置,应符合下列规定:

a. 确保进风与排风通畅,在排出空气与吸入空气之间不发生明显的气流短路;

b. 避免受污浊气流影响;

c. 噪声和排热符合周围环境要求;

d. 便于对室外机的换热器进行清扫。

④采用地埋管地源热泵系统设计时,应符合下列规定:

a. 应通过工程场地状况调查和对浅层地能资源的勘察,确定地埋管换热系统实施的可行性与经济性。

b. 当应用建筑面积在 5 000 m² 以上时,应进行岩土热响应试验,并应利用岩土热响应试验结果进行地埋管换热器的设计。

c. 地埋管的埋管方式、规格与长度,应根据冷(热)负荷、占地面积、岩土层结构、岩土体热物性和机组性能等因素确定。

d. 地埋管换热系统设计应进行全年供暖空调动态负荷计算,最小计算周期宜为 1 年。计算周期内,地源热泵系统总释热量和总吸热量宜基本平衡。

e. 应分别按供冷与供热工况进行地埋管换热器的长度计算。当地埋管系统最大释热量和最大吸热量相差不大时,宜取其计算长度的较大者作为地埋管换热器的长度;当地埋管系统最大释热量和最大吸热量相差较大时,宜取其计算长度的较小者作为地埋管换热器的长度,采用增设辅助冷(热)源,或与其他冷热源系统联合运行的方式,满足设计要求。

f. 冬季有冻结可能的地区,地埋管应有防冻措施。

⑤采用地下水地源热泵系统设计时,应符合下列规定:

a. 地下水的持续出水量应满足地源热泵系统最大吸热量或释热量的要求;地下水的水温应满足机组运行要求,并根据不同的水质采取相应的水处理措施。

b. 地下水系统宜采用变流量设计,并根据空调负荷动态变化调节地下水用量。

c. 热泵机组集中设置时,应根据水源水质条件确定水源直接进入机组换热器或另设板式换热器间接换热。

---

① 注:每小时融霜次数可按所选机组融霜控制方式,冬季室外计算温度、湿度选取,或向厂家咨询。对于多联机空调系统,还要考虑管长的修正。

d. 应对地下水采取可靠的回灌措施,确保全部回灌到同一含水层,且不得对地下水资源造成污染。

⑥采用江河湖水源地源热泵系统设计时,应符合下列规定:

a. 应对地表水体资源和水体环境进行评价,并取得当地水务主管部门的批准同意。当江河湖为航运通道时,取水口和排水口的设置位置应取得航运主管部门的批准。

b. 应考虑江河的丰水、枯水季节的水位差。

c. 热泵机组与地表水水体的换热方式应根据机组的设置、水体水温、水质、水深、换热量等条件确定。

d. 开式地表水换热系统的取水口,应设在水位适宜、水质较好的位置,并应位于排水口的上游,远离排水口;地表水进入热泵机组前,应设置过滤、清洗、灭藻等水处理措施,并不得造成环境污染。

e. 采用地表水盘管换热器时,盘管的形式、规格与长度,应根据冷(热)负荷、水体面积、水体深度、水体温度的变化规律和机组性能等因素确定。

f. 在冬季有冻结可能的地区,闭式地表水换热系统应有防冻措施。

⑦采用海水源地源热泵系统设计时,应符合下列规定:

a. 海水换热系统应根据海水水文状况、温度变化规律等进行设计。

b. 海水设计温度宜根据近30年取水点区域的海水温度确定。

c. 开式系统中的取水口深度应根据海水水深温度特性进行优化后确定,距离海底高度宜大于2.5 m;取水口应能抵抗大风和海水的潮汐引起的水流应力;取水口处应设置过滤器、杀菌及防生物附着装置;排水口应与取水口保持一定的距离。

d. 与海水接触的设备及管道,应具有耐海水腐蚀性能,应采取防止海洋生物附着的措施;中间换热器应具备可拆卸功能。

e. 闭式海水换热系统在冬季有冻结可能的地区,应采取防冻措施。

⑧采用污水源地源热泵系统设计时,应符合下列规定:

a. 应考虑污水水温、水质及流量的变化规律和对后续污水处理工艺的影响等因素。

b. 采用开式原生污水源地源热泵系统时,原生污水取水口处设置的过滤装置应具有连续反冲洗功能,取水口处污水量应稳定;排水口应位于取水口下游并与取水口保持一定的距离。

c. 采用开式原生污水源地源热泵系统设中间换热器时,中间换热器应具备可拆卸功能;原生污水直接进入热泵机组时,应采用冷媒侧转换的热泵机组,且与原生污水接触的换热器应特殊设计。

d. 采用再生水污水源热泵系统时,宜采用再生水直接进入热泵机组的开式系统。

⑨采用水环热泵空调系统的设计,应符合下列规定:

a. 循环水水温宜控制在15~35 ℃。

b. 循环水宜采用闭式系统。采用开式冷却塔时,宜设置中间换热器。

c. 辅助热源的供热量应根据冬季白天高峰和夜间低谷负荷时的建筑物的供暖负荷、系统内区可回收的余热等,经热平衡计算确定。辅助热源的选择原则应符合第12.1.1节规定。

d. 水环热泵空调系统的循环水系统较小时,可采用定流量运行方式;系统较大时,宜采用变流量运行方式。当采用变流量运行方式时,机组的循环水管道上应设置与机组启停连锁控制的开关式电动阀。

e. 水源热泵机组应采取有效的隔振及消声措施,并满足空调区噪声标准要求。

f.对冬季或过渡季存在一定量供冷需求的建筑,经技术经济分析合理时应利用冷却塔提供空气调节冷水。

2)溴化锂吸收式制冷机组的主要性能参数及选择方法

(1)溴化锂吸收式制冷机的主要性能参数

①名义制冷量 Φ_0:溴化锂吸收式制冷机在名义工况下进行试验时,测得的由循环冷水带出的热量,单位为 kW。

按《蒸汽和热水型溴化锂吸收式制冷机组》(GB/T 18431—2001)规定,蒸汽和热水型溴化锂吸收式冷水机组名义工况见表 12.8 所示。

名义工况除表 12.8 的规定外,同时规定"冷水、冷却水侧污垢系数为 0.086 $m^2 \cdot ℃/kW$ 和"电源为三相交流,额定电压为 380 V,额定频率为 50 Hz"。

按《直燃型溴化锂吸收式冷(温)水机组》(GB/T 18362—2001)规定,直燃型溴化锂吸收式冷(温)水机组名义工况如表 12.9 所示,机组燃料标准如表 12.10 所示。

②名义供热量 Φ_h:直燃型溴化锂冷(温)水机组在名义工况下进行试验时,测得的通过循环温水带出的热量,单位为 kW。

③名义加热源耗量:机组在名义工况下进行试验时,机组所消耗的加热源或燃料的流量,单位为 kg/h 或 m^3/h。

④名义加热源耗热量 Φ_g:名义加热源耗量换算成的热量值,单位为 kW。当加热源为燃气或燃油时,以低位热值计。

⑤名义消耗电功率 P:机组在名义工况下进行试验时,测得的机组消耗的电功率,单位为 kW。

表 12.8 蒸汽和热水型溴化锂吸收式冷水机组名义工况和性能参数

形 式	名义工况						性能参数
	加热源		冷水出口温度/℃	冷水进出口温度差/℃	冷却水进口温度/℃	冷却水出口温度/℃	(单位制冷量÷热源耗量)/ $[kg \cdot (h \cdot kW)^{-1}]$
	蒸汽(饱和)/MPa	热水/℃					
蒸汽单效型	0.1	—	7	5	30(32)	35(40)	2.35
	0.25		13			35(38)	1.40
	0.4		7				1.31
			10				
	0.6		7				
			10				1.28
	0.8		7				
热水型	—	th1 进口/th2 出口	—				—

注:1.蒸汽压力系指发生器或高压发生器蒸汽进口管箱处压力;

2.热水进出口温度由制造厂和用户协商确定;

3.表中括号内的参数为应用名义工况值。

表12.9　直燃型溴化锂吸收式冷(温)水机组名义工况和性能参数

工况 性能参数	冷冻水		冷却水		性能系数 COP
	进口温度/℃	出口温度/℃	进口温度/℃	出口温度/℃	
制冷	12	7	30(32)	35(37.5)	≥1.10
供热		60			≥0.90
污垢系数	0.086 m² · ℃/kW				
电源	三相交流,380 V,50 Hz(单相交流,220 V,50 Hz);或用户所在国供电电源				

注:( )内数值为可供选择的参考值。

表12.10　直燃机燃料标准

热源种类		燃料标准	其　他
燃　气	人工煤气	GB 13612	燃料种类、热值及压力(燃气)以用户和厂家的协议为准
	天然气	GB 17620	
	石油液化气	GB 11174	
燃　油	轻柴油	GB 252	
	重柴油	GB 445	

⑥性能参数、名义性能系数 COP_0 或 COP_h:蒸汽型溴化锂吸收式冷水机组的性能参数(经济性指标)按标准规定用单位制冷量加热源耗量表示,即单位制冷量蒸汽耗量,单位为 $kg/(h \cdot kW)$。直燃型溴化锂冷热水机组用名义性能系数 COP_0 和 COP_h 表示。

机组名义制冷(热)性能系数是指机组在名义工况试验时,测得的制冷(热)量除以加热源耗热量与消耗电功率之和所得的比值,即:

$$COP_0 = \Phi_0 / (\Phi_g + P) \tag{12.3}$$

$$COP_h = \Phi_h / (\Phi_g + P) \tag{12.4}$$

按《公共建筑节能设计标准》(GB 50189—2005)规定,蒸汽、热水型溴化锂吸收式冷水机组及直燃型溴化锂吸收式冷(温)水机组应选用能量调节装置灵敏、可靠的机型,在名义工况下的性能参数应符合表12.11的规定。

表12.11　溴化锂吸收式机组性能参数

机型	名义工况			性能参数		
	冷(温)水进/出口温度/℃	冷却水进/出口温度/℃	蒸汽压力/MPa	单位制冷量蒸汽耗量/[kg · (kW·h)]	性能系数/W · W	
					制冷	供热
蒸汽双效	18/13	30/35	0.25	≤1.40		
	12/7		0.4			
			0.6	≤1.31		
			0.8	≤1.28		
直燃	供冷12/7	30/35			≥1.10	
	供热出口60					≥0.90

注:直燃机的性能系数为:制冷量(供热量)/[加热源消耗量(以低位热值计)+电力消耗量(折算成一次能)]

⑦名义压力损失:机组在名义工况下运行时,按《蒸汽和热水型溴化锂吸收式冷水机组》(GB 18361—2001)附录 F 和《直燃型溴化锂吸收式冷(温)水机组》(GB 18362—2001)附录 C 的方法测得冷水、温水、生活热水、冷却水等通过机组时所产生的压力损失值,单位为 MPa。

⑧部分负荷性能:机组在规定的部分负荷工况下运行时,负荷从 100% 减少到 10% 时测得的机组性能数据,包括了机组制冷量、供热量和加热源耗量,分别以名义工况时满负荷性能数据的百分数来表示。

蒸汽和热水型溴化锂吸收式冷水机组部分负荷工况规定:

a. 冷水出口温度:名义值;

b. 冷水流量:名义工况时满负荷流量;

c. 冷却水流量:名义工况时满负荷流量;

d. 冷水、冷却水侧污垢系数为 0.086 $m^2 \cdot ℃/kW$;

e. 冷却水进口温度:从 100% 负荷时的 30 ℃ 减少到 10% 时的 22 ℃,中间温度随负荷减小呈线性变化。直燃型溴化锂吸收式冷(温)水机组部分负荷特性见表 12.12。

表 12.12 直燃机部分负荷特性

工 况	冷(温)水	冷却水
制冷工况	出口温度 7 ℃;流量同名义流量	进口温度:100% 负荷时 30 ℃,10% 负荷时 22 ℃,中间温度随负荷呈线形变化,流量同名义流量
供热工况	出口温度 60 ℃;流量同名义流量	

注:部分负荷性能数据(制冷量、供热量、热源消耗)分别以名义工况时负荷性能数据的百分数表示。

⑨变工况性能:机组按表 12.8 或表 12.9 某一条件改变,其性能参数可查机组变工况性能曲线图。

(2)溴化锂吸收式冷(温)水机组设计选型

①溴化锂吸收式冷(温)水机组负荷:

a. 溴化锂吸收式冷(温)水机组的冷(热)负荷应在正确的空调或工艺计算负荷基础上,增加机组本身和水系统的冷(热)损失,一般可考虑为 10% ~15%。

b. 溴化锂吸收式冷(温)水机组主要是由换热器组成,前面已述,结垢和腐蚀对机组效率影响很大。因此,选择溴化锂吸收式冷(温)水机组时,应考虑机组水侧污垢及腐蚀等因素,对供冷(热)量进行修正。至于如何修正,可根据水质处理的实际状况确定。污垢系数对溴化锂吸收式冷(温)水机组制冷量和供热量的影响,见表 12.13。

表 12.13 污垢系数对溴化锂吸收式冷(温)水机组制冷量和供热量的影响

污垢系数/($m^2 \cdot K \cdot kW^{-1}$)		0.043	0.086	0.172	0.258	0.344
制冷量	冷却水侧	104%	100%	92%	85%	79%
	冷水侧	103%		94%	90% *	86% *
供热量	温水侧					

注:该表摘自 GB/T 18362—2001 表 A2,带 * 的数字为计算值。

②溴化锂吸收式冷(温)水机组台数选择:

一般选用2~4台,中小型工程选用2台,机组台数选择应考虑互为备用和轮换使用的可能性。从便于维修管理的角度考虑,尽量选用同机型、同规格的机组;从节能和运行调节的角度考虑,必要时也可选用不同机型、不同负荷的机组搭配组合的方案。

③采用溴化锂吸收式冷(温)水机组时,其使用的能源种类应根据当地的资源情况合理确定;在具有多种可使用能源时,宜按照以下优先顺序确定:

a.废热或工业余热;

b.利用可再生能源产生的热源;

c.矿物质能源优先顺序为天然气、人工煤气、液化石油气、燃油等。

④溴化锂吸收式机组的机型应根据热源参数确定。除第①条第a.款、第b.款和利用区域或市政集中热水为热源外,矿物质能源直接燃烧和提供热源的溴化锂吸收式机组均不应采用单效型机组。

根据吸收式冷水机组的性能,通常当热源温度比较高时,宜采用双效机组。但由于废热、可再生能源及生物质能的能源品位相对较低,对于城市热网,在夏季制冷工况下,热网温度通常较低,有时无法采用双效机组。当采用锅炉燃烧供热时,为了提高冷水机组的性能,应提高供热热源的温度,因此不应采用单效式机组。各类机组所对应的热源参数见表12.14。

表12.14 各类机组的加热热源参数

机 型	加热热源种类和参数值
直燃机组	天然气、人工煤气、液化石油气、燃油
蒸汽双效机组	蒸汽额定压力(表压)0.25、0.4、0.6、0.8 MPa
热水双效机组	>140 ℃热水
蒸汽单效机组	废汽(0.1 MPa)
热水单效机组	废热等(85 ℃~140 ℃热水)

除溴化锂吸收式冷(温)水机组以外,还有一类溴化锂吸收式热泵,其分为两种形式:一是输出热的温度低于驱动热源的第一类热泵,亦称为增热型热泵;二是输出热的温度高于驱动热源的第二类热泵,亦称为升温型热泵。

第一类热泵充分利用生产、生活中的余热、废热,加入少量驱动热源,获得大量较高品位的生产、生活用热媒,可节省40%以上高品位的驱动热源。第一类热泵具有如下特性:

a.驱动热源:0.8 MPa以下蒸汽、高温热水、高温烟气、高温物料、燃油和燃气等。

b.可利用的余热、废热:一般可使用温度在30~70 ℃的余热(废热)水,单组分和多组分、气体或液体。

c.提供的热媒:可获得比余热(废热)温度高约40 ℃、不超过100 ℃的热媒。余热(废热)进、出口温度越高,热媒获得温度越高。

d.热力系数平均值为1.8:即加入1 MW的驱动热源可获得1.8 MW的生产、生活需求的热量。

e.单台机组热量2~15 MW。

f.机组耗电量少,不足同制热量电热泵的5%。

采用蒸汽为热源,经技术经济比较合理时应回收用汽设备产生的凝结水。凝结水回收系统应采用闭式系统。

⑤在设计选择溴化锂吸收式机组时,其性能参数应优于表12.11的规定值。

⑥选用直燃式机组时,应符合下列规定:

a.机组应考虑冷、热负荷与机组供冷、供热量的匹配,宜按满足夏季冷负荷和冬季热负荷的需求中的机型较小者选择。

b.当机组供热能力不足时,可加大高压发生器和燃烧器以增加供热量,但其高压发生器和燃烧器的最大供热能力不宜大于所选直燃式机组型号额定热量的50%。

c.当机组供冷能力不足时,宜采用辅助电制冷等措施。

⑦吸收式机组的性能参数应符合现行国家标准《公共建筑节能设计标准》(GB 50189)的有关规定。采用供冷(温)及生活热水三用型直燃机时,尚应满足下列要求:

a.完全满足冷(温)水及生活热水日负荷变化和季节负荷变化的要求。

b.应能按冷(温)水及生活热水的负荷需求进行调节。

c.当生活热水负荷大、波动大或使用要求高时,应设置储水装置,如容积式换热器、水箱等。若仍不能满足要求的,则应另设专用热水机组供应生活热水。

⑧当建筑在整个冬季的实时冷、热负荷比值变化大时,四管制和分区两管制空调系统不宜采用直燃式机组作为单独冷热源。

⑨小型集中空调系统,当利用废热热源或太阳能提供的热源,且热源供水温度在60~85 ℃时,可采用吸附式冷水机组制冷。

⑩直燃型溴化锂吸收式冷(温)水机组储油、供油、燃气供应及烟道的设计,均应符合国家现行的《锅炉房设计规范(GB 50041)》、《高层民用建筑设计防火规范》(GB 50045)、《建筑设计防火规范》(GB 50016)、《城镇燃气设计规范》(GB 50028)、《工业企业煤气安全规程》(GB 6222)等有关规范和标准的规定。

3)确定制冷机组台数

$$m = \Phi_0 / \Phi_{0,g} \qquad (12.5)$$

式中　m——制冷机组台数,台(按12.1.2确定);

　　　Φ_0——总装机容量,kW;

　　　$\Phi_{0,g}$——初选定的单台机组制冷量,kW。

12.1.4　设计工况和污垢系数的确定

1)冷却水温度和污垢系数的确定

(1)冷却塔冷却水出水温度和污垢系数确定

①冷却塔出水温度 t_{s1} 为:

$$t_{s1} = t_s + \Delta t_s \qquad (12.6)$$

式中　t_s——当地夏季室外平均每年不保证50 h的湿球温度,℃;

　　　Δt_s——安全值,对于自然通风冷却塔或冷却水喷水池,$\Delta t_s = 5 \sim 7$ ℃;对于机械通风冷却塔,$\Delta t_s = 3 \sim 4$ ℃。

②冷却塔的冷却水污垢系数。若采用自来水补水,宜取 $0.086 \sim 0.172$ m²·℃/kW;若采

用地面水补水,宜取 0.172 ~ 0.344 m² · ℃/kW。

(2)地下埋管冷却水出水温度和污垢系数确定

①地下埋管属闭式冷却系统,出水温度由地温及换热器的性能确定,由于各地地温以及换热管的不同,应由相关的专用软件计算确定。

②地下埋管出水污垢系数可取 0.086 m² · ℃/kW。

(3)地下水为冷却水的出水温度和污垢系数确定

采用地下水为冷却水时,出水温度由地下水温度确定,污垢系数由地下水质确定。

2)采用空气作为冷却介质

进风温度为夏季空气调节室外计算(干球)温度;对于空气源热泵,进风温度为冬季空气调节室外计算(干球)温度。

3)采用蒸发冷却方式

冷却介质的设计工况应为夏季空气调节室外计算湿球温度。

4)冷冻水进、出水温度及污垢系数

冷冻水进、出水温度是由空气调节工艺要求确定,已在已知条件中给出。由于冷冻水系统分为闭式和开式两种,所以污垢系数不同。闭式系统污垢系数为 0.086 m² · ℃/kW,开式系统污垢系数与冷却塔相同。

12.1.5 制冷机组的设计工况下的制冷量和耗功量

1)冷水(热泵)机组在设计工况下的制冷量和耗功量

①冷水(热泵)机组铭牌的制冷(热)量和耗功率或样本技术性能表中的制冷(热)量和耗功率是机组在名义工况下的制冷(热)量和耗功率,只能作为冷水(热泵)机组初选时参考。初选时,机组在名义工况下的性能系数(COP)不应低于表 12.2 的规定;综合部分负荷性能系数(IPLV)不宜低于表 12.3 的规定。

在设计工况或使用工况下,选择水冷电动压缩式冷水机组类型时,应按表 12.7 中的制冷量范围,经性能价格综合比较后确定冷水机组类型;水冷电动压缩式冷水机组总装机容量,应根据计算的空调系统冷负荷值直接选定,不另作附加;在设计条件下,当机组的规格不能符合计算冷负荷的要求时,所选择机组的总装机容量与计算冷负荷的比值不得超过 1.1。

集中空调系统的冷水(热泵)机组台数及单机制冷量(制热量)选择,还应能适应空调负荷全年变化规律,满足季节及部分负荷要求。当小型工程仅能设一台机组时,应选调节性能优良的机型,并能满足建筑最低负荷的要求。

选择电动压缩式制冷机组时,其制冷剂应符合国家现行有关环保的规定。

选择冷水机组时,应考虑机组水侧污垢等因素对机组性能的影响,采用合理的污垢系数对供冷(热)量进行修正。

实践证明,冷水机组满负荷运行率相对较少,大部分时间是在部分负荷下运行。因此在机组选型时,除考虑满负荷运行时性能系数外,还应考虑部分负荷时的性能系数。IPLV 应用过

程中需注意以下问题：

a. IPLV 重点在于产品性能的评价和比较,应用时不宜直接采用 IPLV 对某个实际工程的机组全年能耗进行评价。机组能耗与机组的运行时间、机组负荷、机组能效三要素相关。在单台机组承担空调系统负荷前提下,单台机组的 IPLV 高,其全年能耗不一定低。

b. 实际工程中采用多台机组时,对于单台机组来说,其全年的低负荷率及低负荷运行的时间是不一样的。台数越多,且采用群控方式运行时,其单台的全年负荷率越高。故单台冷水机组在各种机组负荷下运行时间百分比,与 IPLV 中各种机组负荷下运行时间百分比会存在较大的差距。

c. 各地区气象条件差异较大,因此对不同的工程,需要结合建筑负荷和室外气象条件进行分析。

标准工况下综合部分负荷能效值 IPLV 既考虑了满负荷也同时考虑了机组部分负荷的能效。此概念 1986 年起源于美国。现在在美国 IPLV 作为冷水机组的能效考核标准已被联邦政府和私营组织或机构所广泛采用。

根据 IPLV 的定义,部分负荷可以理解为两个方面:一、机组的制冷量部分负荷;二、环境温度随制冷量减小而逐步降低。

在我国冷水机组的标准发展过程中,《离心式冷水机组》(JBT3355—1998)标准中曾参照 ARI 标准将 IPLV 放进标准,但由于 IPLV 的计算公式的依据不足,国家标准《蒸汽压缩循环冷水(热泵)机组工商业用和类似用途的冷水(热泵)机组》(GB/T18430.1—2001)又删除了 IPLV 的计算公式。要使 IPLV 可以用于评价冷水机组的综合能效水平,关键是要建立适合中国情况的 IPLV 计算公式。在《公共建筑节能标准》编制过程中,我国暖通空调专家做了大量的研究计算,根据中国的气象特点(19 个城市的气象参数)、建筑特点,得出适合中国国情的 IPLV 计算公式。NPLV 与 IPLV 类似,是非标准工况下的综合部分负荷能效值。

在设计中应注意选择名义工况制冷性能系数(COP)较高的产品,并同时考虑机组的 IPLV(NPLV)值。但是有时 IPLV(NPLV)具有一定的"欺骗性",这时应根据实际工程情况做好能耗分析。例如,在表 12.15 部分负荷—时间的分布情况下,尽管冷水机组 1 的 NPLV 高于冷水机组 2,但其全年耗电量却比高效机组多。

表 12.15 冷水机组全年耗电量比较

运行参数			机组 1 参数 NPLV = 8.06			机组 2 参数 NPLV = 7.85		
机组负荷/kW	运行时间/权重	运行时间/h	机组能效/W·W	耗电量/kW	运行时间耗电量/kWh	机组能效/W·W	耗电量/kW	运行时间耗电量/kWh
1 758	0.01	30	5.16	341	10 230	6.84	257	7 710
1 319	0.42	1 260	6.76	195	245 700	7.85	168	211 680
879	0.45	1 350	9.25	95	128 250	8.21	107	144 450
440	0.12	360	8.45	52	18 720	6.56	67	24 120
全年运行时间 3 000 h			全年总耗电量 402 900 kWh			全年总耗电量 387 960 kWh		

多机头机组(尤其是四机头机组)的四个部分负荷点的效率会很好,因此 IPLV 会非常好,

然而机组在实际运用场合并非刚好在这四个点运行,所以此方案并不能反映多机头机组的真实效率。单机头机组与四机头机组部分性能比较见图12.1。从上图可以看出四机头机组在此标准工况下效率很高,但是在实际运行中它的效率并非如此出众。

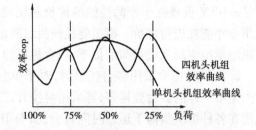

图12.1　单机头机组与四机头机组部分性能比较

②空气源热泵机组的性能应符合国家现行相关标准的规定,在额定工况下性能系数不应低于表12.2,综合部分性能系数(IPLV)不宜低于表12.3。

在设计工况下,空气源热泵机组的有效制热量应根据室外空调计算温度,按式(12.2)分别采用温度修正系数和融霜修正系数进行修正。并且机组的融霜控制和冬季设计工况性能系数应符合下列规定:

a.具有先进可靠的融霜控制,融霜时间总和不应超过运行周期时间的20%;

b.冬季设计工况时机组性能系数(COP),冷热风机组不应小于1.80,冷热水机组不应小于2.00。①

在冬季寒冷、潮湿的地区,当室外设计温度低于当地平衡点温度,或对于室内温度稳定性有较高要求的空调系统,应设置辅助热源。

对于同时供冷、供暖的建筑,宜选用热回收式热泵机组。

③地埋管地源热泵系统、地下水地源热泵系统、江河湖水源地源热泵系统、海水源地源热泵系统、污水源地源热泵系统以及水环热泵空调系统采用的机组,均属水冷电动压缩式冷(热)水机组类型。因此机组选择时,首先应满足水冷电动压缩式冷(热)水机组要求,即参照本书12.1.5,1),①款的要求。同时,由于这类机组的冷却水系统具有不同于冷却塔冷却水系统的热物理特点,因此进行这类系统和主机选择设计时,同时还应满足该类系统各自的特殊要求规定:

a.地埋管地源热泵系统和主机选择设计还应同时满足12.1.3,1),(3),④款的要求;

b.地下水地源热泵系统和主机选择设计还应同时满足12.1.3,1),(3),⑤款的要求;

c.江河湖水源地源热泵系统和主机选择设计还应同时满足12.1.3,1),(3),⑥款的要求;

d.海水源地源热泵系统和主机选择设计还应同时满足12.1.3,1),(3),⑦款的要求;

e.污水源地源热泵系统和主机选择设计还应同时满足12.1.3,1),(3),⑧款的要求;

f.水环热泵空调系统和主机选择设计还应同时满足12.1.3,1),(3),⑨款的要求;

④冷水(热泵)机组水侧污垢系数随着机组运行时间的积累而增加,在很大程度上取决于所使用的水质及运行温度;相对较差的水质无法保证机组在15~20年常规使用周期中不出现结垢而影响传热。因此,国家标准《蒸气压缩循环冷水(热泵)机组工商业用和类似用途的冷水(热泵)机组》(GB/T 18430.1—2001)和《蒸气压缩循环冷水(热泵)机组户用和类似用途的冷水(热泵)机组》(GB/T 18430.2—2001)规定机组名义工况时的使用侧和水冷式热源侧污垢系数为0.086 $m^2 \cdot ℃/kW$。当在设计选用国外生产的冷水(热泵)机组时,应注意生产国机组

---

① 注:冬季设计工况下的机组性能系数是指冬季室外空调计算温度条件下,达到设计需求参数时的机组供热量(W)与机组输入功率(W)的比值。

名义工况与我国名义工况的差异,特别是污垢系数的取值差异。如美国空调制冷协会的 ABI 550/590—1998 标准规定机组冷水侧的污垢系数为 $0.018\ 4\ m^2 \cdot ℃/kW$,冷却水侧的污垢系数为 $0.044\ m^2 \cdot ℃/kW$,明显低于我国规定的 $0.086\ m^2 \cdot ℃/kW$,所以在选用国外机组时,应根据其规定的污垢系数与我国标准的差异对机组的制冷量和耗功率进行修正。否则冷水(热泵)机组在我国水质较差的情况下会过早出现冷(热)量衰减和耗功率增大,满足不了工程对冷(热)源的要求。污垢系数对冷水(热泵)机组制冷(供热)量的影响可参考图 12.2。由图可见,随着机组水冷冷凝器污垢系数的增加,机组的饱和冷凝温度提高,制冷量下降;消耗功上升。显然,机组的性能系数 COP 值也随着污垢系数的增加而下降。

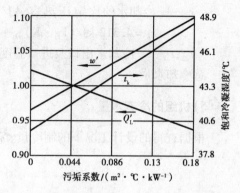

注:ϕ'_L—冷水机组实际制冷量/冷水机组设计制冷量;

  w'—压缩机实际耗功量/压缩机设计耗功量;

  t_k—饱和冷凝温度,℃;

  机组冷凝器设计污垢系数 $=0.044\ m^2 \cdot ℃/kW$;

  机组冷水出水温度 6.67 ℃;

  冷凝器冷却水进水温度 29.4 ℃

图 12.2　污垢系数对冷水机组性能的影响

2)溴化锂吸收式冷(温)水机组在设计工况下的制冷量和加热源耗量

选择溴化锂吸收式机组时,其名义工况下的性能系数应符合表 12.11 的规定。溴化锂吸收式机组的选择应按当地的能源种类、资源情况合理确定,选择方法按照 12.1.3,2)条款进行。

①溴化锂吸收式冷(温)水机组设计工况下的制冷量(供热量)与加热源类型、机组运行的工况不同而异。在生产厂家产品样本中,技术参数表内提供的数据是名义工况或某一额定工况下的值,只能作为设计人员初选机型时考虑。机组在设计工况下的制冷量(供热量)和加热源耗量应按生产厂家产品样本中的变工况性能曲线图确定。

②在选用国外生产的溴化锂吸收式冷(温)水机组时,要注意生产国对换热器水侧污垢系数的规定,如与我国现行国家标准有差异时,应对机组的制冷量(供热量)进行污垢系数修正。

3)校核制冷量

初选机组在设计工况下的总制冷量 Φ'_0 为

$$\Phi'_0 = m\Phi'_{0g} \tag{12.7}$$

式中　Φ'_{0g}——设计工况下的单台机组制冷量,kW。

把设计工况下的总制冷量 Φ'_0 与总装机容量 Φ_0 进行比较。若 $\Phi'_0 < \Phi_0$,则应重选制冷量大的机组,再进行校验;若 $\Phi'_0 > \Phi_0$,则初选机组合适。

4)机组的冷却水量

根据样本上机组的性能表查出机组在设计工况下的冷却水量,或根据前面查的制冷量 Φ'_{0g} 和耗功量 N,单台制冷机组的冷却水量 G_L 为

$$G_L = \frac{\Phi'_K}{c_p(t_{s2} - t_{s1})} \tag{12.8}$$

式中　　Φ'_K——机组的冷凝器负荷, $\Phi'_K = \Phi'_{0g} + N$, kW;

c_p——冷却水的比定压热容, kJ/(kg·K): 淡水的 $c_p = 4.186$ kJ/(kg·K); 海水的 $c_p = 4.312$ kJ/(kg·K);

t_{s2}, t_{s1}——冷却水出口及进口温度, ℃。

总冷却水量　　　　　　　　　　　$G_{L,总} = mG_L$　　　　　　　　　　　(12.9)

5)机组的冷冻水量

根据查得的设计工况下的制冷量 Φ'_{0g}, 单台制冷机组的冷冻水量 G_s 为

$$G_s = \frac{\Phi'_{0,g}}{c_p(t_{L1} - t_{L2})}$$　　　　　　　　　　　(12.10)

式中　　c_p——冷冻水的定压比热容, kJ/(kg·K);

t_{L1}, t_{L2}——冷冻水进、出口温度, ℃。

总冷冻水量　　　　　　　　　　　$G_{s,总} = mG_s$　　　　　　　　　　　(12.11)

12.1.6　热源设备容量及台数的确定

1)最大热负荷的计算

热负荷计算的目的是求出锅炉房的计算热负荷, 作为锅炉设备选择的依据。

热源热负荷包括生产、采暖、通风及生活所需要的热负荷; 针对某一具体的工程, 热源热负荷可能只包括其中的某几项。

热源机房最大计算热负荷 Q_{max} 是选择热源设备的主要依据, 可根据各项原始热负荷、同时使用系数、热源机房自耗热量和管网热损失系数由式(12.10)求得

$$Q_{max} = (1 + A)Q = (1 + A)(K_1Q_1 + K_2Q_2 + K_3Q_3 + K_4Q_4)$$　　　(12.12)

式中　　Q——用户实际所需的供热量, t/h;

Q_1, Q_2, Q_3, Q_4——生产、采暖、通风和生活最大热负荷, 由设计资料提供, t/h;

K_1, K_2, K_3, K_4——生产、采暖、通风和生活负荷同时使用系数;

A——热源机房自耗热量及热损失附加系数。

热源机房自耗热量包括热源机房采暖、浴室、自吹灰、设备散热、介质漏失和热力除氧器的排汽损失等, 这部分热量约为输出负荷的 2% ~ 3%。汽动给水泵热耗大, 但正常运行时使用电动给水泵, 所以汽动泵耗汽量一般可不考虑。

热网热损失包括散热和介质漏失, 与输送介质的种类、热网敷设方式、保温完善程度和管理水平有关, 一般为输送负荷的 10% ~ 15%。

(1)生产最大热负荷

根据各生产用热设备所需的最大热负荷确定。

(2)采暖最大热负荷

为了使房间空气温度符合设计要求, 需由热源设备向房间输入热量。

采暖热负荷通常涉及建筑围护结构温差传热, 通过围护结构进入室内的太阳辐射热负荷、门窗、孔隙渗漏空气热负荷及室内热能、人体散热的保热等, 详细计算参考供热工程。

当缺乏详尽的建筑和结构设计资料时, 采暖最大热负荷 Q 可按面积热指标法及体积热指

标法估算(参见表 12.16):

面积热指标法

$$Q = Q_F F \qquad (12.13)$$

式中 Q_F——采暖面积热指标,W/m^2,见表 12.12;

  F——采暖建筑面积,m^2。

体积热指标法

$$Q = q_v V(t_n - t_w) \qquad (12.14)$$

式中 q_v——采暖体积热指标,$W/(m^3 \cdot ℃)$,见表 12.12;

  V——采暖建筑外围体积,m^3。

(3)通风热负荷

一般采用估算方法

$$Q_T = q_T V(t_n - t_w) \qquad (12.15)$$

式中 q_T——通风体积指标,$W/(m^3 \cdot ℃)$;

  t_w——通风室外计算温度,$℃$;

  V——通风量,m^3/h。

在已知通风量和已建立起室内热平衡的条件下,通风热负荷也可按式(12.16)计算

$$Q_T = c_p V_\rho (t_n - t_w) \qquad (12.16)$$

表 12.16　一些民用建筑物采暖面积热指标及体积热指标

建筑物类型	采暖面积热指标 $Q_F/(W \cdot m^{-2})$	采暖体积 建筑物体积/m^3	热指标 $q_v/(W \cdot m^{-3} \cdot ℃^{-1})$
住 宅	W47~70	9 000~12 000	0.58~0.64
办公楼、学校	58~81	~22 000	0.52~0.58
医院、幼儿园	64~81	~3 500	0.76~0.81
旅 馆	58~70	~10 000	0.58~0.64
图书馆	47~76		
商 店	64~87		
单层住宅	81~105	700~1 200	0.76~0.84
食堂、餐厅	116~140		1.1~1.4
影剧院	93~116		
大礼堂、体育馆	116~163		

民用建筑的最小新风量,按表 12.17 取值。剧场、电影院观众厅最小新风量可按 7~10 $m^3/(h \cdot 人)$选用,电影放映机的排风量按下值选用:700 $m^3/(h \cdot 台)$(弧光灯);200 $m^3/(h \cdot kW)$(氙灯);160 $m^3/(h \cdot kW)$(氙灯)。

表 12.17　民用建筑最小新风量

房间名称	最小新风量 /(m³ · h⁻¹ · 人⁻¹)
电影院、剧场、体育馆、图书馆阅览室、商店、博物馆、卧室、起居室、教室	8.5
办公室、会议室、餐厅、诊室、普通病房	17
特护病房、手术室	30
高级旅馆客房	30

从表 12.17 可知,一般的民用建筑不考虑通风负荷。对于某些高级民用建筑,其中一些房间要求保证一定的通风量,以满足卫生换气的需要。当卫生要求的换气量小于冷风渗透量时,可以不再计算卫生要求通风量的耗热。当卫生要求的换气量大于冷风渗透量时,可仅计算通风换气耗热。如果房间的通风换气由专门的送排风系统解决,则采暖负荷中不再计入通风耗热。

(4)生活最大热负荷

生活热水热负荷是固定性的全年负荷。民用建筑和工厂中生活热水的对象是除大便器、小便器和排污器之外的所有卫生设备。

生活热负荷与使用对象要求的温度及冷水温度有关,也与生活热水供水温度有关。若提高热水供水温度,则能降低生活热水量,一般根据用途确定使用温度,再根据冷水和热水温度确定生活热水量。计算时,为便于比较,均换算为热水温度为 65 ℃时的生活热水量。

①生活热水负荷的计算方法:

如果已知建筑区或建筑物规模,可用下面四种方法计算生活热水负荷。

方法一:根据热水耗用量标准计算生活热水负荷 Q_4:

$$Q_4 = KQ_v = 1.163\frac{KmV(t_{hw} - t_c)}{T}$$

(12.17)

式中　Q_4——采暖期设计生活热水负荷,W;

　　　Q_v——生活热水平均热负荷,W;

　　　K——小时变化系数;

　　　m——用热水计算单位数(住宅为人数,公共建筑为每人次数,床位数等);

　　　V——每日热水用量,L/d;

　　　t_{hw}——生活热水温度,℃;

　　　t_c——冷水计算温度,为最低月平均水温,℃;

　　　T——每日供水小时数,h;住宅、旅馆、医院等一般取 24 h。

由于集中热水供应系统中,锅炉、热水加热器的设计小时热水供应量和贮水器的容积,应根据日热水用量小时变化曲线及锅炉、热水加热器的工作制度来确定。因此,计算设计热水负荷采用了小时变化系数 K 值。

方法二:根据卫生器具小时热水用水量计算设计生活热水负荷 Q_4:

$$Q_4 = 1.163\sum\frac{V(t_{hw} - t_c)n_0K_i}{100}$$

(12.18)

式中　V——卫生器具小时热水用水量,L/h;

n_0——同类型卫生器具数;

K_i——卫生器具同时使用系数。

工厂企业生活间、学校、剧院及体育场等公共浴室的淋浴器和洗脸盆均按 100% 计算;设有浴盆的住宅,仅按浴盆数量计算,不计其他卫生器具。

方法三:根据热水设计小时耗用量计算生活热水负荷。计算时,可根据工艺提供的设计小时热水耗量和用水温度计算,即

$$Q_{hw} = 1.163 V(t_{hw} - t_c) \tag{12.19}$$

工厂企业全厂职工饮用水加热所需蒸汽量 G,kg/d。

根据饮用水人数估算,即

$$G = \frac{An(105 - t_c)}{500} \tag{12.20}$$

式中　n——饮用水人数;

　　　A——每人每天平均饮用水为 3 kg。

方法四:非采暖期生活热水热负荷,即

$$Q_4 = KQ_v \frac{t_{hw} - t_{sw}}{t_{hw} - t_c} \tag{12.21}$$

式中　t_{sw}——夏季冷水温度(非采暖期平均水温),℃。

②生活热水负荷的估算方法

这种方法适用于估算居住区的生活热负荷,即

$$Q_4 = Kq_w F \tag{12.22}$$

式中　K——小时变化系数;

　　　q_w——居住区生活热水平均热负荷,W;

　　　F——居住区总建筑面积,m²。

2)平均热负荷

平均热负荷按式(12.23)计算,即

$$Q_{cp} = (1 + A)(Q_{1cp} + Q_{2cp} + Q_{3cp} + Q_{4cp}) \tag{12.23}$$

式中　Q_{cp}——平均热负荷;

　　　$Q_{1cp}, Q_{2cp}, Q_{3cp}, Q_{4cp}$——生产、采暖、通风及生活平均热负荷。

(1)生产平均热负荷

生产平均热负荷 Q_{1cp} 根据热负荷曲线热用户的实际使用情况决定。

(2)采暖、通风平均热负荷

采暖、通风平均热负荷按式(12.24)、式(12.25)计算,即

$$Q_{2cp} = Q_2(t_n - t_{cp})/(t_n - t_w) \tag{12.24}$$

$$Q_{3cp} = Q_3(t_n - t_{cp})/(t_n - t_w) \tag{12.25}$$

式中　Q_{2cp}, Q_{3cp}——采暖、通风的平均热负荷;

　　　Q_2, Q_3——采暖、通风的最大热负荷;

　　　t_n——采暖或通风室内计算温度;

　　　t_{cp}——采暖或通风室外平均温度;

t_w——采暖或通风室外计算温度。

（3）生活平均热负荷

生活平均热负荷按式（12.26）计算，即

$$Q_{4cp} = 0.125Q_4 \tag{12.26}$$

式中　Q_{4cp}——生活平均热负荷；

　　　Q_4——生活最大热负荷。

如热源机房仅为民用建筑供热时，生活平均热负荷 Q_{4cp} 根据各热用户的实际情况决定。

3）全年热负荷

全年热负荷按式（12.27）计算，即

$$Q = (A + 1)(h_1 Q_{1cp} + h_2 Q_{2cp} + h_3 Q_{3cp} + h_4 Q_{4cp}) \tag{12.27}$$

式中　Q——全年热负荷；

　　　h_1,h_2,h_3,h_4——生产、采暖、通风、生活热负荷年利用小时数，h。

当热负荷波动较大时，可采取用热时间调整或错开的方式，使热负荷趋于平衡。在有条件的地方可采用蓄热器，此时锅炉房的规模可按平均热负荷来确定。

设计资料给出（由生产工艺设计提供）的生产用汽是各生产设备的铭牌耗热量之和。

生活用热对于厂区是指浴室、开水房、食堂等方面耗热量，对于有热水设施的住宅，则主要是热水供应用热。

由于用热设备不一定同时启用，而且使用中各设备的最大热负荷也不一定同时出现，因此，需要计入同时使用系数，这可使选用的锅炉既能满足实际负荷的要求，又不致容量过大。

采暖通风热负荷由相关的设计提供。如果无法取得，也可按建筑物体积或面积的热标进行计算确定。采暖通风热负荷中，通常有热水供应用热；对于蒸汽锅炉房，应将此项耗热量换算成耗汽量。

4）锅炉型号和台数选择

锅炉型号和台数根据锅炉房热负荷、介质、参数和燃料种类等因素选择，并应考虑技术经济方面的合理性，使锅炉房在冬、夏季均能达到经济可靠运行。

（1）锅炉型号

根据《公共建筑节能设计标准》（GB 50189—2005）和《民用建筑供暖通风与空气调节设计规范》（GB 50736—2012）规定：

①锅炉设备的选择应根据建筑规模、使用特征，结合当地能源结构及其价格政策、环保规定等按下列原则经综合论证后确定：

a. 具有城市、区域供热或工厂余热时，宜作为采暖或空调的热源；

b. 具有热电厂的地区，宜推广利用电厂余热的供热、供冷技术；

c. 具有充足的天然气供应的地区，宜推广应用分布式热电冷联供和燃气空气调节技术，实现电力和天然气的削峰填谷，提高能源的综合利用率；

d. 具有多种能源（热、电、燃气等）的地区，宜采用复合式能源供冷、供热技术；

e. 具有天然水资源或地热源可供利用时，宜采用水（地）源热泵供冷、供热技术。

②除了符合下列情况之一外，不得采用电热锅炉、电热水器作为直接采暖和空气调节系统

的热源：

a. 电力充足、供电政策支持和电价优惠地区的建筑；

b. 以供冷为主,采暖负荷较小且无法利用热泵提供热源的建筑；

c. 无集中供热与燃气源,用煤、油等燃料受到环保或消防严格限制的建筑；

d. 夜间可利用低谷电进行蓄热、且蓄热式电锅炉不在日间用电高峰和平段时间启用的建筑；

e. 利用可再生能源发电地区的建筑；

f. 内、外区合一的变风量系统中需要对局部外区进行加热的建筑。

③锅炉的额定热效率,应符合表 12.18 的规定。

表 12.18　锅炉额定热效率

锅炉类型	热效率/%
燃煤(Ⅱ类烟煤)蒸汽、热水锅炉	78
燃油、燃气蒸汽、热水锅炉	89

④锅炉房及单台锅炉的设计容量与锅炉台数应符合下列规定：

a. 锅炉房的设计容量应根据供热系统综合最大热负荷确定；

b. 单台锅炉的设计容量应以保证其具有长时间较高运行效率的原则确定,实际运行负荷率不宜低于 50%；

c. 在保证锅炉具有长时间较高运行效率的前提下,各台锅炉的容量宜相等；

d. 锅炉房锅炉总台数不宜过多,全年使用时不应少于两台,非全年使用时不宜少于两台；

e. 其中一台因故停止工作时,剩余锅炉的设计换热量应符合业主保障供热量的要求,并且对于寒冷地区和严寒地区供热(包括供暖和空调供热),剩余锅炉的总供热量分别不应低于设计供热量的 65% 和 70%。

⑤除厨房、洗衣、高温消毒以及冬季空调加湿等必须采用蒸汽的热负荷外,其余热负荷应以热水锅炉为热源。当蒸汽热负荷在总热负荷中的比例大于 70% 且总热负荷≤1.4 MW 时,可采用蒸汽锅炉。

⑥当供热系统的设计回水温度≤50 ℃时,宜采用冷凝式锅炉。

⑦当采用真空热水锅炉时,最高用热温度宜≤85 ℃。

根据计算热负荷的大小和燃料特性决定锅炉型号,并考虑负荷变化和锅炉房发展的需要。蒸汽锅炉的压力和温度,根据生产工艺和采暖通风或空调的需要,考虑管网及锅炉房内部阻力损失,结合国产蒸汽锅炉型谱或进口蒸汽锅炉类型来确定。

选用锅炉的总容量必须满足计算负荷的要求,即选用锅炉的额定容量之和不应小于锅炉房计算热负荷,以保证用汽的需要。

热水锅炉水温的选择,决定于热用户要求、供热系统的类型(如直接供用户或采用热交换站间接换热方式)和国产热水锅炉型谱或进口热水锅炉类型。

供采暖的锅炉一般宜选用热水锅炉,当有通风热负荷时要特别注意对热水温度的要求。兼供采暖通风和生产供热的负荷,而且生产热负荷较大的锅炉房可选用蒸汽锅炉,其采暖热水用热交换器制备或选用汽-水两用锅炉,也可分别选用蒸汽锅炉和热水锅炉。

锅炉房中宜选用相同型号的锅炉,以便于布置、运行和检修。如需要选用不同型号的锅炉时,一般不超过两种。

（2）锅炉台数

选用锅炉的台数应考虑对负荷变化和意外事故的适应性,建设和运行的经济性,即

$$n = Q_0/Q_n \tag{12.28}$$

式中　n——台数;

　　　Q_0——最大热负荷;

　　　Q_n——单台锅炉容量。

《锅炉房设计规范》（GB 50041—2008）规定:当锅炉房内最大 1 台锅炉检修时,其余锅炉应能满足工艺连续生产所需的最低的热负荷和采暖通风及生活用热所允许的最低热负荷。锅炉房的锅炉台数一般不宜少于 2 台;当选用 1 台锅炉能满足热负荷和检修需要时,也可只装设 1 台。对于新建锅炉房,锅炉台数不宜超过 5 台;扩建和改建时,最多不宜超过 7 台;非独立锅炉房,不宜超过 4 台。国外有关文献认为,新建锅炉房内装设锅炉的最佳台数为 3 台。

以供生产负荷为主或常年供热的锅炉房,可以设置 1 台备用锅炉;以供采暖通风和生活热负荷为主的锅炉房,一般不设备用锅炉;但对于大宾馆、饭店、医院等有特殊要求的民用建筑而设置的锅炉房应根据情况设置备用锅炉。

（3）燃烧设备

选用锅炉的燃烧设备应能适应所使用的燃料、便于燃烧调节和满足环境保护的要求。

（4）备用锅炉

《蒸汽锅炉安全技术监察规程》规定:"运行的锅炉每两年应进行一次停炉内外部检验,新锅炉运行的头两年及实际运行时间超过 10 年的锅炉,每年应进行一次内外部检验。"在上述计划检修或临时事故停炉时,允许减少供汽的锅炉房可不设备用锅炉;减少供热可能导致人身事故和重大经济损失时,应设置备用锅炉。

（5）方案分析

设计中可能出现几个可供选择的方案,设计者应分析各方案特点,在安全性和经济性等多方面进行比较,提出自己的见解,确定选用方案。

12.2　冷源水系统

12.2.1　冷冻水系统

制冷机组向用户供冷的方式有两种,即直接供冷和间接供冷。直接供冷是将制冷装置的蒸发器直接置于需冷却的对象处,直接吸收该对象的热量。采用这种方式供冷可以减少一些中间设备,故投资和机房占地面积少,而且制冷系数较高;其缺点是蓄冷性能较差,制冷剂渗漏可能性增多,适用于中小型系统或低温系统。间接供冷是首先利用蒸发器冷却某种载冷剂,然后将低温载冷剂输送到各个用户,降低需冷却对象的温度。这种供冷方式使用灵活,控制方便,特别适合于区域性供冷。下面就常用的冷冻水（以水作为载冷剂）系统进行简要介绍。

（1）根据用户需要情况不同,冷冻水管道系统可分为闭式系统和开式系统两种（见图 12.3、图 12.4）

开式系统需要设置冷冻水箱和回水箱,系统水容量大,运行稳定,控制简便,水泵扬程较

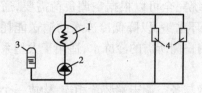

图 12.3　闭式冷冻水系统

1—蒸发器;2—水泵;3—膨胀水箱;4—用户

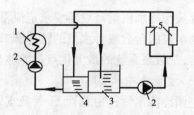

图 12.4　开式冷冻水系统

1—蒸发器;2—水泵;3—冷冻水箱;4—回水箱;5—用户

大。闭式系统与外界空气接触少,腐蚀较少,水泵扬程较小,较节能。闭式系统必须采用壳管式蒸发器,用户侧则应采用表面式换热设备,而开式系统则不受这些限制,当采用水箱式蒸发器时,可以用它代替冷冻水箱或回水箱。

(2)从调节特征上,冷冻水系统可以分为定水量系统和变水量系统两种形式

定水量系统中的水流量不变,通过改变冷冻水供回水温度来适应空调房间的冷负荷变化。变水量系统的供回水温差基本不变,通过改变水流量来适应冷负荷变化。由于冷冻水循环输配能耗占整个空调制冷系统能耗的 15%~20%,而空调负荷需要的冷冻水量也经常性地小于设计流量,所以变水量系统具有节能潜力。变水量系统有一级泵系统和二级泵系统两种常用的冷冻水系统。

图 12.5 为一级泵系统示意图。常用的一级泵系统是在供回水集管之间设置一根旁通管,以保持冷水机组侧为定流量运行,而用户侧处于变流量运行。目前,由于冷水机组可在减少一定水量情况下正常运行,所以,供回水集管之间可不设置旁通管,而整个系统在一定负荷范围内采用变流量运行,这样可使水泵能耗大为降低。一级泵系统组成简单,控制容易,运行管理方便,一般多采用此种系统。

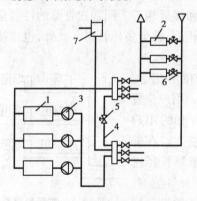

图 12.5　一级泵系统示意图

1—冷水机组;2—空调末端;3—冷冻水水泵;

4—旁通管;5—旁通调节阀;6—二通调节阀;

7—膨胀水箱

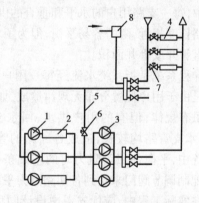

图 12.6　二级泵系统示意图

1—次泵;2—冷水机组;3—二次泵;

4—空调末端;5—旁通管;6—旁通调节阀;

7—二通调节阀;8—膨胀水箱

图 12.6 为二级泵系统示意图。它由两个环路组成:由一次泵、冷水机组和旁通管组成的这段管路称为一次环路;由二次泵、空调末端和旁通管组成的这一段管路称为二次环路。一次环路负责冷冻水的制备,二次环路负责冷冻水的输配。这种系统的特点是采用两组泵来保持冷水机组一次环路的定流量运行,而用户侧二次环路为变流量运行,从而解决空调末端设备要

求变流量与冷水机组蒸发器要求定流量的矛盾。该系统完全可以根据空调负荷需要,通过改变二次水泵的台数或者水泵的转速调节二次环路的循环水量,以降低冷冻水的输送能耗。可以看出,二级泵系统的最大优点是能够分区分路供应用户侧所需的冷冻水,适用于大型系统。

(3)空调冷冻水管路

空调冷冻水管路由总管、干管及支管组成。各支管与各空调末端装置相连,构成一个个并联回路。为了保证各末端装置应有的水量,除了需选择合适的管径外,合理布置各回路的走向是非常重要的。各并联支路只有在水阻力接近相等时,才能获得设计流量,从而保证末端装置能提供出设计冷量或热量。这里要说明:由于管道管径的规格有限,一般不可能通过管径选择来达到各支路的阻力平衡;利用阀门也只能在一定程度上进行调节,且有能量损失。因此,设计时首先应合理布置管路,正确选择管径,再辅以配置调节阀门,包括各种形式的平衡阀。

同程系统是指系统水流经各用户回路的管路长度(接近)相等。图12.7中是常见的同程形式。

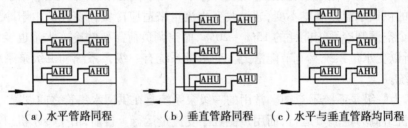

(a)水平管路同程　　(b)垂直管路同程　　(c)水平与垂直管路均同程

图12.7　同程系统的几种形式

在水平同程系统中,每一水平支路的供水管路与回水管路长度之和接近相等;在垂直同程系统中,每层用户的垂直供水管路与回水管路长度之和接近相等;在水平与垂直管路均同程的系统中,每一支路用户的水平和垂直的供、回水管路之和接近相等。同程式管路的特点是因为各回路长度相近,阻力容易平衡,但为了求得回路长度相近,就会多耗管材。此外,也往往需增加垂直管井或管井面积。

异程系统是指系统水流经每一用户回路的管路长度不相等。通常是由于用户位置分布无规律造成,如图12.8所示。用户位置分布虽有规律,但有的用户供水、回水支管路均较短,有的用户供、回水支管路均较长,造成各回路的管路长度相差较大。在异程系统中,平衡各回路阻力时的基础条件较差,只有依靠管径选择和配制调节阀门来达到各回路阻力平衡的目的。

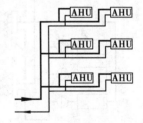

图12.8　典型异程系统

在实际工程中,应优先考虑设计同程系统。在无条件设计同程系统时,异程系统各回路的阻力应进行仔细计算,工程中各并联回路间的阻力差值宜控制在<15%以内。

(4)根据《民用建筑供暖通风与空气调节设计规范》(GB 50736—2012),空调冷热水系统的设计应符合下列规定

①空调冷水、空调热水参数应考虑对冷热源装置、末端设备、循环水泵功率的影响等因素,并按下列原则确定:

a.采用冷水机组直接供冷时,空调冷水供水温度不宜低于5 ℃,空调冷水供回水温差不应小于5 ℃;有条件时,宜适当增大供回水温差。

b. 采用蓄冷空调系统时,空调冷水供水温度和供回水温差应根据蓄冷介质和蓄冷、取冷方式分别确定,并应符合《民用建筑供暖通风与空气调节设计规范》(GB 50736—2012)第8.7.6条和第8.7.7条的规定。

c. 采用温湿度独立控制空调系统时,负担显热的冷水机组的空调供水温度不宜低于16℃;当采用强制对流末端设备时,空调冷水供回水温差不宜小于5℃。

d. 采用蒸发冷却或天然冷源制取空调冷水时,空调冷水的供水温度,应根据当地气象条件和末端设备的工作能力合理确定;采用强制对流末端设备时,供回水温差不宜小于4℃。

e. 采用辐射供冷末端设备时,供水温度应以末端设备表面不结露为原则确定;供回水温差不应小于2℃。

f. 采用市政热力或锅炉供应的一次热源通过换热器加热的二次空调热水时,其供水温度宜根据系统需求和末端能力确定。对于非预热盘管,供水温度宜采用50～60℃,用于严寒地区预热时,供水温度不宜低于70℃。空调热水的供回水温差,严寒和寒冷地区不宜小于15℃,夏热冬冷地区不宜小于10℃。

g. 采用直燃式冷(温)水机组、空气源热泵、地源热泵等作为热源时,空调热水供回水温度和温差应按设备要求和具体情况确定,并应使设备具有较高的供热性能系数。

h. 采用区域供冷系统时,供回水温差应符合本规范第8.8.2条的要求。

②除采用直接蒸发冷却器的系统外,空调水系统应采用闭式循环系统。

③当建筑物所有区域只要求按季节同时进行供冷和供热转换时,应采用两管制的空调水系统。当建筑物内一些区域的空调系统需全年供应空调冷水、其他区域仅要求按季节进行供冷和供热转换时,可采用分区两管制空调水系统。当空调水系统的供冷和供热工况转换频繁或需同时使用时,宜采用四管制水系统。

④集中空调冷水系统的选择,应符合下列规定:

a. 除设置一台冷水机组的小型工程外,不应采用定流量一级泵系统。

b. 冷水水温和供回水温差要求一致且各区域管路压力损失相差不大的中小型工程,宜采用变流量一级泵系统;单台水泵功率较大时,经技术和经济比较,在确保设备的适应性、控制方案和运行管理可靠的前提下,可采用冷水机组变流量方式。

c. 系统作用半径较大、设计水流阻力较高的大型工程,宜采用变流量二级泵系统。当各环路的设计水温一致且设计水流阻力接近时,二级泵宜集中设置;当各环路的设计水流阻力相差较大或各系统水温或温差要求不同时,宜按区域或系统分别设置二级泵。

d. 冷源设备集中设置且用户分散的区域供冷等大规模空调冷水系统,当二级泵的输送距离较远且各用户管路阻力相差较大,或者水温(温差)要求不同时,可采用多级泵系统。

⑤采用换热器加热或冷却的二次空调水系统的循环水泵宜采用变速调节。对供冷(热)负荷和规模较大工程,当各区域管路阻力相差较大或需要对二次水系统分别管理时,可按区域分别设置换热器和二次循环泵。

⑥空调水系统自控阀门的设置应符合下列规定:

a. 多台冷水机组和冷水泵之间通过共用集管连接时,每台冷水机组进水或出水管道上应设置与对应的冷水机组和水泵连锁开关的电动两通阀。

b. 除定流量一级泵系统外,空调末端装置应设置水路电动两通阀。

⑦定流量一级泵系统应设置室内空气温度调控或自动控制措施。

⑧变流量一级泵系统采用冷水机组定流量方式时,应在系统的供回水管之间设置电动旁通调节阀,旁通调节阀的设计流量宜取容量最大的单台冷水机组的额定流量。

⑨变流量一级泵系统采用冷水机组变流量方式时,空调水系统设计应符合下列规定:

a. 一级泵应采用调速泵。

b. 在总供、回水管之间应设旁通管和电动旁通调节阀,旁通调节阀的设计流量应取各台冷水机组允许的最小流量中的最大值。

c. 应考虑蒸发器最大许可的水压降和水流对蒸发器管束的侵蚀因素,确定冷水机组的最大流量;冷水机组的最小流量不应影响到蒸发器换热效果和运行安全性。

d. 应选择允许水流量变化范围大、适应冷水流量快速变化(允许流量变化率大)、具有减少出水温度波动的控制功能的冷水机组。

e. 采用多台冷水机组时,应选择在设计流量下蒸发器水压降相同或接近的冷水机组。

⑩二级泵和多级泵系统的设计应符合下列规定:

a. 应在供回水总管之间冷源侧和负荷侧分界处设平衡管,平衡管宜设置在冷源机房内,管径不宜小于总供回水管管径。

b. 采用二级泵系统且按区域分别设置二级泵时,应考虑服务区域的平面布置、系统的压力分布等因素,合理确定二级泵的设置位置。

c. 二级泵等负荷侧各级泵应采用变速泵。

(5)空气调节冷热水系统的水泵选择计算:

①对于集中设置的制冷装置,冷冻水泵的台数和流量应与制冷机相对应。

②两管制空调水系统应分别设置冷水和热水循环泵。

③冷冻水泵的扬程 H 选择:

$$H = 1.1(H_0 + H_K + \sum \Delta h) \qquad (12.29)$$

式中　H_0——蒸发器的阻力损失,mH_2O[①];

　　　H_K——最不利环路的空调设备的阻力损失,mH_2O;

　　　$\sum \Delta h$——最不利环路的沿程阻力和局部阻力损失之和,mH_2O。

(6)计算空调冷热水系统的循环水泵的耗电输冷(热)比 EC(H)R

根据《民用建筑供暖通风与空气调节设计规范》(GB 50736—2012),空调冷热水系统的设计应符合下列规定:

①在选配空调冷热水系统的循环水泵时,应计算循环水泵的耗电输冷(热)比 EC(H)R,并应标注在施工图的设计说明中。耗电输冷(热)比应符合下式要求:

$$EC(H)R = \frac{0.003\,096 \sum \dfrac{GH}{\eta_0}}{\sum Q} \leqslant \frac{A(B + \alpha \sum L)}{\Delta T} \qquad (12.30)$$

式中　$EC(H)R$——循环水泵的耗电输冷(热)比;

　　　G——每台运行水泵的设计流量,m^3/h;

　　　H——每台运行水泵对应的设计扬程,m;

---

① 1 mH_2O = 980 Pa,下同

η_0——每台运行水泵对应设计工作点的效率；

Q——设计冷（热）负荷，kW；

ΔT——规定的计算供回水温差，℃，按表 12.19 选取；

A——与水泵流量有关的计算系数，按表 12.20 选取；

B——与机房及用户的水阻力有关的计算系数，按表 12.21 选取；

α——与 $\sum L$ 有关的计算系数，按表 12.22 或表 12.23 选取；

$\sum L$——从冷热机房至该系统最远用户的供回水管道的总输送长度，m；当管道设于大面积单层或多层建筑时，可按机房出口至最远端空调末端的管道长度减去 100 m 确定。

表 12.19　ΔT 值　　　　　　（单位：℃）

冷水系统	热 水 系 统			
	严寒	寒冷	夏热冬冷	夏热冬暖
5	15	15	10	5

注：1. 对空气源热泵、溴化锂机组、水源热泵等机组的热水供回水温差按机组实际参数确定；

　　2. 对直接提供高温冷水的机组，冷水供回水温差按机组实际参数确定。

表 12.20　A 值

设计水泵流量 G	$G \leq 60\ \mathrm{m^3/h}$	$200\ \mathrm{m^3/h} \geq G > 60\ \mathrm{m^3/h}$	$G > 200\ \mathrm{m^3/h}$
A 值	0.004 225	0.003 858	0.003 749

注：多台水泵并联运行时，流量按较大流量选取。

表 12.21　B 值

系统组成		四管制单冷、单热管道 B 值	二管制热水管道 B 值
一级泵	冷水系统	28	—
	热水系统	22	21
二级泵	冷水系统①	33	—
	热水系统②	27	25

注：①多级泵冷水系统，每增加一级泵，B 值可增加 5；

　　②多级泵热水系统，每增加一级泵，B 值可增加 4。

表 12.22　四管制冷、热水管道系统的 α 值

系统	管道长度 $\sum L$ 范围/m		
	$\leq 400\ \mathrm{m}$	$400\ \mathrm{m} < \sum L < 1\ 000\ \mathrm{m}$	$\sum L \geq 1\ 000\ \mathrm{m}$
冷 水	$\alpha = 0.02$	$\alpha = 0.016 + 1.6/\sum L$	$\alpha = 0.013 + 4.6/\sum L$
热 水	$\alpha = 0.014$	$\alpha = 0.012\ 5 + 0.6/\sum L$	$\alpha = 0.009 + 4.1/\sum L$

关于空调冷热水系统循环水泵的耗电输冷（热）比 EC(H)R 的说明如下：

空调冷热水系统的"耗电输冷（热）比 EC(H)R"的定义是：空调冷热水系统的输送单位能

量所需要的功耗。不等符号的左侧是系统实际 EC(H)R 计算值,要求不大于右侧的限定值,对此值进行限制是为了保证系统阻力和水泵的扬程在合理的范围内,以降低水泵能耗。

表 12.23　两管制热水管道系统的 α 值

系统	地　区	管道长度 $\sum L$ 范围/m		
		≤400 m	400 m< $\sum L$ <1 000 m	$\sum L$≥1 000 m
热水	严　寒	$\alpha = 0.009$	$\alpha = 0.007\,2 + 0.72\sum L$	$\alpha = 0.005\,9 + 2.02/\sum L$
	寒　冷	$\alpha = 0.002\,4$	$\alpha = 0.002 + 0.16/\sum L$	$\alpha = 0.001\,6 + 0.56/\sum L$
	夏热冬冷			
	夏热冬暖	$\alpha = 0.003\,2$	$\alpha = 0.002\,6 + 0.24/\sum L$	$\alpha = 0.002\,1 + 0.74/\sum L$

注:两管制冷水系统 α 计算式与表 12.22 四管制冷水系统相同。

其基本思路来自现行国家标准《公共建筑节能设计标准》(GB 50189—2005)第 5.2.8 条关于水泵"输送能效比 ER"的规定,此次新规范根据实际情况对该节能标准 ER 的表达方式和相关计算参数进行了一定的调整:

a. 公式不等符号左侧的系统 EC(H)R 实际值计算式。

分子为水泵功率,应分别计算并联水泵和直接串联的各级水泵的功率后叠加;分母采用了系统的设计总冷(热)负荷 $\sum Q$,避免了应用多级泵和混水泵时,水温差、流量、效率等难以确定的情况发生。

原则上应按所选的各水泵的性能曲线确定水泵在设计工况点的效率 η_b,但实际工程设计过程中常缺乏准确资料。根据国家标准《清水离心泵能效限定值及节能评价值》(GB 19762)中提供的水泵性能参数,即使同一系列的水泵,由于流量不同,η_b 也存在一定的差距。在满足水泵工作在高效区的要求的前提下,将 GB 19762 标准提供的数据整理如下:

当水泵水流量≤60 m^3/h 时,水泵平均效率取 63%;当 60 m^3/h <水泵水流量≤200 m^3/h 时,水泵平均效率取 69%;当水泵水流量>200 m^3/h 时,水泵平均效率取 71%,所选择的水泵效率不宜小于这些数值。根据市场产品情况,目前有许多厂家水泵的效率可以大大超出上述数值,个别大流量泵甚至可超过 90%,因此设计选择的空间还是很大,但水泵价格可能会高一些。

b. 公式不等符号右侧的 EC(H)R 限定值计算式。

● 温差 ΔT 的确定。

对于冷水系统,要求不低于 5 ℃ 的温差是必需的,也是正常情况下能够实现的,见 12.2.1;(4),①。对于空调热水系统,新规范将国内四个气候区分别作了最小温差的限制,同时还考虑了空调自动控制与调节能力的需要。

需要注意的是,对于寒冷地区的空调热水,虽然没有强行规定,仅推荐供回水温差不宜小于 15 ℃,且以往的实际工程中也常采用风机盘管等末端设备的标准供热工况温差(10 ℃)。这时对于常用的两管制系统,如按供冷工况计算确定了符合 ER 限值的管网,供热工况时往往不能满足 ER 限值要求,需通过放大管径降低系统阻力 H,或选择高效水泵提高等措施,使实际能效比不大于限定值。因此,工程设计时,寒冷地区也最好按 12.2.1,(4),①条的推荐数值确定空调水温差。

对空气源热泵、溴化锂机组、水源热泵等机组,其供热效率是节能的关键问题,不能单纯强调加大供回水温差,因此热水供回水温差按机组标准工况时的实际参数确定。

• A 值是在公式推导过程中引进的参数($A = 0.002\ 662/\eta_b$),反映了水泵效率的影响,是按不同流量时的效率取值计算得出,更符合实际情况。

• $\sum L$ 则反映系统管道长度引起的阻力。在原《公共建筑节能设计标准》中,系统总阻力统一用水泵的扬程 H 来表示,按照独立建筑物内的最远环路总长度在 500 m 范围的条件下取 H 为 36 m。但鉴于近年来超大型建筑物的快速发展,空调冷热水管道最远环路总长度经常大大超过 500 m,无法直接采用一个固定的 H 值。

因此,新规范在修改过程中的一个思路就是系统半径越大,允许的限值也相应增大。故此把主要输送管道长度引起的摩擦阻力和机房、用户等阻力分别开来,解决了主要输送管道比摩阻在不同长度时的连续性问题,使得新规范的可操作性得以提高。这也与现行国家标准《严寒和寒冷地区居住建筑节能设计标准》(JGJ 26)和新规范 8.11.13 条中关于供热系统的耗电输热比 EHR 的立意和计算公式相类似。

对于系统中"从冷热机房至该系统最远用户的供回水管道的总输送长度 $\sum L$"和"用户"范围的分界,如图 12.9 所示。对于塔式建筑,"用户"指各层的水平支路管道和末端设备。当管道设于大面积单层或多层建筑时,"用户"范围的管道长度可按 100 m 确定,即主要输送管道的总输送长度 $\sum L$ 可按机房出口至最远端空调末端的管道长度减去 100 m 确定。

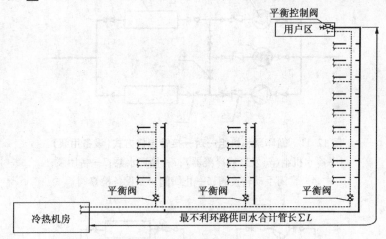

图 12.9 冷热机房至用户区的总输送长度 $\sum L$ 示意

• B 值反映了系统内除上述冷热机房至用户区的总输送管道($\sum L$)之外的其他设备、附件和管道的水流阻力,由三部分组成:一、机房内阻力,包括制冷机及其辅助设备、机房内管道阻力;二、用户区阻力,包括进入用户区域的管道和设备阻力(用户的区域范围见图 12.9 及上述说明);三、采用二级泵(或多级泵)系统时,增加的辅助设备(水泵进出口阀门等)的阻力。公式编制过程中将这三部分阻力按常规系统的数值进行了统计计算,并将统计结果列入表 12.21。在《公共建筑节能设计标准》(GB 50189—2005)第 5.2.8 条中,这两部分统一用水泵的扬程 H 来代替,但由于在目前,水系统的供冷半径变化较大,如果用一个规定的水泵扬程(标准规定限值为 36 m)并不能完全反映实际情况,也会给实际工程设计带来一些困难。因此,新规范在修改过程中的一个思路就是:系统半径越大,允许的限值也相应增大。故此把机房及用户的阻力和管道系统长度引起的摩擦阻力分别开来,这也与现行国家标准《严寒和寒冷地区居住建筑节能设计标准》(JGJ 26—2010)第5.2.16条关于供热系统的耗电输热比 EHR 的立意和计算公式相类似。同时也解决了管道长度阻力。在不同长度时的连续性问题,使得新规范的可操作性得以提高。

②空调水循环泵台数应符合下列规定:

a.水泵定流量运行的一级泵,其设置台数和流量应与冷水机组的台数和流量相对应,并宜与冷水机组的管道一对一连接,见图 12.10、图 12.11、图 12.12。

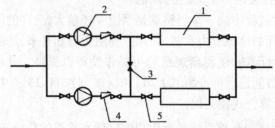

图 12.10　循环泵和机组一对一接管连接方式(无备用泵)

1—冷水机组(蒸发器或冷凝器);2—循环水泵;

3—常闭手动转换阀;4—止回阀;5—设备检修阀

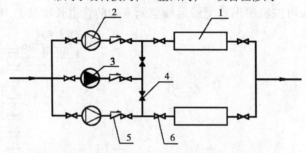

图 12.11　循环泵和机组一对一接管连接方式(设备用泵)

1—冷水机组(蒸发器或冷凝器);2—循环水泵;3—备用泵;

4—常闭手动转换阀;5—止回阀;6—设备检修阀

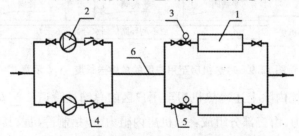

图 12.12　循环泵和机组共用集管连接方式

1—冷水机组(蒸发器或冷凝器);2—循环水泵;3—电动隔断阀;

4—止回阀;5—设备检修阀;6—共用集管

b.变流量运行的每个分区的各级水泵不宜少于 2 台;当所有的同级水泵均采用变速调节方式时,台数不宜过多。

c.空调热水泵台数不宜少于 2 台;严寒及寒冷地区,当热水泵不超过 3 台时,其中一台宜设置为备用泵。

（7）根据水流量、扬程和台数，查样本选择适合的水泵

冷水泵和热水泵均应按上述计算出的流量、扬程和台数，分别查样本进行选择，确定冷、热水泵的型号、台数。

（8）关于空调水系统布置、选择管径及补水定压等规定。

根据《民用建筑供暖通风与空气调节设计规范》（GB 50736—2012），水系统布置、选择管径及补水定压的设计应符合下列规定

①空调水系统布置和选择管径时，应减少并联环路之间压力损失的相对差额。当设计工况时并联环路之间压力损失的相对差额超过15%时，应采取水力平衡措施。

②空调冷水系统的设计补水量（小时流量）可按系统水容量的1%计算。

③空调水系统的补水点，宜设置在循环水泵的吸入口处。当采用高位膨胀水箱定压时，应通过膨胀水箱直接向系统补水；采用其他定压方式时，如果补水压力低于补水点压力，应设置补水泵。空调补水泵的选择及设置应符合下列规定：

a. 补水泵的扬程，应保证补水压力比补水点的工作压力高 30 kPa ~ 50 kPa。

b. 补水泵宜设置 2 台，补水泵的总小时流量宜为系统水容量的 5% ~ 10%。

c. 当仅设置 1 台补水泵时，严寒及寒冷地区空调热水用及冷热水合用的补水泵，宜设置备用泵。

④当设置补水泵时，空调水系统应设补水调节水箱；水箱的调节容积应根据水源的供水能力、软化设备的间断运行时间及补水泵运行情况等因素确定。

⑤闭式空调水系统的定压和膨胀设计应符合下列规定：

a. 定压点宜设在循环水泵的吸入口处，定压点最低压力宜使管道系统任何一点的表压均高于 5 kPa 以上。

b. 宜优先采用高位膨胀水箱定压。

c. 当水系统设置独立的定压设施时，膨胀管上不应设置阀门；当各系统合用定压设施且需要分别检修时，膨胀管上应设置带电信号的检修阀，且各空调水系统应设置安全阀。

d. 系统的膨胀水量应进行回收。

⑥空调冷热水的水质应符合国家现行相关标准规定。当给水硬度较高时，空调热水系统的补水宜进行水质软化处理。

⑦空调热水管道设计应符合下列规定：

a. 当空调热水管道利用自然补偿不能满足要求时，应设置补偿器。

b. 坡度应符合《民用建筑供暖通风与空气调节设计规范》（GB 50736—2012）第 5.9.6 条对热水供暖管道的要求。

⑧空调水系统应设置排气和泄水装置。

⑨冷水机组或换热器、循环水泵、补水泵等设备的入口管道上，应根据需要设置过滤器或除污器。

12.2.2 冷却水系统的设计

1）冷却水系统设计的基本原则

根据《民用建筑供暖通风与空气调节设计规范》（GB 50736—2012），冷却水系统的设计应

符合下列规定：

①应设置保证冷却水系统水质的水处理装置。

②水泵或冷水机组的人口管道上应设置过滤器或除污器。

③采用水冷管壳式冷凝器的冷水机组，宜设置自动在线清洗装置。

④集中设置的冷水机组与冷却水泵，台数和流量均应对应；分散设置的水冷整体式空调器或小型户式冷水机组，可以合用冷却水系统；冷却水泵的扬程应满足冷却塔的进水压力要求。

⑤除使用地表水之外，空调系统的冷却水应循环使用。技术经济比较合理且条件具备时，冷却塔可作为冷源设备使用。

⑥以供冷为主、兼有供热需求的建筑物，在技术经济合理的前提下，可采取措施对制冷机组的冷凝热进行回收利用。

2)冷却水的水温和水质

根据《民用建筑供暖通风与空气调节设计规范》(GB 50736—2012)，空调系统的冷却水水温应符合下列规定

①冷水机组的冷却水进口温度宜按照机组额定工况下的要求确定，且不宜高于33 ℃。

②冷却水进口最低温度应按制冷机组的要求确定，电动压缩式冷水机组不宜小于15.5 ℃，溴化锂吸收式冷水机组不宜小于24 ℃。全年运行的冷却水系统，宜对冷却水的供水温度采取调节措施。

③冷却水进出口温差应根据冷水机组设定参数和冷却塔性能确定，电动压缩式冷水机组不宜小于5 ℃，溴化锂吸收式冷水机组宜为5~7 ℃。

有关现行国家标准对冷却水温度的正常推荐使用范围见表12.24。

表12.24　国家标准推荐的冷却水参数

水机组类型	冷却水进口最低温度/℃	冷却水进口最高温度/℃	冷却水流量范围/%	名义工况冷却水进出口温差/℃	标准号
电动压缩式	15.5	33	—	5	GB/T 18430.2
直燃型吸收式	—	—	—	5~5.5	GB/T 18362
蒸汽单效型吸收式	4	34	60~120	5~8	GB/T 18431

(2)冷却水的水质，应符合国家现行《工业循环冷却水处理设计规范》(GB 50050)及有关产品对水质的要求，并应采取下列措施

①应设置稳定冷却水系统水质的有效水质控制装置。敞开式冷却水系统应设置有效的杀菌、灭藻设备。

②水泵或制冷装置的冷却水入口管道上应设置过滤器或除污器。

③当一般敞开式冷却水系统不能满足制冷装置的冷却水水质要求时，可采用闭式冷却塔或设置中间换热器。对于办公楼计算机房的专用水冷整体式空调器、分户或分区设置的水源热泵机组等要求冷却水洁净的设备，一般不能采用敞开式冷却水系统。

(3)其他规定对于空调行业大量采用的敞开式冷却水循环处理系统，《工业循环冷却水处理设计规范》(GB 50050)有如下规定

①敞开式系统中采用换热设备的循环冷却水侧流速和热流密度；应符合下列规定：管程循

环冷却水流速不宜小于 0.9 m/s;壳程循环冷却水流速不应小于 0.3 m/s。

②热流密度不宜大于 58.2 kW/m²。

③敞开式系统的污垢热阻,取 $1.72 \times 10^{-4} \sim 3.44 \times 10^{-4}$ m²·K/W。

敞开式系统循环冷却水的水质标准应根据冷却塔的结构形式、材质、工况、污垢热阻值、腐蚀率以及所采用的水处理配方等因素综合确定,而对冷却水的补给水的水质要求还应高于冷却水水质,冷却水和补给水水质标准宜符合表 12.25 的规定。

表 12.25　冷却水和补给水的水质标准

项　目	冷却水	补给水	项　目	冷却水	补给水
pH 值(25 ℃)	7.0~9.2	6.0~8.0	硫酸根离子 /(mg·L⁻¹)	<200	<50
电导率(25 ℃) /(S·m⁻¹)	<800	<200	碱　度 /(mg·L⁻¹)	<100	<50
氯化物离子 (mgCl⁻¹/L)	<200	<50	总碱度 /(mg·L⁻¹)	<200	<50

3)冷却水系统的连接方式

根据《民用建筑供暖通风与空气调节设计规范》(GB 50736—2012),冷水机组、冷却水泵、冷却塔或集水箱之间的位置和连接应符合下列规定

①冷却水泵应自灌吸水,冷却塔集水盘或集水箱最低水位与冷却水泵吸水口的高差应大于管道、管件、设备的阻力,见图 12.13。当高差过小时,图中冷却水泵应设在冷凝器入口管道上,以减少水泵吸入段阻力;高差过大、冷凝器有超压危险时,水泵可设在冷机出口。

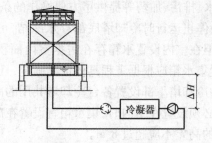

图 12.13　冷水机组、冷却水泵、冷却塔位置示意图
(ΔH >管道、管件和设备的阻力)

②多台冷水机组和冷却水泵之间通过共用集管连接时,每台冷水机组进水或出水管道上应设置与对应的冷水机组和水泵连锁开关的电动两通阀,以保证运行的机组冷凝器水量恒定。

③多台冷却水泵或冷水机组与冷却塔之间通过共用集管连接时,在每台冷却塔进水管上宜设置与对应水泵连锁开闭的电动阀;对进口水压有要求的冷却塔,应设置与对应水泵连锁开闭的电动阀。当每台冷却塔进水管上设置电动阀时,除设置集水箱或冷却塔底部为共用集水盘的情况外,每台冷却塔的出水管上也应设置与冷却水泵连锁开闭的电动阀。以便当冷却水系统中一部分冷水机组和冷却水泵停机,系统总循环水量减少时,关断对应冷却塔的进水管,保证正在工作的冷却塔的进水压力和进水量。多台冷水机组、冷却水泵、冷却塔之间的位置和连接如图 12.14 所示。

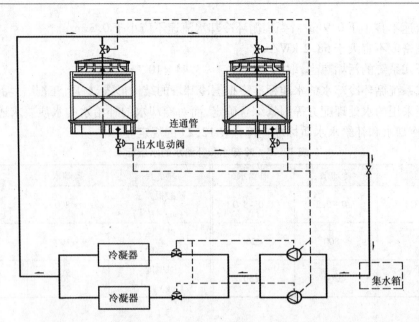

图12.14　多台冷水机组、冷却水泵、冷却塔之间的位置和连接示意图

④当多台冷却塔与冷水水泵或冷水机组之间通过共用集管连接时,应使各台冷却塔并联环路的压力损失大致相同。当采用开式冷却塔时,底盘之间宜设平衡管,或在各台冷却塔底部设置共用集水盘。

⑤在冷却塔下部设置集水箱作用如下:

a. 冷却塔水靠重力流入集水箱,无补水、溢水不平衡问题;

b. 可方便地增加系统间歇运行时所需存水容积,使冷却水循环泵能稳定工作;

c. 为多台冷却塔统一补水、排污、加药等提供了方便操作的条件。

冬季使用的系统,为防止停止运行时冷却塔底部存水冻结,可在室内设置集水箱,节省冷却塔底部存水的电加热量。但在室内设置水箱存在占据室内面积、水箱和冷却塔的高差增加水泵电能等缺点。因此,设置集水箱应根据工程具体情况确定,且应尽量减少冷却塔和集水箱的高差。因此,必要时可紧贴冷却塔下部设置各台冷却塔共用的冷却水集水箱。

当设置冷却水集水箱且必须设置在室内时,集水箱宜设置在冷却塔的下一层,且冷却塔布水器与集水箱设计水位之间的高差不应超过8 m。

4)冷却水泵的选择

(1)冷却水泵的选择原则

对于集中设置的制冷装置,冷却水泵的台数和流量应与制冷装置相对应。

(2)冷却水泵的扬程

当冷却水的温升决定之后,根据制冷机的冷凝负荷可确定冷却水泵的流量。冷却水泵的扬程 H_p 按式(12.28)计算

$$H_p = 1.1(H_f + H_d + H_m + H_s + H_0) \tag{12.31}$$

式中　H_f, H_d——冷却水管路系统总的沿程阻力和局部阻力,MPa;

　　　H_m——冷凝器冷却水侧阻力,MPa;

H_s——冷却塔中水的提升高度(从底部水池到喷淋器的高差)×0.009 8,MPa;

H_0——冷却塔布水器喷头的喷雾压力,MPa,引风式玻璃钢冷却塔,$H_0 = 0.02 \sim$
0.05 MPa;水喷射冷却塔,$H_0 = 0.08 \sim 0.15$ MPa。

12.2.3 冷却塔

1)冷却塔的种类

①按通风方式分:自然通风冷却塔、机械通风冷却塔和混合通风冷却塔。
②按热水和空气的接触方式分:湿式冷却塔、干式冷却塔和干-湿式冷却塔。
③按热水和空气的流动方向分:逆流式冷却塔、横流(交流)式冷却塔和混流式冷却塔。
④其他形式的冷却塔有喷流式冷却塔。
自然通风冷却塔因占地大、体积大,且冷却效率低,在制冷系统中已不采用。较为普遍采用的是机械通风冷却塔。

2)冷却塔的标准设计工况

国家标准《玻璃纤维增强塑料冷却塔》(GB/T 7190)规定的标准设计工况见表12.26。玻璃钢冷却塔按水温区分为:

①低温塔:设计水温降5 ℃;
②中温塔:设计水温降10 ℃。

压缩式制冷机一般采用低温逆流式玻璃钢冷却塔,溴化锂制冷机一般采用中温逆流式玻璃钢冷却塔。

表 12.26　冷却塔的标准设计工况

塔类型	低温塔(设计水温降5 ℃)
进水温度/℃	37
出水温度/℃	32
湿球温度/℃	28
干球温度/℃	31.5
大气压力/Pa	100 375

3)常用冷却塔

(1)引风式玻璃钢冷却塔

机械通风冷却塔视冷却水与空气的接触情况,分有干式机械通风冷却塔、湿式机械通风冷却塔、干-湿式机械通风冷却塔三种类型。现普遍应用的是湿式、内中引风式机械通风玻璃钢冷却塔。引风式玻璃钢冷却塔常用形式的比较见表12.27,结构示意图见图12.15所示。

表 12.27　引风式玻璃钢冷却塔常用形式的比较

逆流引风式	逆流鼓风式	横流式
气流分布均匀,占地面积小;风筒对空气有一定的抽吸作用,可减少风机的动力消耗	结构简单,易维护;气流分布不均匀,压力损失大;有热风再循环的可能,冷却效果较差	配水系统简单,易维护;动力消耗较低;由于两侧进风,填料从水池底延伸到配水槽,无逆流塔滴水声,有利于降噪声;冷却效果较逆流式差

逆流式玻璃钢冷却塔按噪声分为:低噪声型、超低噪声型和静音型,低噪声型的标准点1(距塔边2 m,测点高1.5 m)<66 dB;超低噪声型的标准点1<60 dB;静音型的标准点1<55 dB。

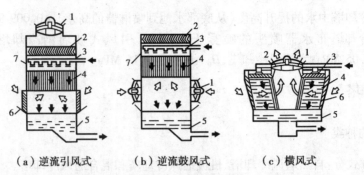

（a）逆流引风式　　　（b）逆流鼓风式　　　（c）横风式

图 12.15　玻璃钢冷却塔不同结构形式示意图

1—风机；2—挡水板；3—洒水装置；4—充填层；5—下部水槽；6—百叶格；7—塔体

（2）无风扇水喷射玻璃钢冷却塔

图 12.16 为无风扇玻璃钢冷却塔的示意图。其工作原理是用喷射形成的高速水幕，诱导空气与循环冷却水混合进行热质交换，混合后空气和水进入扩散器增压后，经塔上部的挡水器将汽水分离，冷却水又回落至填料层，进一步得到冷却。

无风扇冷却塔的主要优点是：塔体内为喷雾抽风装置，无电机、无风机、噪声低，结构简单；易于维修。

（3）超低噪声水喷射冷却塔

塔体内设置一个或多个喷雾抽风装置，该装置是利用水的压力作动力而产生旋转，装置上配有旋流雾化喷嘴和叶片，喷雾和抽风同时进行，冷风与热水在雾状和大气流比的条件下进行对流传热传质，冷风带走水中的热量，使热水降温。

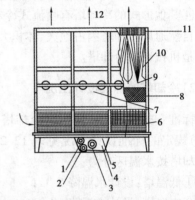

图 12.16　无风扇冷却塔基本原理示意图

1—溢水口；2—排水口；3—冷水出口；
4—手动补给水；5—自动补给水口；6—进风口；
7—热水出口管；8—散热材填料；9—喷管；
10—扩散器；11—挡水器；12—空气出口

①超低噪声水喷射冷却塔的有关参数：

进塔水压：$0.08\ \text{MPa} \leqslant p \leqslant 0.13\ \text{MPa}$；

温降 Δt：$5 \sim 15\ ℃$（无低温塔、中温塔和高温塔之分），Δt 随进塔水温升高而自动增大（高温塔的温降可达 $15\ ℃$ 以上）；

冷却水量：冷却塔水量可以调节，水压越大冷却水量自动增加，但水压的调节必须在进塔水压范围内，不然可能会导致水雾飘出塔外。

噪声 $\leqslant 50\ \text{dB}$，特别适用中央空调的冷却水循环系统。

循环水机械杂质颗粒度小于 $1.0\ \text{mm}$，可以不需要灭藻和水质稳定剂。

②一种型号的超低噪声水喷射冷却塔的主要规格，见表 12.28。

4）逆流式冷却塔的选用与设置

（1）根据《民用建筑供暖通风与空气调节设计规范》（GB 50736—2012），冷却塔的选用和设置应符合下列规定

①在夏季空调室外计算湿球温度条件下，冷却塔的出口水温、进出口水温降和循环水量应满足冷水机组的要求。

表 12.28　超低噪声水喷射冷却塔的规格

型号	冷却水量 /(m³·h⁻¹)	外形尺寸 长度 /mm	宽度 /mm	高度 /mm	风量 /(m³·h⁻¹)	进水管径 /mm	出水管径 /mm	进塔水压 /MPa	制品质量 /kg	运行质量 /kg	噪声 /dB(A)
50	50	2 400	2 400		40 000	100	125		880	1 840	
80	80	2 800	2 800		66 000	125	150		1 200	2 550	
100	100	3 200	3 200	5 200	78 000	150	150	0.10~0.12	1 450	3 050	
125	125	3 600	3 600		96 000	150	150		1 700	3 300	
150	150	2 800	5 600		130 000	200	200		2 400	4 590	
200	200	3 200	6 400		156 000	200	200		2 800	5 990	50
250	250	3 600	7 200	5 250	180 000	250	250		2 900	6 160	
300	300		9 600		220 000	250	300		4 200	8 800	
350	350	3 000	12 000		260 000	300	300	0.11~0.13	5 200	10 600	
400	400	3 200	12 800	5 400	310 000	300	350		5 600	11 500	
500	500	3 200	16 000		360 000	350	400		7 000	14 800	
		3 600	14 400		360 000				6 800	14 100	

注:1. 设计条件:大气压力 $p = 102$ kPa,进塔水温 $t_1 = 43/37$ ℃,出塔水温 $t_2 = 33/32$ ℃,干球温度 31.5 ℃,湿球温度 28 ℃。

2. 噪声为加消声材料后数值。

②冷却塔的噪声达不到环境要求时,应采取隔音处理措施。

③应采用阻燃型材料制作的冷却塔,并符合防火要求。

④对进口水压有要求的冷却塔的台数,应与冷却水泵台数相对应。

⑤冷却塔设置位置应保证通风良好、远离高温或有害气体,并避免飘水对周围环境的影响。

⑥供暖室外计算温度在 0 ℃以下的地区,冬季运行的冷却塔应采取防冻措施,冬季不运行的冷却塔及其室外管道应能泄空。

⑦对于双工况制冷机组,若机组在两种工况下对于冷却水温的参数要求有所不同时,应分别进行两种工况下冷却塔热工性能的复核计算。

⑧间歇运行的开式冷却塔的集水盘或下部设置的集水箱,其有效存水容积,应大于湿润冷却塔填料等部件所需水量,以及停泵时靠重力流入的管道内的水容量。因此冷却水系统必须保有一定的存水量。

空调系统即使全天开启,随负荷变化需调节冷源设备和水泵的运行台数,设备绝大部分都为间歇运行(工艺需要不间断全开时除外)。在水泵停机后,冷却塔填料的淋水表面附着的水滴下落,一些管道内的水容量由于重力作用,也从系统开口部位下落,系统内如果没有足够的容纳这些水量的容积(集水盘或集水箱),就会造成大量溢水浪费;当水泵重新启动时,首先需要一定的存水量,以湿润冷却塔干燥的填料表面和充满停机时流空的管道空间,否则会造成水泵缺水进气空蚀,不能稳定运行。

重力作用下落的管道内水容量应根据管道直径和长度计算确定;湿润冷却塔填料等部件所需水量应由冷却塔生产厂提供,逆流塔约为冷却塔标称循环水量的 1.2%,横流塔约为1.5%。

i.开式冷却塔补水量应按系统的蒸发损失、飘逸损失、排污泄漏损失之和计算。开式系统冷却水补水量是用于确定补水管管径、补水泵、补水箱等设施。开式系统冷却水损失量占系统循环水量的比例估算值如下:蒸发损失为每摄氏度水温降 0.16%;飘逸损失可按生产厂提供数据确定,无资料时可取 0.2% ~ 0.3%;排污损失(包括泄漏损失)与补水水质、冷却水浓缩倍数的要求、飘逸损失量等因素有关,应经计算确定,一般可按 0.3% 估算。不设集水箱的系统,应在冷却塔底盘处补水;设置集水箱的系统,应在集水箱处补水。

(2)设计工况下逆流式冷却塔的流量校核

由于冷却塔样本上标明的流量是在名义工况下得到的。通过冷却塔的流量校核,才能确定在设计工况下该冷却塔是否还能产生要求的冷却水量。现介绍逆流式冷却塔的流量校核方法。

从冷却塔流出的冷却水温度 t_2 与进塔时空气的湿球温度 t_s 之差叫做冷幅高。一般 $t_2 - t_s = 4 \sim 6$ ℃。

冷却塔进出水之温度差 $\Delta t = t_1 - t_2$ 称为冷却度。根据冷却度不同,机械通风式冷却塔可分为标准型($\Delta t \approx 5$ ℃)、中温型($\Delta t \approx 10$ ℃)、高温型($\Delta t \approx 20$ ℃)3 种。

冷却塔选用的主要参数是:

- 冷却度 Δt,而出水温度 t_2 应当等于冷凝器的进水温度;
- 环境空气的湿球温度 t_s。
- 冷幅高。
- 循环冷却水量。

冷却塔的选择计算:

机械通风式冷却塔的选择计算常用图解法。一般产品样本上有选择用曲线图,如图12.17所示。下面用例题来说明图解法选择。

【例 12.1】 某地需选用 1 台机械通风式冷却塔,进塔水温度 $t_1 = 37$ ℃,出塔水温度 $t_2 = 32$ ℃,体积流量 $Q = 250$ m³/h。

【解】 ①查当地气象参数,夏季大气压力 $p = 0.974$ MPa,空气干球温度 $t_a = 32$ ℃,湿球温度 $t_s = 27$ ℃。

②选择设计参数(主要是大气压力)接近的冷却塔样本及样本上的热工性能图。

③计算:

冷却度 $\Delta t = t_1 - t_2 = (37 - 32)$℃ = 5 ℃

冷幅高 $t_2 - t_s = (32 - 27)$℃ = 5 ℃

④查图,确定型号

a.若冷却塔的选择曲线如图 12.17 所示,查图顺序为:

从湿球温度为 27 ℃线与进水温度为 37 ℃线交点作平行于进水温度轴的平行线;与温差为 5 ℃线相交后,引垂线向下;与水流量为 250 m³/h 线相交在 5° ~ 200°线上方,可见选择5TNB-200 型,即满足要求。

b.若冷却塔的选择曲线如图 12.18 所示(见 P378),查图顺序为:

从冷却温度($t_2 - t_s$)= 5 ℃引水平线与 $\Delta t = 5$ ℃线相交,从交点引垂线与 $t_s = 27$ ℃线相交,从交点往右引水平线与水量 250 m³/h 线相交,交点在 BL-200 型线以下,所以选择 BL-200型可以满足要求。

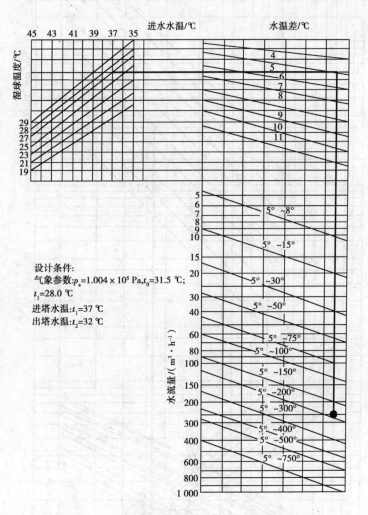

图 12.17　5TNB 型逆流式冷却塔热工性能曲线

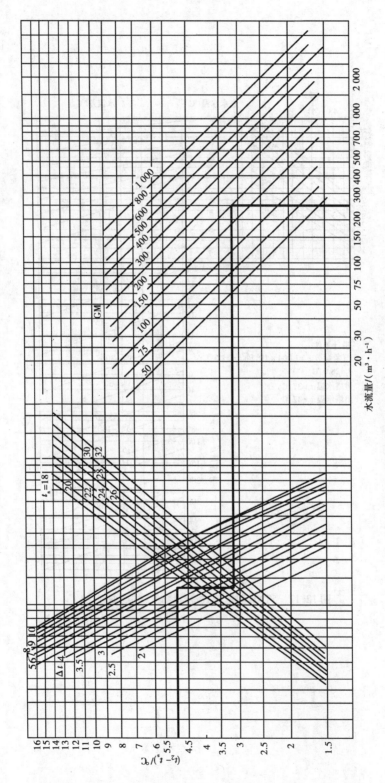

图12.18 标准型塔BL,BLS,BLSS,BLJ,BLSSJ选用曲线

12.3 热源水(汽)系统

12.3.1 给水系统

给水系统包括给水箱、给水管道、锅炉给水泵(以下简称"给水泵")、凝结水箱和凝结水泵等。

1)给水管道

由给水箱或除氧水箱到给水泵的一段管道称为给水泵进水管;由给水泵到锅炉的一段管道称为锅炉给水管。这两段管道组成给水管道。

锅炉房的锅炉给水母管应采用单母管;对常年不间断供热的锅炉房和给水泵不能并联运行的锅炉房,锅炉给水母管宜采用双母管或采用单元制(即1泵对1炉,另加1台公共备用泵)锅炉给水系统,使给水管道及其附件随时都可以检修。给水泵进水母管由于水压较低,一般应采用单母管;对常年不间断供汽,且除氧水箱等于或大于2台时,则宜采用分段的单母管。当其中一段管道出现事故时,另一段仍可保证正常供水。

在锅炉的每一个进水口上,都应装置截止阀及止回阀。止回阀和截止阀串联,并装于截止阀的前方(水先流经止回阀)。省煤器进口应设安全阀,出口处需设放气阀。非沸腾式省煤器应设给水不经省煤器直通锅筒的旁路管道。

蒸汽锅炉给水管上的手动给水调节装置及热水锅炉手动控制补水装置,宜设置在便于司炉操作的地点。

离心式给水泵出口必须设止回阀,以便于水泵的启动。由于离心式给水泵在低负荷下运行时,会导致泵内水汽化而断水。为防止这类情况出现,可在给水泵出口和止回阀之间再接出一根再循环管,使有足够的水量通过水泵,不进锅炉的多余水量通过再循环管上的节流孔板降压后再返回到给水箱或除氧水箱中。

给水管道的直径是根据管内的推荐流速决定的,见表12.24。

2)给水泵

常用的给水泵有电动(离心式)给水泵、汽动(往复式)给水泵、蒸汽注水器等。

电动给水泵容量较大,能连续均匀给水。根据离心泵的特性曲线,在提高泵的出力时会使泵的压头减小,此时给水管道的阻力却增大。因此在选用时应按最大出力和对应于这个最大出力下的压头为准。在正常负荷下工作时,多余的压力可借阀门的节流来消除。

一些小容量锅炉常选用旋涡泵。这种泵流量小、扬程高,但比高心泵效率低。

汽动给水泵只能往复间歇地工作,出水量不均匀,需要耗用蒸汽。可作为停电时的备用泵。

蒸汽注水器借蒸汽能量将给水压入锅炉。它结构简单、操作和维修方便,但蒸汽耗量大。额定蒸发量≤1 t/h,工作压力≤0.7 MPa的锅炉可用注水器作为常用和备用给水装置。注水器应为单炉配置。常用的单管自动上吸式注水器的吸水高度与水温和蒸汽压力有关。给水温度一般不得高于 40 ℃,安装时应使其吸水高度≤1 m。

给水泵台数的选择应适应锅炉房全年热负荷变化的要求,以利于经济运行。给水泵应有备用,以便在检修时启动备用给水泵保证锅炉房正常供汽。当最大一台给水泵停止运行时,其余给水泵的总流量应能满足所有运行锅炉在额定蒸发量时所需给水量的 110%。给水量包括锅炉蒸发量和排污量。当锅炉房设有减温装置或蓄热器时,尚应计入其用水量。

以电动给水泵为常用给水泵时,宜采用汽动给水泵为事故备用泵;该汽动给水泵的流量应满足所有运行锅炉在额定蒸发量时所需给水量的 20% ~40%。

具有一级电力负荷的锅炉房可不设置事故备用汽动给水泵。

采用汽动给水泵为电动给水泵的工作备用泵时,应设置单独的给水母管;汽动给水泵的流量不应小于最大 1 台电动给水泵流量;当其流量为所有运行锅炉在额定蒸发量所需给水量的20% ~40%时,不应再设置事故备用泵。

给水泵的扬程,不应小于下列各项的代数和:

- 锅炉锅筒在实际的使用压力下安全阀的开启压力;
- 省煤器和给水系统的压力损失;
- 给水系统的水位差;
- 上述三项和的 10% 富余量。

3)凝结水泵、软化水泵和中间水泵

凝结水泵、软化水泵和中间水泵一般都设有 2 台,其中 1 台备用。当任一台水泵停止运行时,其余水泵的总流量应满足系统水量的要求。有条件时,凝结水泵和软化水泵可合用一台备用泵。中间水泵输送有腐蚀性的水时,应选用耐腐蚀泵。

凝结水泵的扬程应按凝结水系统的压力损失,泵站至凝结水箱的提升高度和凝结水箱的压力进行计算。

4)给水箱、凝结水箱、软化水箱和中间水箱

给水箱或匹配有除氧器的除氧水箱宜设置 1 个。常年不间断供热的锅炉房或容量大的锅炉房应设置 2 个。给水箱的总有效容量宜为所有运行锅炉在额定蒸发量时所需 20 ~ 60 min的给水量。小容量锅炉房以软化水箱作为给水箱时要适当放大有效容量。

凝结水箱宜选用 1 个,锅炉房常年不间断供热时,宜选用 2 个或 1 个中间带隔板分为两格的水箱。其总有效容量宜为 20 ~ 40 min 的凝结水回收量。

软化水箱的总有效容量,应根据水处理的设计出力和运行方式确定。当设有再生备用软化设备时,软化水箱的总有效容量宜为 30 ~ 60 min 的软化水消耗量。

中间水箱总有效容量宜为水处理设备设计出力的 15 ~ 30 min 贮水量。

锅炉房水箱应注意防腐,水温大于 50 ℃时,水箱要保温。

5)给水箱或除氧水箱的高度

在确定给水箱或除氧水箱的布置高度时,应使给水泵有足够的灌注头或称正水头(即水箱最低液面与给水泵进口中心线的高差)。对水泵而言,这段高差是给予液体一定的能量,使液体在克服吸水管道和泵内部的压力降(称汽蚀余量)后在增压前的压力仍高于汽化压力,以

避免水泵进口处发生汽化而中断给水。给水泵的灌注头不应小于下列各项的代数和：

- 给水泵进水口处水的汽化压力和给水箱的工作压力之差；
- 给水泵的汽蚀余量；
- 给水泵进水管的压力损失；
- 采用 3~5 kPa 的富裕量。

汽蚀余量是水泵的重要性能之一，随水泵型号不同而异，数值一般由制造厂提供或由泵的允许吸上真空度经过计算求得。富裕量是考虑热力除氧压力瞬变时及其他因素引起的压力变化。

12.3.2　蒸汽系统

每台蒸汽锅炉一般都设有主蒸汽管和副蒸汽管。自锅炉向用户供汽的这段蒸汽管称为主蒸汽管；用于锅炉本身吹灰、汽动给水泵或注水器供汽的蒸汽管称为副蒸汽管。主蒸汽管、副蒸汽管及设在其上的设备、阀门、附件等组成蒸汽系统。

为了安全，在锅炉主蒸汽管上均应安装两个阀门，其中一个紧靠锅炉锅筒或过热器出口，另一个应装在靠近蒸汽母管处成分汽缸上。这是考虑到锅炉停运检修时，其中一个阀门失灵另一个还可关闭，避免母管成分汽缸中的蒸汽倒流。

锅炉房内连接相同参数锅炉的蒸汽管，宜采用单母管；对常年不间断供热的锅炉房，宜采用双母管，以便某一母管出现事故或检修时，另一母管仍可保证供汽；当锅炉房内没有分汽缸时，每台锅炉的主蒸汽管可分别接至分汽缸。

在蒸汽管道的最高点处需装放空气阀，以便在管道水压试验时排除空气。蒸汽管道应有坡度，在低处匝装疏水器或放水阀，以排除沿途形成的凝结水。

锅炉本体、除氧器上的放汽管和安全阀排汽管应独立接至室外，避免排汽时污染室内环境，影响运行操作。两独立安全阀排汽管不应相连，可避免串汽和易于识别超压排汽点。

分汽缸的设置应按用汽需要和管理方便的原则进行。对民用锅炉房及采用多管供汽的工业锅炉房或区域锅炉房，宜设置分汽缸；对于采用单管向外供热的锅炉房，则不宜设置分汽缸。

分汽缸可根据蒸汽压力、流量、连接管的直径及数量等要求进行设计。分汽缸直径一般可按蒸汽通过分汽缸的流速不超过 20~25 m/s 计算。蒸汽进入分汽缸后，由于流速突然降低将分离出水滴。因此，在分汽缸下面应装疏水管和疏水器，以排除分离和凝结的水分。分汽缸宜布置在操作层的固定端，以免影响今后锅炉房扩建。靠墙布置时，离墙距离应考虑接出阀门及检修的方便。分汽缸前应留有足够的操作位置。

12.3.3　热水锅炉房的热力系统

近年来，以热水锅炉为热源的供热系统在国内发展较快。在确定热水锅炉房的热力系统时，应考虑下列因素：

①除了用锅炉自生蒸汽定压的热水系统外，在其他定压方式的热水系统中，热水锅炉在运行时的出口压力不应小于最高供水温度加 20 ℃ 相应的饱和压力，以防止锅炉有汽化的危险。

②热水锅炉应有防止或减轻因热水系统的循环水泵突然停运后造成锅水汽化和水击的措施。

因停电使循环水泵停运后,为了防止热水锅炉汽化,可采用向锅内加自来水,并在锅炉出水管的放汽管上缓慢排出汽水,直到消除炉膛余热为止;也可采用备用电源,自备发电机组带动循环水泵,或启动内燃机带动的备用循环水泵。

当循环水泵突然停运后,由于出水管中流体流动突然受阻,使水泵进水管中水压骤然增高,产生水击。为此,应在循环水泵进出水管的干管之间装设带有止回阀的旁通管作为泄压管。回水管中压力升高时,止回阀开启,网路循环水从旁路通过,从而减少了水击的力量。此外,在进水干管上应装设安全阀。

③采用集中质调时,循环水泵的选择应符合下列要求:

a. 循环水泵的流量应按锅炉进出水的设计温差、各用户的耗热量和管网损失等因素决定。在锅炉出口母管段与循环水泵进母管段之间装设旁通管时,尚应计入流经旁通管的循环水量。

b. 循环水泵的扬程不应小于下列各项之和:

• 热水锅炉或热交换站中设备及其管道的压力降;

• 热网供、回水干管的压力降;

• 最不利的用户内部系统的压力降。

c. 循环水泵不应少于2台,当其中1台停止运行时,其余水泵的总流量应满足最大循环水量的需要。

d. 并联运行的循环水泵,应选择特性曲线比较平缓的泵型,而且宜相同或近似,这样即使由于系统水力工况变化而使循环水泵的流量有较大范围波动时,水压的压头变化小,运行效率高。

④采取分阶段改变流量调节时,应选用流量、扬程不同的循环水泵。这种运行方式把整个采暖期按室外温度高低分为若干阶段,当室外温度较高时开启小流量的泵,室外温度较低时开启大流量的泵,可大量节约循环水泵耗电量。选用的循环水泵台数不宜少于3台,可不设用泵。

⑤热水系统的小时泄漏量,由系统规模、供水温度等条件确定,一般为系统水容量的1%。

⑥补给水泵的选择应符合下列要求:

a. 补给水泵的流量,应等于热水系统正常补给水量和事故补给水量之和,并宜为正常补给水量的4~5倍。

b. 补给水泵的扬程不应小于补水点压力另加30~50 kPa 的富余量;

c. 补给水泵不宜少于2台,其中1台备用。

d. 补给水泵宜带有变频调速措施。

⑦恒压装置的加压介质,宜采用氮气或蒸汽,不宜采用空气作为与高温水直接接触加压介质,以免对供热系统的管道、设备产生严重的氧腐蚀。

⑧采用氮气、蒸汽加压膨胀水箱作恒压装置时,恒压点无论接在循环水泵进口端或出口端,循环水泵运行时,应使系统不汽化;恒压点设在循环水泵进口端,循环水泵停止运行时,宜使系统不汽化。

⑨供热系统的恒压点设在循环水泵进口母管上时,其补水点位置也宜设在循环水泵进口母管上。它的优点是:压力波动较小,当循环水泵停止运行时,整个供热系统将处于较低压力之下,如用电动水泵定压时,扬程较小,所耗电能较经济。如用气体压力箱定压时,则水箱所承受的压力较低。

⑩采用补给水泵作恒压装置时,当引入锅炉房的给水压力高于热水系统静压线,在循环水泵停止运行时,宜用给水保持静压;间歇补水时,补给水泵启动时的补水点压力必须保证系统不发生汽化;由于系统不具备吸收水容积膨胀的能力,系统中应设泄压装置。

⑪采用高位膨胀水箱作恒压装置时,为了降低水箱的安装高度,恒压点宜设在循环水泵进口母管上;为防止热水系统停运时产生倒空,致使系统吸入空气,水箱的最低水位应高于热水系统最高点1 m以上,并宜使循环水泵停运时系统不汽化;膨胀管上不应装设阀门;设置在露天的高位膨胀水箱及其管道应有防冻措施。

⑫运行时用补给水箱作恒压装置的热水系统,补给水箱安装高度的最低极限,应以系统运行时不汽化为原则;补给水箱与系统连接管道上应装设止回阀,以防止系统停运时补给水箱冒水和系统倒空。同时必须在系统中装设泄压装置;在系统停运时,可采用补给水泵或压力较高的自来水建立静压,以防止系统倒空或汽化。

⑬当热水系统采用锅炉自生蒸汽定压时,在上锅筒引出饱和水的干管上应设置混水器。进混水器的降温水在运行中不应中断。

⑭如果几台热水锅炉并联运行时,每台锅炉的进水管上均应装设调节装置。具有并联环路的热水锅炉,在各并联环路上应装水量调节阀,各环路出水温度偏差不应超过10 ℃。锅炉出水管应装设压力表和切断阀。

12.4 冷热源机房设计

12.4.1 制冷机房设计及设备布置原则

《民用建筑供暖通风与空气调节设计规范》(GB 5073—2012),对各类冷源机房设计及设备布置作出了相应规定。

(1)制冷机房设计时,应符合下列规定

①制冷机房位置宜设在空调负荷的中心。

②机房内宜设置值班室或控制室,根据使用需求也可设置维修及工具间。

③机房内应有良好的通风设施;地下机房应设置机械通风,必要时设置事故通风;值班室或控制室的室内设计参数应满足工作要求。

④机房应预留安装孔、洞及运输通道。

⑤机组制冷剂安全阀泄压管应接至室外安全处。

⑥机房应设电话及事故照明装置,照度不宜小于100 lx,测量仪表集中处应设局部照明。

⑦机房内的地面和设备机座应采用易于清洗的面层;机房内应设置给水与排水设施,满足水系统冲洗、排污要求。

⑧当冬季机房内设备和管道中存水或不能保证完全放空时,机房内应采取供热措施,保证房间温度达到5 ℃以上。

(2)机房内设备布置应符合下列规定

①机组与墙之间的净距不小于1 m,与配电柜的距离不小于1.5 m。

②机组与机组或其他设备之间的净距不小于1.2 m。

③宜留有不小于蒸发器、冷凝器或低温发生器长度的维修距离。

④机组与其上方管道、烟道或电缆桥架的净距不小于 1 m。

⑤机房主要通道的宽度不小于 1.5 m。

(3)采用氨作为制冷剂时,制冷机房设计应符合下列规定

①氨制冷机房单独设置且远离建筑群。

②机房内严禁采用明火供暖。

③机房应有良好的通风条件,同时应设置事故排风装置,换气次数每小时不少于 12 次,排风机应选用防爆型。

④氨制冷剂室外泄压口应高于周围 50 m 范围内最高建筑屋脊 5 m,并采取防止雷击、防止雨水或杂物进入泄压管的装置。

⑤应设置紧急泄氨装置,在紧急情况下,能将机组氨液溶于水中,并排至经有关部门批准的储罐或水池。氨溶液溶于水时,氨与水的比例不高于每 1 kg 氨/17 L 水。

(4)制冷机房的高度,应根据设备情况确定,并应符合下列要求

对于 R22,R134a 等压缩式制冷,不应低于 3.6 m;对于氨压缩式制冷,不应低于 4.8 m。制冷机房的高度是指自地面至屋顶或楼板的净高。

12.4.2 制冷设备的保温

为了减少制冷系统的冷量损失,低温设备和管道均应保温。一般情况下,应保温的部分有制冷压缩机的骤气管、膨胀阀后的供液管、间接供冷的蒸发器以及冷冻水管和冷冻水箱等。

制冷系统使用的保温材料应导热系数小、湿阻因子大、吸水率低、密度小,而且使用安全(如不燃或难燃、无刺激味、无毒等)、价廉易购买、易于加工敷设。目前,制冷系统中常用的保温材料有矿渣棉、离心玻璃棉、柔性泡沫橡塑、自熄型聚苯乙烯泡沫塑料。

聚乙烯泡沫塑料和硬质聚氨酯泡沫塑料等,其性能见表 12.29。

管道和设备保温层厚度的确定,要考虑经济上的合理性,但是,最小保温厚度应使其外表面温度比最热月室外空气的平均露点温度高 2 ℃左右,以保证保温层外表面不结露。在计算保温层厚度时,可忽略管壁导热热阻和管内表面的对流换热热阻。

$$\frac{t_a - t_f}{t_a - t_s} = 1 + a_a \frac{\delta}{\lambda} \quad (\text{设备壁面}) \tag{12.32}$$

$$\frac{t_a - t_f}{t_a - t_s} = 1 + \frac{a_a}{\lambda}\left(\frac{d_0}{2} + \delta\right)\ln\left(\frac{d_0 + 2\delta}{d_0}\right) \quad (\text{管道}) \tag{12.33}$$

式中 t_a——空气干球温度,以最热月室外空气平均温度计算,℃;

t_f——管道或设备内介质的温度,℃;

t_s——保温层的表面温度(比最热月室外空气的平均露点温度高 2 ℃),℃;

α_a——外表面的对流换热系数,一般取 5.8 W/(m² · K);

λ——保温材料的导热系数,W/(m · K);

δ——保温层厚度,m;

d_0——管道的外径,m。

表 12.29   常用保温材料的主要性能

名　称	密　度 /(kg·m⁻³)	导热系数 /[W·(m·K)⁻¹]	适用温度/℃	吸水率	防火性能	备　注
矿渣棉	100~130	0.04~0.046	<930	<2% (质量)	不燃	机械强度尚可,工艺性好,防蛀,吸声性能好
离心玻璃棉	40~60	0.031~0.048	-30~+250	<1% (质量)	不燃	机械强度差,吸声性能好,抗老化性能好,对环境无影响
柔性泡沫橡塑	40~110	<0.046	-40~+105	<10% (真空吸水率)	B1、B2级	表面光滑,弹性好,抗老化性能好,抗水蒸气渗透能力强,使用时无需防潮层和保护层
自熄型聚乙烯泡沫塑料	25~50	0.029~0.035	-80~+75	1 g/dl	可燃,离火自熄	机械强度尚可,工艺性好,耐腐蚀,燃烧烟浓有毒
聚乙烯泡沫塑料	33~45	0.038	-40~+80	0.05 g/dl	可燃,离火自熄	机械强度好,工艺性好,燃烧无毒性
硬质聚氨酯泡沫塑料	45~54	0.018~0.022	-100~+120	0.08 g/dl	可燃,离火自熄	机械强度好,工艺性好,可现场发泡,燃烧烟浓有毒

空气调节风管绝热层的最小热阻应符合表12.30 的规定。

表 12.30   空气调节风管绝热层的最小热阻

风管类型	最小热阻/(m²·K·W⁻¹)
一般空调风管	0.74
低温空调风管	1.08

为了保证保温效果,保温结构应由以下几部分组成。

（1）防锈层

清除管道或设备外表面铁锈、污垢至净,涂以红丹漆或沥青漆两道,防止管道或设备表面锈蚀。

（2）保温层

略。

（3）隔汽层

在保温层外面缠包油毡或塑料布等,使保温层与空气隔开,防止空气中的水蒸气透入保温层造成保温层内部结露,以保证保温性能和使用寿命。

若有必要,还可在隔汽层外敷以铁皮等保护层,使保温层不致被破坏。

（4）识别层

保护层外表面应涂以不同颜色的调和漆,并标明管路的种类和介质流向。

12.4.3 溴化锂吸收式冷(温)水机组及锅炉机房布置设计

1)机房位置及设备设计

《民用建筑供暖通风与空气调节设计规范》(GB 50736—2012),对各类热源机房位置及设备布置作出了相应规定。

(1)直燃吸收式机组机房的设计应符合下列规定

①应符合国家现行有关防火及燃气设计规范的相关规定,相关规范包括《城镇燃气设计规范》(GB 50028)、《建筑设计防火规范》(GB 50016)、《高层民用建筑设计防火规范》(GB 50045)等;对于燃气机组的机房还有燃气泄漏报警、紧急切断燃气供应的安全措施。

②宜单独设置机房。不能单独设置机房时,机房应靠建筑物的外墙,并采用耐火极限大于2 h 防爆墙和耐火极限大于1.5 h 现浇楼板与相邻部位隔开。当与相邻部位必须设门时,应设甲级防火门。

③机房不应与人员密集场所和主要疏散口贴邻设置。

④燃气直燃型制冷机组机房单层面积大于200 m^2 时,机房应设直接对外的安全出口。

⑤应设置泄压口,泄压口面积不应小于机房占地面积的10%(当通风管道或通风井直通室外时,其面积可计入机房的泄压面积);泄压口应避开人员密集场所和主要安全出口。

⑥机房不应设置吊顶。

⑦烟道布置不应影响机组的燃烧效率及制冷效率,烟道设计时应符合机组的相关设计参数要求,并按照锅炉房烟道设计的相关要求来进行。

(2)换热机房设计应符合下列规定

①采用城市热网或区域锅炉房(蒸汽、热水)供热的空调系统,宜设换热机房,通过换热器进行间接供热。锅炉房、换热机房应设供热量、燃料消耗量、补水量、耗电量的计量表具,有条件时,循环水泵电量宜单独计量。

②换热器的选择,应符合下列规定:

a.应选择高效、紧凑、便于维护管理、使用寿命长的换热器,其类型、构造、材质与换热介质理化特性及换热系统使用要求相适应。

b.热泵空调系统,从低温热源取热时,应采用能以紧凑形式实现小温差换热的板式换热器。

c.水—水换热器宜采用板式换热器。

③换热器的配置应符合下列规定:

a.换热器总台数不应多于四台。全年使用的换热系统中,换热器的台数不应少于两台;非全年使用的换热系统中,换热器的台数不宜少于两台。

b.换热器的总换热量应在换热系统设计热负荷的基础上乘以附加系数,宜按表12.31取值,供暖系统的换热器还应同时满足本条第 c 款的要求。

表12.31 换热器附加系数取值表

系统类型	供暖及空调供热	空调供冷	水源热泵
附加系数	1.1 ~ 1.15	1.05 ~ 1.1	1.15 ~ 1.25

c. 供暖系统的换热器,一台停止工作时,剩余换热器的设计换热量应保障供热量的要求,寒冷地区不应低于设计供热量的65%,严寒地区不应低于设计供热量的70%。

④当换热器表面产生污垢不易被清洁时,宜设置免拆卸清洗或在线清洗系统。

⑤当换热介质为非清水介质时,换热器宜设在独立房间内,且应设置清洗设施及通风系统。

⑥汽水换热器的蒸汽凝结水,宜回收利用。

(3)锅炉房设计应符合下列规定

①锅炉房的设置与设计除应符合本规范规定外,尚应符合现行国家标准《锅炉房设计规范》(GB 50041)、《高层民用建筑设计防火规范》(GB 50045)、《建筑设计防火规范》(GB 50016)的有关规定以及工程所在地主管部门的管理要求。

②锅炉房及单台锅炉的设计容量与锅炉台数应符合下列规定:

a. 锅炉房的设计容量应根据供热系统综合最大热负荷确定。

b. 单台锅炉的设计容量应以保证其具有长时间较高运行效率的原则确定,实际运行负荷率不宜低于50%。

c. 在保证锅炉具有长时间较高运行效率的前提下,各台锅炉的容量宜相等。

d. 锅炉房锅炉总台数不宜过多,全年使用时不应少于两台,非全年使用时不宜少于两台。

e. 其中一台因故停止工作时,剩余锅炉的设计换热量应符合业主保障供热量的要求,并且对于寒冷地区和严寒地区供热(包括供暖和空调供热),剩余锅炉的总供热量分别不应低于设计供热量的65%和70%。

③除厨房、洗衣、高温消毒以及冬季空调加湿等必须采用蒸汽的热负荷外,其余热负荷应以热水锅炉为热源。当蒸汽热负荷在总热负荷中的比例大于70%且总热负荷≤1.4 MW时,可采用蒸汽锅炉。

④锅炉额定热效率不应低于现行国家标准《公共建筑节能设计标准》(GB 50189)的有关规定。当供热系统的设计回水温度小于或等于50 ℃时,宜采用冷凝式锅炉。

⑤当采用真空热水锅炉时,最高用热温度宜小于或等于85 ℃。

⑥集中供暖系统采用变流量水系统时,循环水泵宜采用变速调节控制。

⑦在选配集中供暖系统的循环水泵时,应计算循环水泵的耗电输热比(EHR),并应标注在施工图的设计说明中。循环泵耗电输热比应符合下式要求:

$$EHR = \frac{0.003\ 096 \sum \dfrac{GH}{\eta_b}}{Q} \leqslant \frac{A(B + \alpha \sum L)}{\Delta T} \qquad (12.34)$$

式中　　EHR——循环水泵的耗电输热比;

　　G——每台运行水泵的设计流量,m^3/h;

　　H——每台运行水泵对应的设计扬程,m 水柱;

　　η_b——每台运行水泵对应的设计工作点效率;

　　Q——设计热负荷,kW;

　　ΔT——设计供回水温差,℃;

　　A——与水泵流量有关的计算系数,按表12.20选取;

　　B——与机房及用户的水阻力有关的计算系数,一级泵系统时 $B = 20.4$,二级泵系统时

$B = 24.4$；

$\sum L$——室外主干线（包括供回水管）总长度，m；

α——与 $\sum L$ 有关的计算系数，（当 $\sum L \leqslant 400$ m 时，$\alpha = 0.001\,5$；当 400 m $< \sum L < 1\,000$ m 时，$\alpha = 0.003\,833 + 3.067/\sum L$；当 $\sum L \geqslant 1\,000$ m 时，$\alpha = 0.006\,9$。

⑧锅炉房及换热机房，应设置供热量控制装置。

⑨锅炉房、换热机房的设计补水量（小时流量）可按系统水容量的1%计算，补水泵设置应符合12.2.1,3)，(8)，③规定。

⑩闭式循环水系统的定压和膨胀方式，应符合12.2.1,3)，(8)，⑤条规定。当采用对系统含氧量要求严格的散热器设备时，宜采用能容纳膨胀水量的闭式定压方式或进行除氧处理。

2）机房尺寸

溴化锂吸收式冷（温）水机组的机房首先应满足机组本身的要求，并留出维修空间。

机房内主要通道不应小于1.5 m；与配电柜的距离不应小于1.5 m；机组与机组或其他设备之间的净距不应小于1.2 m；机组端部应留有蒸发器、冷凝器或低温发生器长度的维修距离；机组与其上方管道、烟道或电缆桥架的净距不应小于1.0 m；机组与墙之间的净距不应小于1.0 m。

如果机房设于地下室，且上空管道过多，为安装方便，减少管道交叉，可将部分管道敷设在机组下方。这时，机房的层高尚应考虑机组下方架空管道的空间高度，此高度一般不小于0.5 m。其次，机房还应考虑值班室、维修室、控制室、维修间、卫生间、配电间、水处理间、水泵房等附属用房的尺寸。

根据《锅炉房设计规范》（GB 50041—2008）4.4.6条，锅炉与建筑物之间的净距，应满足操作、检修和布置辅助设施的需要，并应符合下列规定：

（1）炉前净距

蒸汽锅炉1~4 t/h，热水锅炉0.7~2.8 MW，燃煤锅炉不宜小于3.00 m，燃气（油）锅炉不宜小于2.50 m。

蒸汽锅炉6~20 t/h，热水锅炉4.2~14 MW，燃煤锅炉不宜小于4.00 m，燃气（油）锅炉不宜小于3.00 m。

蒸汽锅炉≥35 t/h，热水锅炉≥29 MW，燃煤锅炉不宜小于5.00 m，燃气（油）锅炉不宜小于4.00 m。

当需在炉前更换炉管时，炉前净距应能满足操作要求。对 >6 t/h 的蒸汽锅炉或 >4.2 MW 的热水锅炉，当炉前设置仪表控制室时，锅炉前端到仪表控制室的净距可减为3 m。

（2）锅炉两侧和后面的通道净距

蒸汽锅炉1~4 t/h，热水锅炉0.7~2.8 MW，不宜小于0.8 m；

蒸汽锅炉6~20 t/h，热水锅炉4.2~14 MW，不宜小于1.5 m；

蒸汽锅炉≥35 t/h，热水锅炉≥29 MW，不宜小于1.8 m。

当需吹灰、拨火、除渣、安装或检修螺旋除渣机时，通道净距应能满足操作要求。

3）机房吊装孔口

溴化锂吸收式冷（温）水机组体形较大，需要有一定的运输和吊装设备。考虑到机组的吊装方便,在机房的侧墙或楼板上应预留吊装孔口,其孔洞尺寸可参见表 12.32。

表 12.32　溴化锂吸收式冷(温)水机组吊装孔口尺寸

机组最大运输外形尺寸/(m×m×m)	侧墙搬运孔尺寸/m	楼板吊装孔尺寸/m
$A×B×H$(长×宽×高)	$(B+1)×(H+0.5)$	$(A+0.8)×(B+0.8)$

4)溴化锂溶液贮液器

溴化锂吸收式制冷机房中,宜设置贮液器,其容积应按储存制冷系统中的全部溴化锂溶液计算:设置贮液器的目的是,当机组进入保养期,应把机组内的溶液移至贮液器,并在机组内充入压力≤0.05 MPa 的氮气。

5)燃油系统

当直燃型溴化锂吸收式冷(温)水机组以燃油为加热源时,2008 其供油系统与常规燃油锅炉供油系统一致,可按国家标准《锅炉房设计规范》(GB 50041—2008)执行。

为了减少占地面积,供油系统常采用地下直埋式圆柱形贮油罐。油阀、输油泵、油位探针、呼吸阀应设置在地面可见处。根据现行国家标准《建筑设计防火规范》(GB 50016)的规定,轻油贮油罐与重油贮油罐不应布置在同一个防火堤内。

室外贮油罐的安装形式有直埋和地下油库两种方式,两种安装方式都具有安全、隐蔽及节省占地的优点,但直埋式检查和修理不便。地下油库必须有不小于每小时 6 次的通风装置。易燃油库的通风装置应为防爆型。

6)燃气供应方式及配管

当直燃型溴化锂吸收式冷(温)水机组,以燃气为加热热源时,其供气系统与常规燃气锅炉供气系统相同,可遵照国家现行标准《锅炉房设计规范》(GB 50041—2008)和《城镇燃气设计规范》(GB 50028—93,2002 年版)有关规定进行设计。

(1)燃气供应方式

燃气系统由于燃气种类、供应压力与供应方式的不同,燃气系统设计时应与当地的燃气管理机构协商,根据国家有关规范、标准进行设计。燃气的供应方式一般可分为下列几种:

①低压供应方式:家用常为这种方式,特别需注意的是燃气的种类不同,压力也不同。燃气压力一般在 0.98~1.96 kPa。

②中低压供应方式:从中压管分出,要在用户所在地安装专用的压力调节器。这是直燃型溴化锂吸收式冷(温)水机的主要供气方式。这种供气方式有 A 和 B 两种:A 为有专门设施,可防止直燃型冷(温)水机供气压力异常升高;B 为无专门设施。供气压力范围一般在 3.29~9.8 kPa。

③中压供应方式:从中压管分出后,不安装专用压力调节器,直接供入直燃型溴化锂吸收式冷(温)水机。燃气压力通常在 78.4~98 kPa。

(2)燃气配管

①燃气进入机房的压力不宜低于 3 kPa,一般使用范围为 5~15 kPa。压力愈高,运转愈稳定,所需燃烧器成本愈低。当燃气压力高于 15 kPa 时应设减压装置。减压装置宜设在地上单

独的建筑物或箱内。当受到地上条件限制,且减压装置进口压力不大于 0.4 MPa 时,可设置在地下单独建筑物内。液化石油气和相对密度大于 1.0 的燃气,减压装置不得设于地下室和半地下室内。

②室内中低压燃气管道应采用镀锌钢管,焊接或法兰连接。输送湿燃气的管道,应有 $i \geqslant$ 0.003,坡向集水罐。燃气引入管穿过建筑物基础、墙或管沟时,均应设置在钢套管中,并应考虑沉降的影响,必要时应采取补偿措施。管道应明设,避开卧室、易燃易爆仓库、配电室、变电室、电缆室、烟道、进风道和易使管道腐蚀的场所;特殊情况暗设管道时,应做到便于安装与检修。输送密度比空气大的燃气管道,不应设在地下室、半地下室内,宜装在机房外墙和便于检测的地点,管路最低处应设泄水阀。管路进入机房后,在距机组 2~3 m 处应设放散管、压力计、球阀、过滤器、流量计等。

③燃气管道上应设置放散管,作为充气启动及检修时将燃气排至室外之用,其管径不小于 $DN20$,管口应高出屋脊 1 m 以上,并采取防雨雪、防雷措施(引线接地,接地电阻应小于 10 Ω)。

④燃气管道敷设高度(从地面到管底部)应符合下列要求:在有人行走的地方,敷设高度不应小于 2.2 m;在有车通行的地方,敷设高度不应小于 4.5 m。

⑤室内燃气管道和电气设备、相邻管道之间的净距不应小于表 12.33 的数值。

⑥地下室、半地下室、设备层敷设人工煤气和天然气管道时,应符合下列要求:净高不应小于 2.2 m;应有良好的通风设施;地下室或地下设备层内应有机械通风和事故排风设施;应有固定的照明设备;当燃气管道与其他管道一起敷设时,应敷设在其他管道的外侧;应用非燃烧体的实体墙与电话间、变电室、修理间和储藏室隔开;地下室内燃气管道末端应设放散管,并应引出地上。放散管的出口位置应保证吹扫放散时的安全和卫生要求。防雷接地应符合第③条的要求。

表 12.33　燃气管道和电气设备、相邻管道之间的净距

管道和设备		与燃气管道的净距/cm	
		平行敷设	交叉敷设
电气设备	明装的绝缘电线或电缆	25	10 *
	暗装的或放在管子中的绝缘电线	5(从所做的槽或管子的边缘算起)	1
	电压小于 1 000 V 的裸露电线的导电部分	100	100
	配电盘或配电箱	30	不允许
相邻管道		应保证燃气管道和相邻管道的安装、安全维护和修理	2

＊注:当明装电线与燃气管道交叉净距小于 10 cm 时,电线应加绝缘导管。绝缘导管的两端应各伸出燃气管道 10 cm。

(3)燃气调压装置

燃气调压装置应设置在有围护的露天场地上或地上的独立建、构筑物内,不应设置在地下建、构筑物内。

7)机房的通风及排水

溴化锂吸收式冷(温)水机组及锅炉的机房应有良好的通风,以避免由于通风不良导致机组运转所需空气不足,影响机组正常运转。机房通风量一方面要满足直燃型溴化锂吸收式冷(温)水机组及锅炉的燃料燃烧所必需的空气量,避免机房出现负压而引起燃烧不良(单位燃

料燃烧发热量所需空气量一般取为 0.36 m³/kJ）；另一方面要保证机房正常的通风换气次数（3~10 次/h），以防止形成爆炸混合物，或因机房潮湿而腐蚀机组。因此，机房应设置可靠的通风装置，其送风量为必须燃烧空气量与通风换气量之和。

机房的排水也很重要，因为溴化锂吸收式冷（温）水机组冷水进、出口接管处夏季会产生凝结水，且外部系统管路阀门不可避免会有泄漏；溴化锂吸收式冷（温）水机组及热水锅炉遇到紧急情况时，还必须从放水阀排出大量的冷（温）水和冷却水，故应做好机房的排水工作。常用的排水措施有：

①使机组基础高出机房地坪 50~100 mm；

②机组四周设置 100 ×100 mm 的排水明沟，排水沟内的水应能顺利排出机房，沟上敷设铸铁算子；

③机房所有泄水管、信号管均置于排水沟上可见处，不能埋入沟内；

④地下室机房应设置集水坑和潜水泵，潜水泵应装有自控装置以便能自动排水。

8）直燃型机组及锅炉排烟系统

直燃型溴化锂吸收式冷（温）水机组及锅炉的燃料燃烧产生的烟气需要通过烟道和烟囱排至室外，其排烟系统可参照《锅炉房设计规范》（GB 50641—2008）进行设计。烟气排出口排放浓度均应达到国家规定的排放标准，《锅炉大气污染物排放标准》（GB 13271）。

直燃型溴化锂吸收式冷（温）水机组及锅炉的排烟系统的烟囱通风抽力及排气流动阻力应通过详细计算求得。

①燃油和燃气直燃机组的烟囱，宜单台炉配置。当多台机组共用 1 座烟囱时，除每台机组宜采用单独烟道接入烟囱外，每条烟道尚应安装密封可靠地烟道门。

②在烟气容易集聚的地方，以及当多台机组共用 1 座烟囱或 1 条总烟道时，每台锅炉烟道出口处应装设防爆装置，其位置应有利于泄压。当爆炸气体有可能危及操作人员的安全时，防爆装置上应装设泄压导向管。

③燃油、燃气机组烟囱和烟道应采用钢制或用钢筋混凝土构筑。燃气机组的烟道和烟囱最低点，应设置水封式冷凝水排水管道。

④水平烟道长度，应根据现场情况和烟囱抽力确定，且应使燃油、燃气机组能维持微正压燃烧的要求。

⑤水平烟道宜有 1% 坡向机组或排水点的坡度。

⑥钢制烟囱出口的排烟温度宜高于烟气露点，且宜高于 15 ℃。

9）机房消防安全措施

燃气作为直燃型吸收式冷（温）水机组及锅炉的燃料，具有使用方便、火力强、热效率高、对环境污染小、易实现生产自动化及提高产品质量等优点，但也有易燃、易爆等缺点。因此，在使用燃气为燃料时，直燃型吸收式冷（温）水机组及锅炉的机房必须采取相应的消防安全技术措施。

①应保证全部燃气管路、管接头及燃烧器的严密性，消除一切泄漏燃气酌隐患。

②机房内应在适当位置设置高性能、高灵敏度的燃气报警器。报警器应满足当燃气泄漏浓度达到爆炸下限 1/4 时能报警的要求，持续 1 min 后将启动切断阀自动切断气源。

燃气报警器设置的位置应符合以下规定：

a. 报警器与机组的水平距离应在报警器作用半径以内；

b. 报警器的下端应在楼板底面以下 0.3 m 以内；

c. 楼板底面下有凸出≥0.6 m 梁时，报警器须设置在梁与机组之间；

d. 机房内有排气口时，最靠近机组的排气口附近应设置报警器；

e. 报警器不得设置在距进风口 1.5 m 范围以内的地方；

f. 报警器距进入地下室管道的水平距离应在报警器作用半径以内。

③机房设置机械送排风系统，保证通风良好。排风机应与燃气报警器连动，当燃气泄漏报警时，能启动强制排风。

④机房和贮油间应有气体灭火装置。

⑤机房内的机动设备要求采用防爆型、不起火花。冷水泵和冷却水泵应单独隔开。

⑥所有燃气设施经过的密闭室均设通风、换气及报警装置。

⑦机房与变配电间不得相邻设置。

⑧设在地下层的机房，其泄爆(压)面积不得小于直燃型机组占地(包括机组前、后、左右检修场地 1 m)面积的 10%，且泄压口应避开人员密集场所。

10)设计图例及其他

(1)冷热源机房设计图例按《暖通空调制图标准》(GB/T 50114—2001)

(2)各种管道的标注方法

焊接钢管用公称直径表示，如 DN32 或 $\phi 108 \times 4$；

无缝钢管用外径和壁厚表示，如 $D108 \times 4$ 或 $\phi 16 \times 1.5$；

铜管用外径和壁厚表示，如 $D16 \times 1.5$；

金属软管用公称内径表示，如 $D_0 72$；

塑料软管用内径表示，如 $D_0 10$；

塑料软管用外径表示，如 $D40$。

表 12.34　给水管内的常用流速

管子种类	活塞式水泵		离心式水泵		给水管
	进水管	出水管	进水管	出水管	
水流速度/$(m \cdot s^{-1})$	0.75~1.0	1.5~2.0	1.0~2.0	2.0~2.5	1.5~3.0

12.5　冷热源机房设计计算步骤及方法

(1)工程概况及设计要求

按设计任务书上的介绍和设计要求。

(2)设计依据

①《民用建筑供暖通风与空气调节设计规范》(GB 50736—2012)；

②《锅炉房设计规范》(GB 50041—2008)；

③《城镇燃气设计规范》(GB 50028—93,2002版);

④《暖通空调制图标准》(GB/T 50114—2001);

⑤《公共建筑节能设计标准》(GB 50189—2005);

⑥设计任务书;

⑦某市某建筑设计施工图。

(3)确定设计参数与设计工况

①查当地的空调设计气象参数(见设计依据①);

②由空调冷、热负荷确定冷热源机组的制冷量、供热量(见本书12.1.2);

③确定冷冻水供、回水温度(见12.2.1,(4));

④确定热水供、回水温度(见12.2.2节,2));

⑤由当地的空调设计气象参数,计算冷却水供、回水温度(按当地湿球温度加3~4℃确定冷却塔出水温度,即冷却水供水温度;冷却水供水温度加5℃,即为冷却水回水温度)。

(4)冷热源机组初选及方案技术经济比较

①按需要的制冷量、供热量,查样本初步选择冷热源设备(各种冷热源设备的一般特点及选择方法见12.1.1,12.1.3)。

②由选出的冷热源设备样本上的冷冻水量、冷却水量,查样本初选水泵和冷却塔(选择方法见12.2)。

③经过师生间或同学间讨论,独立思考组合出各种较合理可行的冷热源设备组合方案,提出来进行技术经济比较的方案不少于两个。然后计算各方案的初投资,进行各方案的技术经济比较。选出一个最佳方案。

(5)冷热源设备的校核

①按冷冻水供、回水温度,冷却水供、回水温度,查设备样本上的各工况下的制冷性能表,或制冷性能曲线图,得出所选制冷机组在设计工况下的制冷量(见12.1.5)。

对于直燃机还应查出设计工况下的供热量。

②若设计工况下的制冷量(或供热量)与需要的制冷量(或供热量)相差在±5%以内,该机组合格。否则重选。

③记录下该机组的型号、性能参数及外形尺寸。

(6)水泵、冷却塔选择

①按前已校核确定制冷机组的制冷量及放热量,计算出冷冻水量及冷却水量(也可以直接采用校核后机组样本上的冷冻水量及冷却水量)。

②按已校核确定冷却水量,查样本再选择确定冷却塔型号,记录下冷却塔的性能参数。

③在建筑图上布置机组和冷却塔,布置冷冻水管路及冷却水管路,确定出冷冻水(或热水)系统及冷却水系统最不利管路。

④按经济流速逐一计算出各管段的管径。

⑤计算冷冻水(或热水)系统及冷却水系统最不利管路的阻力损失,得到冷冻水(或热水)及冷却水水泵扬程(见参考文献[21]P1981~P1994)。

⑥按冷冻水(或热水)流量及扬程、冷却水流量及扬程,查样本选出冷冻水泵及冷却水泵型号,记录下水泵的性能参数及外形尺寸。

⑦计算循环水泵的耗电输冷(热)比EC(H)R,若EC(H)R不合格,应找原因改进,直到

EC(H)R值合格为止,并应标注在施工图的设计说明中(见12.2.1,12.4.3)。

⑧按冷却塔样本上的性能曲线,进行冷却塔的冷却水量校核。记录下冷却塔的性能及外形尺寸(见12.2.3)。

(7)膨胀水箱、分水器、集水器及水处理器计算选择

①膨胀水箱的计算选择(见参考文献[19]P314)。

②分水器、集水器计算设计,一般按0.5~0.8 m/s流速确定分水器、集水器筒体直径,查标准图集。

③水处理器按流量查样本选择。

④记录下膨胀水箱、分水器、集水器及水处理器的外形尺寸。

⑤根据冷热源机房的布置原则、所选设备的外形尺寸及接口位置,在建筑图上进行冷热源机房施工图设计。

(8)总结

总结本次课程设计的成功与不足之处、经验和教训,以及今后学习和设计应注意加强和改进的地方。致谢设计中提供帮助者。

本章小结

本章内容主要为冷热源机房课程设计计算和设备选择而安排,目的是通过设计实践,掌握冷热源机房设计计算理论和计算的基本方法。本章最后一节"冷热源机房设计计算步骤及方法",把冷热源机房的设计计算基本思路作了较详细归纳,以此作为本章小结,不在赘述。

思考题

12.1 冷热源机房设计前,应注意收集哪些与设计有关的原始资料?

12.2 冷热源设备选择时,应注意哪些问题?

12.3 制冷机组的供冷方式有哪些? 其优缺点是什么?

12.4 在确定热水锅炉房的热力系统时,应考虑哪些因素?

12.5 制冷机房设计及设备布置的一般原则有哪些?

12.6 什么是制冷机组的名义工况和设计工况? 它们分别是怎么确定的?

12.7 冷冻水泵和冷却水泵的水量和扬程怎样确定?

12.8 为什么要校核设计工况下冷却塔的冷却水量? 如何校核?

12.9 输送能效比EER与哪些因素有关? 怎样改进水系统的输送能效比?

12.10 为什么要对所选择的冷水机组进行设计工况下的制冷量校核?

12.11 冷水机组结构有哪几部分组成? 分别有什么作用?

附录1 氨的lg p–h图

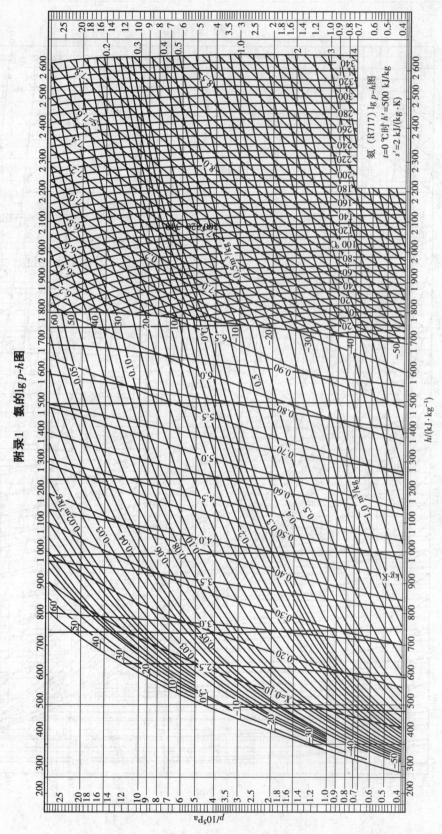

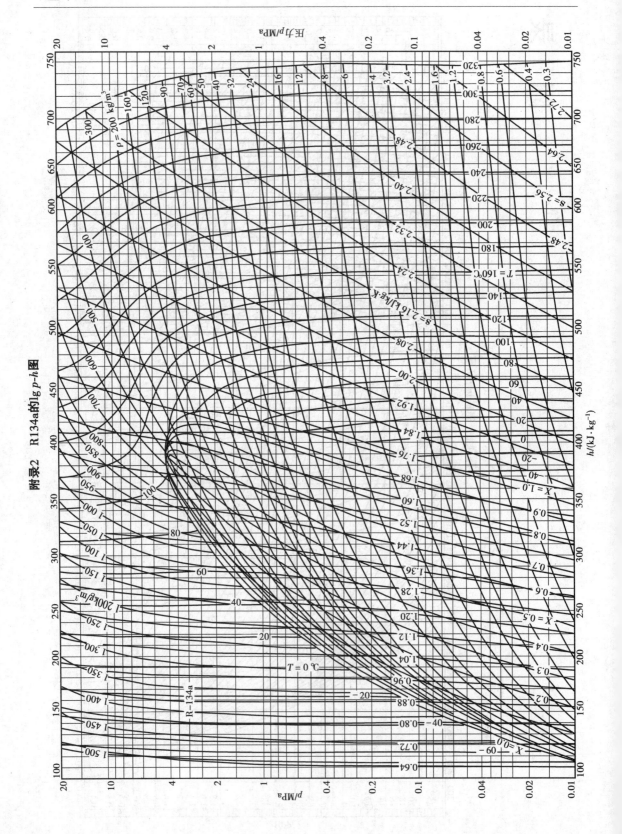

附录2　R134a的lg p-h图

压力　$p/10^5$ Pa

附录4　正丁烷的 e-h 图

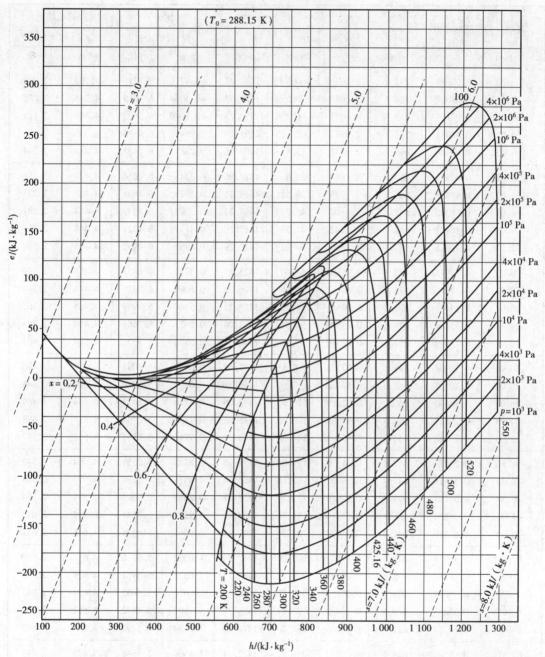

$(T_0 = 288.15 \text{ K})$

附录5 R717饱和液体与饱和气体物性表

温度 t(℃)	绝对压力 p(MPa)	密度 ρ(kg/m³)		比容 v(kJ/kg)		比焓 h(kJ/kg)		比熵 s[kJ/(kg·℃)]		质量比热 c_p [kJ/(kg·℃)]	
		液体	气体	液体	气体	液体	气体	液体	气体	液体	气体
−77.65a	0.00609	732.9	15.602	−143.15	1341.23	−0.4716	7.1213	4.202	2.063
−70.00	0.01094	724.7	9.0097	−110.81	1355.55	−0.3094	6.9088	4.245	2.086
−60.00	0.02189	713.6	4.7057	−68.06	1373.73	−0.1040	6.6602	4.303	2.125
−50.00	0.04084	702.1	2.6277	−24.73	1391.19	0.0945	6.4396	4.360	2.178
−40.00	0.07169	690.2	1.5533	19.17	1407.76	0.2867	6.2425	4.414	2.244
−38.00	0.07971	687.8	1.4068	28.01	1410.96	0.3245	6.2056	4.424	2.259
−36.00	0.08845	685.3	1.2765	36.88	1414.11	0.3619	6.1694	4.434	2.275
−34.00	0.09795	682.8	1.1604	45.77	1417.23	0.3992	6.1339	4.444	2.291
−33.33b	0.10113	682.0	1.1242	48.76	1418.26	0.4117	6.1221	4.448	2.297
−32.00	0.10826	680.3	1.0567	54.67	1420.29	0.4362	6.0992	4.455	2.308
−30.00	0.11943	677.8	0.96396	63.60	1423.31	0.4730	6.0651	4.465	2.326
−28.00	0.13151	675.3	0.88082	72.55	1426.28	0.5096	6.0317	4.474	2.344
−26.00	0.14457	672.8	0.80641	81.52	1429.21	0.5460	5.9989	4.484	2.363
−24.00	0.15864	670.3	0.73896	90.51	1432.08	0.5821	5.9667	4.494	2.383
−22.00	0.17379	667.6	0.67840	99.52	1434.91	0.6180	5.9351	4.504	2.403
−20.00	0.19008	665.1	0.62373	108.55	1437.68	0.6538	5.9041	4.514	2.425
−18.00	0.20765	662.6	0.57428	117.60	1440.39	0.6893	5.8736	4.524	2.446
−16.00	0.22630	660.0	0.52949	126.67	1443.06	0.7246	5.8437	4.534	2.469
−16.00	0.24637	657.3	0.48885	135.76	1445.66	0.7597	5.8143	4.543	2.493
−12.00	0.26782	654.7	0.45192	144.88	1448.21	0.7946	5.7853	4.553	2.517
−10.00	0.29071	652.1	0.41830	154.01	1450.70	0.8293	5.7569	4.564	2.542
−8.00	0.31513	649.4	0.38767	163.16	1453.14	0.8638	5.7289	4.574	2.568
−6.00	0.34114	646.7	0.35970	172.34	1455.51	0.8981	5.7013	4.584	2.594
−4.00	0.36880	64.0	0.33414	181.54	1457.81	0.9323	5.6741	4.595	2.622
−2.00	0.39819	641.3	0.31074	190.76	1460.06	0.9662	5.6474	4.606	2.651
0.00	0.42938	638.6	0.28930	200.00	1462.24	1.0000	5.6210	4.617	2.680
2.00	0.46246	635.8	0.26962	209.27	1464.35	1.0336	5.5951	4.628	2.710
4.00	0.49748	633.1	0.25153	218.55	1466.40	1.0670	5.5695	4.639	2.742
6.00	0.53453	630.3	0.23489	227.87	1468.37	1.1003	5.5442	4.651	2.774
8.00	0.57370	627.5	0.21956	237.20	1470.26	1.1334	5.5192	4.663	2.807
10.00	0.61505	624.6	0.20543	246.57	1472.11	1.1664	5.4946	4.676	2.841
12.00	0.65866	621.8	0.19237	255.95	1473.88	1.1992	5.4703	4.689	2.877
14.00	0.70463	618.9	0.18031	265.37	1475.56	1.2318	5.4463	4.702	2.913
16.00	0.75303	616.0	0.16914	274.81	1477.17	1.2643	5.4226	4.716	2.951
18.00	0.80395	613.1	0.15879	284.28	1478.70	1.2967	5.3991	4.730	2.990

温　度 $t(℃)$	绝对压力 $p(MPa)$	密度 $\rho(kg/m^3)$		比容 $v(kJ/kg)$		比焓 $h(kJ/kg)$		比熵 $s[kJ/(kg·℃)]$		质量比热 c_p $[kJ/(kg·℃)]$	
		液体	气体	液体	气体	液体	气体	液体	气体	液体	气体
20.00	0.85748	610.2		0.14920		293.78	1480.16	1.3289	5.3759	4.745	3.030
22.00	0.91369	607.2		0.14029		303.31	1481.53	1.3610	5.3529	4.760	3.071
24.00	0.97268	604.3		0.13201		312.87	1482.82	1.3929	5.3301	4.776	3.113
26.00	1.0345	601.3		0.12431		322.47	1484.02	1.4248	5.3076	4.793	3.158
28.00	1.0993	598.2		0.11714		332.09	1485.14	1.4565	5.2853	4.810	3.203
30.00	1.1672	595.2		0.11046		341.76	1486.17	1.4881	5.2631	4.828	3.250
32.00	1.2382	592.1		0.10422		351.45	1484.11	1.5196	5.2412	4.847	3.299
34.00	1.3124	589.0		0.09840		361.19	1487.95	1.5509	5.2194	4.867	3.349
36.00	1.3900	585.8		0.09296		370.96	1488.70	1.5822	5.1978	4.888	3.401
38.00	1.4709	582.6		0.08787		380.78	1489.36	1.6134	5.1763	4.909	3.455
40.00	1.5554	579.4		0.08310		390.64	1489.91	1.6446	5.1549	4.932	3.510
42.00	1.6435	576.2		0.07863		400.54	1490.36	1.6756	5.1337	4.956	3.568
44.00	1.7353	572.9		0.07445		410.48	1490.70	1.7065	5.1126	4.981	3.628
46.00	1.8310	569.6		0.07052		420.48	1490.94	1.7374	5.0915	5.007	3.691
48.00	1.9305	566.3		0.06682		430.52	1491.06	1.7683	5.0706	5.034	3.756
50.00	2.0340	562.9		0.06335		440.62	1491.07	1.7990	5.0497	5.064	3.823
55.00	2.3111	554.2		0.05554		466.10	1490.57	1.8758	4.9977	5.143	4.005
60.00	2.6156	545.2		0.04880		491.97	1489.27	1.9523	4.9458	5.235	4.208
65.00	2.9491	536.0		0.04296		518.26	1487.09	2.0288	4.8939	5.341	4.438
70.00	3.3135	526.3		0.03787		545.04	1483.94	2.1054	4.8415	5.465	4.699
75.00	3.7105	516.2		0.03342		572.36	1479.72	2.1823	4.7885	5.610	5.001
80.00	4.1420	505.7		0.02951		600.34	1474.31	2.2596	4.7344	5.784	5.355
85.00	4.6100	494.5		0.02606		629.04	1467.53	2.3377	4.6789	5.993	5.777
90.00	5.1167	482.8		0.02300		685.61	1459.19	2.4168	4.6213	6.250	6.291
95.00	5.6643	470.2		0.02027		689.19	1449.01	2.4973	4.5612	6.573	6.933
100.00	6.2553	456.6		0.01782		721.00	1436.63	2.5797	4.4975	6.991	7.762
105.00	6.8923	441.9		0.01561		754.35	1421.57	2.6647	4.4291	7.555	8.877
110.00	7.5783	425.6		0.01360		789.68	1403.08	2.7533	4.3542	8.36	10.46
115.00	8.3170	407.2		0.01174		827.74	1379.99	2.8474	4.2702	9.63	12.91
120.00	9.1125	385.5		0.00999		869.92	1350.23	2.9502	4.1719	11.94	17.21
125.00	9.9702	357.8		0.00828		919.68	1309.12	3.0702	4.0483	17.66	27.00
130.00	10.8977	312.3		0.00638		992.02	1239.32	3.2437	3.8571	54.21	76.49
132.25c	11.3330	225.0		0.00444		1119.22	1119.22	3.5542	3.5542	∞	∞

注:a 表示三相点;b 表示 1 个标准大气压下的沸点;c 表示临界点。

附录6 R134a饱和液体与饱和气体物性表

温 度 t(℃)	绝对压力 p(MPa)	密度 ρ(kg/m³)		比容 v(kJ/kg)	比焓 h(kJ/kg)		比熵 s[kJ/(kg·℃)]		质量比热 cₚ [kJ/(kg·℃)]	
		液体	气体		液体	气体	液体	气体	液体	气体
-103.30a	0.00039	1591.1	35.496		71.46	334.94	0.4126	1.9639	1.184	0.585
-100.00	0.00056	1582.4	25.193		75.36	336.85	0.4354	1.9456	1.184	0.593
-90.00	0.00152	1555.8	9.7698		87.23	342.76	0.5020	1.8972	1.189	0.617
-80.00	0.00367	1529.0	4.2682		99.16	348.83	0.5654	1.8580	1.198	0.642
-70.00	0.00798	1501.9	2.0590		111.20	355.02	0.6262	1.8264	1.210	0.667
-60.00	0.01591	1474.3	1.0790		123.36	361.31	0.6846	1.8010	1.223	0.692
-50.00	0.02945	1446.3	0.60620		135.67	367.65	0.7410	1.7806	1.238	0.720
-40.00	0.05121	1417.7	0.36108		148.14	374.00	0.7956	1.7643	1.255	0.749
-30.00	0.08438	1388.4	0.22594		160.79	380.32	0.8486	1.7515	1.273	0.781
-28.00	0.09270	1382.4	0.20680		163.34	381.57	0.8591	1.7492	1.277	0.788
-26.07b	0.10133	1376.7	0.19018		165.81	382.78	0.8690	1.7472	1.281	0.794
-26.00	0.10167	1376.5	0.18958		165.90	382.82	0.8694	1.7471	1.281	0.794
-24.00	0.11130	1370.4	0.17407		168.47	384.07	0.8798	1.7451	1.285	0.801
-22.00	0.12165	1364.4	0.16006		171.05	385.32	0.8900	1.7432	1.289	0.809
-20.00	0.13273	1358.3	0.14739		173.64	385.55	0.9002	1.7413	1.293	0.816
-18.00	0.14460	1352.1	0.13592		176.23	387.79	0.9104	1.7396	1.297	0.823
-16.00	0.15728	1345.9	0.12551		178.83	389.02	0.9205	1.7379	1.302	0.831
-14.00	0.17082	1339.7	0.11605		181.44	390.24	0.9306	1.7363	1.306	0.838
-12.00	0.18524	1333.4	0.10744		184.07	391.46	0.9407	1.7348	1.311	0.846
-10.00	0.20060	1327.1	0.09959		186.70	392.66	0.9506	1.7334	1.316	0.854
-8.00	0.21693	1320.8	0.09242		189.34	393.87	0.9606	1.7320	1.320	0.863
-6.00	0.23428	1314.3	0.08587		191.99	395.06	0.9705	1.7307	1.325	0.871
-4.00	0.25268	1307.9	0.07987		194.65	396.25	0.9804	1.7294	1.330	0.880
-2.00	0.27217	1301.4	0.07436		197.32	397.43	0.9902	1.7282	1.336	0.888
0.00	0.29280	1294.8	0.06931		200.00	398.60	1.0000	1.7271	1.341	0.897
2.00	0.31462	1288.1	0.06466		202.69	399.77	1.0098	1.7260	1.347	0.906
4.00	0.33766	1281.4	0.06039		205.40	400.92	1.0195	1.7250	1.352	0.916
6.00	0.36198	1274.7	0.05644		208.11	402.06	1.0292	1.7240	1.358	0.925
8.00	0.38761	1267.9	0.05280		210.84	403.20	1.0388	1.7230	1.364	0.935
10.00	0.41461	1261.0	0.04944		213.58	404.32	1.0485	1.7221	1.370	0.945
12.00	0.44301	1254.0	0.04633		216.33	405.43	1.0581	1.7212	1.377	0.956
14.00	0.47288	1246.9	0.04345		219.09	406.53	1.0677	1.7204	1.383	0.967
16.00	0.50425	1239.8	0.04078		221.87	407.61	1.0772	1.7196	1.390	0.978
18.00	0.53718	1232.6	0.03830		224.66	408.69	1.0867	1.7188	1.397	0.989
20.00	0.57171	1225.3	0.03600		227.47	409.75	1.0962	1.7180	1.405	1.001

温 度 $t(℃)$	绝对压力 $p(MPa)$	密度 $\rho(kg/m^3)$		比容 $v(kJ/kg)$	比焓 $h(kJ/kg)$		比熵 $s[kJ/(kg·℃)]$		质量比热 c_p $[kJ/(kg·℃)]$	
		液体	气体		液体	气体	液体	气体	液体	气体
22.00	0.60789	1218.0	0.03385	230.29	410.79	1.1057	1.7173	1.413	1.013
24.00	0.64578	1210.5	0.03186	233.12	411.82	1.1152	1.7166	1.421	1.025
26.00	0.68543	1202.9	0.03000	235.97	412.84	1.1246	1.7159	1.429	1.038
28.00	0.72688	1195.2	0.02826	238.84	413.84	1.1341	1.7152	1.437	1.052
30.00	0.77020	1187.5	0.02664	241.72	414.82	1.1435	1.7145	1.446	1.065
32.00	0.81543	1179.6	0.02513	244.62	415.78	1.1529	1.7138	1.456	1.080
34.00	0.86263	1171.6	0.02371	247.54	416.72	1.1623	1.7131	1.466	1.095
36.00	0.91185	1163.4	0.02238	250.48	417.65	1.1717	1.7124	1.476	1.111
38.00	0.96315	1155.1	0.02113	253.43	418.55	1.1811	1.7118	1.487	1.127
40.00	1.0166	1146.7	0.01997	256.41	419.43	1.1905	1.7111	1.498	1.145
42.00	1.0722	1138.2	0.01887	259.41	420.28	1.1999	1.7103	1.510	1.163
44.00	1.1301	1129.5	0.01784	262.43	421.11	1.2092	1.7096	1.523	1.182
46.00	1.1903	1120.6	0.01687	265.47	421.92	1.2186	1.7089	1.537	1.202
48.00	1.2529	1111.5	0.01595	268.53	422.69	1.2280	1.7081	1.551	1.223
50.00	1.3179	1102.3	0.01509	271.62	423.44	1.2375	1.7072	1.566	1.246
52.00	1.3854	1092.9	0.01428	274.74	424.15	1.2469	1.7064	1.582	1.270
54.00	1.4555	1083.2	0.01351	277.89	424.83	1.2563	1.7055	1.600	1.296
56.00	1.5282	1073.4	0.01278	281.06	425.47	1.2658	1.7045	1.618	1.324
58.00	1.6036	1063.2	0.01209	284.27	426.07	1.2753	1.7035	1.638	1.354
60.00	1.6818	1052.9	0.01144	287.50	426.63	1.2848	1.7024	1.660	1.387
62.00	1.7628	1042.2	0.01083	290.78	427.14	1.2944	1.7013	1.684	1.422
64.00	1.8467	1031.2	0.01024	294.09	427.61	1.3040	1.7000	1.710	1.461
66.00	1.9337	1020.0	0.00969	297.44	428.02	1.3137	1.6987	1.738	1.504
68.00	2.0237	1008.3	0.00916	300.84	428.36	1.3234	1.6972	1.769	1.552
70.00	2.1168	996.2	0.00865	304.28	428.65	1.3332	1.6956	1.804	1.605
72.00	2.2132	983.8	0.00817	307.78	428.86	1.3430	1.6939	1.843	1.665
74.00	2.3130	970.8	0.00771	311.33	429.00	1.3530	1.6920	1.887	1.734
76.00	2.4161	957.3	0.00727	314.94	429.04	1.3631	1.6899	1.938	1.812
78.00	2.5228	943.1	0.00685	318.63	428.98	1.3733	1.6876	1.996	1.904
80.00	2.6332	928.2	0.00645	322.39	428.81	1.3836	1.6850	2.065	2.012
85.00	2.9258	887.2	0.00550	332.22	427.76	1.4104	1.6771	2.306	2.397
90.00	3.2442	837.8	0.00461	342.93	425.42	1.4390	1.6662	2.756	3.121
95.00	3.5912	772.7	0.00374	355.25	420.67	1.4715	1.6492	3.938	5.020
100.00	3.9724	651.2	0.00268	373.30	407.68	1.5188	1.6109	17.59	25.35
101.06c	4.0593	511.9	0.00195	389.64	389.64	1.5621	1.5621	∞	∞

注:a 表示三相点;b 表示 1 个标准大气压下的沸点;c 表示临界点。

附录7　R22 饱和液体与饱和气体物性表

温 度 $t(℃)$	绝对压力 $p(MPa)$	密度 $\rho(kg/m^3)$	比容 $v(kJ/kg)$	比焓 $h(kJ/kg)$		比熵 $s[kJ/(kg\cdot℃)]$		质量比热 c_p $[kJ/(kg\cdot℃)]$	
		液体	气体	液体	气体	液体	气体	液体	气体
− 100. 00	0. 00201	1571. 3	8. 2660	90. 71	358. 97	0. 5050	2. 0543	1. 061	0. 497
− 90. 00	0. 00481	1544. 9	3. 6448	101. 32	363. 85	0. 5646	1. 9980	1. 061	0. 512
− 80. 00	0. 01037	1518. 2	1. 7782	111. 94	368. 77	0. 6210	1. 9508	1. 062	0. 528
− 70. 00	0. 02047	1491. 2	0. 94342	122. 58	373. 70	0. 6747	1. 9108	1. 065	0. 545
− 60. 00	0. 03750	1463. 7	0. 536809	133. 27	378. 59	0. 7260	1. 8770	1. 071	0. 564
− 50. 00	0. 06453	1435. 6	0. 32385	144. 03	383. 42	0. 7752	1. 8480	1. 079	0. 585
− 48. 00	0. 07145	1429. 9	0. 29453	146. 19	384. 37	0. 7849	1. 8428	1. 081	0. 589
− 46. 00	0. 07894	1424. 2	0. 26837	148. 36	385. 32	0. 7944	1. 8376	1. 083	0. 594
− 44. 00	0. 08705	1418. 4	0. 24498	150. 53	386. 26	0. 8039	1. 8327	1. 086	0. 599
− 42. 00	0. 09580	1412. 6	0. 22402	152. 70	387. 20	0. 8134	1. 8278	1. 088	0. 603
− 40. 81b	0. 10132	1409. 2	0. 21260	154. 00	387. 75	0. 8189	1. 8250	1. 090	0. 606
− 40. 00	0. 10523	1406. 8	0. 20521	154. 89	388. 13	0. 8227	1. 8231	1. 091	0. 608
− 38. 00	0. 11538	1401. 0	0. 18829	157. 07	389. 06	0. 8320	1. 8186	1. 093	0. 613
− 36. 00	0. 12628	1395. 1	0. 17304	159. 27	389. 97	0. 8413	1. 8141	1. 096	0. 619
− 34. 00	0. 13797	1389. 1	0. 15927	161. 47	390. 89	0. 8505	1. 8098	1. 099	0. 624
− 32. 00	0. 15050	1383. 2	0. 14682	163. 67	391. 79	0. 8596	1. 8056	1. 102	0. 629
− 30. 00	0. 16389	1377. 2	0. 13553	165. 88	392. 69	0. 8687	1. 8015	1. 105	0. 635
− 28. 00	0. 17819	1371. 1	0. 12528	168. 10	393. 58	0. 8778	1. 7975	1. 108	0. 641
− 26. 00	0. 19344	1365. 0	0. 11597	170. 33	394. 47	0. 8868	1. 7937	1. 112	0. 646
− 24. 00	0. 20968	1358. 9	0. 10749	172. 56	395. 34	0. 8957	1. 7899	1. 115	0. 653
− 22. 00	0. 22696	1352. 7	0. 09975	174. 80	396. 21	0. 9046	1. 7862	1. 119	0. 659
− 20. 00	0. 24531	1346. 5	0. 09268	177. 04	397. 06	0. 9135	1. 7826	1. 123	0. 665
− 18. 00	0. 26479	1340. 3	0. 08621	179. 30	397. 91	0. 9223	1. 7791	1. 127	0. 672
− 16. 00	0. 28543	1334. 0	0. 08029	181. 56	398. 75	0. 9311	1. 7757	1. 131	0. 678
− 14. 00	0. 30728	1327. 6	0. 07485	183. 83	399. 57	0. 9398	1. 7723	1. 135	0. 685
− 12. 00	0. 33038	1321. 2	0. 06986	186. 11	400. 39	0. 9485	1. 7690	1. 139	0. 692
− 10. 00	0. 35479	1314. 7	0. 06527	188. 40	401. 20	0. 9572	1. 7658	1. 144	0. 699
− 8. 00	0. 38054	1308. 2	0. 06103	190. 70	401. 99	0. 9658	1. 7627	1. 149	0. 707
− 6. 00	0. 40769	1301. 6	0. 05713	193. 01	402. 77	0. 9744	1. 7596	1. 154	0. 715
− 4. 00	0. 43628	1295. 0	0. 05352	195. 33	403. 55	0. 9830	1. 7566	1. 159	0. 722
− 2. 00	0. 46636	1288. 3	0. 05019	197. 66	404. 30	0. 9915	1. 7536	1. 164	0. 731
0. 00	0. 49799	1281. 5	0. 04710	200. 00	405. 05	1. 0000	1. 7507	1. 169	0. 739
2. 00	0. 53120	1274. 7	0. 04424	202. 35	405. 78	1. 0085	1. 7478	1. 175	0. 748
4. 00	0. 56605	1267. 8	0. 04159	204. 71	406. 50	1. 0169	1. 7450	1. 181	0. 757
6. 00	0. 60259	1260. 8	0. 03913	207. 09	407. 20	1. 0254	1. 7422	1. 187	0. 766

温 度 $t(℃)$	绝对压力 $p(MPa)$	密度 $\rho(kg/m^3)$	比容 $v(kJ/kg)$	比焓 $h(kJ/kg)$		比熵 $s[kJ/(kg·℃)]$		质量比热 c_p $[kJ/(kg·℃)]$	
		液体	气体	液体	气体	液体	气体	液体	气体
8.00	0.64088	1253.8	0.03683	209.47	407.89	1.0338	1.7395	1.193	0.775
10.00	0.68095	1246.7	0.03470	211.87	408.56	1.0422	1.7368	1.199	0.785
12.00	0.72286	1239.5	0.03271	214.28	409.21	1.0505	1.7341	1.206	0.795
14.00	0.76668	1232.2	0.03086	216.70	409.85	1.0589	1.7315	1.213	0.806
16.0	0.81244	1224.9	0.02912	219.14	410.47	1.0672	1.7289	1.220	0.817
18.00	0.86020	1217.4	0.02750	221.59	411.07	1.0755	1.7263	1.228	0.828
20.00	0.91002	1209.9	0.02599	224.06	411.66	1.0838	1.7238	1.236	0.840
22.00	0.96195	1202.3	0.02457	226.54	412.22	1.0921	1.7212	1.244	0.853
24.00	1.0160	1194.6	0.02324	229.04	412.77	1.1004	1.7187	1.252	0.866
26.00	1.0724	1186.7	0.02199	231.55	413.29	1.1086	1.7162	1.261	0.879
28.00	1.1309	1178.8	0.02082	234.08	413.79	1.1169	1.7136	1.271	0.893
30.00	1.1919	1170.7	0.01972	236.62	414.26	1.1252	1.7111	1.281	0.908
32.00	1.2552	1162.6	0.01869	239.19	414.71	1.1334	1.7086	1.291	0.924
34.00	1.3210	1154.3	0.01771	241.77	415.14	1.1417	1.7061	1.302	0.940
36.00	1.3892	1145.8	0.01679	244.38	415.54	1.1499	1.7036	1.314	0.957
38.00	1.4601	1137.3	0.01593	247.00	415.91	1.1582	1.7010	1.326	0.976
40.00	1.5336	1128.5	0.01511	249.65	416.25	1.1665	1.6985	1.339	0.995
42.00	1.6098	1119.6	0.01433	252.32	416.55	1.1747	1.6959	1.353	1.015
44.00	1.6887	1110.6	0.01360	255.01	416.83	1.1830	1.6933	1.368	1.037
46.00	1.7704	1101.4	0.01291	257.73	417.07	1.1913	1.6906	1.384	1.061
48.00	1.8551	1091.9	0.01226	260.47	417.27	1.1997	1.6879	1.401	1.086
50.00	1.9427	1082.3	0.01163	263.25	417.44	1.2080	1.6852	1.419	1.113
52.00	2.0333	1072.4	0.01104	266.05	417.56	1.2164	1.6824	1.439	1.142
54.00	2.1270	1062.3	0.01048	268.89	417.63	1.2248	1.6795	1.461	1.173
56.00	2.2239	1052.0	0.00995	271.76	417.66	1.2333	1.6766	1.485	1.208
58.00	2.3240	1041.3	0.00944	274.66	417.63	1.2418	1.6736	1.511	1.246
60.00	2.4275	1030.4	0.00896	277.61	417.55	1.2504	1.6705	1.539	1.287
65.00	2.7012	1001.4	0.00785	285.18	417.06	1.2722	1.6622	1.626	1.413
70.00	2.9974	969.7	0.00685	293.10	416.09	1.2945	1.6529	1.743	1.584
75.00	3.3177	934.4	0.00595	301.46	414.49	1.3177	1.6424	1.913	1.832
80.00	3.6638	893.7	0.00512	310.44	412.01	1.3423	1.6299	2.181	2.231
85.00	4.0378	844.8	0.00434	320.38	408.19	1.3690	1.6142	2.682	2.984
90.00	4.4423	780.1	0.00356	332.09	401.87	1.4001	1.5922	3.981	4.975
95.00	4.8824	662.9	0.00262	349.56	387.28	1.4462	1.5486	17.31	25.29
96.15c	4.9900	523.8	0.00191	366.90	366.90	1.4927	1.4927	∞	∞

注:b 表示 1 个标准大气压下的沸点;c 表示临界点。

附录8 低温、中温与高温制冷剂

（Ⅰ）

编 号	化学式	沸 点	饱和压力		q_v(kJ/m³)	压缩比	制冷系数	排气温度 （℃）
			−15 ℃	30 ℃				
R744	CO_2	−78.40	2.291	7.208	15429.9	3.15	2.96	70
R125	C_2HF_5	−48.57	0.536	1.570	2227.4	3.93	3.68	42
R502	R22/115	−45.40	0.349	1.319	2087.8	3.78	4.43	37
R290	C_3H_5	−42.09	0.291	1.077	1815.1	3.71	4.74	47
R22	$CHClF_2$	−40.76	0.296	1.192	2099.0	4.03	4.75	53
R717	NH_3	−33.30	0.236	1.164	2158.7	4.94	4.84	98
R125	CCl_2F_2	−29.79	0.183	0.754	1275.5	4.07	4.69	38
R134a	CF_3CH_2F	−26.16	0.160	0.770	1231.3	4.81	4.42	43
R124	$CHClFCF_3$	−13.19	0.090	0.440	659.0	4.89	4.47	28
R600a	C_4H_{10}	−11.73	0.089	0.407	652.4	4.60	4.55	45
R600	C_4H_{10}	−0.50	0.056	0.283	439.7	5.05	4.68	45
R11	CCl_3F	23.82	0.020	0.126	204.5	6.24	5.09	40
R123	$CHCl_2CF_3$	27.87	0.016	0.110	160.7	5.50	4.36	28
R718	H_2O	100.00						

注:蒸发温度 −15 ℃,无过热,冷凝温度 30 ℃,无再冷。

（Ⅱ）

编 号	化学式	分子量	凝固温度 （℃）	临界温度 （℃）	沸 点 （℃）	饱和压力（MPa）		q_v(kJ/m³)
						4 ℃	46 ℃	
R14	CF_4	88.01	−184.9	−45.7	−127.90			
R23	CHF_3	70.02	−155	25.6	−82.10	2.7815		
R13	$CClF_3$	104.47	−181	28.8	−81.40	2.179		
R744	CO_2	44.01	−56.6	31.1	−78.40	3.8686		
R32	CH_2F_2	52.02	−136	78.4	−51.80	0.92214	2.8620	5746.1
R125	C_2HF_5	120.03	−103.15	66.3	−48.57	0.76098	2.3168	3393.3
R502	R22/115	111.63		82.2	−45.40	0.64786	1.9231	3377.9
R290	C_3H_6	44.10	187.7	96.7	−42.09	0.53498	1.5687	2946.9
R22	$CHClF_2$	86.48	−160	96.0	−40.76	0.56622	1.7709	3577.3
R717	NH_3	17.03	−77.7	133	−33.3	0.49749	1.8308	4154.1
R12	CCl_2F_2	120.93	−158	112	−29.79	0.35082	1.1085	2208.3
R134a	CF_3CH_2F	102.03	−96.6	101.1	−26.16	0.33755	1.1901	2243.9
R152a	CHF_2CH_3	66.15	−117	113.5	−25	0.30425	1.0646	2170.8
R124	$CHClFCF_3$	136.47	−199.15	122.5	−13.19	0.18948	0.6994	1325.5
R600a	C_4H_{10}	58.13	−160	135	−11.73	0.17994	0.6195	1201.7
R764	SO_2	64.07	−75.5	157.5	−10			
R142b	CCl_3F	100.5	−131	137.1	−9.8	0.1693	0.6182	1270.4
R600	C_4H_{10}	58.13	−138.5	152	−0.5	0.12003	0.4469	884.4
R11	CCl_3F	137.38	−111	198	23.82	0.04795	0.2097	438.9
R123	$CHCl_2CF_3$	152.93	−107.15	183.79	27.87	0.03912	0.1876	364.4
R718	H_2O	18.02	0	373.99	100	0.00081	0.0103	14.7

注:蒸发温度 4 ℃,无过热,冷凝温度 46 ℃,无再冷。

附录9　常用制冷剂的热力性质

制冷剂	类　别	无机物	卤代烃				非共沸混合溶液	
	编　号	R717	R123	R134a	R22	R32	R407C	R410A
化学式		NH_3	$CHCl_2CF_3$	CF_3CH_2F	$CHClF_2$	CH_2F_2	R32/125/134a (23/25/52)	R32/125 (50/50)
分子量		17.03	152.93	102.03	86.48	52.02	95.03	86.03
沸点/℃		−33.3	27.87	−26.16	−40.76	−51.8	泡点：−43.77 露点：−36.70	泡点：−51.56 露点：−51.50
凝固点/℃		−77.7	−107.15	−96.6	−160.0	−136.0	—	—
临界温度/℃		133	183.79	101.1	96	78.4	—	—
临界压力(MPa)		11.417	3.679	4.067	4.974	5.83	—	—
密度	30℃液体(kg/m³)	595.4	1450.5	1187.2	1170.7	938.9	泡点：1115.40	泡点：1034.5
	0℃饱和气(kg/m³)	3.4567	2.2469	14.4196	21.26	21.96	泡点：24.15	泡点：30.481
比热	30℃液体 [kJ/(kg·℃)]	4.843	1.009	1.447	1.282	—	泡点：1.564	泡点：1.751
	0℃饱和气 [kJ/(kg·℃)]	2.66	0.667	0.883	0.774	1.121	泡点：0.9559	泡点：1.0124
0℃饱和气绝热指数 (c_p/c_v)		1.4	1.104	1.178	1.294	1.753	泡点：1.2526	泡点：1.361
0℃比潜热(kJ/kg)		1261.81	179.75	198.68	204.87	316.77	泡点：212.15	泡点：221.80
导热系数	0℃液体 [W/(m·K)]	0.1758	0.0839	0.0934	0.0962	0.1474		
	0℃饱和气 [W/(m·K)]	0.00909	—	0.117	0.0095	—		
黏度×10³	0℃液体 (Pa·s)	0.5202	0.5696	0.2874	0.2101	0.1932		
	0℃饱和气 (Pa·s)	0.02184	—	0.0109	0.0118			
23℃相对绝缘强度 (以氮为1)		0.83			1.3			
安全级别		B2	B1	A1	A1	A2	A1/A1	A1/A1

参考文献

[1] 彦启森,石文星,等.空气调节用制冷技术(4版)[M].北京:中国建筑工业出版社,2010.

[2] 吴味隆,等.锅炉及锅炉房设备(4版)[M].北京:中国建筑工业出版社,2006.

[3] 同济大学.锅炉与锅炉房工艺[M].北京:中国建筑工业出版社,2011.

[4] 中华人民共和国国家标准,锅炉房设计规范,GB 50041-2008,2008.

[5] 中华人民共和国国家标准,地源热泵系统工程技术规范,GB 50366-2005(2009版),2009.

[6] 刘晓燕,赵军,石成,等.土壤恒温层温度及深度研究[J].太阳能学报,2007,28(5):494-497.

[7] 马最良、姚杨、姜益强,等.热泵技术应用理论基础与实践[M].北京:中国建筑工业出版社,2010.

[8] 王勇,吴浩.地表水源热泵系统水体初始温度分布模型[J].中国科学院研究生院学报,2010,27(6):748-752.

[9] 付祥钊、陈敏、王勇,等.可再生能源在建筑中的应用[M].北京:中国建筑工业出版社,2009.

[10] 刘宪英,王勇,胡鸣明.地源热泵地下垂直埋管换热器的试验研究[J].重庆建筑大学学报,1999,21(5):21-26.

[11] 李咏峰,常冰.地源热泵原始地温的实验研究[J].石家庄铁路职业技术学院学报,2009,8(4):21-24.

[12] 刘骥,李智,虞维平.数码涡旋与变频技术在VRV空调系统中能效分析[J],建筑节能,2008,36(2),9:11.

[13] 史光媛,杨昌智,张斗庆,等.宾馆热泵热水系统的试验研究[J].煤气与热力,2007,27(8):80-83.

[14] 杨前红.制冷机组热回收及在水源热泵空调系统中的应用[J].工程建设与设计,2006(7):16-18.

[15] 李先碧,冯雅康.二氧化碳跨临界循环制冷的研究进展[J].真空与低温,第13卷第3期2007,9:173-177.

[16] 黎立新,季建刚,乐维徒,王仁德. 环保型 CO_2 跨临界制冷系统[J].东南大学学报(自然科学版),2001,7,31(4):101-105.

[17] Danfoss Turbocor Compressors Inc.双涡轮离心压缩机安装和操作手册(CSS-IOP-D01-L1-V06.0)2010,7.

[18] 蒋能照.空调用热泵技术及应用[M].北京:机械工业出版社,1997.

[19] 王如竹.制冷原理与技术[M].北京:科学出版社,2003.

[20] 朱明善.能量系统的㶲分析方法[M].北京:清华大学出版社,1988.

[21] 周邦宁.中央空调设备选型手册[M].北京:中国建筑工业出版社,1999.

[22] 李树森.空调用制冷技术(2版)[M].北京:机械工业出版社,2008.

[24] 燃油燃气锅炉房设计手册编写组(2版).燃油燃气锅炉房设计手册[M].北京:机械工业出版社,2013.

[25] 同济大学等院校编.锅炉习题实验及课程设计(2版)[M].北京:中国建筑工业出版社,1990.

[26] 严德祥,张维君.空调蓄冷应用技术[M].北京:中国建筑工业出版社,1997.

[27] 王荣光,沈天行.可再生能源利用与建筑节能[M].北京:机械工业出版社,2004.

[28] 李传统.新能源与可再生能源技术[M].南京:东南大学出版社,2005.

[29] 雒廷亮,许庆利,刘国际,等.生物质能的应用前景分析[J].能源研究与信息,2003,19(4):194-196.

[30] 李洪梅,杨超玉,孟令杰,等.太阳能和生物质能联合热发电技术研究[J].能源研究与利用,2010(6).

[31] 施伟勇,王传,沈家法.中国的海洋能资源及其开发前景展望[C].太阳能学报,2011,32(6):913-915.

[32] 胡保亭,胡仰栋,伍联营.海洋热能的利用[J].海洋技术,2004(2).

[33] 付祥钊.流体输配管网(3版)[M].北京:中国建筑工业出版社,2010.

[34] 陆耀庆.实用供热空调设计手册(2版)[M].北京:中国建筑工业出版社,2008.